URWALD DER BAYERN

Geschichte, Politik und Natur im Nationalpark Bayerischer Wald

Herausgegeben von
Marco Heurich und Christof Mauch

Vandenhoeck & Ruprecht

Gedruckt mit freundlicher Unterstützung des Rachel Carson Center for Environment and Society an der Ludwig-Maximilians-Universität München.

Bibliografische Information der Deutschen Nationalbibliothek:
Die Deutsche Nationalbibliothek verzeichnet diese Publikation in
der Deutschen Nationalbibliografie; detaillierte bibliografische Daten
sind im Internet über https://dnb.de abrufbar.

© 2020, Vandenhoeck & Ruprecht GmbH & Co. KG, Theaterstraße 13, D-37073 Göttingen
Alle Rechte vorbehalten. Das Werk und seine Teile sind urheberrechtlich
geschützt. Jede Verwertung in anderen als den gesetzlich zugelassenen Fällen
bedarf der vorherigen schriftlichen Einwilligung des Verlages.

Umschlagabbildung: Steinfleckberg im Nationalpark Bayerischer Wald.
© Foto: Rainer Simonis

Layout und Satz: textformart, Daniela Weiland, Göttingen
Druck und Bindung: ⊕ Hubert & Co BuchPartner, Göttingen
Printed in the EU

Vandenhoeck & Ruprecht Verlage | www.vandenhoeck-ruprecht-verlage.com

ISBN 978-3-525-36095-8

Inhalt

7   **Geleitwort**
    Franz Leibl. Leiter der Nationalparkverwaltung Bayerischer Wald

11 **Einleitung: Nationalpark Bayerischer Wald**
    Geschichte, Politik und Natur
    Marco Heurich und Christof Mauch

GESCHICHTE UND POLITIK

33 **Wie die Nationalparkidee in den Bayerischen Wald kam**
    Maximilian Stuprich

47 **Der erste Transnationalpark Deutschlands**
    Die Geburt des Nationalparks Bayerischer Wald aus dem Geiste internationaler Rückständigkeit
    Bernhard Gißibl

66 **Eine Tierfreistätte in »Bayrisch-Sibirien«?**
    Der steinige Weg zum Nationalpark Bayerischer Wald
    Ute Hasenöhrl

84 **Die Teilung des Eisernen Vorhangs**
    Grenzüberschreitender Naturschutz im Bayerischen Wald und Šumava
    Pavla Šimková

KULTURELLE PERSPEKTIVEN

99 **Im Woid dahoam**
    Notizen zu Kultur und Geschichte
    Christian Binder

111 **Käferkämpfe**
    Borkenkäfer und Landschaftskonflikte im Nationalpark Bayerischer Wald
    Martin Müller und Nadja Imhof

122 **Wilde Tiere im Wald**
    Über die kulturelle Wahrnehmung von Rothirsch, Luchs und Wolf
    Zhanna Baimukhamedova

136 **Attraktivität und Akzeptanz des Nationalparks Bayerischer Wald**
    Hubert Job

150 **Profitiert die Region vom Nationalpark?**
Ökonomische Perspektiven
Marius Mayer

165 **»Natur Natur sein lassen«**
Entstehung und Bedeutung des deutschen Nationalpark-Leitbildes in internationaler Perspektive
Thomas Michler und Erik Aschenbrand

PHILOSOPHISCHE REFLEXIONEN

185 **Dem Anthropozän zum Trotz**
Naturphilosophische, naturästhetische und naturethische Dimensionen von Wildnis im Nationalpark Bayerischer Wald
Christina Pinsdorf

207 **Lernorte des Lebens**
Nationalparks im Anthropozän
Bernhard Malkmus

RÜCKBLICKE UND AUSBLICKE

225 **Nationalpark Bayerischer Wald – meine Erfahrungen, Erlebnisse und Einsichten**
Wolfgang Haber

237 **Die ökologische Wertanalyse**
Ulrich Ammer

242 **Von idealisierten Erwartungen zum realen Wildwuchs**
Der verwinkelte Weg zum »neuen Urwald«
Wolfgang Scherzinger

259 **»Ich wünsche mir, dass der Park auf möglichst großer Fläche der Natur überlassen wird«**
Hans Bibelriether im Gespräch mit Christof Mauch

270 **Anmerkungen**

290 **Abbildungsverzeichnis und -nachweis**

296 **Die Autorinnen und Autoren**

300 **Register**

Geleitwort

Franz Leibl
Leiter der Nationalparkverwaltung Bayerischer Wald

Aller Anfang ist schwer. Mit der Gründung des Nationalparks Bayerischer Wald vor nunmehr fünfzig Jahren wurde ein jahrzehntewährender Diskussionsprozess über die Sinnhaftigkeit und Möglichkeit einen Nationalpark in der Kulturlandschaft Deutschlands einzurichten, erfolgreich zu Ende gebracht.

Naturschutzfachliche Inhalte und Ziele des Nationalparks Bayerischer Wald waren zum Zeitpunkt seiner Gründung weder eindeutig erkennbar noch inhaltlich vorgegeben. Erst im Laufe der Zeit kristallisierte sich mit der Philosophie »Natur Natur sein lassen« der Schutz natürlich ablaufender Prozesse als das alles bestimmende Merkmal des Nationalparks Bayerischer Wald heraus. Damit war ein neuer und moderner Ansatz im Naturschutzgeschehen Deutschlands beschritten.

Wo steht dieser Nationalpark 50 Jahre nach seiner Gründung?
Folgendes ist festzustellen: Der Nationalpark Bayerischer Wald ist ein international, national und regional wertgeschätztes Großschutzgebiet geworden. Er hat eine nicht zu verleugnende soziale Komponente entwickelt, und er ist zu einem Zentrum der biologischen Vielfalt mit zahlreichen markanten, waldspezifischen Arten herangereift.

In der örtlichen Bevölkerung sprechen sich zwischenzeitlich etwa 86 Prozent für den Fortbestand des Nationalparks aus, bayernweit sind es sogar 96 Prozent. In der Region des Inneren Bayerischen Waldes ist er ein regionalökonomisches Schwergewicht mit einer aktuell errechneten Nettowertschöpfung von 26 Millionen Euro. Er steht für die Generierung von Tourismus und besitzt für die Menschen eine besondere Bedeutung und Qualität was naturverträgliche Freizeitgestaltung, Erholung und Naturerleben anbelangt. Die in seiner Naturzone heranreifenden wilden Naturwälder sprechen viele Nationalparkbesucher in besonderer Weise an, da diese eine intensive Naturbegegnung ermöglichen. Als Gegenentwurf zu unserer manipulativ gesteuerten und übernutzten Kulturlandschaft erfüllen sie die in Teilen unserer Gesellschaft vorhandene Sehnsucht nach möglichst unberührter Natur.

Wer die biologische Vielfalt in ihrer Gesamtheit erhalten möchte, wer Waldnatur verstehen will, braucht Großschutzgebiete wie den Nationalpark Bayerischer Wald. In seiner nutzungsfreien, unmanipulierten Naturzone laufen Prozesse der Ökosystementwicklung ergebnisoffen ab. Hier können wir von der

Abb. 1
Waldverjüngung: Ein für den Bayerischen Wald typisches Bild.

Selbstorganisation der Wälder, deren Elastizität und Resilienz lernen. Für die Forschung eröffnen sich neue Sichtweisen und neue Einblicke in die Natur. Heute ist der Nationalpark Bayerischer Wald Referenzfläche für die Bearbeitung vieler naturwissenschaftlicher Fragestellungen und Lernort für Studierende, Schüler und interessierte Bürger.

Die sich seit Jahrzehnten eigenständig entwickelnden Naturwälder des Nationalparks Bayerischer Wald beherbergen zwischenzeitlich stabile Populationen von wald- und ökosystemspezifischen Arten, zum Beispiel von Urwaldreliktarten. Hinzu kommen Naturnähezeiger, die den Wirtschaftswäldern fehlen. Die Floren- und Faunengemeinschaften des Nationalparks Bayerischer Wald komplettieren sich von Jahr zu Jahr immer mehr. Bis heute wurden hier etwa 11 000 Tier-, Pflanzen- und Pilzarten bestimmt. Wissenschaftler gehen davon aus, dass rund 22 Prozent aller in Deutschland bekannten Arten in diesem Großschutzgebiet beheimatet sind.

Man erkennt, der Nationalpark Bayerischer Wald bewahrt, vor allem auch wegen seiner großen nutzungsfreien Wälder und seinen aktiven Bemühungen im Artenschutz, zweifelsohne wesentliche Teile und Aspekte unseres Waldnaturerbes.

Zu den festgeschriebenen Aufgaben der Nationalparkverwaltung gehört die regelmäßige Zusammenarbeit mit den Kommunen. In der Auseinandersetzung mit diesen erfolgt auch die Erweiterung der Naturzone des Nationalparks. Die Bayerische Staatsregierung plant 2020 den Nationalpark Bayerischer Wald anlässlich seines Geburtstages um 600 Hektar zu vergrößern. Aufgrund der Nationalparkverordnung können die 75 % international vorgesehener nutzungsfreier Waldparkfläche, gemäß der rechtskräftigen Nationalparkverordnung, spätestens im Jahr 2027 erreicht werden. Mit seiner Gründung und fünf Jahrzehnte währender Entwicklung wurde ein neuer, moderner Weg im Naturschutz beschritten. Dieses Großschutzgebiet einzurichten war und ist aber auch Ausdruck unserer modernen Kultur und unserer kulturellen Entwicklung. Und wie sich bis heute – trotz so manch zwischenzeitlich aufgetretener Dissonanz – zeigt, ist dieser Nationalpark ein Gewinn: für die Natur und für uns Menschen.

Einleitung: Nationalpark Bayerischer Wald
Geschichte, Politik und Natur

Marco Heurich und Christof Mauch

Wenigstens anderthalb Millionen Menschen besuchen alljährlich den Nationalpark Bayerischer Wald. Seit seiner Gründung im Jahr 1970 hat der Park beständig an Bekanntheit gewonnen. Der »Urwald der Bayern« ist keine Wildnis im engen Sinn – die gibt es in Europa allenfalls im Norden Skandinaviens und in Russland – aber das Image vom Urwald, einer weitgehend unberührten Natur mit seltenen Pflanzen und wilden Tieren, macht einen Großteil der Anziehungskraft des Parks aus. Zusammen mit seinem tschechischen Nachbarn bildet er das größte Schutzgebiet seiner Art in Europa. Er war der erste Nationalpark in Deutschland, und die Parole »Natur Natur sein lassen«, die im Bayerischen Wald ihren Ursprung hat, avancierte zum Exportschlager für die später gegründeten Nationalparks in Deutschland und darüber hinaus.

Aus dem Rückblick erscheint die Einrichtung des Nationalparks im Bayerischen Wald im Jahr 1970, des zweiten bayerischen Nationalparks in Berchtesgaden im Jahr 1978, und weiterer vierzehn Nationalparke, die zusammengenommen 0,6 Prozent der Landfläche Deutschlands ausmachen, naheliegend. Bereits 1973 galt – und heute gilt noch mehr – was der damalige bayerische Landwirtschaftsminister Hans Eisenmann verkündete: »Der Nationalpark hat die Wirtschaftskraft der Region gehoben und die Lebensverhältnisse seiner Bewohner wesentlich verbessert. … Eine höchst erfreuliche Bilanz!« Immer mehr Menschen – 2015 waren es neun von zehn – betonen »in der Natur glücklich zu sein«. Trotzdem war die Gründung des Nationalparks Bayerischer Wald und aller weiteren Parke alles andere als selbstverständlich oder gar zwangsläufig. Deutschland galt lange Zeit als Nachzügler auf dem internationalen Parkett des Naturschutzes. Andere Länder waren in der ersten Hälfte des 20. Jahrhunderts längst dem Vorbild der Vereinigten Staaten gefolgt, die bereits 1872 in den Bundesstaaten Wyoming, Montana und Idaho den weltweit ersten Nationalpark eingerichtet hatten – den Yellowstone. Kritik und zum Teil heftige Gegenwehr gegen die Einrichtung eines Nationalparks in Bayern kam im Laufe der Zeit aus verschiedenen Richtungen, nicht zuletzt aus Teilen der örtlichen Bevölkerung und von Förstern und Jägern, die den Wald verständlicherweise nicht primär schützen, sondern nutzen wollten. Wenn sich heute Automobilschlangen durch den Wald bewegen und

Menschenmassen den auf 1453 Metern ü. M. gelegenen Gipfel des Großen Rachel oder den Lusen oder Großen Falkenstein stürmen, dann ist die spannende und schwierige Entstehungs- und Erweiterungsgeschichte des ersten deutschen Nationalparks fast vergessen; neue Herausforderungen – von Overtourism über Invasive Arten und Klimawandel – stehen im Vordergrund. Zum Bayerischen Wald liegen mehrere Bildbände, fachwissenschaftliche Spezialuntersuchungen zu Flora und Fauna und journalistische Veröffentlichungen vor. *Urwald der Bayern* ist dagegen die erste kritische und umfassende Auseinandersetzung mit der Geschichte, Gegenwart und Zukunft des Nationalparks Bayerischer Wald. Der Band stellt eine Fülle von Fragen und lässt sie von Expertinnen und Experten aus einem Dutzend verschiedener Disziplinen sowie von Zeitzeugen beantworten. Was wissen wir über die Vorgeschichte des Parks? Wer waren die entscheidenden Kräfte, die die Gründung des Nationalparks befördert haben? Warum haben sich die einheimischen »Waldler« gegen den Nationalpark gestemmt? Welche Auswirkungen hatte die Einrichtung des Parks auf die Biodiversität? Wie ist die Verwaltung des Parks mit Konflikten um Borkenkäfer, Wölfe und Luchse umgegangen? Welche Bedeutung hatte das Ende des Eisernen Vorhangs für den Park? In welcher philosophischen Tradition steht der Nationalparkgedanke? Inwieweit ist der Nationalpark heute akzeptiert? Profitiert der Wald vom Tourismus? Wie stark soll der Mensch in die Natur eingreifen? Welche Bedeutung kommt dem Nationalpark im Zeitalter des Anthropozäns für Mensch und Umwelt zu? Diese und andere Fragen stehen im Zentrum des vorliegenden Bandes.

Geschichte und Politik – Der lange Weg zum Nationalpark

Dass die Region, in der sich der Bayerische Wald befindet, erst spät und überhaupt nur spärlich besiedelt wurde, war für die Einrichtung des ersten deutschen Nationalparks entscheidend. Denn Nationalparke können per definitionem nur in größeren, nicht oder nur wenig durch menschliche Eingriffe veränderten Gebieten entstehen.

Entlang der Donau waren schon im frühen Mittelalter Klöster entstanden, – allen voran Kloster Weltenburg im Jahr 617 – die die Besiedlung der umliegenden Gebiete vorantrieben und aus denen sich Städte entwickelten, die – wie Regensburg, Deggendorf, Straubing und Passau – bis heute wirtschaftlich bedeutend sind. Von Bedeutung für die Besiedlung des Bayerischen Walds war vor allem das 731 gegründete Kloster Niederaltaich. Die älteste Siedlung am Rande des Bayerischen Walds, Cham, die sich um das 748 gegründete Chammünster herum bildete und 1210 Stadtrecht erhielt, stand allerdings deutlich im Schatten der Donaustädte. Durch Cham führten keine wichtigen Handelswege. Von hier aus wurde vielmehr die Grenze gesichert und Salz – im Bayerischen Wald auf dem Weg über die Goldenen Steige – nach Böhmen transportiert. Überall in Bayern erfolgte die Besiedelung von den Flusstälern und den niederen Lagen in Richtung der Hochlagen. Keine der Siedlungen und Ortschaften, die im Hochmittelalter am Rande des heutigen Nationalparks urkundlich nachgewiesen sind und auch heute noch

Abb. 1
Glashütten waren bis in die heutige Zeit hinein der wichtigste Wirtschaftszweig in der Nationalparkregion: Reichenauer Glashütten, Kupferstich aus dem Jahr 1649.

Abb. 2
Beförderung eines Buchenstamms mit dem Zugschlitten im Rachel-Lusen-Wald um 1910. Der traditionelle Holztransport fand bis in die 1970er Jahre im Nationalparkgebiet statt.

existieren, lagen höher als 622 Meter ü. M. (Gemeinde Lam); – der Nationalpark nimmt dagegen Höhenlagen von 650 bis 1 453 Metern ein – und keine von ihnen (die größte ist die Kreisstadt Regen) hat heute mehr als 12 000 Einwohner. Die älteste Stadt im Wald selbst, Grafenau, hatte zu Anfang des 19. Jahrhunderts kaum mehr als neunzig Häuser. Im Westen und Norden war der Bayerische Wald demnach über Jahrhunderte hinweg von kleineren Ortschaften umgeben, aber in den gebirgigen Hochlagen, im Innern und im Osten blieb der Wald weitgehend siedlungsfrei. Unabhängig davon weisen pollenanalytische Untersuchungen darauf hin, dass es schon um das Jahr 1000 massive Eingriffe in die Wälder gab – für die Köhlerei beziehungsweise zur Gewinnung von Pottasche.

Wer die Opposition der Einheimischen gegen den Nationalpark im 20. Jahrhundert verstehen will, braucht nur einen Blick auf die historische Bedeutung des Waldes für die Bevölkerung zu werfen. Die Bewohner lebten jahrhundertelang von den schier unerschöpflichen Holzressourcen. Das Innere des Waldes war Lebensversicherung und Goldgrube zugleich. Ab dem 14. Jahrhundert entstanden die ersten Glashütten. Kein anderer Ort in Mitteleuropa bot bessere Bedingungen für die Glasherstellung als der Bayerische Wald: Hier gab es neben Holz, das zur Herstellung von Pottasche in den Glashütten und zur Befeuerung der Öfen benötigt wurde, auch immense Vorkommen von Quarz, dem wichtigsten Rohstoff für die Glasherstellung.

Mit der Erfindung einer veredelten Glasvariante im 17. Jahrhundert, dem »Böhmischen Kristall«, begann eine Blütezeit für die Glasmacherei, an die neben der 1997 gegründeten Glasstraße auch Ortsnamen wie Spiegelau und solche, die auf -schleif, -hütt oder -hütte enden, erinnern. Auch nachdem ein Großteil der Waldbestände im 19. Jahrhundert an den bayerischen Staat fiel, der die Wälder systematisch zu Wirtschaftswäldern (oft mit Fichten, die einen höheren Ertrag versprachen) umfunktionierte, blieb der Wald für die Bewohner der Region und deren Identität von hoher Bedeutung, zumal die Bevölkerung als Holzhauer und Waldarbeiter, in Sägewerken und im Holzhandel Arbeit, Lohn und Brot fand. Unabhängig davon waren die Einheimischen seit alters gewohnt, Zutritt zu den Ressourcen des Waldes – Brennholz, Pilzen und Beeren – zu haben. Die Einrichtung eines Schutzgebietes wirkte demgegenüber als Bedrohung einer hergebrachten Lebensweise.

Die Idee, den geheimnisvollen, von Schriftstellern wie Adalbert Stifter verherrlichten Böhmer- oder Bayerwald unter Schutz zu stellen, hatte vielfältige Wurzeln. Eine Rolle spielte dabei die Einführung des Begriffs »Staatspark« im Jahr 1898 durch den preußischen Abgeordneten Wilhelm Wetekamp für Gebiete, die »unantastbar sind«. Wichtig war aber auch, dass Fürst Johann Adolf II. zu Schwarzenberg bereits vierzig Jahre zuvor ein (47 Hektar großes) Reservat im Böhmerwald, den »Kubany-Urwald«, unter Schutz gestellt hatte. Wetekamps Rede, die auf den Yellowstone Nationalpark Bezug nahm, und der Urwald am Kubany, der noch heute bis zu 400 Jahre alte Baumbestände aufweist, dienten immer wieder als Referenz für die Forderung nach dem Schutz der einzigartigen böhmisch-bayerischen Wälder. Vor dem Ersten Weltkrieg formierte sich mit dem deutsch-österreichischen »Verein Naturschutzpark« eine frühe Initiative,

Abb. 3
Waldarbeiter im Mauther Forst um 1950.

die große Parke etablieren und die Natur »in ihrem urwüchsigen Zustand« bewahren wollte. Dass es in Deutschland so viel länger dauerte als anderswo bis der erste Nationalpark entstand – in Europa machte Schweden den Auftakt mit neun Nationalparks, die 1909 eingerichtet wurden und bis heute bestehen – hatte nicht zuletzt mit jenen nationalistischen und expansionistischen Gelüsten der Deutschen zu tun, die in zwei Weltkriege mündeten und das Land nicht nur wirtschaftlich und gesellschaftlich, sondern auch in Sachen Naturschutz zurückwarfen. Insbesondere die Pläne des NS-Regimes einen riesigen, über die Grenzen des Deutschen Reichs hinausreichenden, Nationalpark Böhmerwald »für das deutsche Volk« zu etablieren wurden unmittelbar mit Kriegsbeginn eingestellt. Von Bedeutung waren unterdessen fünf Schutzgebiete im Bayerischen Wald, die bereits 1914 eingerichtet worden waren und seither eine Fläche von 381,7 Hektar unter strengen Naturschutz stellten. Diese Gebiete dienten gleichsam als Arche Noah bayerischer Biodiversität, weil sie die uralten Wälder und deren ökologische Vielfalt über die Zeit der Weltkriege hinweg vor dem Aussterben bewahrten.

Als ab Mitte der 1960er Jahre die Rufe nach einem Nationalpark Bayerischer Wald immer lauter wurden und die Parkidee bundesweit überwältigende Zustimmung von bis zu neunzig Prozent fand, standen sich in der Region selbst Parkgegner und -befürworter schier unerbittlich gegenüber. Die einen warnten vor Touristenrummel und vor dem Verlust von Arbeitsplätzen und Waldheimat; die anderen setzten auf den Erhalt einer naturnahen Welt für künftige Generationen, auf gesunde Erholung und auf Umweltbildung. Mit dem Verein *Natur*park Bayerischer Wald setzten die *National*parkgegner auf begrenzten Naturschutz, den Bau einer Hochstraße, den Ausbau von Skigebieten und auf Fremdenverkehr. Am Ende bildeten Politiker (allen voran Hans Eisenmann und Alois Glück), Umweltschützer (wie Hubert Weinzierl), Wissenschaftler (wie Wolfgang Haber) sowie besonders der populäre Zoologe und Tierfilmer Bernhard Grzimek zusammen mit Advokaten aus der Region wie Landrat Karl Bayer die Speerspitze einer Lobby, die sich erfolgreich für die Gründung des Parks einsetzte. Am 11. Juni 1969 stimmte der Bayerische Landtag, bei nur einer Enthaltung, für die Einrichtung des Nationalparks Bayerischer Wald; und am 7. Oktober wurde er feierlich eröffnet.

Definitionen – Kontroversen – Konflikte

Während der erste Leiter des Nationalparkamtes, der erst 36jährige Oberforstmeister Hans Bibelriether, bereits 1970 den Slogan vom »Schaufenster für die Natur« propagierte, warben eine Reihe von Ortschaften prompt mit dem tourismusförderlichen Etikett »Tor zum Nationalpark«. Begriffe wie »ursprüngliche Natur« und »Urwald« gehörten wie selbstverständlich zum Vokabular der lokalen Hochglanzwerbung. Dass der Bayerische Wald überall Spuren menschlicher Eingriffe und Nutzung aufwies, dass selbst uralte Baumriesen unter Einfluss von menschlichem Wirtschaften entstanden waren, und dass es überall in Deutschland – anders als beispielsweise am Amazonas oder in Sibirien – schon seit vielen Jahrhunderten keinen unberührten, unkultivierten Wald, also keinen echten »Urwald« mehr gab, spielte für die inflationäre Verwendung des Begriffs keine Rolle.

Tatsächlich war der Begriff »Nationalpark«, der in verschiedenen Ländern Unterschiedliches bedeutet, auch im Bayerischen Wald alles andere als klar umrissen. In Deutschland blieb lange Zeit unklar, was konkret unter einem Nationalpark zu verstehen sei und welche Funktion er haben sollte. Heute besteht weitgehend Übereinkunft darüber, dass Nationalparks außerordentliche Naturphänomene, Biodiversität und ökosystemare Prozesse schützen, und dass die Ziele des Naturschutzes in zentralen Bereichen der Parks absoluten Vorrang haben sollten. Schutzgebiete werden zwar weltweit meistens von öffentlichen Behörden verwaltet, da aber Besitzansprüche und Interessen sowie die ökologischen Voraussetzungen jeweils variieren, führt dies dazu, dass jeder Park seine eigenen Besonderheiten hat und quasi ein eigenes Gesicht besitzt: In den einen geht es um die Erhaltung von großartigen, die nationale Identität fördernden Berglandschaften, in anderen um den Schutz von charismatischen, vom Aussterben bedrohten Tieren, in dritten um den Erhalt eines Landschafts- oder Vegetationstyps und so weiter. Im Jahr 1978 hat die Weltnaturschutzunion (International Union for Conservation of Nature, IUCN) ein System eingeführt, das Schutzgebiete weltweit vergleichbar kategorisiert. Aber zum Zeitpunkt der Gründung des ersten deutschen Nationalparks gingen die Vorstellungen über Management- und Naturschutzziele bei Behörden und Protagonisten zum Teil weit auseinander. Das sogenannte Haber-Gutachten, das in der Anfangszeit des Parks

Orientierung gab, zeichnet sich durch seine Offenheit aus, die sowohl Gegnern als auch Befürwortern eines weitreichenden Naturschutzes Argumente lieferte. Doch erst im weiteren Verlauf der Parkentwicklung, und in der Folge zahlreicher Kontroversen und Konflikte, entwickelte sich eine klare Zielsetzung für den Nationalpark.

Unter den Konflikten in der Geschichte des Nationalparks waren drei von besonderer Bedeutung, da sie die Öffentlichkeit, weit über die Region des Bayerwalds hinaus, aufwühlten. Im ersten ging es um die majestätischen Rothirsche, die, vor allem zur Zeit des NS-Regimes, einen Trophäenkult befördert hatten, der bis in die Nachkriegszeit anhielt. Im Bayerwald setzte sich besonders das mitten im Park gelegene Forstamt St. Oswald für den Erhalt von Hunderten von Rothirschen ein, obwohl diese notorisch für verheerende Schäl- und Verbiss-Schäden verantwortlich waren und dadurch alle Versuche den Wald zu verjüngen ad absurdum führten. Da künstlich durch Fütterungen erhöhte Wildbestände in einem Nationalpark, in dem die Natur weitgehend sich selbst überlassen sein sollte, keinen Platz haben, plädierten bayerische Naturschützer für eine Reduzierung der Rothirschbestände. Rückendeckung bekamen sie von dem prominenten Fernsehjournalisten Horst Stern, der im Rahmen seiner Serie *Sterns Stunde*, ausgerechnet am Heiligabend 1971, seinen Beitrag »Bemerkungen über den Rothirsch« ausstrahlen ließ, in dem er die künstliche Wildfütterung der »halb domestizierten« Geweihträger attackierte und »zur Rettung des deutschen Waldes« den Abschuss eines Großteils der Trophäenträger forderte. Neben dem Bayerischen Landtag beschäftigte sich sogar der Bundestag mit dem »Skandal«. Der nach Bonn vorgeladene stellvertretende Leiter des Nationalparks, Georg Sperber, der Horst Stern beraten hatte, erhielt bezeichnenderweise von der bayerischen Staatskanzlei Redeverbot. Sterns Film wurde zum Wendepunkt im Konflikt um Wald und Wild. Er brachte die Bedeutung eines naturnahen Waldschutzes (im Gegensatz zum Wildschutz mit Futterkrippen) einer breiten Öffentlichkeit nahe. Wenig bekannt ist, dass Sperber in der frühen Zeit unter anderem Füchse mit Kaninchen und Habichte mit Tauben fütterte, um die Konvention, nach der üblicherweise nur Hirsche und Rehe in Notzeiten gefüttert werden, auf provokative Weise zu entlarven.

Weitere Schlüsselkonflikte in der Entwicklung des Nationalparks waren die Folge von heftigen Windwürfen in den Jahren 1983 und 1984 sowie der Massenvermehrung von Borkenkäfern in den 1990er Jahren. In beiden Fällen wurde das Prinzip, den Wald sich selbst zu überlassen, auf eine harte Bewährungsprobe gestellt. Mit einer natürlichen Entwicklung des Waldes – mit Bäumen, die nicht unter wirtschaftlichen Gesichtspunkten gefällt, sondern in hohem Alter eines natürlichen Todes sterben – konnte sich wohl noch mancher Skeptiker des Naturschutzes anfreunden. Aber Windwürfe nicht aufzuarbeiten und einen sich massenhaft vermehrenden »Waldschädling« nicht zu bekämpfen, das war für viele ein Sakrileg – insbesondere in einem Land, in dem »saubere Waldwirtschaft« einen hohen Stellenwert hatte und immer noch hat. Der Umgang mit der natürlichen Dynamik (*natural disturbance*), wurde zum Prüfstein dafür, wie ernst man es in Bayern mit der Umsetzung eines weitreichenden Naturschutzkonzepts meinte. Die Borkenkäfermassenvermehrung in den 1990er Jahren stürzte den Nationalpark in eine tiefe Krise, zumal zur gleichen Zeit die Erweiterung des Nationalparks anstand; in der Gemeinde Frauenau stimmten bei einem Bürgerentscheid knapp 74 Prozent der Wählerinnen und Wähler gegen die Erweiterung. Mit einem Mal wurde evident, dass die lokale Bevölkerung nicht stark genug in die Planung des staatlichen Nationalparkprojekts einbezogen worden war. In der Tat räumte die Verordnung des Nationalparks erst spät mit dem »Kommunalen Nationalparkausschuss«, der Bürgermeistern und Landräten eine Stimme gab, ein partizipatives Element ein.

Die Parkerweiterung und das gesamte Konzept eines »wilden Waldes« standen auf der Kippe, als der Borkenkäfer Landschaften mit toten Bäumen hinterließ und das gewohnte »Bild der Heimat« zerstörte. Vonseiten der Gemeinden wurden die Forderungen, die Borkenkäfermassenvermehrung mit radikalen Maßnahmen zu stoppen, immer lauter. Der Widerstand gegen die Borkenkäferpolitik des Nationalparks formierte sich in mehreren Bürgerinitiativen, die sogar eine Popularklage vor dem Bayerischen Verfassungsgerichtshof anstrengten. Vor Ort kam es zu einer Eskalation der Konflikte: Die Forderungen nach Absetzung des Nationalparkleiters wurden immer lauter. Hans Bibelriether erhielt Morddrohungen, und beim Faschingsumzug 1996 in Neuschönau wurde eine mit seinem Namen versehene Puppe mit einem Strick um den Hals, am »letzten dürren Baum des Nationalparks aufgehängt«. Darüber hinaus fielen vier Gebäude des Nationalparks Brandstiftungen zum Opfer, unter anderem die Zentrale der Nationalparkwacht.

Dass der Nationalpark in dieser prekären Situation aus Berlin und vor allem aus München Unterstützung erhielt, war von zentraler Bedeutung. Die damalige Umweltministerin und spätere Kanzlerin Angela Merkel besuchte 1997 den Bayerischen Wald und sprach sich angesichts der Borkenkäferschäden dafür aus, langfristig zu denken und der Natur ihren Lauf zu lassen. Und während die Junge Union vor Ort mit Vehemenz für eine Anti-Käfer-Politik warb, setzte sich Bayerns Ministerpräsident Edmund Stoiber am 22. Oktober 1997 dafür ein, »ein kleines Stück unserer intensiv genutzten Kulturlandschaft der Natur zurückzugeben«. Er sei »überzeugt«, erklärte er, »unsere Kinder und kommenden Generationen werden uns dies einmal danken.« Der Politik und vielen regionalen und staatlichen Stimmen ist es zu verdanken, dass es den Nationalpark Bayerischer Wald heute noch in seiner konsequenten Naturschutzzielsetzung gibt.

Der Nationalpark als Pionier

Erst im Rückblick, fünfzig Jahre nach Gründung des Nationalparks, wird erkennbar, wie vielfältig und wie nachhaltig die Impulse waren, die von Deutschlands erstem Nationalpark ausgegangen sind. Der bayerische Park war in mehrfacher Hinsicht ein Pionierprojekt. Schon die Park-Philosophie, das vom ersten Parkdirektor Hans Bibelriether ausgerufene Konzept »Natur Natur sein lassen«, hatte Experimentcharakter. Sie wurde in § 24 (2) des Bundesnaturschutzgesetzes festgeschrieben. Eine Besonderheit war, dass die Gründung und Entwicklung des Parks – anders als bei den internationalen Vorgängern – nicht in einer Naturlandschaft erfolgte, sondern in einer Kulturlandschaft. Die konsequente Umsetzung des Prozessschutzes in einer relativ dicht besiedelten und vom Menschen über Jahrhunderte gestalteten und geprägten Region Mitteleuropas war etwas ganz und gar Neues – eine Art Freilandexperiment mit Risiken und unsicherem Ausgang. Tatsächlich wurde das Konzept des Prozessschutzes, einer Strategie, die die natürliche Dynamik schützt, im Nationalpark Bayerischer Wald erstmals im großen Stil zugelassen und erforscht. Über lange Zeit erfüllte der Park bei weitem nicht die internationalen Vorgaben, die für Nationalparke gelten: insbesondere den Schutz einer Walddynamik, bei der der Mensch auf 75 Prozent der Fläche grundsätzlich nicht mehr eingreift. Vor allem im Erweiterungsgebiet führte die Forderung der Kommunen, »der Wald muss grün bleiben« zu einer massiven Bekämpfung des Borkenkäfers – wider besseres ökologisches Wissen. Für Parke, die sich erst im Laufe der Zeit zu genuinen Nationalparks entwickeln, wurde später der Begriff »Entwicklungsnationalpark« geschaffen. Im Nationalpark Bayerischer Wald ist konkret ein dreißigjähriger Zeitraum bis 2027 zur Erfüllung der internationalen Vorgaben vorgesehen.

Da der Prozessschutz natürliche Entwicklungen in der Wildnis widerspiegelt, leistete der Nationalpark Bayerischer Wald einen wichtigen Beitrag für den Durchbruch der »Wildnisidee« im deutschen Naturschutz und darüber hinaus in ganz Mitteleuropa. Das Konzept »Natur Natur sein lassen« – sei es in seiner radikalen Form eines ökologischen Laissez-faire oder unter Einbeziehung des Artenschutzes – hat sich als Prinzip in allen deutschen Nationalparken verbreitet. Interessanterweise erfreut es sich bei Parkbesuchern zunehmend hoher Beliebtheit. 58 Prozent der Touristen kommen heute wegen der »unberührten, wilden Natur« in den Bayerischen Wald; und 79 Prozent der Bevölkerung in Deutschland wünschen sich eine Entwicklung hin zu mehr Wildnis.

Neben der Strategie *Wildnis zuzulassen*, hat sich die Parkverwaltung für eine offensive *Entwicklung hin zur Wildnis* entschieden. Hierzu gehört die Renaturierung von Forststraßen genauso wie die von Gewässern und Mooren. Der Nationalpark Bayerischer Wald war die erste Einrichtung in Mitteleuropa, die sich mit der Frage des Rückbaus von nicht mehr benötigten Straßen und Wegen auseinandergesetzt hat und wurde dadurch zum Vorbild für andere Parks. Auch auf dem Gebiet der *restoration ecology* beziehungsweise des »Re-wilding«, einer Idee aus der Naturschutzbiologie, die Mitte der 1980er Jahre entwickelt wurde und im Jahr 2011 erstmals in englischen Wörterbüchern auftaucht, hat der Nationalpark Bayerischer Wald Pionierarbeit geleistet. In den Jahren 1970 und 1974 wurden insgesamt sieben Luchse aus der Slowakei in den Bayerwald gebracht, wo sie seit 1848 als ausgestorben galten. Die Wildfänge, die vom Tiergarten in Ostrava angeliefert wurden, waren die ersten ausgewilderten Raubtiere in Mitteleuropa. Die Aktion erfolgte heimlich, galt aber seinerzeit nicht als illegal, da die Wiederansiedlung von ausgestorbenen Arten in den 1970er Jahren gesetzlich noch nicht geregelt waren. Bis 1984 beobachtete man noch drei Luchse im Bereich des Falkensteins, dann wurden die Beobachtungen auf bayerischer Seite immer weniger. Zur Stützung des Bestandes wurden zwischen 1982 und 1989 siebzehn Karpatenluchse auf dem Gebiet des heutigen Nationalparks Šumava freigelassen, die sich anfangs bis zum Fichtelgebirge ausbreiteten, bevor ihr Bestand aufgrund illegaler Luchstötungen stagnierte. Erst in neuester Zeit ist die Akzeptanz der lokalen Bevölkerung und in der Folge auch die Zahl der Tiere wieder deutlich angewachsen. Aufgrund der Rückkehr des Luchses ruht seit 2012 auch die Bejagung seiner Beutetiere, der Rehe, im Nationalpark. Weiterhin wurde die Wiederansiedlung des Habichtkauzes von der Nationalparkverwaltung aktiv – durch Auswilderung von mehr als 250 Jungkäuzen seit 1975 – vorangetrieben. 1926 war das letzte Tier in der Region abgeschossen worden. Durch die Borkenkäferflächen, auf denen sich Rötel- und Gelbhalsmäuse vermehren, haben die Käuze ein natürliches Nahrungsangebot, während die sich zersetzenden Baumstümpfe, die in Folge des Borkenkäferbefalls entstanden sind, optimale Bedingungen für das Ausscharren von Nestmulden liefern.

Andere Wildtiere sind auf natürliche Weise zurückgekehrt. Dazu gehört die Europäische Wildkatze, die wieder einen kleinen Bestand im Nationalpark bildet, aber auch die Biber, Schwarzstörche und Wanderfalken, denen der Nationalpark heute wieder einen Lebensraum bietet. Selbst Elche werden von Zeit zu Zeit beobachtet, und ab 2015 konnten sich wieder Wölfe im Nationalparkgebiet ansiedeln und erfolgreich Junge großziehen. Möglicherweise wird die Rückkehr des Beutegreifers Wolf in absehbarer Zeit das Rothirschmanagement (mit gezielten Abschüssen in der Managementzone und Wildgattern), das sich mit dem Prinzip »Natur Natur sein lassen« nicht wirklich verträgt, überflüssig machen. Feststeht, dass sich die Artenausstattung des Nationalparks Schritt für Schritt vervollständigt hat und dadurch viele natürliche Prozesse wieder in Gang gekommen sind. Darüber hinaus konnte der Park, über die eigene Arbeit hinaus, auch an Rewilding-Projekten in anderen europäischen Gebieten mitwirken: Die Wisente im Rothaargebirge und in Rumänien, die Luchse im Harz, und die Rothirsche in den Abruzzen stammen ganz oder teilweise aus Deutschlands erstem Nationalpark.

Dass sich im Nationalpark die »ungestörte Dynamik der Lebensgemeinschaften des Waldes« beobachten und wissenschaftlich erforschen lässt, hat zum Aufbau einer starken Forschungs- und Monitoring-Abteilung geführt, deren Ergebnisse weit über Deutschland hinaus, über Publikationen in hochrangigen Zeitschriften, Beachtung finden. Von Bedeutung ist die enge Vernetzung der Forschungsabteilung mit Universitäten, an denen eine federführende Betreuung von Promotions- und Habilitationsarbeiten erfolgt. Die einzigartigen Voraussetzungen im Nationalpark ermöglichen grundlegende und langfristige Forschungsarbeiten insbesondere zur Frage, wie sich Natur ohne direkte menschliche Eingriffe entwickelt. Vor dem Hintergrund, dass wir in Mitteleuropa kaum noch beobachten können, wie Natur ohne menschliche Eingriffe funktioniert, ermöglicht die Nationalparkforschung einzigartige Einblicke in die faszinierende Ökologie der Wälder. Sie liefert außerdem Entscheidungs- und Argumentationsgrundlagen für das Nationalparkmanagement, Erkenntnisse für die forstliche Praxis und Einsichten für die Naturschutzarbeit außerhalb des Nationalparks.

Abb. 4
Ein Markenzeichen des Nationalparks Bayerischer Wald ist seine leistungsfähige Forschung.

Schließlich hat der Nationalpark Bayerischer Wald auch in der Umweltbildung Impulse gesetzt und Pionierarbeit geleistet. Die Initiativen reichen von der Einrichtung des ersten Ranger-Dienstes in einem deutschen Schutzgebiet (nach US-amerikanischen Vorbild) über ein Jugendwaldheim und das Wildniscamp am Falkenstein (mit Umweltprogrammen für Schulklassen) bis zur Einrichtung des Hans-Eisenmann-Hauses, des ersten großen Naturschutzinformationszentrums im Zentrum des Parks.

Aus der Forschung lernen – Der Park als Freilichtlabor

Mit der Gründung des Parks wurde ein permanenter Lernprozess in Gang gesetzt, auf dem viele, oft überraschende Forschungsergebnisse basieren. Obwohl der Bayerische Wald, entgegen aller mythischen Verklärung, zum Zeitpunkt der Nationalparkgründung kein Urwald, sondern primär ein relativ junger Wirtschaftswald war – mit Forststraßen, einer Eisenbahn und Reparationshieben infolge der Weltkriege – hatten Nationalparkforscher von Anfang die Chance vor Ort die Dynamik eines mitteleuropäischen Urwalds zu erforschen. Die Möglichkeit hierzu lieferten erstens die im Jahr 1914 ausgewiesenen Schutzgebiete mit ihren teils uralten Beständen sowie zweitens der Borkenkäferbefall, der eine große Zahl alter Fichten zum Absterben brachte und in der Naturzone des

Abb. 5
Der *Peltis Grossa*, einer von sechzehn Urwaldreliktkäfern, 2019 nach 113 Jahren erstmals wieder im Nationalparkgebiet nachgewiesen.

Rachel-Lusen Gebietes mehr als 300 Festmeter Totholz pro Hektar produzierte – eine Menge, die sonst nur in Urwäldern der gemäßigten Klimazonen vorkommt. Da etwa ein Drittel der Waldfauna auf Totholz angewiesen sind, konnten sich bestimmte Arten mit großer Geschwindigkeit vermehren und ausbreiten. So lässt sich beispielsweise die Zitronengelbe Tramete, eine Pilzart, die nur im Naturschutzgebiet Mittelsteighütte des Nationalparks überlebt hatte und weltweit sehr selten ist, seit dem Jahr 2006 wieder flächendeckend nachweisen. Daraus lernte die Forschung, dass ein hohes Totholzangebot unter bestimmten räumlichen Voraussetzungen, Artenverluste, die durch Bewirtschaftung ausgelöst wurden, relativ schnell wieder ausgleichen kann.

Beeindruckend hat sich die Pilzwelt im Park entwickelt. Von den 68 Pilzarten, die als Indikator für naturnahen Wald gelten, kommen im Bayerischen Wald bereits heute 38 Arten vor, darunter der Gelblichblaue Saftporling, der in Deutschland erst einmal bestätigt wurde und der Wattige Saftporling, von dem es weltweit nur zwei Vorkommen gibt. Damit hat der Nationalpark Bayerischer Wald infolge des Totholzreichtums eine überregionale Bedeutung – für Pilze, aber auch für seltene Käferarten, die die Pilzfruchtkörper als Habitat und Nahrungsressource nutzen – insgesamt gibt es sechzehn Urwaldreliktkäfer, von denen einige, wie der Goldfüßige Schnellkäfer und mehrere Schwarzkäferarten, auf der Roten Liste bedrohter Arten stehen.

Eine weitere überraschende Einsicht aus dem Urwaldlabor Bayerischer Wald ergab sich aus Studien zu den neuen lichten Strukturen, die infolge des Borkenkäferbefalls entstanden. Interessanterweise profitierten nicht nur Artengruppen, die im Offenland leben, sondern auch viele Waldarten von den Zusammenbrüchen des Altwaldes. Dies gilt besonders für die Vogelwelt: Typische Arten der Kulturlandschaft wie Gartenrotschwanz und Baumpieper, Neuntöter und Dorngrasmücke erreichen hier hohe Bestandsdichten; und selbst Wendehälse haben sich in diesen Flächen angesiedelt.

Eine gleichermaßen überraschende wie faszinierende Entdeckung machten die Forscher im Nationalpark im Rahmen eines Schutzprogramms für das Auerhuhn. Nachdem dessen Bestände im Nationalpark seit dem Zweiten Weltkrieg kontinuierlich zurückgegangen waren, entschloss man sich dazu, Auerhühner aufwändig zu züchten, für das Überleben in Freiheit zu trainieren und schließlich auszusetzen. Trotz aller Bemühungen kam es zunächst nicht zu einer Vermehrung der Bestände. Im Zuge des Borkenkäferbefalls befürchteten viele Experten überdies, der Auerhuhn-Bestand werde stark zurückgehen. Damals ging man davon aus, die Tiere benötigten alte Fichtenwälder zum Überleben. In Wirklichkeit nutzten Auerhühner die entstandenen Borkenkäferflächen und die verbliebenen Altbäume als Schlaf- und Nahrungsbäume. Mit 550 nachgewiesenen Tieren gab es im Jahr 2017 einen Bestand, der hoch genug ist, um das langfristige Überleben der Populationen zu sichern.

Zu den Gewinnern der natürlichen Entwicklung im Nationalpark gehören außerdem der weltweit seltene Dreizehenspecht, der im Nationalpark optimale Lebensbedingungen findet und auf frisch vom Borkenkäfer zum Absterben gebrachte Fichten spezialisiert ist; außerdem der als »Urwaldspecht« bekannte Weißrückenspecht sowie zahlreiche Baumhöhlenbrüter wie Hohltauben, Sperlings- und Raufußkäuze. Sie alle profitieren davon, dass die Höhlenbäume im Nationalpark allesamt erhalten bleiben (in manchen Teilen existieren mehr als fünf pro Hektar). Ganz offensichtlich hat der kleinflächige Wechsel von dunklen Wäldern und offenen Borkenkäferflächen mit hohem Totholzangebot die Artenvielfalt maßgeblich erhöht. Schätzungen gehen davon aus, dass im Jahr 2020 im Nationalpark mindestens 14 000 Arten vorkommen.

Viele Forstexperten hatten davor gewarnt, dass sich die Hochlagenfichtenwälder nach der Borkenkäferentwicklung nicht mehr verjüngen würden, dass die Nitratkonzentration in den Gewässern problematische Werte erreichen und der Grundwasserspiegel sinken werde. Keine der düsteren Prognosen und Befürchtungen ist eingetreten. Im Gegenteil. Der Wald hat sich verjüngt wie nie zuvor, und durch die geringere Verdunstung in Totholzflächen liegt der Wasserspiegel in Trockenjahren heute beträchtlich höher als in Vergleichsgebieten, in denen der Wald noch »intakt« war. Überraschende Ergebnisse lieferten auch eine Reihe von Forschungen zur CO_2 Bilanz: Von Naturschutzgegnern war immer wieder unterstellt worden, Nationalparks seien schlecht für die Klimabilanz, da sich das Holz im Naturwald zersetzt und CO_2 abgibt. Komplexe Berechnungen und Forschungen aus dem Nationalpark belegen dagegen, dass es keine signifikanten Unterschiede in der Gesamtbilanz zwischen bewirtschafteten und nicht bewirtschafteten Wäldern gibt.

Dennoch wäre es falsch, verfrühte Lobeshymnen auf die Ökologie des Bayerwaldes anzustimmen, – als wäre fünfzig Jahre nach seiner Gründung die Welt

Abb. 6
Der Weißrückenspecht ist ein echter »Urwaldzeiger« und kommt mit wenigen Brutpaaren im Nationalpark Bayerischer Wald vor.

des Nationalparks fest geordnet und stabil. Vor allem der Klimawandel stellt das Management des Parks und die Forschung vor neue Herausforderungen. So sind die Apriltemperaturen innerhalb der letzten drei Jahrzehnte um vier Grad angestiegen; und die Vegetationsperioden sowie der Abfluss des Schmelzwassers und der Grundwasserspiegel unterliegen merklichen Änderungen. Pilze, Tiere und Pflanzen reagieren unterschiedlich auf diese Entwicklung, und einige Vögel und Insekten bevölkern nun plötzlich Höhenlagen, denen sie bisher ferngeblieben waren. Auf Gipfelbereiche spezialisierte Arten – wie Bergglasschnecke, Siebenstern oder Ringdrossel – laufen Gefahr, im Bayerwald zu verschwinden. Andererseits sind mit dem Mink, dem Marderhund und dem Drüsigen Springkraut invasive Arten in das Schutzgebiet eingewandert, die es bislang nicht gab. Am nachhaltigsten drohen kleine, für den Naturparkbesucher unsichtbare Lebewesen die Ökologie des Waldes zu stören. Das Eschentriebsterben hat sich rasant ausgebreitet, Ulmen sind zum großen Teil bereits abgestorben, und mit dem Großen Amerikanischen Leberegel ist ein Saugwurm in den Park gelangt, der sich in der Leber von Hirschen einnistet. Wenn die Eier des Wurms von Schlammschnecken gefressen werden, scheiden diese mikroskopisch kleine Würmer (Zerkarien) aus, die beim Verzehr durch Rotwild die körperliche Verfassung der Hirsche beeinträchtigen und für Rehe oft tödlich sind. Damit könnte ein kleines Lebewesen tiefgreifende Auswirkungen auf das gesamte Ökosystem haben, denn Rehe sind auch das Hauptbeutetier der Luchse. Wenn diese nichts mehr zu Fressen haben, könnte deren Bestand im Nationalpark zurückgehen. Und so fort.

Neue Perspektiven durch diesen Band

Die Aufsätze im vorliegenden Band bieten eine Fülle neuer Perspektiven zum Verständnis von Geschichte und Politik, Kultur und Ökologie des Nationalparks Bayerischer Wald. *Urwald der Bayern* ist der erste Sammelband zu einem europäischen Nationalpark, der Forschungsperspektiven aus den Sozial-, Geistes- und Naturwissenschaften sowie Erinnerungen von Zeitgenossen vereint.

Im ersten Teil – Geschichte und Politik – beleuchten vier Historikerinnen und Historiker eine Reihe bislang weitgehend unbekannter politischer Aspekte der Nationalparkentwicklung. Im ersten Kapitel beschreibt Maximilian Stuprich die bayerischen und deutschen Bemühungen um den Naturschutz von der Ära des Kaiserreichs bis zur Zeit des Nationalsozialismus. Immer wieder ist behauptet worden, die Nationalsozialisten hätten radikal neue gesetzliche Richtlinien und Pläne für den Naturschutz etabliert. Stuprich zeigt dagegen, dass die fünf Nationalparkprojekte der NS-Zeit (mit Ausnahme des Höllengebirg-Projekts) exakt den Vorarbeiten des Vereins Naturschutzpark zur Zeit der Weimarer Republik entsprachen, und dass das NS-Regime den »Deckmantel des Naturschutzes« dafür instrumentalisierte, Pläne für die Expansion des Reichs nach Osten zu kaschieren. Das zeitlich und geographisch weit ausgreifende zweite Kapitel antwortet auf das Eröffnungskapitel: Bernhard Gißibl zeigt, dass man die Geschichte des Nationalparks im Bayerwald nur in internationaler Perspektive verstehen kann. Er beleuchtet die transatlantischen und europäischen Vorgänger und Vorbilder des bayerischen Parks, die internationalen Standardisierungs- und Werbeinitiativen, hebt die Bedeutung der Nationalparkdebatte in Ostafrika hervor und er provoziert mit der These, dass Deutschlands erster Nationalpark in Wirklichkeit ein »Transnationalpark« sei, da die Genese aufs Engste mit den Entwicklungen auf tschechischer Seite verbunden ist.

Wie unterschiedlich die Vorstellungen vom Nationalpark Bayerischer Wald anfangs waren und wie schwierig sich der Weg zur Realisierung des Parks darstellte, wird im Kapitel von Ute Hasenöhrl deutlich. Die Autorin hebt hervor, dass die ursprünglichen Planungen von einer Tierfreistätte, nicht von einem Waldschutzgebiet, ausgingen; dass die Forstwirtschaft das Projekt unerbittlich bekämpfte, da man eine Förderung der Fauna auf Kosten der Flora und in deren Folge »Waldverwüstungen« durch Tiere im großen Stil befürchtete. Ins Zentrum ihres Beitrags stellt sie die Medien- und Öffentlichkeitskampagnen der Naturschützer sowie die (für damalige Verhältnisse) »revolutionären« Spendenaufrufe für den Park. Für die Realisierung des Parks waren nach ihrer Meinung neben der deutschlandweit positiv gestimmten Öffentlichkeit die Ankündigung des Europäischen Naturschutzjahrs 1970 verantwortlich sowie der Wechsel im bayerischen Landwirtschaftsministerium, das mit Hans Eisenmann an der Spitze einen entschiedenen Parkbefürworter fand.

In ihrem Beitrag zum Bayerischen Wald und zum tschechischen Šumava bringt Pavla Šimková ans Licht, welche Schwierigkeiten und Konflikte sich hinter der Kulisse einer gemeinsamen Nationalparkgeschichte, hinter der Rhetorik vom »Grünen Dach Europas« und von grenzüberschreitender Ökologie und transnationalem Tourismus in den letzten dreißig Jahren aufgetan haben. Ihr Beitrag demonstriert, wie stark die Umwelt- und Nationalparkpolitik der Tschechischen Republik fluktuiert, wie unberechenbar sie demnach ist und wie sehr sie von den politischen Vorgaben der jeweiligen Regierungen in Prag abhängt.

Der zweite Teil des Bandes – überschrieben mit Kulturelle Perspektiven, wobei der Begriff »kulturell« absichtlich weit gefasst ist – beginnt mit einem Kapitel zur heimischen Bevölkerung, der »Waldler«, ihrer historischen Arbeits- und Lebenswelt, ihrer Identifikation mit dem Wald und ihrer Einstellung gegenüber dem Nationalpark. Christian Binder erklärt die anfangs tiefe Abneigung, – bis hin zum Vorwurf des »Ökofaschismus« – die die alteingesessene Bevölkerung der Einrichtung und der Ausweitung des Parks entgegenbracht hat. Er zeigt aber auch, dass die Ressentiments im Laufe der Zeit verblasst sind, und dass der Nationalpark insbesondere für die jüngere Generation zum positiv konnotierten Teil des eigenen Heimatbildes geworden ist. Im Kapitel »Käferkämpfe« nehmen Martin Müller und Nadja Imhof die Konflikte um eine Waldlandschaft in den Blick, die sich infolge der natürlichen Störung durch den Borkenkäfer zur Wildnis entwickelt hat. Sie betonen die symbolische wie auch die politische Bedeutung der Landschaftstransformation und erklären wie es dazu kommen konnte, dass sich der Borkenkäfer in der kollektiven Perzeption vom Schädling zum kreativen Schöpfer entwickelt hat und wie die ursprünglich als zerstört wahrgenommene Landschaft dementsprechend zur wünschenswerten Waldwildnis wurde. Der Beitrag von Zhanna Baikmukhamedova untersucht die kulturellen Repräsentationen von Rotwild, Wolf und Luchs und die Konflikte um die Rückkehr wilder Tiere in den Bayerischen Wald. Sie plädiert dafür, die Tiere nicht nur als biologische Lebewesen zu sehen, sondern auch als das, was sie für Menschen »bedeuten«; nicht nur als Ursache für die Konflikte, sondern auch als Symptom einer tiefergehenden Problematik. Mit der Wilderei wollten die Betroffenen oftmals eine Botschaft übermitteln, die auf anderem, weniger drastischen Weg nicht angekommen sei. Insgesamt wirbt sie angesichts des Verlusts der Artenvielfalt für einen verständnisvollen Dialog zwischen den Einheimischen und der Nationalparkverwaltung. Im Kapitel über die Akzeptanz des Nationalparks zeigt Hubert Job, dessen Beitrag auf einschlägigen empirischen Untersuchungen beruht, dass das Stimmungsbild bei der lokalen Bevölkerung sich im Laufe der letzten zwei Jahrzehnte deutlich verbessert hat; dies gelte sowohl für die Akzeptanz des Parks selbst als auch für die Nationalparkverwaltung. Während die Bevölkerung im unmittelbaren Umfeld des Parks im Gegensatz zu entfernter wohnenden Befragten Ende der 1980er Jahre dem Park noch deutlich ablehnend gegenüberstand, haben sich die regionalen Meinungsunterschiede seither weitgehend ausgeglichen. Die Bevölkerung, so das Fazit, habe sich an den Park gewöhnt und sei zunehmend stolz darauf in der Nachbarschaft des Nationalparks zu leben.

Im Kapitel zur Ökonomie des Nationalparks beschäftigt sich Marius Mayer mit Fragen der Wirtschaftlichkeit und Vermarktung des Parks. Der theoretisch unterfütterte Beitrag zeigt, wo es in Schutzgebieten zu Gewinnen kommt und wo umgekehrt Verluste zu verzeichnen sind. Volkswirtschaftlich gesehen wäre der

Park demnach ein Verlustgeschäft, wenn nur ausländische Gäste in die Rechnung einbezogen würden. Andererseits kommt die Untersuchung zum Ergebnis, dass der Nationalpark vor allem für die Region selbst Vorteile bringe, da hier nahezu doppelt so viele Personen tätig seien wie in der staatlichen Forstwirtschaft; außerdem sei die touristische Wertschöpfung deutlich größer als die von forstwirtschaftlich genutzten Wäldern.

Im Kapitel über das Leitbild des Nationalparks, »Natur Natur sein lassen«, diskutieren Thomas Michler und Erik Aschenbrand die Genese, Verbreitung und praktische Anwendung des von Hans Bibelriether geprägten Mottos, das in fünfzehn von sechzehn deutschen Nationalparks Verwendung findet. Während das Leitbild suggeriert, dass Naturschutzeingriffe (etwa zum Schutz von Arten) zugunsten maximaler Unberührtheit ausgeschlossen sein sollen, zeigen die beiden Autoren, dass die Managementpraxis in den Nationalparks deutlich differenzierter ausfällt und nicht auf reinen Prozessschutz fixiert ist. Im Anschluss an Diskussionen um Wildnis, wie sie seit langem in den USA geführt werden, plädiert der Beitrag dafür, das Konzept einer sich selbst überlassenen Natur nicht zu romantisieren. Gleichzeitig konzedieren die Autoren, dass der Naturschutz-Slogan gesellschaftlich anschlussfähig sei und einen Teil der Popularität des Schutzgebiets Bayerischer Wald begründe.

Der dritte Teil des Bandes – Philosophische Reflexionen – steht ganz im Zeichen des »Anthropozäns« oder »Menschenzeitalters«, eines Begriffs, der darauf verweist, dass sich der Einfluss des Menschen tief in die Erdoberfläche eingeschnitten hat, dass anthropogene Produktionen und Manipulationen die Oberfläche der Erde in den letzten Jahrzehnten stärker verändert haben als dies Vulkane, Tsunamis und Erdbeben tun, so dass der Mensch, mit anderen Worten, von einem historischen Akteur zu einem signifikanten Faktor der planetaren Geologie geworden ist.

Im Kapitel zur Philosophiegeschichte bietet Christina Pinsdorf eine Tour d'horizon durch die Geschichte naturphilosophischer, naturästhetischer und naturethischer Dimensionen von Wildnis. Sie verweist unter anderem auf die Relevanz der Philosophen der Romantik, allen voran Friedrich Wilhelm Joseph Schelling, der für eine Wiederverzauberung der Natur und für eine Überwindung des Natur-Kultur-Dualismus geworben hat. Sie hebt die Bedeutung des romantischen Gefühls des Erhabenen hervor, das auch in den Naturwäldern des Bayerischen Waldes ausgelöst werden könne. Sie führt die Ansicht ins Feld, dass die US-amerikanische *wilderness idea* Anknüpfungspunkte für das Verständnis der Wildnisentwicklung in Deutschland biete, und sie kritisiert die Gegehegehaltung von Wildtieren aus der Perspektive von Tierethik und Wildnisphilosophie. Weiterhin konstatiert sie, dass ästhetische Vorstellungen, ethische Appelle sowie ökologische Ansätze, jenseits von Nutz- und Zweckdenken, auch im Zeitalter des Anthropozäns möglich sind.

Aus den sozialen, ökologischen und psychologischen Erfordernissen der Gegenwart heraus entwickelt Bernhard Malkmus im Kapitel »Lernorte des Lebens« eine originelle Naturschutzphilosophie und einen Forderungskatalog an Schutzgebiete. Ein Nationalpark sollte demnach erstens Lebensräume vor menschlichen Eingriffen schützen; zweitens individuelles Erleben von weit in die Erdgeschichte zurückreichenden Entwicklungen und Wechselwirkungen fördern, und drittens einen öffentlichen Raum schaffen, der eine kritische Auseinandersetzung mit der technologisch veränderten Lebenswirklichkeit im Anthropozän ermöglicht. Damit kommt dem Nationalpark eine zentrale gesellschaftliche Funktion zu: Der Besucher von Schutzgebieten solle sich »als Teil der Natur spüren« und gleichzeitig »die Andersheit der Natur« erfahren. Es gehe darum, im Bildungsort Nationalpark dem Verlust von Naturerfahrung entgegenzuwirken, da dieser einen Verlust von Verantwortungsgefühl mit sich bringt.

Der vierte und letzte Teil des Bandes – überschrieben mit Rückblicke und Ausblicke – widmet sich dem Nationalpark Bayerischer Wald aus der Perspektive führender Zeitzeugen und Wissenschaftler, die wesentlich zur Realisierung und zum Erfolg des Nationalparks beigetragen haben. Im ersten der vier Kapitel kommt Wolfgang Haber zu Wort, dessen Gutachten im Auftrag des Deutschen Rats für Landespflege den Weg zum Nationalpark wie kein anderes Dokument in einer schwierigen Situation überhaupt erst geebnet hat. Habers Rückblick zeigt, welche Überlegungen ihn Anfang 1968 dazu bewogen hatten, einen »Wald-Nationalpark« als neuartige Kategorie vorzuschlagen. Nur zwei Jahrzehnte nach Ende der nationalsozialistischen Herrschaft und angesichts der Tatsache, dass die ultrarechte NPD vor allen anderen Parteien für einen »Nationalpark« eingetreten war, vermied Haber damals den heute selbstverständlichen Begriff ganz ausdrücklich.

Von großer Bedeutung für die Realisierung einer naturnahen Ausrichtung des Nationalparks war ein zweites Gutachten – das des Forstwissenschaftlers Ulrich Ammer, der beschreibt, wie der ökologische Wert des Waldes von ihm und seinem Team an der Münchner Universität berechnet wurde. Ammer setzte einen, auch von der Öffentlichkeit mitgetragenen, Kompromiss durch, wonach der Holzeinschlag auf dem Gebiet des Nationalparks um mehr als 10 000 Festmeter pro Jahr gesenkt werden konnte. Auf der Basis des Ammer-Gutachtens gelang es, die ökologisch hochwertigen Bestände des Waldes zu identifizieren und damit auf lange Sicht zu erhalten.

Einer der Pioniere im jungen Nationalpark-Team in den Gründungsjahren war Wolfgang Scherzinger. In seinem Kapitel beschreibt er rückblickend die Schwierigkeiten bei der historischen Transformation eines Wirtschaftswaldes in einen »Urwald für Morgen«. Er beleuchtet dabei nicht nur die öffentliche Diskussion um den Park und die Kritik von außen, sondern auch die Konflikte, die sich im Innern auftaten (etwa zwischen dem Nationalpark-Amt und dem Nationalpark-Forstamt) und die Unsicherheit, die aufgewühlte Stimmung und die emotionale Belastung, der die Mitarbeiter und die Verwaltung des Nationalparks zu Zeiten der Borkenkäferkrise ausgesetzt waren. Im Abschlusskapitel kommt schließlich der erste Leiter des Nationalparkamtes, Hans Bibelriether, zu Wort. Aus der Erinnerung beschreibt er seinen Werdegang als Forstmann, sein Verhältnis zur Bevölkerung im Bayerwald, Konflikte und Krisen in der Nationalparkgeschichte, die Beziehungen zu den Kollegen auf der anderen Seite des Eisernen Vorhangs und die (unter anderem religiösen) Beweggründe, die ihn durchgängig dazu motiviert haben, am Leitbild »Natur Natur sein lassen« festzuhalten. Darüber hinaus plädiert er mit Nachdruck dafür, von der bayerischen Landfläche wenigstens zehn bis fünfzehn Prozent der Natur zu überlassen.

Im Jubiläumsjahr, fünfzig Jahre nach Gründung des Nationalparks, kommt dem vorliegenden Buch nicht zuletzt die Aufgabe zu, die Geschichte des Parks zu dokumentieren und zu deren Verständnis beizutragen. Die einzelnen Kapitel des Bandes sind so angelegt, dass sie je für sich allein stehen können. Gleichzeitig fügen sie sich als Mosaik zu einem größeren Ganzen zusammen. Auch wenn kaum eine Leserin oder ein Leser den Band von vorn bis hinten in einem Zug durchlesen wird, sind die einzelnen Kapitel doch wie an einer Kette aufgereiht und aufeinander abgestimmt. Zusammengenommen beantworten sie die Fragen nach dem »warum« und dem »wie« der Entstehung und Realisierung des Nationalparks. Die verschiedenen Facetten und die unterschiedlichen disziplinären Perspektiven machen erstmals und eindrücklich deutlich wie sehr Ideen und Politik, Wahrnehmung und Durchführung, Natur und Kultur in der Geschichte des Parks miteinander verwoben sind. Sie zeigen wie prekär und instabil das Projekt Nationalpark über weite Strecken war und sie machen deutlich, dass nicht nur der Mensch, sondern auch die Natur – nicht nur Gutachter und Politiker, nicht nur Kommunen und Touristen, sondern auch Käfer, Luchse und der Klimawandel – den Fortlauf der Menschheitsgeschichte bestimmen können.

Die wichtigsten Ziele dieses Bandes wären erfüllt, wenn erkennbar würde, dass Deutschlands erster Nationalpark dazu beitragen kann, dass der *Urwald der Bayern* nicht nur eine Landschaft ist, sondern auch das Leben von Besucherinnen und Besuchern verzaubern kann, indem sie aus ihren kontrollierten Alltagszusammenhängen ausbrechen und über die Abläufe in der Natur nachdenken; und wenn wir erkennen, dass fünfzig Jahre Nationalpark ein Meilenstein in der Naturschutzpolitik und -arbeit sind, der mit dazu beitragen kann, das Fortbestehen des Planeten für künftige Generationen zu sichern.

Unser Dank gilt zuallererst den Autorinnen und Autoren des Bandes, die ihre Texte trotz anderer Verpflichtungen termingerecht geliefert haben und in einigen Fällen harte redaktionelle Eingriffe (vereinfachte Formulierungen, radikale Kürzungen und das Ausmerzen von Fachvokabular) über sich ergehen lassen mussten. Weiterhin danken wir den beiden Institutionen, denen wir angehören – dem Nationalpark Bayerischer Wald und dem Rachel Carson Center für Umwelt und Gesellschaft (RCC) der Ludwig-Maximilians-Universität München – für die substanzielle Unterstützung des Projekts, und dabei insbesondere der RCC-Mitarbeiterin Stefanie Schuster MA, die es übernommen hat die Texte final zu redigieren und das umfangreiche Register für den Band zu erstellen. Schließlich gilt unser Dank dem Verlag, allen voran Herrn Daniel Sander von Vandenhoeck & Ruprecht, der den *Urwald der Bayern* von Anfang an mit Interesse begleitet hat.

Weiterführende Literatur

Bässler, Claus, Peter Karasch, und Franz Leibl. »»The forgotten kingdom« im Naturschutz: Großschutzgebiete zum Erhalt der Diversität holzbewohnender Pilze« in *Biologie in unserer Zeit* 48, 6 (2018), 374–381.

Bässler, Claus und Jörg Müller. »Importance of natural disturbance for recovery of the rare polypore Antrodiella citrinella Niemelä & Ryvarden« in *Fungal Biology* 114, 1 (2010), 129–133.

Beudert, Burkhard et al. »Bark beetles increase biodiversity while maintaining drinking water quality« in *Conservation Letters* 8, 4 (2015), 272–281.

Beudert, Burkhard und Franz Leibl. »Zur Klimarelevanz von Wirtschafts- und Naturschutzwäldern« in *AFZ/Der Wald* 4 (2020), 34–37.

Bibelriether, Hans. *Natur Natur sein lassen: Die Entstehung des ersten Nationalparks Deutschlands: Der Nationalpark Bayerischer Wald*. Freyung 2017.

Chaney, Sandra. *Nature of the Miracle Years: Conservation in West Germany, 1945–1975*. New York 2008.

Gissibl, Bernhard, Sabine Höhler und Patrick Kupper, Hg. *Civilizing Nature: National Parks in Global Historical Perspective*. New York 2012.

Haversath, Johann-Bernhard. *Kleine Geschichte des Bayerischen Waldes: Mensch – Raum – Zeit*. Regensburg 2015.

Heurich, Marco und Markus Neufanger. *Die Wälder des Nationalparks Bayerischer Wald: Ergebnisse der Waldinventur 2002/2003 im Geschichtlichen und Waldökologischen Kontext*. Grafenau 2005.

Heurich, Marco und Karl Sinner. *Der Luchs: die Rückkehr der Pinselohren: Nationalpark Bayerischer Wald*. Amberg 2012.

Mauch, Christof. *Mensch und Umwelt: Nachhaltigkeit aus historischer Perspektive*. München 2014

Müller, Jörg et al. »Die Rückkehr des Habichtskauzes in den Bayerischen Wald« in *Der Falke* 61 (2014).

Müller, Jörg et al. »Learning from a ›benign neglect strategy‹ in a national park: Response of saproxylic beetles to dead wood accumulation« in *Biological Conservation* 143, 11 (2010), 2559–2569.

Müller, Jörg und Rainer Simonis. »40 Jahre Waldnationalpark aus der Vogelperspektive« in *AFZ/Der Wald* 15 (2010), 43–45

Nationalparkverwaltung Bayerischer Wald, Hg. *Biologische Vielfalt im Nationalpark Bayerischer Wald – Sonderband der Wissenschaftlichen Schriftenreihe des Nationalparks Bayerischer Wald*. Grafenau 2011.

Nationalparkverwaltung Bayerischer Wald, Hg. *Wilde Waldnatur. Der Nationalpark Bayerischer Wald auf dem Weg zur Waldwildnis*. Grafenau 2000.

Pöhnl, Herbert. *Der halbwilde Wald: Nationalpark Bayerischer Wald: Geschichte und Geschichten*. München 2012.

Scherzinger, Wolfgang. *Artenschutzprojekt Auerhuhn im Nationalpark Bayerischer Wald von 1985–2000 – Nationalpark Bayerischer Wald Wissenschaftliche Reihe* 15. Grafenau 2003.

Sperber, Georg. »Entstehungsgeschichte eines ersten deutschen Nationalparks im Bayerischen Wald« in *Natur im Sinn: Beiträge zur Geschichte des Naturschutzes*, herausgegeben von Stiftung Naturschutzgeschichte. Essen 2001, 63–115.

Weinzierl, Hubert et al., Hg. *Nationalpark Bayerischer Wald*. Grafenau 1972.

Wotschikowsky, Ulrich. *Rot- und Rehwild im Nationalpark Bayerischer Wald – Wissenschaftliche Schriftenreihe des Nationalparks Bayerischer Wald* 7. München 1981.

GESCHICHTE UND POLITIK

Wie die Nationalparkidee in den Bayerischen Wald kam

Maximilian Stuprich

Die Anfänge der Naturschutzbestrebungen in Deutschland reichen wenigstens bis ins späte 19. Jahrhundert zurück. Sie können als Reaktion auf jene anhaltenden Globalisierungs- und Industrialisierungsschübe in Europa gesehen werden, die um die Jahrhundertwende eine breite gesellschaftliche Verunsicherung und die »erste Krise der Moderne« ausgelöst hatten.[1] In Deutschland setzte seit der Reichsgründung 1871 eine Phase der Hochindustrialisierung ein, die fast das gesamte Reichsgebiet erfasste. Besonders das rasante Wachstum der Großstädte war deutlich spürbar. Fabrikgebäude, Begradigungsmaßnahmen, Straßen und Stromleitungen erreichten auch die ländlichen Gegenden. »Ödländer wurden aufgeforstet, Feuchtgebiete drainiert und Fichtenmonokulturen wuchsen nun in größerer Zahl.« Mensch und Natur wurden einander zunehmend fremd, der Gegensatz von Stadt und Land dagegen zunehmend sichtbar. Das Industrielle Zeitalter erschien in »Schnelligkeit und Radikalität seiner Entwicklung« nun wirklich als Revolution. Gleichzeitig bestimmte die Sehnsucht nach unberührter Natur mehr und mehr das Freizeitverhalten. So entstand um die Jahrhundertwende die Heimatbewegung, die auch den Naturschutz in ihr Programm aufgenommen hatte.[2]

Naturschutz in Preußen

Den Anstoß gab 1898 der Abgeordnete Wilhelm Wetekamp vor dem Preußischen Landtag. In einer vielzitierten Rede wies er ausdrücklich auf das wichtige Vorbild der riesigen amerikanischen National Parks hin. Er forderte für Deutschland mehrere kleine »Staatsparks«, um »einen Theil unseres Vaterlandes in der ursprünglichen, naturwüchsigen Form zu erhalten«.[3]

> Wenn etwas wirklich Gutes geschaffen werden soll, [erklärte Wilhelm Wetekamp] so wird nichts übrig bleiben, als gewisse Gebiete unseres Vaterlandes zu reserviren, ich möchte den Ausdruck gebrauchen: in Staatsparks umzuwandeln […] deren Hauptcharakteristikum ist, daß sie unantastabar sind. Dadurch ist es möglich, solche Gebiete, welche noch im natürlichen Zustande sind, in diesem Zustande zu erhalten, oder auch in anderen Fällen den Naturzustand einigermaßen wiederherzustellen.[4]

Abb. 1
Wilhelm Wetekamp, Pionier des Naturschutzes in Preußen.

Wetekamps Wunsch nach »Staatsparks« für den Naturschutz war eine Variante der Nationalparkidee, die in den USA, insbesondere mit dem Yellowstone National Park, begonnen hatte und sich über Australien, Neuseeland und Kanada fortsetzte. Im Gegensatz zu den internationalen Vorbildern trat für Wetekamp allerdings der Erholungsaspekt deutlich hinter dem Naturschutzgedanken zurück. In seiner Vorstellung galt es in erster Linie den Naturzustand von Flora und Fauna wiederherzustellen. Wetekamps Rede wirkte als Katalysator sowohl für die Nationalparkidee als auch für die Entwicklung des staatlichen Naturschutzes. Die preußische Regierung beauftragte den Botaniker Hugo Conwentz ein Konzept für Preußens Naturdenkmäler zu entwickeln und eine entsprechende Denkschrift zu verfassen. Hier wurden die Weichen für den staatlichen Naturschutz in Preußen gestellt.[5]

Mit seiner Denkschrift stellte Conwentz nicht großflächige Nationalparke, sondern kleinräumige Naturdenkmäler in den Mittelpunkt. Die Natur sollte so in vielen kleinen Einzelelementen bewahrt werden.[6] Hauptargument für das Konzept der Naturdenkmäler waren die geringen staatlichen Kosten. Enttäuschte Vertreter des Bundes Heimatschutz kritisierten diesen »conwentzionelle Naturschutz« scharf.[7] Davon unbeeindruckt wurde Hugo Conwentz einer der einflussreichsten Naturschützer seiner Zeit. Durch sein Konzept der Naturdenkmäler beeinflusste er nachhaltig die Gründungen früher Naturschutzorganisationen in den Niederlanden, der Schweiz, Schweden, Italien und Frankreich.[8] Auch im bayerischen Innenministerium sah man 1904 Conwentz' Schrift als »eine höchst wertvolle Grundlage für die Verhandlungen der bayerischen Regierung«.[9]

Der Bayerische Landesausschuss für Naturpflege

In Bayern forderten zahlreiche Naturschutzvereine eine gesetzliche Regelung der Naturschutzbelange und wandten sich deswegen mit zunehmendem Druck an die Regierung. Auf Grundlage von Conwentz' Denkschrift wurden daraufhin im bayerischen Innenministerium Vorschläge ausgearbeitet. Diese sahen keinesfalls eine kostspielige gesetzliche Regelung, sondern die Bündelung der vorhandenen Kräfte vor. Vertreter der geeigneten Vereine wurden 1905 im Landesausschuss für Naturpflege zusammengeführt, um die Regierung in Fragen des Naturschutzes beratend zu unterstützen. Den Vorsitz übernahm zunächst die Alpenvereinssektion München.[10]

Der Kreis dieser Akteure entsprach dem bayerischen Politikverständnis der Zeit, die auf eine »enge Verflechtung der bürgerlichen Bildungs-, Wirtschafts- und Beamtenelite« setzte. Der Umwelthistoriker Richard Hölzl bezeichnet die Funktion des Landesauschusses deshalb als »eine Art Clearing-Stelle«. Bürger und Vereine konnten hier ihre Anliegen an die Regierung herantragen. Die unterschiedlichen Naturschutzgedanken, sollten »nicht in der Öffentlichkeit ausgetragen werden, sondern in kleiner Runde und unter Vermittlung ›unparteiischer‹ Verwaltungsbeamter gelöst werden«.[11]

Der Landesausschuss für Naturpflege versuchte zunächst die Verbreitung des Naturschutzgedankens durch eine dafür geeignete Schrift.[12] Professor Max Haushofer, Mitgründer des Deutschen Alpenvereins, vielseitiger Schriftsteller und seit 1880 Professor für Nationalökonomie und Statistik in München, veröffentlichte dementsprechend im Jahr 1906 ein kleines Buch mit dem Titel *Der Schutz der Natur*, das in großer Auflage Verbreitung fand. »Am großartigsten wirkt der Naturschutz dort«, schrieb Haushofer, »wo ganze Landschaften in ursprünglicher Pracht erhalten werden, wie die riesigen Nationalparks in Nordamerika [oder] das Urwaldstück des Fürsten Schwarzenberg im Böhmerwalde.«[13] Haushofer stellte dem bekannten Beispiel der staatlichen amerikanischen Nationalparks damit das kleinere, lokale Beispiel eines aristokratisch geschützten Urwaldgebietes aus dem bayerisch-böhmischen Grenzgebiet an die Seite.

Die Umsetzung der Nationalparkidee und Erfahrung der Wildnis waren demnach auch an Bayerns niederbayerischer Grenze möglich. Eine deutlich konkretere Herangehensweise an die Nationalparkidee verfolgte der Verein Naturschutzpark, der genau im Mittelgebirge des Bayerischen Waldes ein großes Gebiet unter Schutz stellen wollte.

Der Verein Naturschutzpark

Der Verein Naturschutzpark war einer der wenigen frühen Naturschutzvereine, der deutschlandweit agierte. Darüber hinaus hatte er viele Mitglieder in Österreich. Ziel des Vereins war die »Schaffung und Verwaltung großer Parke, um die Natur in ihrem urwüchsigen Zustand zu erhalten«.[14] Abgesehen von der privaten Initiative vertrat der Verein damit fast wortwörtlich Wetekamps Vorstellung der Nationalparkidee.

Zwischen 1909 und 1914 erfreute sich der Verein großer Popularität. In den publizierten Namenslisten seiner Unterstützer tauchten zahlreiche berühmte Naturforscher, Gelehrte, Schriftsteller und Künstler auf. Der Verein warb aktiv auf verschiedensten Veranstaltungen für seine Pläne und veröffentlichte 1910 eine äußerst auflagenstarke Werbeschrift mit dem Titel »Naturschutzparke in Deutschland und Österreich, ein Mahnwort an das deutsche und österreichische Volk« (Abb. 2). Der Vorsitzende des Vereins, Gutsbesitzer Erwin Bubeck, hatte dabei drei große Parke im Auge: Einen Hochgebirgspark in den österreichischen Alpen, einen Park in der Tiefebene Norddeutschlands und einen Mittelgebirgspark in Süddeutschland.[15]

Abb. 2
Titelseite Naturschutzparke in Deutschland und Österreich, Stuttgart 1910.

Nachdem der Verein in seinen ersten Flugblättern noch verschiedenste Konzepte angeboten hatte, stellte er 1911 eine klare und fortschrittliche Nationalparkidee vor: »Die Parke müssen groß genug sein, um eine Scheidung in ein unter der nötigen Aufsicht allgemein zugängliches Gebiet und einen engeren Schutzbezirk, der nur zu Forschungszwecken betreten werden darf, zu ermöglichen.« Man ging auch von steigendem Fremdenverkehr und dementsprechenden volkswirtschaftlichen Vorteilen für die jeweiligen Regionen aus.[16]

Das war ein äußerst wichtiges Argument für die Einrichtung eines Naturschutzparks im Mittelgebirge des Bayerischen Waldes. Während nämlich der Fremdenverkehr in München und den bayerischen Alpen 1909 »eine Entwicklung nach aufwärts genommen hatte, wie noch nie zuvor« war der Tourismus im Bayerischen Wald noch kaum ausgebaut. Die *Augsburger Abendzeitung* berichtete:

> Der Mittelgebirgspark ist im Bayerischen Walde geplant, es soll wie wir hören, hierfür das Gebiet am Falkenstein bei Zwiesel ausersehen sein. Dieses Gelände ist ein prächtiges Urwaldgebiet, wie es geeigneter für die Zwecke eines Naturschutzparkes wohl in keinem deutschen Mittelgebirge anzutreffen ist. Es ist nur zu wünschen, daß der Verein Naturschutzpark in allen Kreisen des Volkes und besonders bei den in Betracht kommenden Stellen und Behörden die Unterstützung finden möge, die sein ideales Streben sicherlich verdient.[17]

1910 hielt ein Vertreter des Vereins Naturschutzpark auf Einladung zahlreicher Naturschutzvereine einen gutbesuchten Abendvortrag in Passau. Der Redner betonte, der Park solle keinesfalls verwahrlosen, es sollten im Gegenteil Wege angelegt und Aufsichtspersonal eingestellt werden. Am Ende der Veranstaltung traten zahlreiche Teilnehmer sogleich dem Verein Naturschutzpark bei.[18]

Trotz der Begeisterung der lokalen Bevölkerung wurden die Pläne für den Naturschutzpark allerdings zunächst nicht umgesetzt, denn der Landesausschuss für Naturpflege in Bayern war zu dem Schluss gekommen, dass die »Erwerbung eines größeren Gebietes […] allzugroße Summen« erfordere, »welche besser für andere Naturschutzzwecke zu verwenden wären; bei den jetzigen Verhältnissen wäre es außerdem nötig, einen Teil schon kultivierten Landes wieder in einen künstlichen Urzustand zu versetzen – […] auch könnte sich der für die Gegend erstrebte größere Fremdenverkehr mit der Ruhe und Unberührtheit eines Naturschutzgebietes kaum vertragen.«[19]

Auch der Verein Naturschutzpark beurteilte das Vorhaben eines deutschen Mittelgebirgsparks im Jahr 1912 als äußerst schwierig, »weil hier genügend umfangreiche und wohl abgerundete Gelände bei der großen Zerrissenheit und Zersplitterung des Grundbesitzes nur schwer zu erwerben sein werden«. Angesichts der hohen Bodenpreise war man deshalb über unverbindliche Vorverhandlungen nirgends herausgekommen.[20]

Erste Naturschutzgebiete im Bayerischen Wald 1914

Allerdings war der Wunsch nach einem Naturschutzgebiet im Bayerischen Wald weiterhin so stark verbreitet, dass die Ministerialforstverwaltung in München beschloss, dem Verlangen wenigstens ein Stück weit entgegen zu kommen:

> In den letzten Jahren sind in der Öffentlichkeit wiederholt Bestrebungen hervorgetreten, welche darauf abzielen, bedeutende Staatswaldteile im Gebiete des Grossen Falkenstein als Naturschutzpark dem forstlichen Betriebe zu entziehen. In solchem Umfange werden diese Bestrebungen keine Aussicht auf Verwirklichung haben können. Es wird aber zweckmässig sein, wenn die Staatsforstverwaltung aus eigener Initiative den als berechtigt anzuerkennenden Verlangen entgegenkommt, Teile des einzigartigen Waldgebietes, wie es der Bayerische Wald darstellt, in ihrer natürlichen, durch den Forstbetrieb möglichst wenig beeinflussten Gestaltung auch in Zukunft zu erhalten.
> Für solche Waldorte wäre jegliche Holznutzung auszuschliessen, soweit sie nicht etwa durch Rücksicherung des Forstschutzes notwendig würde; die Jagdausübung hätte darin vollständig zu ruhen; die Pflanzen und Tierwelt wäre vor Eingriffen aller Art nach Tunlichkeit zu schützen.[21]

Am 14. Januar 1914 beschloss die Regierung von Niederbayern daraufhin die Errichtung von fünf Naturschutzgebieten im Bayerischen Wald mit einer Fläche von insgesamt 381,7 Hektar.[22] Darunter auch das etwa 30 Hektar große Urwaldgebiet an der Mittelsteighütte. Dieses Gebiet, mit angeblich zum Teil über 300 Jahre altem Baumbestand, hatte auch der Verein Naturschutzpark als Kern eines seiner Schutzgebiete vorgesehen. Die Karte, die der Regierung von Niederbayern für das betreffende Naturschutzgebiet durch die Forstbeamten vorgelegt wurde, trug sogar die Bezeichnung »Naturschutzpark Mittelsteighütte«.[23] Am Ende entstanden zwar lediglich kleinere Naturschutzgebiete, diese waren aber ein bedeutender Schritt hin zum späteren Nationalpark Bayerischer Wald.

Der Schweizer Nationalpark 1914

Was der Verein Naturschutzpark in Bayern und Österreich vergeblich versuchte, gelang 1914 einer Gruppe von Naturschützern im Unterengadin, einem waldreichen Tal an der östlichsten Grenze der Schweiz. Die Gründung des ersten Alpennationalparks. Dabei ist bemerkenswert, dass die Entwicklung des organisierten Naturschutzes in der Schweiz zunächst parallel zu der in Deutschland stattfand, sich dann aber deutlich energischer und in Bezug auf die Nationalparkidee auch deutlich erfolgreicher durchsetzen konnte.

Mit der Nationalparkidee war in der Schweiz ein starkes patriotisches Element verbunden. Die Alpen selbst dienten 1914 bereits zur »nationalen Selbstbeschreibung«. Durch die Reiseberichte zahlreicher Schriftsteller wurde seit dem Ende des 18. Jahrhunderts »die Schweiz alpin und die Alpen zugleich schweizerisch«. Als internationales Reiseziel wurden sie während des 20. Jahrhunderts im Zeitalter des »grenzüberschreitenden bürgerlichen Massentourismus« zu einem wichtigen Teil der Schweizer Volkswirtschaft.[24] Grundlage der Nationalparkidee war in der Schweiz wie in den USA ein ähnliches Verständnis von *Wildnis*. Doch während im Yellowstone Park noch Reste amerikanischer Wildnis bewahrt werden konnten, ging man in der Schweiz davon aus, dass hier Wildnis erst wieder geschaffen werden musste. Der Nationalpark im Unterengadin machte es sich deshalb zur Aufgabe in einem großen und langfristigen Experiment »alpine Urnatur« wiederherzustellen. Als bewusster Gegenentwurf zu Yellowstone wurde in der Schweiz ein Nationalpark gegründet, der konsequent »staatlichen Naturschutz und wissenschaftliche Forschung« in den Vordergrund stellte.[25]

In Nordeuropa demonstrierte unterdessen Schweden, dass Nationalparkidee und Naturdenkmäler einander nicht ausschlossen. 1909 wurde dort sowohl ein Naturdenkmal- als auch ein Nationalparkgesetz verabschiedet. Die neun daraufhin gegründeten Nationalparks sollten nach amerikanischem Vorbild gleichzeitig Natur bewahren und als Touristenattraktion dienen. Im Norden Schwedens erreichten diese Projekte tatsächlich auch amerikanische Ausmaße.[26]

Den Zeitgenossen war bewusst, in welchen Kontinuitäten sich die Nationalparkidee bewegte. Dänemark hatte bereits 1844 das große Reservat Gammelmoor nördlich von Kopenhagen für wissenschaftliche Zwecke geschaffen und in Böhmen stand seit 1855 der Kubany-Urwald durch das Vorgehen des Fürsten Schwarzenberg unter Schutz.[27] Sowohl Max Haushofer[28] als auch der Verein Naturschutzpark stellten dieses Beispiel an die Seite der Nationalparkidee. Der Verein warb in seiner Schrift durch ausführliche Beschreibungen und mehrere Fotografien ausdrücklich für den Besuch dieses großartigen Urwaldgebietes an der böhmischen Grenze.[29]

Die Gemeinsamkeiten der in dieser Zeit geschützten Gebiete sind auffällig. Es handelte sich fast immer um Grenzgebiete, die für die gewöhnliche Wirtschaft wertlos erschienen. Das gilt für Yellowstone ebenso wie für das Unterengadin an der Schweizer Grenze. Im Bayerischen Wald wie auch im benachbarten Böhmerwald war zwar die Forstwirtschaft allgemein von großer Bedeutung. Die verschiedenen Schutzgebiete dort waren aber wegen des unwegsamen Terrains so schwer zu erreichen, dass sich eine Bewirtschaftung dieser Flächen kaum lohnte. Gerade deswegen ließen sich hier Gebiete finden, in denen man Reste von *Wildnis* bewahren, oder zumindest wiedererlangen konnte.

Gemeinsamkeiten und Gegensätze des Naturschutzgedankens demonstrierte auch die erste Weltnaturschutzkonferenz in Bern 1913. Hier zeigten sich bereits deutliche Ansätze einer globalen Vernetzung.[30] Doch im Sommer 1914 stoppte der Ausbruch des Ersten Weltkriegs alle internationalen Pläne des Weltnaturschutzes.

Die Weimarer Zeit – Alpine Naturschutzgebiete

In Bayern hatte sich die Naturschutzbewegung während des Ersten Weltkrieges ihren eigenen Gründungsmythos verschafft. Am Königssee verhinderte der 1913 gegründete Bund Naturschutz, dass ein riesiger »Assyrischer Löwe« in die Falkensteiner Wand eingemeißelt wurde.[31]

Bei seiner Gründung hatte der Bund Naturschutz bereits 200 eingetragene Mitglieder vermelden können. Während des Krieges erhöhte sich die Anzahl langsam aber stetig und bei Kriegsende waren es immerhin 537 Mitglieder. Der Vorsitzende des Vereins, Professor Carl von Tubeuf, konnte für das Jahr 1918 wenigstens 3 000 Mark aus Mitgliederbeiträgen vorweisen und damit den Druck der neuen Vereinszeitschrift *Blätter für Naturschutz und Naturpflege* sichern.[32]

In einer »Denkschrift über die Errichtung eines Naturschutzgebietes am Königssee« erklärte Tubeuf:

> »Es gibt kein anderes [Gebiet], was so sehr einen unberührt gebliebenen Naturpark darstellt, was so sehr geeignet ist, zum Naturschutzpark erklärt zu werden wie der Königssee mit den ihn umschließenden Bergen. Wir wollen endlich diesen wichtigsten Schritt der Naturschutzbewegung tun und dieses Gebiet als ein Reservat, als ein Schutzgebiet fordern«.[33]

Professor Tubeufs Argumentation war einfach. Der Königssee bildete durch seine landschaftliche Besonderheit bereits einen natürlich abgegrenzten Park. Der Bund Naturschutz wollte nun für den dringend notwendigen gesetzlichen Schutz sorgen. Tubeuf verwendete ausdrücklich den Begriff Naturschutzpark und man darf davon ausgehen, dass die Überlegungen des gleichnamigen Vereins seinen Zielen entsprachen.

Richard Hölzl zeigt an diesem Beispiel wie der Bund Naturschutz in seiner Anfangszeit arbeitete: »Tubeuf nutzte Kontakte zur Forstverwaltung, die er als Ordinarius für Forstwissenschaften in München hatte.« Er hatte die Unterstützung der Regierung von Oberbayern, deren verantwortlicher Regierungsdirektor Christian Graser als zweiter Vorstand im Bund Naturschutz saß und sich für das Naturschutzgebiet einsetzte. »Sogar der örtliche Forstmeister gehörte dem Bund Naturschutz an.«[34]

Abb. 3
Professor Carl Freiherr von Tubeuf, Forstwissenschaftler und Vorsitzender des Bund Naturschutz in Bayern.

Im Februar 1922 wurde »durch Anweisung des Innenministeriums« am Königssee das erste Alpennaturschutzgebiet Bayerns geschaffen. Der Bund Naturschutz gab die Initiative, der Landesausschuss vermittelte und die Ministerien sorgten für die staatlichen Bestimmungen. Nicht nur in seiner Form, sondern auch in seinem Entstehungsprozess war das Naturschutzgebiet damit Vorbild für die baldige Gründung weiterer großer Schutzgebiete.[35]

In den Alpen bei Berchtesgaden waren dafür etwa 205 Quadratkilometer um den Königssee bereitgestellt worden. Diese Flächen befanden sich komplett in Staatsbesitz und wurden durch die Staatsforstverwaltung verwaltet. In den Folgejahren wanderte die dort angewandte Nationalparkidee weiter in die westlichen Alpengebiete Bayerns. Getragen wurde sie durch den Deutschen Alpenverein.

»Auf Antrag der Alpenvereinssektionen Hochland und Tölz« sollte ein zweites Naturschutzgebiet geschaffen werden und die Initiative erreichte 1924 konkrete Erfolge. Am 24. Mai wurde durch die Ministerialforstabteilung das »Naturschutzgebiet im Karwendel- und Karwendelvorgebirge« bei Mittenwald beschlossen. Im Kernbereich, dem engeren Naturschutzgebiet, sollte strenger Naturschutz wie im »Naturschutzgebiet Königsee« gewährleistet, der Forstbetrieb freilich »in der bisherigen Weise erhalten werden«. Dadurch hoffte man die Fauna zu erhalten und insbesondere Raubwild und Adler zu schonen: »Zu diesem Zwecke empfiehlt sich die Ausübung der Jagd nur im Regiebetrieb und nicht die Verpachtung an Kapitalisten mit reichem Jagdgefolge.«[36]

Ähnlich verlief der Prozess wenige Jahre später, als 1926 das »Naturschutzgebiet in den Ammergauer Bergen« mit einer Fläche von 227 Quadratkilometer ausgewiesen wurde. Auf dem Papier bestanden nun zumindest drei Naturschutzgebiete in den bayerischen Alpen.

Auch im Bayerischen Wald stieß der Ruf »Zurück zur Natur«, den sich der Verein Naturschutzpark zu eigen gemacht hatte, auf positive Resonanz. Dies zeigt etwa der Brief eines passionierten Ornithologen von 1925 an die Ministerialforstabteilung, in dem dieser die Erweiterung des bestehenden Waldschongebietes bei Zwiesel von 30 Hektar auf 400 bis 600 Hektar vorschlug, damit ein »wirklicher deutscher Nationalpark« um das Schongebiet am Falkenstein entstehen könne.[37] Eine direkte Antwort der Ministerialforstabteilung ist nicht überliefert, aber Karl Rebel, der Waldbau-, Forsteinrichtungs- und Naturschutzreferent der Ministerialforstabteilung, äußerte sich Ende des Jahres 1928 diesbezüglich in einer Rede beim Bund Naturschutz in München. In Anspielung an die Schutzgebiete, die in den zwanziger Jahren entstanden waren, erklärte er stolz, die Staatsforstverwaltung habe »schon manches interessante Waldgebiet reserviert.« Allerdings räumte er ein: »Noch fehlt uns ein Nationalpark, wie die Schweiz einen besitzt, wo keine Axt hallt, keine Sense klingt, kein Schuß fällt, kein Vieh weidet.«[38]

Damit beschrieb Karl Rebel die Nationalparkidee der Schweiz als Vorbild für Bayern. Ob man hieraus die Absicht einen Nationalpark in Bayern zu gründen herauslesen kann, ist fraglich. Der Schweizer Nationalpark blieb das unerreichte Vorbild.

Naturschutz unterm Hakenkreuz

Der Beginn der nationalsozialistischen Diktatur brachte ab 1933 einige Veränderungen für den Naturschutz in Deutschland mit sich. Auch die Arbeit der Ministerialforstabteilung in Bayern verlief nun unter anderen Vorzeichen, denn in Preußen ließ sich Hermann Göring zum Reichsforstmeister ernennen. Die bayerischen Ministerien sollten im zentralisierten NS-Staat nur noch als Mittelbehörden fungieren. Görings ganz persönliche Auffassung des Naturschutzgedankens und die spezielle Nationalparkidee seines Freundes und Jagdkumpans, des Zoologen Lutz Heck, sollten noch zu einigen Konflikten mit der Ministerialforstverwaltung führen.

Ein Naturschutzgebiet der »besonderen Art« wurde schon im Sommer 1934 durch den frisch ernannten Reichsforstmeister Hermann Göring beansprucht. Jahre bevor Hitler auf dem nahegelegenen Obersalzberg residierte, versuchte Göring an der Röth, südlich des Königssees, ein großräumiges Gebiet um seine Jagdhütte »mit sofortiger Wirkung zum Naturschutzgebiet besonderer Ordnung« zu erklären. Die Fläche lag innerhalb des Naturschutzgebietes Berchtesgaden und nahm mit etwa 120 Quadratkilometer mehr als die Hälfte des ursprünglichen Naturschutzgebietes ein.[39]

Adolf Hitler zeigte kein besonderes Interesse am Naturschutz. Der spektakuläre Rückzugsort des Führers am Obersalzberg diente nur als Kulisse. Der »Stadtmensch« Hitler hatte »kein Auge für die Schönheit der Natur«. Im Zweifelsfall mussten auch seltene Buchenwälder dem Bauplan der Autobahnen weichen.[40] Hermann Göring sicherte sich die Kompetenzen des Naturschutzes für sein neu geschaffenes Reichsforstamt. Bereits am 26. Juni 1935 wurde ein Reichsnaturschutzgesetz beschlossen. Hitler übertrug noch am selben Tag offiziell die Verantwortung für Naturschutzangelegenheiten an Görings Reichsforstamt.[41]

Göring war stolz auf das Reichsnaturschutzgesetz, die angebliche Überlegenheit des neuen Naturschutzgedankens wurde darin ausdrücklich hervorgehoben: »Der um die Jahrhundertwende entstandenen ›Naturdenkmalpflege‹ konnten nur Teilerfolge beschieden sein, weil wesentliche politische und weltanschauliche Voraussetzungen fehlten; erst die Umgestaltung des deutschen Menschen schuf die Vorbedingungen für wirksamen Naturschutz.« Durch das Reichsnaturschutzgesetz würde die deutsche Reichsregierung nun »auch dem ärmsten Volksgenossen seinen Anteil an deutscher Naturschönheit sichern«.[42]

Die Schaffung des Reichsnaturschutzgesetzes stellte für so manchen Naturschützer eine spürbare Wende im Verhältnis zum Nationalsozialismus dar, denn das neue Gesetz ging über bestehende Vorstellungen und Vorgaben hinaus, indem es den Schutz der gesamten Landschaft als wesentliches Ziel des Naturschutzes forderte.[43] Das Reichsnaturschutzgesetz definierte Reichsnaturschutzgebiete als »Reichs- oder staatseigene Bezirke von überragender Größe und Bedeutung«, die »ganz oder teilweise ausschließlich für Zwecke des Naturschutzes in Anspruch genommen werden.«[44]

Die genauen Bestimmungen zur Schaffung solcher Gebiete sahen vor, dass sie durch den Reichsforstmeister bestimmt wurden. Sie beinhalteten sowohl Möglichkeiten der Enteignung als auch der Umsiedelung.

Ganz besonders lagen dem passionierten Jäger Hermann Göring die Wälder der Schorfheide am Herzen. Er stellte sich in eine lange feudale Jagdtradition. In der Schorfheide, einem bewaldeten Gebiet mit schönen Seen, nur etwa 40 Kilometer östlich von Berlin gelegen, wollte Göring »ein besonderes Naturschutzgebiet schaffen, ähnlich angelegt wie die großen Nationalparks in Nordamerika«.[45]

Die Begeisterung für die Jagd teilte Göring mit seinem Freund Dr. Ludwig Georg (genannt »Lutz«) Heck.[46] Ab 1932 übernahm Heck die Leitung des Berliner Zoos von seinem Vater, der diese Position zuvor 53 Jahre lang bekleidet hatte. Lutz Hecks Bruder Heinz war seit 1927 der Leiter des Tierparks Hellabrunn in München.[47]

Lutz Heck war fasziniert von großen Wildtieren. Während zahlreicher Expeditionen nach Afrika hatte er sie gefilmt, eingefangen und auch gejagt. er war ein Verfechter des gezielten Wildtierschutzes in den Kolonien und wurde zur Schlüsselfigur der »Internationalen Gesellschaft zur Erhaltung des Wisents«. Ziel dieser Gesellschaft, der auch sein Bruder Heinz angehörte, war die systematische Rückzüchtung des urgermanischen Rindes.[48]

Gemeinsam traten die Brüder ab 1938 der von Himmler gegründeten Forschungsgemeinschaft »Deutsches Ahnenerbe« bei. Dort wurden die Forschungen der beiden für die Rückzüchtung urgermanischer Tierrassen gezielt gefördert.[49] Im Jahr 1938 übernahm Heck die Leitung der Reichsstelle für Naturschutz im Reichsforstamt. Durch seine engen Verbindungen zu Göring war er dort in einer starken Position. Ende 1938 reifte in ihm der ambitionierte Plan, im Reich mehrere Nationalparks errichten zu lassen.[50]

Die Pläne für den Nationalpark Böhmerwald

Bereits Ende des Jahres 1936 war – unter anderem durch den Forstmann Georg Priehäußer – ein konkreter Antrag auf Schaffung eines Reichsnaturschutzgebietes im Bayerischen Wald von der Landesforstverwaltung geprüft und abgelehnt worden. Priehäußer war damals Hauptlehrer in Zwiesel und seit 1928 anerkannter Forscher für das Gebiet Böhmerwald sowie Oberinspektor der Forstverwaltung.[51] 1936 fungierte er als Wortführer bei der Errichtung einer gemeinsamen

Abb. 4
Lutz Heck (links) und Hermann Göring (rechts) hier auf Jagd in der Schorfheide im Oktober 1934.

Naturschutzstelle für die Bezirke des Bayerischen Waldes.[52] Die Forderungen nach einem Nationalpark wurden von den Anwohnern der Region getragen und waren eng mit dem Ausbau des Fremdenverkehrs verknüpft.

Erste Pläne für einen Nationalpark im Bayerischen Wald wurden dann 1937 durch den Naturschutzbeauftragten der Regierung von Niederbayern, Oberstudienrat Eichhorn, im Reichsforstamt vorgelegt. Der von ihm ausgearbeitete Kartenentwurf sah vor, »den bayerisch-böhmischen Grenzgebirgskamm« als Nationalpark auszuweisen. Das ausgewählte Gebiet sollte etwa 100 000 Hektar umfassen. Bei einer Dienstbesprechung der Reichsstelle für Naturschutz stand am 8. Dezember 1938 »die Errichtung eines Nationalparks noch einmal auf der Tagesordnung«. Auch der Bayerische Wald wurde bei dieser Gelegenheit wieder als möglicher Standort vorgeschlagen.[53]

Die Pläne für den Nationalpark waren keinesfalls völlig neu, aber es hatte sich im Jahr 1938 eine entscheidende Voraussetzung für die Region Bayerischer Wald geändert: Nachdem am 30. September des Jahres das Münchner Abkommen unterzeichnet worden und die Sudetendeutschen Gebiete vom Deutschen Reich annektiert worden waren, wurden auch die bisher tschechischen Forstämter im Böhmerwald – Prachatitz, Eisenstein und Winterberg – eingegliedert. Offiziell unterstanden sie dem Reichsforstamt, die Verwaltung wurde jedoch der bayerischen Forstbehörde übertragen.[54]

Die Bereisung des Bayerischen Walds

Während der Bereisung des Bayerischen Waldes durch eine Berliner Delegation versuchte Lutz Heck im Sommer 1939 für seine Vision der deutschen Nationalparks zu werben:

> Es gilt, […], Teile der Heimat freizuhalten vom Tempo des 3. Reiches und auch für die unberührte Natur Platz zu erhalten. Andererseits sollen unsere Volksgenossen aus Gründen der Erholung in großer Zahl in die Nationalparks geleitet werden. Es sind daher Straßen, Hotels für jeden Anspruch, Parkplätze, Zeltplätze und dergl. anzulegen. Folgende Nationalparks sollen geschaffen werden: 1.) Hohe Tauern, 2.) Höllengebirge, 3.) Böhmer-Wald, 4.) Lüneburger Heide, 5.) Deutsche Küste.

Mit Ausnahme des Höllengebirges entsprachen diese fünf Nationalparkprojekte den Vorarbeiten des Vereins Naturschutzpark. Allerdings lagen die Prioritäten 1939 kaum noch auf dem Gebiet des Naturschutzes. Stattdessen sollte ein Massentourismus bedient und im Böhmerwald ein großes Erholungsgebiet für das deutsche Volk geschaffen werden.[55]

Lutz Heck bezeichnete die »Idee des Nationalparks als Krönung des Naturschutzgedankens, deren Verwirklichung durch die großzügige Unterstützung Hermann Görings gesichert« sei. Die Grundidee bestand darin, große Erholungsgebiete für das deutsche Volk zu erhalten. Als Zielgruppen hob er neben Autofahrern und Wanderern auch die Organisationen »Kraft durch Freude« und die Hitlerjugend hervor. Laut Reisebericht war »nebenher zu berücksichtigen, dass einzelne kleinere besonders eigenartige Gebiete vollkommen von jedem Verkehr freizuhalten und als streng geschützte Naturschutzgebiete auszuscheiden« seien. Die Bevölkerung des Böhmerwaldes sollte planmäßig geschult und aufgeklärt werden, »um die Besucher des Nationalparks im Sinne dieser Idee zu erziehen«.[56] Ein strenger Naturschutz war von Seiten des Reichsforstamtes gar nicht vorgesehen. In der lokalen Bevölkerung hatten Lutz Hecks Pläne schnell Unterstützer gefunden. Der Bayerische Waldverein erweiterte sich schon wenige Wochen später um die Vereinsgruppe Böhmerwald und benannte sich um in Bayerisch-Böhmischer Waldverein.[57]

Im Sommer 1939 wurden vom Regierungsforstamt Niederbayern in aller Eile zahlenmäßige Erhebungen über die dortigen Besitzverhältnisse angestellt. Zu diesem Zweck wurde durch den eine Forstsituationskarte mit dem Titel »Naturschutzpark Böhmerwald« angefertigt. Die Karte macht noch einmal deutlich, dass sich ein großer Teil des 1939 vorgesehenen Schutzgebietes nicht in staatlichem Besitz befand. An den Umrissen der in der Karte eingezeichneten Forstamtsgrenzen kann man in Ungefähr die Konturen des heutigen Nationalparks Bayerischer Walds erkennen.

Für die nächsten Jahre war bereits ein Ausbau der Verkehrswege geplant.[58] Erst am 24. Oktober 1939 informierte das Reichsforstamt die Landesforstverwaltung: »Die oberste Naturschutzbehörde hat der Reichsstelle für Raumordnung mitgeteilt, daß die Angelegenheit ruhe.«[59]

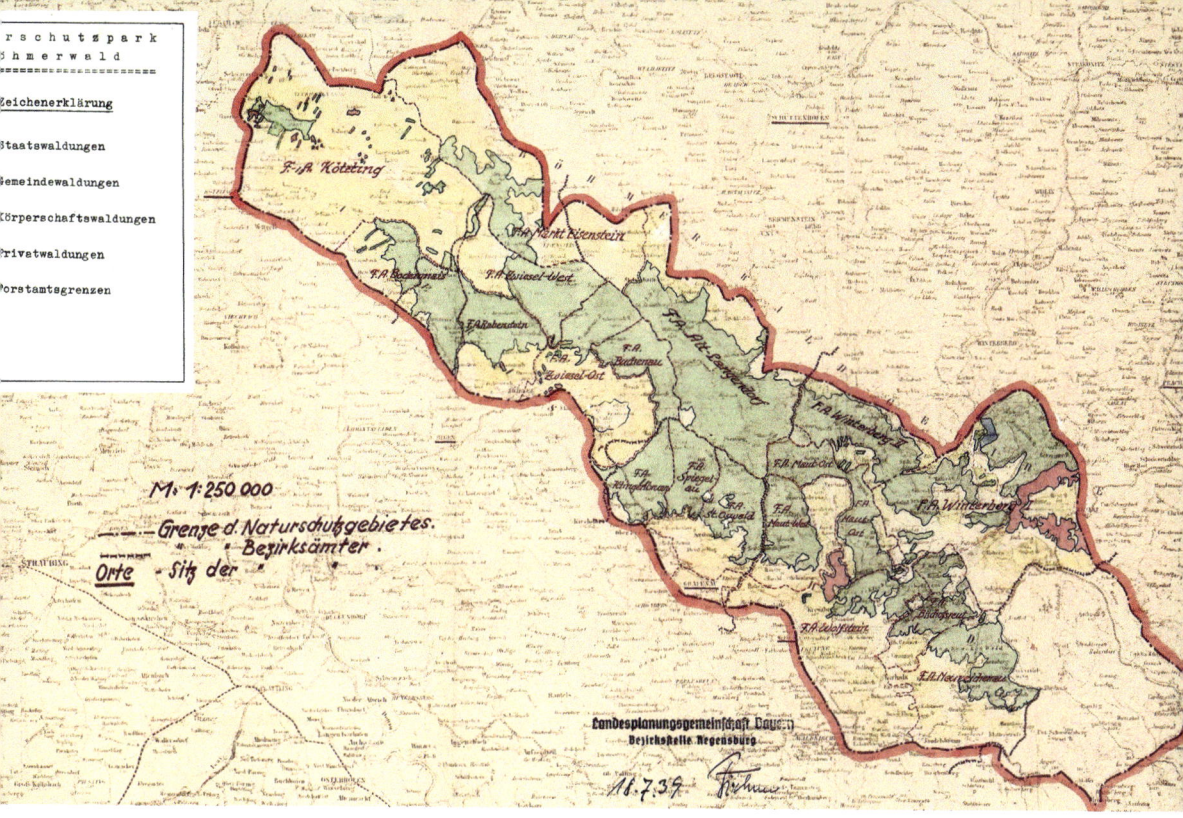

Abb. 5
»Naturschutzpark Böhmerwald«, Karte vom 18. Juli 1939.

Zwar veröffentliche Lutz Heck im März 1940 weitere Pläne für Nationalparke in Deutschland im *Völkischen Beobachter*; der Zweite Weltkrieg war zu diesem Zeitpunkt aber längst in vollem Gang und die Pläne hatten keinerlei Priorität.[60]

Auch Oberstudienrat Eichhorn meldete sich im August 1940 noch einmal zu Wort, um zu erklären:

> daß die oberste Naturschutzbehörde die Errichtung des Nationalparks zurückgestellt hat, daß dafür aber der Böhmerwald als Ganzes unter Landschaftsschutz gestellt wird. Damit ist Gewähr gegeben, daß der deutsche Böhmer Wald der an manchen Stellen noch Urwaldcharakter hat, mit seinen reichen Holz- und Glasindustrien, seinen kleinen idyllischen Bergseen, als Ganzes für alle Zeiten unverändert erhalten bleibt.[61]

Zu fast deckungsgleichen Ergebnissen gelangte Patrick Kupper, als er, anlässlich des hundertjährigen Bestehens des Vereins Naturschutzpark in Österreich, die Frühgeschichte des Nationalparks Hohe Tauern untersuchte. Auch im Grenzgebiet zu Österreich sollte 1938 ein Nationalpark für das totalitäre System entstehen und auch hier war die Nationalparkidee relativ plötzlich aufgetaucht. Die Hohen Tauern sollten allen »deutschen Volksgenossen« vertraut und zugänglich gemacht werden. Dabei knüpften die Raumplaner an das moderne Image an, das die amerikanischen Nationalparks mittlerweile besaßen, um es für die Eigeninszenierung des Regimes zu nutzen.[62] Sowohl der Bayerische Wald, seit 1933

Teil der »Bayerischen Ostmark«[63], als auch das Gebiet Österreich, nun ebenfalls »Ostmark« genannt, sollten als Erholungsgebiete dienen.

Die Hektik der Entwicklung vor Beginn des Zweiten Weltkriegs macht deutlich, dass hier unter dem Deckmantel des Naturschutzes Expansionspläne des nationalsozialistischen Reiches unterstützt wurden. 1939 wurde das Reichsnaturschutzgesetz zunächst »im Lande Österreich« und nach Kriegsbeginn auch im »Reichsgau Sudetenland« eingeführt.[64]

Im Gegensatz zu den Vorarbeiten des Vereins Naturschutzpark, hatte der Naturschutzgedanke unter den Nationalsozialisten nur noch einen Platz am Rand. Heck hatte keinesfalls geplant, die strengen Vorschriften anzuwenden, wie sie ein Reichsnaturschutzgebiet ermöglicht hätte. Stattdessen basierten seine Pläne auf großflächigem Landschaftsschutz, der die bestehenden Verhältnisse kaum beeinträchtigte, jedoch später unter dem Slogan »Natur für alle« medienwirksam präsentiert werden konnte. Die Erfolge der Naturschutzvereine wurden durch die großspurigen Pläne der Nationalsozialisten kaum befördert, häufig wurden sie durch diese bedroht und die bestehenden Schutzverhältnisse aufgeweicht.

Weiterführende Literatur

Dominick, Raymond H. *The Environmental Movement in Germany: Prophets and Pioneers, 1871–1971.* Indianapolis 1992.

Haug, Michael. »Entstehungsgeschichte des Nationalparks Bayerischer Wald und Entwicklung seit 1969« in *Eine Landschaft wird Nationalpark – Schriftenreihe Bay. StMELF* 11, herausgegeben von Reinhard Strobl und Michael Haug. Grafenau 1983, 35–76.

Hölzl, Richard. »Naturschutz in Bayern zwischen Staat und Zivilgesellschaft: Vom liberalen Aufbruch bis zur Eingliederung in das NS-Regime, 1913–1945« in *Bund Naturschutz Forschung* 11 (2013), 21–60.

Kupper, Patrick. »Der Nationalpark Hohe Tauern« in *Naturschutz und Naturparke* 226 (2013), 10–19.

Kupper, Patrick. *Wildnis schaffen: Eine transnationale Geschichte des Schweizerischen Nationalparks.* Bern 2012.

Uekoetter, Frank. *The Green and the Brown, A History of Conservation in Nazi Germany.* Cambridge 2006.

Der erste Transnationalpark Deutschlands

Die Geburt des Nationalparks Bayerischer Wald aus dem Geiste internationaler Rückständigkeit

Bernhard Gißibl

Im März 1858 wurde die Leserschaft der Zeitschrift *Münchner Punsch* mit einer besorgten Zuschrift aus dem Bayerischen Wald konfrontiert.

> Mit Erstaunen und Schrecken lesen wir in der Zeitung, daß Ew. Durchlaucht Wohlgeboren gesonnen seien, in den Ihnen gehörigen Revieren des bayerischen Waldes wieder Bären einzusetzen und zu hegen. […] Das fehlte uns noch! Bayern ist ohnehin im intelligenten Norden als Boeotien verschrieen, in Bayern selbst war bis zur Stunde Niederbayern in der Weltgeschichte am meisten zurück, weil es noch keine Eisenbahn hatte, und abermals in Niederbayern ist der bayerische Wald die unwirtlichste und natürlich finsterste Gegend. Werden nun auch noch die Bären der Vorwelt bei uns eingeführt, so ist das eine Reaktion um 2000 Jahre. Zu den Bären werden wir bald auch Wölfe erhalten und uns ganz in Cherusker verwandeln […]. Aber was hat man von so grausamen Waldthieren? […] Bären, Durchlaucht, sind ein überwundener Standpunkt und ihr Brummen gehört hoffentlich nicht zur Zukunftsmusik unserer Wälder![1]

Im Laufe der Lektüre dürfte heutigen Leserinnen und Lesern klar geworden sein, dass es sich bei diesem Appell der Bayerwaldler um eine Satire der Redaktion des laut Untertitel humoristischen Originalblattes handelte. Ihr Anlass war ein Dekret des Fürsten Adolf Josef von Schwarzenberg, dass ein schwer zugängliches und daher wirtschaftlich kaum nutzbares »Urwald«-Revier am Berg Kubany (cz. Boubín) »für immer erhalten und gepflegt werden« solle, »um auch den Nachkommen noch einen Begriff von der Vollkommenheit zu verschaffen, welche ein günstig gelegener Wald bei vorzüglichem Schutz und Pflege erlangen könne«.[2] Abgesehen davon, dass der Kubany auf der zu Österreich-Ungarn gehörigen Seite des bayerisch-böhmischen Grenzgebirges gelegen hatte und daher in den 1960er Jahren als Boubín zur Tschechoslowakei gehörte, hätte man die Satire von 1858 ein Jahrhundert später in nur wenig geänderter Form wieder abdrucken können. Denn 1966 forderte der Frankfurter Zoodirektor Bernhard Grzimek, im verbliebenen bayerischen Teil des Grenzgebirges »ein Stück deutscher Landschaft in ihrem Urzustand zu erhalten« um »darin freilebende Wildtiere unserer Heimat nicht scheu, sondern vertraut aus der Nähe in ihrem natürlichen Dasein beobachten und fotografieren zu können«.[3] Dazu sollten auch bereits ausgerottete Arten der in Deutschland ehemals heimischen Tierwelt wieder eingeführt werden: Neben Bären und Wölfen erachtete Grzimek auch Wisente und Elche als repräsentative Arten einer charakteristischen Tierwelt, wie sie »Deutschland« vor 1000 Jahren verbreitet waren.

Anders als im satirischen Appell von 1858 gehörte für Bernhard Grzimek und die anderen Befürworter eines Nationalparks im Bayerischen Wald das Brummen der Bären zu jener Zukunftsmusik, die Touristen in Scharen in den Bayerischen Wald locken und dort für Wohlstand und Entwicklung sorgen würden. Offensichtlich hatte sich binnen eines Jahrhunderts die gesellschaftliche Wertschätzung von Wildnis fundamental gewandelt. Angesichts der Transformation einer um 1850 noch agrarisch-ländlich geprägten Gesellschaft in die Industrie- und Konsumgesellschaft der zweiten Hälfte des 20. Jahrhunderts stand zumindest im Naturschutzdiskurs Wildnis nicht mehr als Negation von Modernität und Entwicklung, sondern war deren integraler Bestandteil. Und anders als es die im Appell von 1858 zitierten Stereotypen zu suggerieren schienen, waren bei der Debatte über eine deutsche Wildnis und ihre Tierwelt gerade keine »böotischen« Hinterwäldler am Werk, sondern Naturschützer mit kosmopolitischem Blick für die Entwicklungen und Konjunkturen von Nationalparks weltweit. Die Rückkehr von Bären und Wölfen, beziehungsweise der Einzug von Wisenten in den Bayerischen Wald ab 1970, war das Resultat einer geschickten Kampagne, die eine innereuropäische Grenzregion in einer internationalen Geographie schützenswerter Natur verortete und Niederbayern als Ort des ersten deutschen Nationalparks zur Pionierlandschaft der naturschützerischen Moderne in Deutschland erhob. Gerade weil es sich bei einem »Nationalpark« um ein Novum innerhalb von Naturschutzrecht und -administration in Deutschland handelte, waren die Vergleiche, Anleihen, Impulse und Transfervorschläge, die man von außen aus der internationalen Nationalparkpraxis in die bayerischen und deutschen Debatten holte, besonders ausgeprägt. Nationalparks in der Schweiz, Schweden, Osteuropa, den USA oder in Ostafrika dienten als Negativfolien und best practice-Modelle zur Selbstverständigung darüber, was das Konzept des Nationalparks im Kontext der deutschen Naturschutzpraxis bedeuten konnte und sollte.

Eigentlich müsste man daher vom Nationalpark Bayerischer Wald als dem erstem »Transnationalpark« Deutschlands sprechen, denn seine Genese verdankte sich wesentlich den grenzüberschreitenden Transfers und Plausibilisierungen wie auch der internationalen Entwicklung der Nationalparkidee. Der folgende Beitrag widmet sich diesen inter- und transnationalen Kontexten und Vorgeschichten.

Mehr als Wetekamp: Nationalpark-Ideen und ihre deutschsprachige Rezeption

Nationalparks gehören zweifelsohne zu den weltweit wichtigsten und populärsten Instrumenten des modernen Naturschutzes seit dem späten 19. Jahrhundert. Die World Database on Protected Areas verzeichnete Ende 2019 knapp 2 800 Gebiete auf allen Kontinenten (exklusive der Antarktis), die seit der ersten Verwendung des Begriffs in Nordamerika 1872 unter dem Namen »Nationalpark« unter Schutz gestellt wurden. Der Begriff des Nationalparks suggeriert allerdings eine Einheitlichkeit, die ihm aller seit Jahrzehnten unternommenen Definitions- und Systematisierungsversuche zum Trotz nicht eignet und niemals zu Eigen war. Bereits vor einem halben Jahrhundert, auf der zweiten Weltkonferenz zu Nationalparks 1972, konstatierte der US-amerikanische Naturschutzbiologe Raymond F. Dasmann resigniert, dass der Nationalpark so überfrachtet sei mit emotionalen Konnotationen, national unterschiedlichen rechtlichen Definitionen und anderen Widersprüchlichkeiten, dass er seinen Gegenstand eigentlich mehr verschleiere als erkläre: »Its definition is both overly broad and also overly exclusive, and, in consequence, [it] is not a useful term to work with if one seeks clarity of expression.«[4]

Mit dieser inhaltlichen Flexibilität des Nationalparkbegriffs kämpften auch die Befürworter und Gegner eines Nationalparks im Bayerischen Wald in den späten 1960er Jahren. Letztlich waren es genau diese inhaltliche Flexibilität und Dehnbarkeit des Konzeptes, gepaart mit der internationalen Strahlkraft einer etablierten Naturschutzmarke, die den Nationalpark attraktiv und anwendbar auf den Bayerischen Wald machten. Die im internationalen wie auch europäischen Vergleich relativ späte Implementierung des Nationalparkbegriffes in der administrativen und rechtlichen Naturschutzpraxis in Deutschland verdankte sich dabei der spezifisch deutschen Rezeption des Konzeptes des Nationalparks, wie es sich in den Vereinigten Staaten seit den 1860er Jahren entwickelt hatte. In der Forschung zur Naturschutzgeschichte wird in diesem Zusammenhang gerne prominent der Name Wilhelm Wetekamp erwähnt, jener Breslauer Lehrer, der in einer Rede im preußischen Abgeordnetenhaus 1898 die Einrichtung sogenannter »Staatsparks« nach US-amerikanischem Vorbild gefordert hatte.[5] Bei aller Weckruffunktion, die diese Rede für die preußische Naturschutzpraxis gehabt haben mochte: Die Rezeption der Nationalparkidee im deutschsprachigen Raum begann viel früher, und sie war viel vielfältiger, widersprüchlicher und komplexer, als es die Fixierung auf Wetekamp als visionären Vorreiter nahelegt.

Denn selbstverständlich hatte man auch im Deutschen Reich und in Österreich mit Erstaunen und Bewunderung verfolgt, dass binnen eines Jahrzehnts im amerikanischen Westen riesige Landflächen unter staatlichen Schutz gestellt wurden, um sie der Bodenspekulation, der Jagd und der forstlichen Nutzung zu entziehen. Den Anfang machte die Regierung des Staates Kalifornien, die 1864 die Naturschönheiten des Yosemite-Tals sowie die weiter südlich in der Sierra Nevada gelegenen »Big Trees« des heutigen Sequoia-Nationalparks zum »Gegenstand der öffentlichen Sorgfalt« machte.[6] War in diesem zeitgenössischen öster-

Abb. 1
Teilnehmer der ersten Weltkonferenz zu Nationalparks in Seattle (USA), 1962.

reichischen Bericht noch umständlich von einer feierlichen »Gewährleistung des Staats von dauernder Gültigkeit« die Rede, übernahmen die Publikationsorgane wissenschaftlicher, meist geographischer Gesellschaften sowie Tageszeitungen in Europa acht Jahre später den Begriff eines Nationalparks, als sie 1872 von der Ausweisung eines großflächigen Naturschutzgebietes im Quellgebiet des Yellowstone River berichteten. Die US-amerikanische Gesetzgebung verwandte allerdings den Begriff noch nicht und sprach von einem »public park or pleasureing-ground for the benefit and enjoyment of the people«.[7] In der öffentlichen Debatte bürgerte sich allerdings schnell der Begriff des Yellowstone Nationalparks ein, und im Zuge der Ausweisung weiterer, kleinerer Naturschutzgebiete im letzten Jahrzehnt des 19. Jahrhunderts wurde der Nationalpark dann auch zu einer explizit verwendeten Kategorie des nordamerikanischen Naturschutzrechts.

Vielheit und Unbestimmtheit kennzeichneten das Konzept des Nationalparks schon in seiner vier Jahrzehnte währenden Entstehungsphase. Angesichts dieser langwierigen »Erfindung« des Nationalparks im nordamerikanischen Westen ist es problematisch, vom weltweiten Export eines gerne so genannten US-amerikanischen »Yellowstone-Modells« des Nationalparks zu sprechen. Denn einerseits waren die Managementpraktiken wie auch die Verständnisse der in Nationalparks zu schützenden Natur in den USA selbst permanent in Entwicklung begriffen. Andererseits handelte es sich bei dieser vermeintlichen amerikanischen Erfindung des Nationalparks auch nur um eine touristifizierte und teildemokratisierte, weil lange uneingestanden kolonialistische Variante älterer Praktiken exklusiven Naturmanagements, wie sie in Form von Bannforsten oder Jagd-

Abb. 2
»For the Benefit and the Enjoyment of the People«: Der Roosevelt Bogen am Nordeingang des Yellowstone National Park auf einer Postkarte.

reservaten auch in Europa praktiziert worden waren. Ein Beispiel für ein solch aristokratisches Reservat ist das 1858, also bereits Jahre vor Yosemite und Yellowstone verhängte forstliche Nutzungsverbot am Kubany/Boubín, was diesen »Urwald« in den großdeutschen Naturschutzdebatten ein halbes Jahrhundert später zum Kandidaten für einen »Naturschutzpark« nach amerikanischem Vorbild qualifizierte. Jenseits der Vereinigten Staaten dienten die Nationalparks somit von Beginn an als Vergleichsobjekt, Inspiration, Vorbild, Projektionsfläche und ideeller Steinbruch – nicht nur für Naturschutzmaßnahmen und den Umgang mit Artenschwund, sondern auch für touristische Naturerschließung in ganz unterschiedlichen politischen, naturräumlich-ökologischen, sozialen und wirtschaftlichen Kontexten. Ob in den kolonial expandierenden Imperien Europas, in europäisch geprägten Siedlerkolonien oder in sich industrialisierenden Gesellschaften jenseits von Europa, wie Japan oder Mexiko – rezipiert wurde in diesen gänzlich unterschiedlichen Kontexten kein Modell, sondern einzelne Elemente und Teilaspekte, die man an den Nationalparks für besonders charakteristisch und, je nach Intention, brauchbar oder unbrauchbar hielt.

Insgesamt sieben solcher Strukturelemente lassen sich identifizieren: An erster Stelle stand die schiere Größe und der exorbitante Flächenbedarf des amerikanischen Unterfangens. Europäische Beobachter übertrafen sich bei der Beschreibung Yellowstones in Superlativen, und in deutschen Berichten wurde der »Riesenpark« immer wieder in europäische Flächenäquivalente von der Größe deutscher Klein- und Mittelstaaten wie Württemberg, Hessen oder Sachsen übersetzt. Damit wurde gleichzeitig das einzigartige Ausmaß des Vorbilds wie auch die Unmöglichkeit einer unmodifizierten Nachahmung in Europa zum Ausdruck gebracht. Weit verbreitet in der deutschsprachigen Rezeption war eine Haltung der bewundernd-bedauernden Absage, beziehungsweise der pragmatischen Überführung des groß dimensionierten Ideals in Machbares im Kleinen, in dem Sinne: Wohl dem, der für einen Nationalpark den Raum hat. Wo dies aber nicht der Fall ist, wie in Mitteleuropa, muss eben der kleinräumige Schutz von Naturdenkmälern genügen. Zweitens wurden Nationalparks im Stile Yellowstones mit Wildnis und Menschenleere assoziiert, und zwar auch dann, wenn im Zuge der Rezeption explizit die Präsenz indianischer Gruppen und deren Nutzung dieser Gebiete erwähnt wurden. Darin besteht die koloniale Rückseite der Nationalparkidee, die von ihren meist männlich-westlichen Praktikern Jahrzehnte lang weniger als Problem erkannt denn als Potenzial gefeiert wurde. Das war vor allem in den von Europa kolonisierten Gebieten in Afrika und Asien der Fall, und zumal die englischsprachigen Siedlergesellschaften Kanadas, Australiens, Neuseelands, Südafrikas oder Kenias gehörten zu den frühen und begeisterten Rezipienten der US-amerikanischen Naturschutzpraxis.[8] Rezipiert, beziehungsweise reklamiert unter Berufung auf Yellowstone wurde drittens die Zuständigkeit, beziehungsweise die rechtliche Verankerung von Naturschutzmaßnahmen auf höchster staatlicher Ebene sowie die dadurch garantierte Dauerhaftigkeit der ausgewiesenen Naturschutzflächen. Ein viertes wesentliches Strukturelement bildete die touristische Nutzung und Zugänglichkeit der geschützten Natur zu Erholungszwecken und ihr Kompensationscharakter als Ort temporärer Zivilisationsflucht aus urbanen Zentren. Auf Yellowstone projiziert wurden fünftens unterschiedliche Formen schützenswerter Natur, beziehungsweise unterschiedliche Begründungen der Schutzwürdigkeit, beispielsweise romantisch-ästhetische Monumentalität, die Ausstattung mit charismatischer Fauna, aber auch die soziopolitische Funktion vermeintlich unberührter Natur für eine zusehends naturferne, urbanisierte Industriegesellschaft. Ein sechster Aspekt, der mit der Rezeption der US-amerikanischen Nationalparkidee verbunden war, war der Schutz nationalisierter Natur und ein Verständnis von Natur als Vehikel nationaler oder auf andere Kollektive orientierter Identitätsstiftung. Und transferiert und auf unterschiedlichste Gebiete und Formen schützenswerter Natur angewendet wurde schließlich und siebtens die Bezeichnung »Nationalpark« selbst. In Europa war dies vor dem Ersten Weltkrieg allerdings nur in Schweden der Fall, das seit 1909 insgesamt neun Nationalparks auswies und touristisch zu erschließen suchte, sowie in der Schweiz. Auch dort hatte man allerdings lange abgewogen, ehe man sich mit der 1914 erfolgten Einrichtung eines primär auf wissenschaftliche Interessen ausgerichteten Schweizer Nationalparks gegen den Begriff der Reservation und für den im internationalen Naturschutzdiskurs zu diesem Zeitpunkt bereits viel bekannteren amerikanischen Terminus entschied.[9]

Die Rezeption der Nationalparkidee vor 1914 in Deutschland erfolgte in einem imperialen und europäischen sowie primär in einem deutschsprachigen Rahmen. Die Schweizer Maßnahmen und Debatten, und insbesondere die Vision einer Einbettung des dortigen Nationalparks in einen weltweiten Verbund an Schutzgebieten, waren im Deutschen Reich dank der europaweiten Kampagne für Weltnaturschutz des Naturforschers Paul Sarasin, aber auch durch Vorträge des in München lehrenden Botanikers Gustav Hegi permanent präsent. Nicht zuletzt dieser bemerkenswerte internationale Aktivismus Schweizer Naturschutzexperten sorgte dafür, dass der Schweizer Nationalpark zum Referenzpunkt für die Machbarkeit eines Nationalparks auch in Mitteleuropa wurde. Der Alpenraum als geteilte Projektionsfläche für groß dimensionierte Naturschutzprojekte, die Netzwerke wissenschaftlicher Gesellschaften sowie die Aktivitäten des 1909 gegründeten Vereins Naturschutzpark sorgten schließlich auch dafür, dass deutsche und österreichische Nationalparkdebatten immer wieder eng aufeinander Bezug nahmen. So war es beispielsweise die kaiserlich-königliche Geographische Gesellschaft mit Sitz in Wien, die unter den wissenschaftlichen Vereinigungen im deutschsprachigen Raum in ihren Sitzungsberichten der 1860er und 1870er Jahre die Ausweisung der ersten Nationalparks im US-amerikanischen Westen wohl am ausführlichsten verfolgte und bewundernd kommentierte. Hier, wie auch in der Berichterstattung deutscher Zeitungen, wurden daraus allerdings noch keine Forderungen nach ähnlichen Maßnahmen im eigenen Land abgeleitet.

Die Wahrnehmung dessen, was es mit einem Nationalpark auf sich habe, veränderte sich allmählich, auch in Abhängigkeit vom jeweiligen Problemhorizont. In den 1870er Jahren erkannte man in Yellowstone vor allem eine ästhetisch monumentale Landschaft einzigartiger Naturwunder, mit tiefen Schluchten, Geysiren und sogar für Bädertourismus geeigneten heißen Quellen.[10] Im Zuge der zunehmenden internationalen Debatte über den weltweiten Rückgang der Großsäugetiere änderte sich in den 1880er und 1890er Jahren die Wahrnehmung. Neben die ästhetische und touristisch attraktive Landschaft trat eine vom Aussterben bedrohte Fauna. Nun lag ein stärkerer Akzent auf der Bisonpopulation von Yellowstone und der Schutzfunktion des Nationalparks als Wildreservat für diese als charakteristisch erachtete Fauna. Dieser Aspekt stieß vor allem unter Jägern und Zoologen auf große Resonanz und diente beispielsweise 1896 als Argument, um in der Kolonie Deutsch-Ostafrika die Einrichtung zweier erster, großflächiger Wildreservate südlich des Kilimandjaro sowie am Rufiji zu rechtfertigen. Die nordamerikanische Nationalparkpraxis diente hier als explizites Vorbild, und wie im Zuge der nordamerikanischen Indianerkriege in den 1870er Jahren wurde auch bei der Ausweisung von Wildschutzgebieten im Kontext der kriegerischen Eroberung Ostafrikas zwei Jahrzehnte später keinerlei Rücksicht auf Interessen und Rechte der ansässigen Bevölkerung genommen. Doch blieben diese fern in Übersee errichteten Reservate zunächst bloße administrative Praxis ohne einen kollektiven sozialen Resonanzraum, der eine Nationalisierung der darin geschützten Natur plausibel gemacht hätte. Zudem wollte die deutsche Kolonialverwaltung diese Gebiete zu einem solch frühen Zeitpunkt der kolonialen Erschließung noch nicht dauerhaft anderweitigen Nutzungsformen entziehen, weshalb sie nicht nach ihrem Vorbild als Nationalparks, sondern gemäß ihrer Primärfunktion pragmatisch als Jagd-, Jagdschutz- oder Wildreservate bezeichnet wurden.

Im Deutschen Kaiserreich selbst war es der Reise- und Alpenschriftsteller Heinrich Noë, der als einer der ersten bereits 1881 die Einrichtung eines Nationalparks in den Alpen, dem »Hochgebirge germanischer Bevölkerung«, als deutschösterreichisches Äquivalent des amerikanischen Westens forderte. Dieser solle einer »vom Kampf gequälten Bevölkerung« als »Heilort« und »Lehrmeister« dienen; der großflächig zu denkende Naturraum eines Nationalparks wurde bei Noë zu einem einigenden Element einer politisch gespaltenen, alpenländisch-germanischen Kultur. Vom Großglockner bis zum Königssee wurden in den Folgejahrzehnten immer wieder Alpengebiete als geeignete Standorte eines Nationalparks vorgeschlagen und diskutiert. Spätere Naturschutzbefürworter sahen größere Probleme und Widersprüche hinsichtlich der Übersetzbarkeit der US-amerikanischen Nationalparkidee in deutsche Verhältnisse als Noë. Nicht nur aufgrund der »völligen Aufteilung des Grund und Bodens im deutschen Staatsgebiete«, sondern auch wegen des weitgehenden Fehlens »jungfräulicher Natur« müsse die »Durchführung des Nationalpark-Gedankens in Deutschland […] von der Nordamerikas völlig verschieden sein«, konstatierte beispielsweise der Magdeburger Gartendirektor Johann Gottlieb Schoch.[11] Mit seinem 1902 in der Zeitschrift *Gartenkunst* erschienenen Aufsatz versuchte er jener Debatte neue Impulse zu verleihen, die mit der bereits erwähnten Rede des Breslauer Lehrers Wilhelm Wetekamp vor den Abgeordneten des preußischen Landtags im März 1898 begonnen hatte. Interessant ist vor allem, wie Wetekamp, und Schoch in seinem Gefolge, den amerikanischen Nationalpark zu übersetzen und in praktikable Formen zu überführen suchten. Indem Wetekamp beispielsweise die von ihm gewünschten Staatsparks als Schutzvorrichtungen für »Denkmäler der Entwicklungsgeschichte der Natur« verstand, versuchte er, zwischen Nationalpark und Naturdenkmalpflege, großflächigem Nutzungsentzug und kleinteiliger Inventarisierung, zu vermitteln. Auch öffnete er die Idee des Parks explizit schon der Restauration bereits modifizierter Kulturlandschaften. Weil es aber um die Umsetzung nicht auf Reichs- sondern auf Ebene des preußischen Staates ging, sprach Wetekamp von Staats-, nicht von Nationalparks.

Überhaupt die Begrifflichkeit: So vielfältig wie die mit Verweis auf Yellowstone vorgebrachten Naturschutzforderungen waren die Übersetzungen und begrifflichen Fassungen der zu schaffenden Territorien. Die zunehmende Popularität und Verbreitung des Nationalpark-Begriffs im deutschsprachigen Raum sorgte hin und wieder auch für die entlehnende Verwendung jenseits des unmittelbaren Naturschutzes. So war vor dem Ersten Weltkrieg gelegentlich auch dann von einem Nationalpark die Rede, wenn man damit national bedeutsame Stätten oder Personen mit einer parkähnlichen Anlage ehren wollte.[12] Auch ein 1895 in Hamburg-Blankenese geplantes Bismarckdenkmal sollte beispielsweise von einem »Nationalpark« umgeben sein, und 1904 diskutierte man in Tirol darüber, den Berg Isel als Nationalpark für die Helden des Tiroler Befreiungskampfes zu erklären. Üblicherweise war den Beteiligten allerdings der Hintergrund und Bezugspunkt des Begriffes auf schützenswerte Naturphänomene geläufig. Wenn in diesem Zusammenhang der Begriff nicht wörtlich ins Deutsche übernommen wurde, so stand oft die Absicht dahinter, durch mehr oder weniger weit hergeholte Alternativen eigene, deutsche Traditionen der Naturbewahrung zu konstruieren. Auch wurden die Implikationen des Begriffes kritisch hinterfragt. Hinsichtlich der Bezugsgröße der Nation im Begriffskompositum Nationalpark ließ sich beispielsweise streiten, ob sie politisch-administrativ oder sozial zu verstehen war. Als noch umstrittener erwies sich der Wortbestandteil des Parks, der immer wieder die Kritik der Künstlichkeit und lediglichen Naturnachahmung auf sich zog, wo es doch eigentlich um den Schutz möglichst ursprünglicher, vom Menschen unveränderter Natur gehen sollte. Häufig war daher von zu schaffenden Reservationen oder Sanktuarien die Rede; wenn Bezug auf bedrohte Tierarten genommen wurde, fand sich vielfach auch der Begriff Freistatt oder Freistätte, also Gebiete ohne Jagddruck und Hege. Außergewöhnlich war die Bezeichnung »Gottesgarten«, die Rudolf Korb 1895 für ein zunächst vier Hektar umfassendes, später erweitertes Naturreservat auf dem Eichberg bei Zößnitz (cz. Sezímky) in Nordböhmen wählte. Der religiös imprägnierte Begriff brachte zum Ausdruck, dass Korb das mit Nationalparks assoziierte freie Walten der Natur als »Gottesfrieden« für die gesamte Flora und Fauna des Gebietes verstand, egal ob für den Menschen nützlich oder schädlich.[13] In Transfergeschichten der Nationalparkidee wird diese Maßnahme selten erwähnt, obwohl der Gottesgarten in deutsch-österreichischen Naturschutzdebatten vor dem Ersten Weltkrieg wiederholt als erster Naturschutzpark verstanden wurde. Ebenfalls große Freiheit in seiner Begriffswahl nahm sich der Freiburger Biologe Konrad Günther, der in einem Kapitel seines 1910 erschienenen Überblicks über die neuesten Naturschutzbestrebungen gefordert hatte, »statt des Ausdruckes ›Park‹ das Wort ›Heide‹« zu wählen, da dieses sowohl »freie Fläche« als auch »Wald« bezeichnen könne. »Das herrliche Ziel, dem wir unermüdlich nachstreben wollen bis es erreicht ist, heisst also: Auf deutschem Boden eine deutsche Freiheide!«[14] Günthers aus nationalistischem Distinktionswillen gespeister Vorschlag fand allerdings keine Anhänger, zumal er selbst in seinen Schriften prominent den Begriff eines »Naturparks« verwandte – und sich selbst im 1909 gegründeten Verein Naturschutzpark engagierte, also jener Organisation, die mit ihrer Benennung jenen Begriff propagierte, der vor dem Ersten Weltkrieg wohl am häufigsten als Äquivalent der US-amerikanischen Nationalparks benutzt wurde.

Die deutschtümelnde Ablehnung des Nationalparkbegriffs, wie sie bei Günther zutage trat, setzte sich bis in die 1960er Jahre fort und fand noch in den Debatten um die Nationalparkgründung im Bayerischen Wald einen späten Widerhall. Doch zeigt die Begriffsgeschichte auch, dass die Vorbehalte und die nicht erfolgte Übernahme des Begriffes nicht gleichzusetzen sind mit einer Verweigerung gegenüber den mit dem Nationalpark verbundenen Ideen, Maßnahmen und Schutzkonzepten. Die Verwendung begrifflicher Alternativen konnte sich aus anti-amerikanischen Haltungen genauso speisen wie aus der verbreiteten Annahme, ein »echter« Nationalpark bedürfe jener großflächigen, unberührten und menschenleeren Wildnis, wie man sie in den USA vermutete und in Europa nicht mehr zu haben glaubte.

Letztlich gab man bei der 1906 erfolgten Institutionalisierung des Naturschutzes in einer staatlichen Stelle in Preußen der Naturdenkmalpflege den Vorzug, während die Anregungen zu einer großflächigen Territorialisierung des Naturschutzes nicht praktisch aufgegriffen wurden, zumindest nicht von staatlicher Seite allein. Der Verein Naturschutzpark, der 1913 bereits an die 15 000 Mitglieder, verfügte, kaufte erste Landflächen in den Hohen Tauern und der Lüneburger Heide an. Der dort vom preußischen Staat 1921 dann tatsächlich ausgewiesene erste Naturschutzpark um den Wilseder Berg erwies sich schließlich als symptomatischer Abschluss für den Transfer des Nationalparks nach Deutschland vor dem Ersten Weltkrieg: Bei aller Begeisterung für die Idee eines großräumigen Naturschutzes erfolgte ihre Umsetzung auf einem kleinflächigen Gebiet, ohne Übernahme des Begriffes und in einer nationalisierten, als repräsentativ verstandenen, seit Jahrhunderten durch Weidewirtschaft geprägten Kulturlandschaft. Der Nationalpark hingegen verfestigte sich zunehmend zu einem Ideal – große Fläche, unberührte Natur, »nationale« Bedeutung, dauerhafter Schutz und oberste staatliche Garantie –, das in Deutschland nicht mehr einzulösen zu sein schien.

Urwildnis großdeutsch: der Kubany in transnationaler Perspektive

Als der Verein Naturschutzpark vor dem Ersten Weltkrieg auf der Suche nach einer repräsentativen Mittelgebirgslandschaft für einen Park in Süddeutschland war, wurde um 1911 erstmals auch das bayerisch-böhmische Grenzgebirge ins Spiel gebracht.[15] Diese Hoffnungen waren immerhin so konkret, dass Vertreter des Vereins Naturschutzpark in ihren Vorträgen neben Lichtbildern aus Yellowstone, dem Schweizer Nationalpark, den Hochalpen und der Lüneburger Heide auch schon Winterbilder aus dem Bayerischen Wald zeigten.[16] Im Gebiet von Teufelssee (Čertovo jezero) und Schwarzem See (Černé jezero) bei Eisenstein wurde ab 1911 sogar ein rund 176 Hektar großes, auf über 1 000 Meter Meereshöhe gelegenes Waldgebiet als Reservat eingerichtet, das sich in fürstlich Hohenzollernschem Besitz befand. Kurze Zeit später wurde dieses »Hohenzollernsche Naturschutzgebiet« durch weitere 34 Hektar auf bayerischer Seite ergänzt, so dass es sich rein geographisch um ein grenzüberschreitendes, bayerisch-böhmisches Reservat handelte.[17] Die 1913 dann erfolgte Ausweisung dieses noch heute bestehenden Reservates wurde als private Initiative des Fürsten Wilhelm von Hohenzollern-Sigmaringen in Naturschutzkreisen durchaus zur Kenntnis genommen.[18] Dennoch bildeten in den Folgejahrzehnten nicht Schwarzer See und Teufelssee, sondern der sogenannte »Urwald« am im Böhmerwald gelegenen Kubany (cz. Boubín) den argumentativen Bezugspunkt für die Befürworter eines großflächigen Naturschutzparkes im bayerisch-böhmischen Grenzgebirge.[19] Als Besitzer dieses in Höhenlagen bis zu 1 300 Metern befindlichen, größtenteils aus Nadelhölzern bestehenden Gebietes hatte Adolf Josef von Schwarzenberg 1858 verfügt, »dass von besagtem Urwalde 3200 Joch« der Nachwelt als Anschauungsort des Urzustandes des Böhmerwaldes erhalten bleiben solle.[20] Im Gefolge dieses Erlasses entwickelte sich der Kubany zum Anziehungspunkt für Naturwissenschaftler, die, wie der Breslauer Botaniker Heinrich Robert Göppert, einen Wald in einem

Zustand zu studieren glaubten, »wie er seit Jahrtausenden, ja vom Anfange an, gewesen« sei. Auch andere Besucher, darunter Forstleute sowie frühe Befürworter von Tourismus und Naturschutz kommentierten die Schwarzenberg'sche Maßnahme mit Bewunderung: Von »in völlig primitivem Zustande befindlichen Urwäldern« und einem »in seiner Art einzige[m] Denkmal des Pflanzenwuchses« schrieb 1871 beispielsweise das Feuilleton der *Pilsner Zeitung*.[21]

In der Wahrnehmung deutsch-österreichischer Botaniker, Forstleute und Naturschützer vor dem Ersten Weltkrieg galt der Kubany als charakteristisch »deutscher Urwald«.[22] Bisweilen wurde das Nicht-Eingreifen des Menschen dort als Ermöglichung eines »Kampfes ums Dasein« interpretiert, der metaphorisch mit einem sozialdarwinistischen Verständnis eines analogen deutsch-tschechischen Daseinskampfes in der Region gleichgesetzt wurde.[23] Für die praktische Etablierung des vom Verein Naturschutzpark ersehnten, repräsentativen Mittelgebirgsparks war der Kubany wohl ein zu komplizierter Kandidat: Neben den überschaubaren Mitteln des Vereins Naturschutzpark dürfte die aristokratische Eigentümerschaft des Kubany einer praktischen Konkretisierung dieser Idee ebenso im Wege gestanden haben, wie der Koordinationsbedarf zwischen den politischen Behörden zweier Länder auf verschiedenen Administrationsebenen.

Nach dem Ersten Weltkrieg gehörte die Gegend dann zum Territorium der Tschechoslowakei, doch blieb das Wissen um den Böhmerwald als Ort der möglichen Begegnung mit einer »deutschen Urnatur«, in deutschen Naturschutzkreisen erhalten. Für Walther Schoenichen, seit 1922 Leiter der Staatlichen Stelle für Naturdenkmalpflege in Preußen, gehörte der Kubany zu jenen »Urwaldwildnissen«, die Zeugnis ablegten über den »Kampf des deutschen Menschen mit der Urlandschaft«.[24] Für einen deutschen Naturschutzpark kam er hingegen zunächst nicht mehr in Frage. Nach der Annexion durch das nationalsozialistische Regime im Jahr 1938 verhinderten Widerstände gegen Hermann Göring und Lutz Hecks Vision eines Nationalparks, etwa aus Ministerien auf Länderebene, dass bis 1940 mehr als die Erklärung zum Naturschutzgebiet und die Unterstellung des Gebietes unter Landschaftsschutz erfolgen konnte. Vorgebracht wurde unter anderem das Argument, dass eine Bevölkerung mit Park, aber ohne »bodenständige Industrie« nicht mehr in der Lage sei, die »Volkstumsgrenze […] gegen die Tschechen« erfolgreich zu verteidigen.[25]

Bei den Nationalparkplänen aus dem Reichsforstamt handelte es sich um eine völkisch ideologisierte und erweiterte Wiederauflage der bereits vom Verein Naturschutzpark um 1909 verfolgten Idee eines Systems repräsentativer nationaler Landschaftstypen. Görings Vorschlag erfolgte aber nunmehr auf Grundlage eines großdeutsch-expansionistischen Verständnisses von Nation und »Deutschtum« und einer germanisch-völkisch aufgeladenen Ideologie von Urwald und Urwild, wie sie sich beispielsweise schon im 1934 eingerichteten »Urwildpark« in der Schorfheide, in den seit 1936 eingerichteten Reichsnaturschutzgebieten oder nach Kriegsbeginn bei der Besetzung des ebenfalls seit Jahrzehnten als germanische Urlandschaft verstandenen »Urwaldes« von Białowieża im Osten Polens niedergeschlagen hatte. Bezüglich einer ursprünglichen Fauna bedurften Bayerischer Wald und Böhmerwald allerdings der Nachhilfe, denn außer einem mit

Rotwild bestockten Wildgatter kommentierten sämtliche Besucher des Kubany seit dem späten 19. Jahrhundert dessen Armut an Tieren.[26] Görings Reichsforstamt plante daher, durch Bestockung mit nicht näher bezeichnetem »Urwild« für einen »kräftigen Wildstand« zu sorgen. Als Erholungslandschaften waren touristische Erschließung und automobile Zugänglichkeit explizit gewünscht. Um lokale wirtschaftliche Interessen so wenig wie möglich zu beeinträchtigen, sollte der zukünftige Park aus drei Zonen mit unterschiedlich strikten Schutz- und Nutzungsvorschriften bestehen. Konkreter wurden die Pläne in den späten 1930er Jahren zwar nicht, doch enthielten sie im Grunde alle Elemente und Argumente, die drei Jahrzehnte später erneut vorgebracht wurden.

Bemerkenswerterweise tendierte der völkisch-expansionistische Naturschutz der späten 1930er Jahre dazu, bei der Nomenklatur für das geplante Großschutzgebiet dem deutschen »Reichsnaturschutzgebiet« den amerikanischen Originalbegriff vorzuziehen. Ausschlaggebend hierfür dürfte unter anderem der fortgesetzte internationale Siegeszug des Nationalparks gewesen sein. Nicht nur trug die 1916 in den USA erfolgte Gründung des National Park Service als eigener Behörde zum Management der Nationalparks dazu bei, einzelne Parks weiter zu erschließen und zu vermarkten. Auch trieben die USA den Ausbau des Nationalparksystems voran und stellten ihre Expertise zunehmend auch international zur Verfügung. In Südafrika und den europäischen Kolonialgebieten Afrikas wurden Wildreservate zu permanenten Nationalparks aufgewertet, teilweise vergrößert und, wie der 1926 gegründete Kruger-Nationalpark in Südafrika, dem Tourismus zugänglich gemacht. Andere Parks dienten primär als Laboratorien wissenschaftlicher Forschung, wie der 1925 eingerichtete Albert-Nationalpark im belgischen Kongo.[27] Eine internationale Wildschutzkonferenz der europäischen Kolonialmächte versuchte 1933 in London erstmals, den Begriff des Nationalparks zu definieren und von anderen in den afrikanischen Kolonien verwendeten Schutzkategorien abzugrenzen. All diese Maßnahmen wurden in deutschen Naturschutzkreisen aufmerksam registriert. In Europa schließlich waren Staaten wie Spanien oder Italien dem Beispiel Schwedens und der Schweiz gefolgt und hatten ihrerseits Nationalparks ausgewiesen. Auch in Polen wurden Teile der Puszcza Białowieska in einem Prozeß der »schleichenden Institutionalisierung« seit 1921 sukzessive zum Nationalpark ausgebaut und damit gegenüber den deutschen Lesarten des Waldes als nationale Naturlandschaft Polens reklamiert.[28] Zudem lotete man in Polen zusammen mit der Tschechoslowakei seit Mitte der 1920er Jahre die Machbarkeit eines grenzüberschreitenden Parks in der Hohen Tatra aus. In mehr und mehr Ländern wurde Naturschutz als modern und progressiv sowie als staatliche Aufgabe begriffen. Das weltweit erkennbare Zeichen für diese Progressivität war das Vorhandensein eines Nationalparks.

Die Jahrzehnte lange Verweigerung gegenüber dem amerikanischen Begriff oder dessen Übersetzung in deutsche Äquivalente hatte jedoch dazu geführt, dass die Kategorie des »Nationalparks« in der deutschen Naturschutzpraxis schlicht und einfach fehlte. Gegenüber der Praxis in anderen Ländern erwuchs daraus ein Gefühl des Mangels und der Rückständigkeit, gepaart mit einer immensen symbolpolitischen Aufladung des Begriffes. Schon als Bengt Berg 1933 die Schaffung eines 5 000 Hektar großen »Natur- und Wildschutzparkes« auf dem Darß ins Spiel brachte, wurde dieser Vorschlag aufgrund seiner Größe als »deutscher Nationalpark der Zukunft« und als »etwas Einzigartiges und Neues« begrüßt.[29] Der noch nicht verliehene »Ehrentitel« (Walther Schoenichen) des Nationalparks schien nun auch nach einem irgendwie gearteten Superlativ, einer besonderen Landschaft oder einem großen, auch international beachteten naturschützerischen Wurf zu verlangen. Entsprechend groß dimensioniert war das völkisch-expansionistische Programm von Göring und Heck, das Nationalparks in den Hochalpen, im Bayer- und Böhmerwald, der Lüneburger Heide und an der Küste vorsah. Lutz Heck prägte während eines Besuches im Bayerischen Wald im Juni 1939 jene Rede vom Nationalpark als »Krönung des deutschen Naturschutzgedankens«, die Bernhard Grzimek und Hubert Weinzierl dann in ihrer Nationalpark-Kampagne in den 1960er Jahren wieder prominent aufgriffen.[30]

Import aus Afrika: Bernhard Grzimek und die bayerische Serengeti

Es ist erstaunlich, dass der erste deutsche Nationalpark nach einem Jahrhundert der Rezeption und Diskussion just Ende der 1960er Jahre im nunmehr nur noch Bayerischen Wald eingerichtet wurde. Dies geschah zu einem Zeitpunkt, als die Urwaldwildnis des Kubany durch den Eisernen Vorhang verschlossen war und, im Gefolge der deutschen Teilung und des Verlusts der als Wildnis imaginierten Ostgebiete, auch die verfügbare Landesfläche sowie der Anteil vom Menschen weitgehend unmodifizierter Naturräume in der Bundesrepublik geringer war als je zuvor. Auch im Bayerischen Wald selbst hatte die forstwirtschaftliche Nutzung zugenommen. Widerstand gegen einen Nationalpark gab es nicht nur von Seiten anderweitiger Nutzungsinteressenten aus Land- und Forstwirtschaft, sondern auch innerhalb des Naturschutzes selbst. Aus dem Umfeld des »Naturpark«-Programms wurde den Nationalparkbefürwortern beispielsweise Etikettenschwindel vorgeworfen, weil sie eine menschlich genutzte Kulturlandschaft unter dem international etablierten Label für unberührte Wildnis vermarkten würden.

Um derlei Hindernisse zu überwinden, halfen den Befürwortern eines Nationalparks ganz wesentlich auch internationale Entwicklungen der 1960er Jahre und neuerliche Impulse und Transfers von außen. Zu nennen wäre zunächst der jüngste Schub internationaler Nationalparkgründungen im Zuge von Dekolonisierung und Nationalstaatsgründungen in Afrika und Asien. Internationale Organisationen wie UNESCO und Weltnaturschutzunion (International Union for Conservation of Nature, IUCN) waren bemüht, die unter europäischer Kolonialherrschaft eingeführten Naturschutzmaßnahmen und -reservate zu erhalten und als Nationalparks unter dauerhaften Schutz zu stellen. Die nunmehr unabhängigen Regierungen der ehemaligen Kolonien hatten ihrerseits großes Interesse an Nationalparks. Sie waren eine touristisch zugkräftige Form der Nationalisierung und Vermarktung attraktiver Flora und Fauna, bildeten eine wirtschaftliche und ökologische Ressource und dienten als internationales Aushängeschild für Fortschritt und einen reflektierten Umgang mit der vorhandenen Natur. »In the modern world«, befand 1961 der britische Ökologe Julian Huxley, »a country without a National Park can hardly be regarded as civilized«.[31] Eine 1962 unter anderem vom US National Park Service in Seattle einberufene, erste World Conference on National Parks propagierte genau diese Modernität von Nationalparks. Auch eine deutsche Delegation war in Seattle vor Ort, musste allerdings zugeben, dass die heimischen Naturparks dem internationalen Ideal eines weitgehend der wirtschaftlichen Nutzung entzogenen Naturreservats nicht entsprachen. Gleichzeitig sorgte die dekoloniale Gründungswelle von Nationalparks für jene neuerlich erhöhte Vielheit der als Nationalpark geschützten Landschaften, Ökosysteme und Governance-Konstellationen, die Raymond Dasmann 1972 den schon zitierten Stoßseufzer über die Undefinierbarkeit des Nationalparks entlockten.

Für Hubert Weinzierl und Bernhard Grzimek, die beiden Wortführer der Nationalpark-Kampagne, stellte diese weltweite Vielheit eine kaum zu überschätzende argumentative Ressource dar. Jeder potenzielle Vorbehalt gegen einen Nationalpark im Bayerischen Wald ließ sich durch Verweis auf ein entsprechendes Beispiel aus dem Ausland – Grzimek zufolge waren dies anno 1968 1 206 Parks in 136 Staaten – entkräften. Dies taten sie im Laufe der ein Jahrfünft währenden Debatte immer wieder und durchaus in opportunistischer Weise. In konzentrierter Form findet sich diese Vorgehensweise in ihrem 1968 veröffentlichten Kompendium zur Verwirklichung des Nationalparks als »Krönung des Naturschutzgedankens« auch in Deutschland. Das darin enthaltene Kapitel »Nationalparks in aller Welt« trug den bezeichnenden Übertitel: »So machen es die anderen« und präsentierte ein buntes Kaleidoskop der internationalen Nationalparkpraxis.[32] Vorgeführt wurden Beispiele aus der tschechischen Tatra, aus Schweden oder aus den Nationalparks Sri Lankas; letztere wurden als »tropische Vorbilder für bayerischen Naturschutz« angeführt, weil »das alte und übervölkerte Kulturland Ceylon«, das bei ähnlicher Fläche mehr Einwohner habe als Bayern, dennoch über fünf Nationalparks verfüge. Im entsprechenden Beschluss des Bayerischen Landtags zur Einrichtung des Nationalparks im Juni 1969 ist schließlich mehrmals konkret vom niederländischen Nationalpark De Hoge Veluwe und dessen Einzäunungen zur Wildbeobachtung, vom Schweizer Nationalpark sowie von der »Anziehungskraft des Kubany-Urwaldes« die Rede.[33] Die Plausibilisierung durch das Beispiel und Vorbild anderer kam offensichtlich bei den gewählten Repräsentanten des bayerischen Volkes an.

Den zentralen transnationalen Lern- und Referenzort für die Gründung des ersten deutschen Nationalparks in Ostbayern bildete jedoch die Naturschutz- und Nationalparkpraxis der ehemaligen deutsch-ostafrikanischen Kolonie, seit 1961 unabhängig unter dem Namen Tanganyika, seit der Vereinigung mit Sansibar 1964 dann unter dem Namen Tansania. Natur als Kapital, Naturschutzpolitik als Ausweis der Modernität eines Nationalstaats und Nationalparks als Motor ländlicher Entwicklung: In Bernhard Grzimeks Augen ließ sich das nirgendwo besser lernen als in Tansania, dem afrikanischen Musterschüler und der »Perle des Naturschutzes«.[34] Tatsächlich war das ostafrikanische Beispiel in den ostbayerischen Debatten so präsent, dass die nationalsozialistische Vorgeschichte eines Nationalparks im Bayerischen Wald in den Diskussionen eine vergleichsweise geringe Rolle spielte.

Man kann in dreierlei Hinsicht von einer Genese des Nationalparks Bayerischer Wald in Ostafrika sprechen. Zum einen scheint die Idee, den Bayerischen Wald als Ort des ersten deutschen Nationalparks erneut in Vorschlag zu bringen, konkret in Ostafrika entstanden zu sein. Hubert Weinzierl, dem als Naturschutzbeauftragten der niederbayerischen Regierung die Akten zu den nationalsozialistischen Plänen im Bayerischen Wald bekannt waren, stattete 1965 den Nationalparks Ostafrikas einen Besuch ab, um sich gemeinsam mit Bernhard Grzimek vor Ort von der touristischen Anziehungskraft und dem Management der Parks ein Bild zu machen. Glaubt man Weinzierls Erinnerungen und ihm nahe stehenden Mitarbeitern war es dieses »Serengeti-Erlebnis«, gefolgt von einer gemeinsamen Reise durch den Bayerischen Wald im Frühjahr 1966, das die Umsetzung von Vergleichbarem auch im Bayerischen Wald denkbar machte.[35]

Zum Vergleichbaren in der Serengeti gehörte zum anderen das nationalisierte Verständnis spektakulärer Arten als für das Land charakteristische Tierwelt. Die Nationalparks Tansanias und ihre Fauna wurden in den 1960er Jahren gezielt Gegenstand einer Nation-Building-Kampagne, die der Bevölkerung Tansanias den ökonomischen Wert und damit die nationale Bedeutung der Savannenfauna verdeutlichen sollte. Auch die geplante Einbürgerung von Wisenten, Bären, Elchen und Wölfen im Bayerischen Wald sollte nicht nur die touristische Attraktivität einer als rückständig und entwicklungsbedürftig geltenden Region erhöhen. Sie entsprach weiterhin der Auffassung, dass zu einem Nationalpark auch die national bedeutsamen Tierarten und »Charaktertiere« gehörten – die evolutionären Begleiter der Entwicklung von »Volk« und »Nation«, die Verkörperung der im Zuge des Zivilisationsprozesses gebändigten und überwundenen Wildnis und, im deutschen Falle, auch die Repräsentanten jener Tierwelt, die mit dem »deutschen Osten« verloren gegangen war.[36]

Vor allem aber manifestierte sich die ostafrikanische Genese des Nationalparks Bayerischer Wald in den 1960er Jahren über die Person Bernhard Grzimeks. Der Modellcharakter des Savannen-Nationalparks in Ostafrika für die »bayerische Serengeti« war eng verbunden mit der prominenten Rolle des Frankfurter Zoodirektors, der in seiner Eigenschaft als Präsident des Deutschen Naturschutzringes im Juli 1966 dem bayerischen Ministerpräsidenten Alfons Goppel erstmals konkrete Pläne zur Ausgestaltung eines Nationalparks im Bayerischen Wald vorgelegt hatte. Zu diesem Zeitpunkt war Bernhard Grzimek der bundesrepublikanischen Gesellschaft bereits bestens bekannt. Seit 1956 erschien Grzimek dem Deutschen Fernsehpublikum im Abendprogramm mit *Ein Platz für Tiere*, einer der populärsten Sendungen des frühen Fernsehens überhaupt. Zu dieser nationalen Rolle als erster »Tierliebhaber des Deutschen Fernsehens« kam die internationale Berühmtheit hinzu, die Grzimek seit Mitte der 1950er Jahre in mehreren Büchern und Filmen als Anwalt für den Schutz der ostafrikanischen Tierwelt erlangt hatte. Untrennbar verbunden ist sein Name mit seinem Einsatz zum Erhalt der saisonalen Wanderungen der Savannenfauna im Serengeti-Nationalpark im Nordwesten Tansanias. Der Titel seines 1959 dazu veröffentlichten, in eine Vielzahl von Sprachen übersetzten Films und Sachbuchs ist seit über einem halben Jahrhundert stehende Wendung und Motto, aber auch Ausdruck der Anmassung europäischer und internationaler Zuständigkeit für den Naturschutz in Ostafrika: *Serengeti darf nicht sterben*.

Für die Debatte wie auch das Konzept und die Umsetzung des Nationalparks im Bayerischen Wald war Grzimeks Engagement in Tansania praktisch wie inhaltlich von zentraler Bedeutung: Grzimek setzte im Bayerischen Wald um, was er in Ostafrika gelernt hatte. Neben der Beschämung durch ein in Europa als in jeglicher Hinsicht als rückständig geltendes »Entwicklungsland« – Tansania hatte im Laufe der 1960er Jahre die Zahl seiner Nationalparks auf sieben erweitert – diente die Serengeti als Modell für die Symbiose von Naturschutz und Tourismus und die tatsächliche Möglichkeit einer friedlichen Begegnung zwischen (europäischem) Mensch und Tier. Wildnis und wilde Tiere, das lehrte die Serengeti, hatte ökonomisches Entwicklungspotenzial. In seiner Vorgehensweise im Bayerwald verfuhr Grzimek analog zur wenige Jahre vorher erprobten Naturschutzkampagne in Tanania. Er kombinierte Elemente aus öffentlichem Shaming mit Versprechungen, betrieb individuelle Lobbyarbeit bei politisch einflussreichen Entscheidungsträgern, lockte mit finanziellen Zusagen, mobilisierte internationale Netzwerke, um beispielsweise durch orchestrierte Zuschriften an Ministerien Druck aufzubauen, und nutzte geschickt seinen privilegierten Zugang zum Medium Fernsehen, um seine Auffassung eines Nationalparks in der bundesrepublikanischen Gesellschaft zu popularisieren: Einer von der Zoologischen Gesellschaft Frankfurt im Herbst 1967 bei Infratest in Auftrag gegebenen Umfrage zufolge unterstützten 88 Prozent der Befragten die Schaffung eines deutschen Nationalparks im Bayerischen Wald. Nur 7 Prozent der Befragten konnten mit dem Begriff »Nationalpark« gar nichts anfangen. Fast jeder Fünfte hingegen wusste auf die Frage, was Professor Grzimek meine, wenn er im Fernsehen über Nationalparks spreche, genau Bescheid: »ein größeres Gebiet, in dem man keine Landwirtschaft und keine Jagd betreibt, wo alle Pflanzen und Tiere möglichst ohne Eingriff von Menschenhand erhalten bleiben, und wo auch einheimische, dort schon ausgestorbene Tierarten wieder eingebürgert werden. Die Wildtiere verlieren dort weitgehend ihre Scheu vor Menschen und sind für die Besucher leicht zu sehen.«[37]

Mit seinem im deutschen Naturschutz neuartigen Verhaltensstil des massenmedialen Appells leistete Grzimek also einerseits dem pragmatischen Nationalparkverständnis eines überschaubar dimensionierten Refugiums einheimischer Tierwelt Vorschub. Andererseits konturierte die von seiner Gesellschaft in Auftrag gegebene Umfrage jenes Bild der öffentlichen Meinung, das zeitgenössisch für die politischen Entscheidungsträger handlungsbeeinflussend war. Der Effekt seiner popularisierenden Appelle in einer durch das öffentlich-rechtliche Fernsehen dominierten Medienlandschaft dürfte kaum zu überschätzen sein. Dem im Nationalparkamt tätigen Landschaftsarchitekten zufolge hätten »viele Bürger […] hauptsächlich vom Fernsehen stammende Klischeevorstellungen« darüber

Abb. 3
Bernhard Grzimek (hinten), Hans Eisenmann (links) und Hans Bibelriether bei den Feierlichkeiten zur Nationalparkeröffnung, 1970.

entwickelt, dass ein Nationalpark »in erster Linie Heimat spektakulärer Tierherden« sei: »Einige Jahre intensiver Informationsarbeit« seien nötig gewesen, »um dieses Bild zu korrigieren.«[38] Auch Staatsminister Eisenmann wusste, wovon er sprach, als er anlässlich der Eröffnung des Nationalparks im Oktober 1970 zwiespältig lobte: »Als mächtiger und wortgewaltiger Advokat des Nationalpark-Gedankens hat Professor Grzimek durch seine publizistischen Möglichkeiten einen großen Einfluß auf Öffentlichkeit und Politiker ausgeübt.«[39]

Schlussgedanke

In seiner Sitzung vom 11. Juni 1969 stimmte der Bayerische Landtag einstimmig dafür, »daß der Bayerische Wald im Gebiet von Rachel und Lusen seinen heftig begehrten, viel diskutierten und viel umstrittenen Namen »Nationalpark« [...] bekommen« soll.[40] Grundlage für die breite Zustimmung war der Kompromiss, den das landschaftsökologische Gutachten von Wolfgang Haber im Februar 1968 vorgeschlagen hatte. Dieses Gutachten zog der heftigen Kontroverse über die Zugehörigkeit von Wisent, Bären und Wölfen und deren ökologische Verträglichkeit mit dem Wald den Zahn, indem es die Anlage groß dimensionierter Schaugehege für die einzuführenden Arten von ehemals heimischem Raub- und Großwild vorschlug. Bezüglich der umstrittenen Nomenklatur machte das Gutachten Habers einerseits Druck, indem er die Bedeutung eines Nationalparks als »internationale Visitenkarte« des deutschen Naturschutzes hervorhob. Gleichzeitig versuchte Haber, die Benennungsfrage insofern zu entschärfen, als er die Uneindeutigkeit der internationalen Begrifflichkeit betonte und die Taufe des von ihm vorgeschlagenen Naturschutzarrangements zur reinen »Vokabelfrage« erklärte. Das war insofern richtig, weil sich aus der internationalen Verwendung des Nationalpark-Begriffes kein unmittelbarer Auftrag für Größe, ökologische Ausstattung oder Form des Managements ableiten ließ. Es handelte sich um den nachvollziehbaren Versuch, die Sachfrage des im Bayerischen Wald ökologisch Machbaren und Sinnvollen ins Zentrum zu rücken und der Nomenklatur allenfalls sekundäre Bedeutung beizumessen.

Dennoch: Die vorangegangenen Ausführungen haben gezeigt, dass es eben doch um viel mehr ging als um eine Vokabel. Nach einem Jahrhundert der Rezeption der Nationalparkidee, ihrer Ablehnung und selektiven Aneignung war gerade die Benennung von immens symbolpolitischer Bedeutung. Denn bei der Kategorisierung geschützter Natur als »Nationalpark« ging es Ende der 1960er Jahre auch um den Status des deutschen Naturschutzes im internationalen Vergleich und um den Ausweis von Zivilisiertheit und Fortschrittlichkeit im Umgang mit schützenswerter Natur. Für den Freistaat Bayern bot Grzimeks Kampagne die Gelegenheit, ein als rückständig erachtetes Gebiet national wie international als fortschrittlich und touristisch attraktiv zu vermarkten.

Das Kapitel hat weiterhin gezeigt, dass die deutschsprachige Transfer- und Wirkungsgeschichte des Nationalparks sehr viel komplexer war als es simple Narrative und Entwicklungslinien »von Wetekamp zur Waldwildnis« suggerieren. Hundert Jahre lang war der Begriff abgelehnt, übersetzt und eingedeutscht worden; waren Landschaften nicht groß, nicht wild, nicht »unberührt«, nicht typisch oder nicht »deutsch« genug, um das Label Nationalpark zu verdienen. Im Zuge seiner deutschen Rezeptionsgeschichte hatte sich der Nationalpark ab 1900 zu einem Ideal verfestigt, bestehend aus »großer« Fläche, »unberührter« Wildnis, »nationaler« Bedeutung, dauerhaftem Schutz und oberster staatlicher Garantie, dem keine mitteleuropäische Landschaft mehr gerecht zu werden schien. Der Bayerische Wald der späten 1960er Jahre erfüllte diese Kriterien nicht mehr oder weniger als alle anderen Landschaften, die im Laufe der Jahrzehnte als potenzielle deutsche Nationalparks vorgeschlagen worden waren. Zu einem Zeitpunkt, als der Nationalpark zur internationalen Norm des Naturschutzes geworden war, suggerierte Grzimeks mediengestützte Kampagne jahrelang, dass ein von touristisch attraktivem Großwild geprägter Nationalpark nach außereuropäischem Vorbild auch im Bayerischen Wald machbar war. Diese Idee verlor auch nach ihrer Entschärfung und partiellen Widerlegung durch das Haber-Gutachten nicht mehr an Popularität. Es war die mediale Imagination einer »bayerischen Serengeti«, die einem typischen waldbedeckten Mittelgebirge mit Wildgehegen 1970 zum Status eines Nationalparks verhalf.

Die »bayerische Serengeti« leistete aber noch mehr. Sie half auch bei der Zähmung einer jahrzehntelang wirkungsmächtigen, oft darwinistisch, männlich und völkisch aufgeladenen Fiktion germanisch-deutscher Urwildnis. Diese war eng mit der Präsenz von charismatischem Großwild – Wisenten, Elchen, Bären, Wölfen und kapitalen Hirschen – verbunden; wurde historisch aus einer mal als germanisch, mal deutsch konnotierten Vergangenheit hergeleitet und geographisch in erster Linie im »deutschen« oder zu germanisierenden »Osten« – im Urwald von Białowieża, im ostpreußischen Rominten oder der dann in der DDR gelegenen Schorfheide – lokalisiert. Grzimeks Vorschlag der Wiedereinführung einer »deutschen« Tierwelt von vor 1000 Jahren stand in dieser Denktradition, die eine imaginierte Wildnis der Vergangenheit durch die neuerliche Präsenz von Großwild herzustellen versuchte.[41] Die Herleitung der durch Präsenz von Wild hergestellten Wildnis aus Ostafrika sorgte allerdings dafür, dass die völkisch-nationalistische Vorgeschichte dieser Idee in den Debatten der 1960er Jahre kaum eine Rolle spielte: Kritisiert und diskutiert wurde hauptsächlich über die Verfremdung des deutschen Waldes durch aus der afrikanischen Savanne importierte ökologische Vorstellungen. Ohne, dass die Teilnehmer an der Debatte es in jedem Fall realisierten, ging es aber beim Streit um den Nationalpark und seine Tierwelt auch um »nationale« Natur unter den Bedingungen der deutschen Teilung und die Lokalisierung der Waldwildnis des »deutschen Ostens« innerhalb der Bundesrepublik. Damit verbunden war das pragmatische Eingeständnis, dass ein Nationalpark in Deutschland eben keine spektakulären Großwildherden, sondern nur Gehege bieten könne, keine »unberührte« Natur, sondern allenfalls die Hoffnung auf Verwilderung. Dieses pragmatische Eingeständnis bildet die Basis aller seither in Deutschland ausgewiesenen Nationalparks.

Weiterführende Literatur

Bohn, Thomas M., Aliaksandr Dalhouski und Markus Krzoska. *Wisent-Wildnis und Welterbe: Geschichte des polnisch-weißrussischen Nationalparks von Białowieża*. Weimar 2017.

Frohn, Hans-Werner und Friedemann Schmoll, Hg. *Natur und Staat: Staatlicher Naturschutz in Deutschland 1906–2006*. Bonn 2006.

Gissibl, Bernhard. »A Bavarian Serengeti: Space, Race and Time in the Entangled History of Nature Conservation in East Africa and Germany« in *Civilizing Nature: National Parks in Global Historical Perspective*, herausgegeben von Bernhard Gissibl, Sabine Höhler und Patrick Kupper. Oxford 2012, 102–122.

Gissibl, Bernhard, Sabine Höhler und Patrick Kupper, Hg. *Civilizing Nature: National Parks in Gobal Historical Perspective*. Oxford 2012.

Gissibl, Bernhard. *The Nature of German Imperialism: Conservation and the Politics of Wildlife in colonial East Africa*. Oxford 2016.

Kupper, Patrick. *Wildnis schaffen: Eine transnationale Geschichte des Schweizer Nationalparks*. Bern 2012.

Lekan, Thomas. *Our Gigantic Zoo: A German Quest to Save the Serengeti*. Oxford 2020.

Schmoll, Friedemann. *Erinnerung an die Natur: Die Geschichte des Naturschutzes im deutschen Kaiserreich*. Frankfurt a.M. 2004.

Schoenichen, Walther. *Urwaldwildnis in deutschen Landen: Bilder vom Kampf des deutschen Menschen mit der Urlandschaft*. Neudamm 1934.

Sheail, John. *Nature's Spectacle: The World's First National Parks and Protected Places*. London 2010.

Tyrrell, Ian. »America's National Parks: The Transnational Creation of National Space in the Progressive Era« in *Journal of American Studies* 46, 1 (2012), 1–21.

Weinzierl, Hubert. *Die Krönung des Naturschutzgedankens: Deutschlands Nationalpark im Bayerischen Wald soll Wirklichkeit werden*. Grafenau 1968.

Eine Tierfreistätte in »Bayrisch-Sibirien«?

Der steinige Weg zum Nationalpark Bayerischer Wald[1]

Ute Hasenöhrl

Der offizielle Startschuss für den Nationalpark Bayerischer Wald fiel am 15. Juli 1966. Angeführt von Hubert Weinzierl, dem Regierungsbeauftragten für Naturschutz in Niederbayern, übergab an diesem Tag eine Delegation der wichtigsten deutschen Naturschützer[2] eine Denkschrift an den bayerischen Ministerpräsidenten Alfons Goppel, unter ihnen Bernhard Grzimek, Präsident des Deutschen Naturschutzrings (DNR), Wolfgang Engelhardt, Vizepräsident des DNR, und Luitpold Rueß, Geschäftsführender Vorstand des Bund Naturschutz in Bayern (BN), – und riefen zur Verwirklichung dieses »heißesten Wunsch[es] der gesamten deutschen Naturschutzbewegung«[3] wenig später eine Kampagne ins Leben, die bis dahin in der Geschichte des deutschen Naturschutzes beispiellos war.

Die Forderung, auch in Deutschland Nationalparke einzurichten, war prinzipiell nichts Neues. Die Reichsstelle für Naturschutz in Berlin hatte bereits 1938 ein Nationalpark-Programm aufgelegt, um typisch »deutsche« Kulturlandschaften zu schützen – darunter auch den Bayerischen Wald als Teil eines größeren Nationalparks »Böhmerwald«. Das Projekt schritt damals gut voran. Verordnung und Karte für den Nationalpark waren ausgearbeitet, selbst das Manuskript für den Nationalparkführer lag bereits vor. Jedoch mussten die Planungen 1942 kriegsbedingt zurückgestellt werden – und wurden nach 1945 nicht wieder aufgegriffen. Die späten 1940er Jahre standen ganz im Zeichen des Wiederaufbaus, in den 1950er Jahren setzte dann das sogenannte Wirtschaftswunder ein. Trotz der weit verbreiteten Sehnsucht nach »Heimat«, die sich etwa in einer Welle von Heimatfilmen niederschlug, gehörte der Naturschutz in den ökonomischen Boomjahren nicht zu den zentralen gesellschaftlichen Anliegen. Zeitgemäßer als ein strenger, »konservierender« Naturschutz in Form von Nationalparken oder Naturschutzgebieten schien die Einrichtung von Naturparken, bei denen Landschaftsschutz mit Regionalentwicklung und Naherholung verbunden werden sollte. Zudem bezweifelten selbst viele Naturschützer, dass in Deutschland überhaupt für Nationalparke geeignete Naturräume vorhanden wären – als Musterbeispiele für »richtige« Nationalparke galten neben den US-amerikanischen »Pionier«-Einrichtungen (zum Beispiel Yellowstone, Yosemite) vor allem die weitläufigen afrikanischen Savannennationalparke wie die Serengeti, die Grzimek mit seinen Filmen und Büchern in Deutschland popularisiert hatte.

Der Auslöser: Bergbahnpläne im Bayerischen Wald

Beeinflusst von internationalen Entwicklungen[4] begann sich diese Sichtweise auf schützenswerte Natur Mitte der 1960er Jahre zu wandeln. Im Falle des Bayerischen Waldes war der eigentliche Auslöser für die Gründung eines Nationalparks aber nicht grundsätzlicher, sondern eher profaner Natur gewesen. Weinzierl waren Pläne der Bayerwaldgemeinden zu Ohren gekommen, die bisher unberührten Gipfel des inneren Bayerischen Walds (Rachel, Lusen) mit Seilbahnen und Skiabfahrten zu erschließen, um den Fremdenverkehr anzukurbeln. Der Bayerische Wald gehörte damals zu den ärmsten Regionen des Landes. Die Region wies bundesweit mit die höchsten Arbeitslosenzahlen sowie das niedrigste Pro-Kopf-Einkommen auf. Auf eine Ansiedlung von Industriebetrieben war hier nach dem Zweiten Weltkrieg wegen der Grenznähe zur ČSSR bewusst verzichtet worden. Entsprechend sahen die Kommunen und Landkreise im Tourismus die aussichtsreichste Möglichkeit für einen Wirtschaftsaufschwung – und Bergbahnen als Königsweg zu diesem Ziel.

In den 1950er Jahren hatten die bayerischen Gebirgsregionen generell einen Bergbahnboom erlebt – eine Entwicklung, die den meisten Naturschützern ein Dorn im Auge war. Seilbahnen brachten eine große Zahl Erholungsuchender in die empfindliche Bergnatur und zogen häufig die Einrichtung von Skigebieten nach sich. Es erstaunt daher nicht, dass Bergbahnpläne oft heftige Proteste von Seiten der Naturschützer auslösten. Ihre Erfolgsbilanz war allerdings nicht gerade glänzend – nur in wenigen Ausnahmefällen gelang es, die Errichtung von wirtschaftlich rentablen Aufstiegshilfen zu unterbinden. Weinzierl war daher klar, dass er den Kommunen eine ökonomisch ernstzunehmende Alternative bieten musste, wollte er die geplanten Seilbahnen dennoch verhindern: »Die intensive Verfolgung der Nationalparkidee erscheint mir die einzige Möglichkeit, dieses für die Landschaft noch immer drohende Unheil abzuwenden!«[5], formulierte er 1968 ebenso pragmatisch wie paradigmatisch. Mit dem strategischen Argument, der erste Nationalpark Deutschlands wäre ein sehr viel größerer Touristenmagnet als weitere Bergbahnen, die aus der Fülle des Angebots kaum herausstechen würden, gelang es ihm tatsächlich innerhalb kürzester Zeit, die betroffenen Gemeinden und Landkreise sowie den Regierungsbezirk Niederbayern für seine Idee zu gewinnen. Letzterer sprach sich bereits 1966 für den Nationalpark aus, Anfang 1967 folgten der Stadtrat Grafenau sowie elf Landkreise Niederbayerns, darunter die »Nationalparklandkreise« Wolfstein, Grafenau und Wegscheid. Zusammen mit Bund Naturschutz in Bayern, Deutschem Naturschutzring und Zoologischer Gesellschaft Frankfurt a. M. gründeten die Landkreise, Städte und

Gemeinden der Region schließlich am 26. August 1967 einen »Zweckverband zur Förderung des Projektes Nationalpark Bayerischer Wald«, um das Vorhaben möglichst nachdrücklich voranzutreiben.

Naturräumlich waren die Voraussetzungen für einen Nationalpark im Bayerischen Wald günstig, aber nicht optimal. Aufgrund des unwirtlichen Klimas mit bis zu sieben Monaten Schnee in den Höhenlagen gehörte der Gebirgsgürtel des Bayerischen und Böhmerwaldes zu den als letztes besiedelten Regionen Mitteleuropas. Doch auch hier hatte Mitte des 19. Jahrhunderts eine planmäßige Forstwirtschaft eingesetzt. Um Rothirsche als Jagdtrophäen heranzuziehen, waren darüber hinaus die Wildbestände überhegt worden. Hans Bibelriether schätzte 1972, dass im Bayerischen Wald vier- bis sechsmal so viele Hirsche und Rehe als vor 200 Jahren lebten. Diesen standen in harten Wintern trotz künstlicher Fütterungen zu wenige Äsungsmöglichkeiten zur Verfügung, sodass sie Jungtannen verbissen. Alles in allem handelte es sich beim Bayerischen Wald also in weiten Teilen um einen Wirtschaftswald, in dem jährlich rund 68 000 Festmeter Holz geerntet wurden. Ein Fünftel des Gebiets, vorwiegend die Hochwälder, befand sich aber nach wie vor in einem naturnahen Zustand.

Tourismus und Naturschutz – auf Wildtiersafari im Bayerischen Wald?

Um den Wald ging es in der Nationalparkkampagne der Naturschützer und Kommunen aber zunächst kaum. Nicht ein ökologischer Biotopschutz, sondern die Errichtung einer Tierfreistätte stand 1966/67 im Mittelpunkt der Diskussion. Für diesen Schwerpunkt war vor allem Grzimek verantwortlich gewesen, der das Projekt als Galionsfigur des deutschen Naturschutzes bis 1968 nach außen vertrat. Grzimek begegnete dem Vorhaben mit gebremstem Enthusiasmus. Laut Wolfgang Engelhardt musste er zu seinem Engagement gedrängt werden, da der Nationalpark für seinen Geschmack zu wenig Großwild enthielt. Grzimeks Konzept sah als zentrale Komponente die Pflege und Ansiedelung großer Säuger und Vögel vor – und er appellierte mit dieser Fokussierung geschickt an die Tierliebe der BürgerInnen. Mit dem Versprechen, die Gäste des Nationalparks könnten Tiere ungestört in der freien Wildbahn beobachten, bediente der Ansatz der Tierfreistätte zugleich die touristischen Hoffnungen der Bayerwaldgemeinden, in denen man gelegentlich von Afrika-ähnlichen Fotosafaris träumte. Die Naturschützer taten alles, um den Eindruck zu vermeiden, der Nationalpark verfolge einen Naturschutz »um seiner selbst willen« und stünde den Bedürfnissen der Einheimischen entgegen. In den Worten Weinzierls, 1967: »Der Gedanke ›Naturschutz‹ löst bei vielen Leuten leider noch immer und zu Unrecht jene konservierenden und musealen Vorstellungen aus, denen zufolge möglichst alles verboten und fast nichts erlaubt sein soll. [...] Da die Errichtung des Nationalparks kein Selbstzweck sein darf, sondern vorrangig den erholungsuchenden Menschen einerseits und der Förderung einer unsicheren Touristensaison andererseits dienen soll, muß er ein Publikumserfolg werden [...].«[6]

Abb. 1
Postkarte »In freier Wildbahn im Bayerischen Wald – Zukünftiger Deutscher Nationalpark«.

Mit diesem Ansatz trafen die Naturschützer den Nerv der Zeit. Im Oktober 1966, nach nur drei Monaten öffentlicher Debatte, registrierte die Chronik der Regierungsstelle für Naturschutz in Niederbayern bereits den tausendsten Zeitungsartikel zum Thema. Laut *Passauer Neuer Presse* wurde die Berichterstattung über den Nationalpark allenfalls noch von der Fußballweltmeisterschaft übertroffen. Diese hohe Resonanz war kein Zufall – die Nationalparkkampagne setzte bewusst auf eine Mobilisierung der Öffentlichkeit. Hierfür nutzte man nicht nur einschlägige Medienformate wie Grzimeks populäre Fernsehsendung *Ein Platz für Tiere*, sondern kooperierte etwa auch mit illustrierten Fernsehzeitungen wie *Gong* oder *Hörzu*, die sich in Artikelserien und Leserbefragungen hinter den Nationalpark stellten. Mit Erfolg: Nach einer Infratest-Umfrage von 1967 sprachen sich 88 Prozent der befragten BundesbürgerInnen und sogar 91 Prozent der BayerInnen für einen Nationalpark im Bayerischen Wald aus. Selbst die ortsansässige Bevölkerung war dem Projekt größtenteils wohlgesonnen, nachdem anfängliche Gerüchte entkräftet worden waren, der halbe Bayerische Wald müsse umgesiedelt werden und künftig würden Bären frei durch die Landschaft streifen.

Bayern braucht einen Nationalpark!
Die (Medien)Kampagne für den Nationalpark Bayerischer Wald

Die öffentliche Meinung war der wesentliche Trumpf der Naturschützer. Im Rahmen der Nationalparkkampagne wurde die Bevölkerung direkt um ihre Mithilfe gebeten – finanziell, aber auch ideell. So erbrachte eine Unterschriftensammlung bayerischer Tierschutzvereine im Jahr 1967 innerhalb weniger Wochen rund 3500 Signaturen. Zahlreiche BürgerInnen und Persönlichkeiten des öffentlichen Lebens forderten zudem in Behördenschreiben, Leserbriefen und Petitionen die Errichtung eines Nationalparks. Nicht alle wohl von sich aus. So vermutete Alfred Toepfer, Präsident des Vereins Naturschutzpark und ein Gegner des Nationalparks, Grzimek habe eine Reihe im Ausland ansässiger Personen angefragt, ihrem Befremden Ausdruck zu geben, dass es in Deutschland noch keine Nationalparke gebe. Tatsächlich findet sich im Bayerischen Hauptstaatsarchiv in den Beständen der Staatskanzlei ein Korpus von rund zwanzig Leserbriefen und Schreiben aus Europa und Übersee vom Juni bis September 1968, die sich inhaltlich auffallend ähneln. Diese Strategie war im Naturschutz nicht unüblich: So berichtete Grzimeks Kameramann Alan Roots, dass Grzimek Hotelbriefpapier zu sammeln pflegte und, mit Fantasieadressen versehen, für Protestbriefe nutzte. Auch Bayerns oberster Naturschützer Otto Kraus, 1949 bis 1967 Leiter der hiesigen Landesstelle für Naturschutz, bat in kritischen Situationen gerne mit konkreten Formulierungsvorschlägen um »unabhängige«, externe Unterstützung aus seinem Netzwerk.

Neu für den chronisch finanzschwachen deutschen Naturschutz war dagegen der Versuch, gezielt private Spenden einzuwerben, um das Argument zu entkräften, für Einrichtung und Betrieb des Nationalparks stünden nicht ausreichend Gelder zur Verfügung. Im Juli 1969 rief der Bund Naturschutz in Bayern zusammen mit der Fernsehillustrierten *Gong* die Patenschaftsaktion »Tiere für den Nationalpark« ins Leben, um Finanzmittel für die im Nationalpark einzubürgernden Tiere zu akquirieren. Als Vorbild diente die 1964 vom DNR initiierte »Aktion Uhuschutz«, die wiederum von der Vorgehensweise britischer Naturschutzorganisationen wie dem World Wide Fund for Nature (WWF) inspiriert worden war. Die Patenschaft für ein Birkhuhn erforderte dabei eine Spende von 200 Mark, für Murmeltier, Uhu oder Wildkatze war eine Investition von 300 Mark erforderlich – und für die teuersten Tiere, Luchs, Wisent und Elch, jeweils 2000, 5000 beziehungsweise 6000 Mark, wobei die SpenderInnen den Patentieren auch einen selbstgewählten Namen geben durften. Das Geld stellte der BN schließlich für die Ausstattung der Tierfreigehege zur Verfügung.

Diese medien- und öffentlichkeitsorientierte Strategie war für die traditionell lieber auf Bittschriften, wissenschaftliche Gutachten und Lobbyarbeit setzenden deutschen Naturschützer fast schon revolutionär. Die Nationalparkkampagne leitete speziell im bayerischen Naturschutz einen Wandel der Handlungsweisen ein, die das auf Öffentlichkeitsarbeit und Protest setzende Vorgehen der sogenannten Ökobewegung der 1970er Jahre vorbereitete und in einigen Punkten bereits vorwegnahm (Weinzierl, 1968: »Ohne die lautstarke Hilfe der Öffentlichkeit, glaube ich, werden wir uns in Zukunft im Naturschutz kaum durchsetzen können.«[7]).

Abb. 2
Im Rahmen der Aktion »Patenschaft für Nationalparktiere« stiftete Fräulein Margot Jahn von der Wienerwald GmbH einen Wisent.

Kritiker und Opponenten – Forstwirtschaft, Jäger, Naturpark-Bewegung

Trotz der breiten Zustimmung, die das Projekt Nationalpark von Beginn an in Öffentlichkeit und Medien erfuhr, stieß es von mehreren Seiten auf Widerstand. Pro Nationalpark sprachen sich neben den betroffenen Gemeinden, Landkreisen und dem Bezirk Niederbayern unter anderem auch der Fremdenverkehrsverband Ostbayern, die für die Raumplanung zuständige Landesplanungsstelle sowie mehrere Parteiorganisationen aus (darunter der SPD-Landesverband Bayern, die CSU-Landtagsfraktion sowie die Kreisverbände der Jungen Union in Regensburg, Kötzting und Grafenau). Die Haltung des Naturschutzes war uneinheitlich. Neben Einzelpersönlichkeiten wie Grzimek oder Weinzierl engagierten sich vor allem die Tierschutzvereine, der Bund Naturschutz in Bayern sowie die Bayerische Landesstelle für Naturschutz von Beginn an für den Nationalpark (letztere allerdings recht verhalten). Zahlreiche angesehene Naturschutzorganisationen wie der Deutsche Rat für Landespflege, die Schutzgemeinschaft Deutscher Wald, die Vereinigung Deutscher Gewässerschutz oder der Verband Deutscher Naturparke hielten den Bayerischen Wald aber (zumindest anfangs) für einen Nationalpark ungeeignet. Das Gebiet sei zu klein und zu stark vom Menschen überformt. Außerdem befürchteten sie einen Interessenkonflikt zwischen der Schutzfunktion des Nationalparks und dem bei einem Massenbesuch zu erwartenden Rummel. Um falsche Erwartungen und Nutzungskonflikte zu vermeiden, schlug Alfred Toepfer – Vorsitzender und wichtigster Finanzier des Vereins Naturschutzpark – daher die Einrichtung eines Naturparks vor.

Ziel der Naturparke war es regionale Kulturlandschaften mit ihrem Brauchtum und Landschaftsbild zu bewahren, indem sie für Fremdenverkehr und Naherholung erschlossen wurden und solcherart der ländlichen Bevölkerung bessere Lebensbedingungen eröffneten. Der Aufbau der Naturparke basierte, ähnlich wie das Konzept der Nationalparke, auf einer Zonierung. In ihrem Zentrum lag eine Schutzzone, möglichst in Form eines Naturschutzgebiets, an die sich Erholungs- und Erschließungszonen anschlossen. Natur- und Landschaftsschutz waren der Regionalentwicklung klar untergeordnet; es gab kaum Einschränkungen in der ökonomischen Nutzung. Entsprechend favorisierte das Bayerische Staatsministerium für Wirtschaft und Verkehr das Modell eines Naturparks im Bayerischen Wald, um für die Region alle ökonomischen Entwicklungsmöglichkeiten offen zu halten. Die betroffenen Gemeinden und Landkreise lehnten einen Naturpark hingegen ab, da sie vermuteten, dass dieser aus der Masse ähnlicher Einrichtungen kaum herausstechen werde – immerhin gab es zu diesem Zeitpunkt bundesweit schon über sechzig Naturparke, aber keinen einzigen Nationalpark.

Am entschiedensten wandten sich freilich die Forstbehörden gegen das Vorhaben. Vor allem Grzimeks Konzept einer Tierfreistätte stieß auf wenig Gegenliebe. Das Bayerische Staatsministerium für Ernährung. Landwirtschaft und Forsten (StMELF) unter Minister Alois Hundhammer (1957–69) lehnte diesen Ansatz als »flächenmäßig ausgedehnte[n], dichtbesetzte[n], aber an Tierarten nicht sehr reiche[n] zoologische[n] Garten«[8] kategorisch ab. Die beabsichtigte Pflege heimischer Wildbestände wie Rothirsch, Reh, Fuchs oder Marder sowie die Wiederansiedlung vormals heimischer Tierarten wie Elch, Wisent, Wildpferd, Wildschwein, Biber, Bär oder Luchs werde zu »Waldverwüstungen großen Stils«[9] führen und die Natur des Bayerischen Walds verfälschen. Als alternative Maßnahme zur Förderung des Tourismus schlug das StMELF eine Hochstraße durch den Bayerwald vor, mit strategisch am Streckenverlauf platzierten Tiergehegen. Mit Toepfers Vorschlag, einen Naturpark im Bayerischen Wald einzurichten, hätten sich die Forstbehörden ebenfalls anfreunden können – zumal bei dieser Variante keine Beschränkungen oder Änderungen der forstlichen Bewirtschaftungspraktiken zu erwarten gewesen wären.

Speziell die ersten Äußerungen der Nationalparkbefürwortenden boten derartigen Befürchtungen, im Nationalpark werde die Fauna auf Kosten der Flora umhegt, in der Tat reichlich Nahrung. So warb ein Flugblatt des Zweckverbands zur Errichtung des Nationalparks Bayerischer Wald aus dem Jahr 1967 mit einer überdimensionierten Silhouette eines röhrenden Hirschs, die Landschaft selbst war nur als Berggipfel im Hintergrund angedeutet. Bäume fehlten in dieser Illustration gänzlich.

Diese Vorstellung von Nationalparken als großflächigen Tiergehegen mit Beobachtungsgarantie dominierte aufgrund des großen Medienechos lange die öffentliche ebenso wie die politische Debatte – und führte zu einer verzerrten Sicht auf Ziele und Möglichkeiten derartiger Einrichtungen. Bei einer Befragung von fünfzig Einheimischen und fünfzig Touristen in den Bayerwaldgemeinden Freyung, Kreuzberg und Mauth im September 1967 wurde so mehrfach die Erwartung geäußert, demnächst zahme Bären und Hirschrudel längs der Straßen sehen zu können. Mitunter wurde sogar vermutet, im Bayerischen Wald solle afrikanisches Großwild ausgesetzt werden. Die Annahme, bei Nationalparken handele es sich im Wesentlichen um weitläufige Großwildgehege, erwies auch dann noch als persistent, als sich in der fachlichen Diskussion ab Ende 1967 längst differenziertere Konzepte durchgesetzt hatten. So bezog sich das Bayerische Innenministerium, das vor der Gründung des Bayerischen Staatsministeriums für Umwelt und Verbraucherschutz am 8. Dezember 1970 im Freistaat für die Belange des Natur- und Landschaftsschutzes zuständig war, noch in seiner ablehnenden Stellungnahme vom 19. April 1968 auf den Ansatz der Tierfreistätte, um das Vorhaben als nicht mit den natürlichen Gegebenheiten vereinbar darstellen zu können. Die inhaltliche Fokussierung der Nationalparkkampagne auf (Groß)Wildtiere erwies sich damit als durchaus zweischneidiges Schwert. Mit dem Konzept der Tierfreistätte ließ sich zwar großes öffentliches Interesse generieren, für die praktische Umsetzung bot es aber viel zu viele Angriffspunkte.

Im Mai 1967 konnte die Nationalparkkampagne nach einem knappen Jahr Laufzeit ihren ersten großen Erfolg feiern: Der Bayerische Landtag hatte die Staatsregierung am 11. des Monats beauftragt, die Möglichkeiten für die Gründung eines Nationalparks sowie seine potenziellen Auswirkungen auf die Anliegergemeinden zu überprüfen. Nun galt es das Konzept des Nationalparks zu überprüfen und neu zu justieren. Der Zweckverband legte hierfür am 18. Oktober 1967 eine gründliche Überarbeitung seiner Konzeption vor, um der zum Teil harschen Kritik an der Tierfreistätte den Wind aus den Segeln zu nehmen. Die Neufassung räumte dem Naturschutz als Ganzes einen spürbar höheren Rang ein, die Rolle der Tiere im Nationalpark wurde neu akzentuiert. Zwar war weiterhin eine Einbürgerung ehedem im Bayerischen Wald einheimischer Wildtiere geplant, und auch Tierbeobachtungen durch die BesucherInnen bildeten ein zentrales Element der Konzeption. Jedoch war nun klar ausformuliert, dass die Zahl der freilebenden Tiere dem Habitat angepasst sein müsse – und dass Wildbeobachtungen vorrangig im Rahmen einiger über den Nationalpark verteilter, großräumiger Gehege von 100 bis 250 Hektar erfolgen sollten.

Abb. 3
Der Holzschnitt »Hirsch in Brunft« Heinz von Theuerjahr auf einem Flugblatt: »Der Nationalpark Bayerischer Wald muss Wirklichkeit werden!«.

Der Wald selbst nahm nun ebenfalls größeren Raum im Konzept des Zweckverbands ein. Ziel war ein gesunder, artenreicher Wald mit parkähnlichen Bestandsbildern. Die forstwirtschaftliche Nutzung sollte reduziert und den Zwecken des Nationalparks untergeordnet werden. Pflegende und gestaltende Eingriffe waren explizit erwünscht. So plante man künstliche Lichtungen anzulegen, um weitere Äsungsmöglichkeiten für das Rotwild zu schaffen und den Wald landschaftlich aufzulockern. Auf forstliche Pflege gänzlich zu verzichten oder die Waldentwicklung gar den Dynamiken der Natur zu überlassen, daran dachte zu diesem Zeitpunkt kaum jemand. So äußerte sich Weinzierl 1967: »Nunmehr gestaltet er eben *ein kleines Stück* dieses Waldes dergestalt um, daß er in dem von den Fremden oft als ›so düster‹ bezeichneten Waldmeer ein paar ›Fenster‹ anlegt, aus denen man Ausblick auf herrliche Landschaft und den begeisternden Anblick schöner Waldtiere genießen kann. […] [D]ie Forstverwaltung wird auch in aller Zukunft *Pflegenutzungen* durchführen müssen.«[10]

Mit dieser konkretisierten Konzeption trat der Zweckverband einer Reihe einflussreicher Interessengruppen auf die Zehen – auch jenseits der Ministerialforstverwaltung, die dem Nationalpark auch in dieser Fassung wenig Gutes abgewinnen konnte. Als Hauptgrund wurde erneut die zu hohe Wilddichte genannt (wobei man allerdings darauf verzichtete, akzeptable Zahlen vorzugeben). Unterstützt wurden die Forstverwaltungen unter anderem vom Bayerischen Forstverein und dem Bayerischen Holzwirtschaftsrat, die sich ebenfalls gegen eine Änderung des forstlichen Status Quo aussprachen. Die Vertretungen der Waldarbeiter und des holzverarbeitenden Gewerbes befürchteten ihrerseits vor allem einen Verlust von Arbeitsplätzen. Der Landesfischereiverband Bayern wiederum warnte vor einer Aussetzung von Bibern und Fischottern (die »größten Feinde der Fischerei«[11]) und forderte die fortgesetzt uneingeschränkte Ausübung der Berufs- und Sportfischerei im Nationalpark. Und schließlich blies auch die Jagdlobby zum Angriff – in der Öffentlichkeit ebenso wie hinter den Kulissen (immerhin waren zahlreiche Politiker und höhere Beamte selbst Jäger). Der Deutsche Jagdschutzverband beschwor in zahlreichen Pressemitteilungen und Resolutionen die katastrophalen Folgen für den Gesundheitszustand und das Wohlbefinden der Waldtiere, die bei einer Vernachlässigung der Jagd im Nationalpark unvermeidlich auftreten würden. Auch den angrenzenden Privatwaldungen und landwirtschaftlichen Betrieben drohe eine düstere Zukunft. Die im Nationalpark gehegten und nicht mehr bejagten Tiere würden im Winter in den Höhenlagen des Bayerischen Waldes keine ausreichende Nahrung finden und in die tiefer liegenden Gebiete abwandern, auch jenseits des Nationalparks, wo sie durch Verbisse große Schäden verursachen würden. Durch Nahrungsmangel geschwächt, würden sich zudem Wildseuchen unter den Tieren ausbreiten.

An der allgemeinen Meinung änderten diese Hiobsbotschaften nur wenig. Getragen von einer Welle öffentlicher Zustimmung beantragte der Zweckverband am 18. Dezember 1967 beim Bayerischen Landtag die Errichtung eines mindestens 9 000 Hektar großen Nationalparks zwischen Rachel und Lusen. Dieser sollte der Erholung breitester Schichten der Bevölkerung, der Volksbildung sowie der Förderung von Wissenschaft und Forschung dienen, bodenständige Tiere und Pflanzen beherbergen und die Erhaltung natürlicher Landschaften befördern. Der Antrag des Zweckverbands war allerdings nicht der erste, der die Causa Nationalpark auf die Agenda des bayerischen Parlaments gesetzt hatte. Die NPD, die 1966 mit 7,4 Prozent der Stimmen für eine Legislaturperiode in den Bayerischen Landtag gewählt worden war, hatte bereits am 22. Juni 1967 – Monate vor den demokratischen politischen Parteien – einen ähnlichen Antrag gestellt, mit dem sich der Landtagsausschuss für Ernährung, Landwirtschaft und Forsten am 11. Januar 1968 befassen sollte. Um den Rechten keinen Propagandaerfolg à la »NPD setzt Nationalpark durch« zu ermöglichen, stellte der Ausschuss diesen

Antrag um zwei Wochen zurück – offiziell, um auf weitere Unterlagen zu warten. In der Zwischenzeit brachten SPD und CSU ihrerseits Anträge zur baldigen Errichtung eines Nationalparks im Rachel-Lusen-Gebiet ein (17. Januar 1968). Der Nationalpark nahm damit politisch immer mehr Fahrt auf.

Das Haber-Gutachten und die Weiterentwicklung des Nationalparkkonzepts

Während in Politik und Öffentlichkeit die Zeichen längst auf »Nationalpark« gestellt waren, standen sich die Kontrahenten hinter den Kulissen lange unversöhnlich gegenüber. Die Wende leitete hier das sogenannte »Haber-Gutachten« ein. Ende 1967 hatte der Deutsche Rat für Landespflege ein externes Gutachten in Auftrag gegeben, um den Streit um den Nationalpark in ein sachlicheres Fahrwasser zu lenken. Wolfgang Haber, Lehrstuhlinhaber des Instituts für Landschaftspflege der Technischen Universität München, war eine Koryphäe seines Fachs und wurde von beiden Seiten als unabhängiger Experte akzeptiert. Das am 2. Februar 1968 veröffentlichte Haber-Gutachten bot den Kontrahenten genügend Anknüpfungspunkte, um die eigene Position ernstgenommen und sich wertgeschätzt zu fühlen, und ermöglichte somit eine Annäherung der festgefahrenen Positionen.

Haber ließ die zentrale Streitfrage, ob das Gebiet später als National- oder als Naturpark designiert werden solle, strategisch geschickt offen, und unterbreitete stattdessen Empfehlungen, mit deren Hilfe ein »großräumiges Vollnaturschutzgebiet« in die Tat umgesetzt werden könnte. Dabei setzte er sich auch mit den Widersprüchen auseinander, die zwischen der Schutzfunktion des National/Naturparks und der Förderung des Fremdenverkehrs bestanden. Um den verschiedenen Ansprüchen gerecht werden zu können, sollten Siedlungen, die innerhalb des potenziellen Nationalparks lagen (zum Beispiel Waldhäuser, Altschönau, Guglöd) aus dem strengen Schutzgebiet herausgenommen werden. Stattdessen schlug Haber eine Dreiteilung des Gebiets vor, wie sie aus der Konzeption der Naturparke bekannt war: eine Anreise- und Einkehrzone rund um die Ortschaften, eine Spazier- und Lagerzone am Waldrand sowie eine Ruhe- und Wanderzone im eigentlichen Kerngebiet. Konkret regte Haber an, den geplanten Park räumlich auszuweiten und mit »vernünftigen naturhaften Attraktionen« auszustatten. Das touristische Herzstück sollten fünf Großwildschaugehege bilden (Rothirsch, Wildschwein, Bär, Wisent, Elch), weiter sollte der Park durch Fahr- und Wanderwege, Wald- und Wildlehrpfade erschlossen und einer Selbstverwaltungskörperschaft unterstellt werden. Das frei lebende Großwild solle auf 220–230 Kopf beschränkt, seine Nahrungsgrundlagen durch Waldwiesen, Weichholzbestände und Winterfütterungen gesichert werden. Zwar bezeichnete Haber den gut erschlossenen, naturnahen Wirtschaftswald mit seinen vielfältigen Waldbildern als ideal für eine touristische Nutzung. Die Holzwirtschaft habe sich aber den Erfordernissen des Parks unterzuordnen. Auch die spätere Entwicklung hin zu Naturwäldern ohne forstliche Nutzung deutete sich bei Haber an. Mit dem Hinweis auf die Anziehungskraft des Urwaldes von Kubany (ČSSR) brachte er diesen Waldtyp erstmals in die Debatte um den Nationalpark Bayerischer Wald ein. Tatsächlich existierten 1967–69 auch ehrgeizige Pläne für einen deutsch-tschechischen Doppelnationalpark. Die tschechischen Behörden diskutierten parallel zu den bayerischen Bestrebungen, ob Teile des Landschaftsschutzgebietes Böhmerwald in einen Nationalpark umgewandelt werden könnten. Forstverein wie Naturschutzverwaltung (darunter Weinzierl) unternahmen Studienreisen nach Šumava. Die Gespräche wurden nach dem Ende des Prager Frühlings aber schließlich abgebrochen.

Nachdem sich mit dem Haber-Gutachten ein Konsens über die Eckpunkte des Projekts abzeichnete, gaben Innen- und Forstministerium ihre Fundamentalopposition gegenüber einem potenziellen Nationalpark ab Mitte 1968 ebenfalls auf. Auch eine wachsende Zahl von Vereinen und Verbänden sprach sich nun für das Vorhaben aus, darunter der Bayerische Wald-Verein mit einigen seiner Sektionen oder der Landesverband Bayern im Bund Deutscher Landschaftsarchitekten. Trotzdem der öffentliche Druck, einen Nationalpark einzurichten, eher zu- als abnahm, hatte es 1968 aber zunächst danach ausgesehen, als ob sich die Anhänger eines Naturparks würden durchsetzen können. Der Deutsche Rat für Landespflege hatte am 8. Februar 1968 – also kurz nach dem Erscheinen des Haber-Gutachtens – eine Eingabe an den Bayerischen Landtag gerichtet, die sich explizit für einen Naturpark aussprach. Die Wirtschafts-, Finanz- und Haushaltsausschüsse befürworteten diese Eingabe zwei Monate später auf ihrer gemeinsamen Sitzung und gaben eine entsprechende Empfehlung an die Staatsregierung ab. Auch das Bundesministerium für Ernährung, Landwirtschaft und Forsten übte Druck in diese Richtung aus. Es stellte für den Bayerischen Wald großzügige Fördermittel für das Modellprojekt eines Erholungszentrums in agrarpolitischen Problembereichen in Aussicht – allerdings nur für einen Natur- und nicht für einen Nationalpark. Der Ministerrat erteilte daraufhin der Bezirksplanungsstelle Niederbayern am 15. Oktober 1968 den Auftrag, einen Entwicklungsplan für den gesamten Bayerischen Wald (einschließlich Oberpfälzer Wald) zu erstellen. Noch im Jahr 1968 wurde im angrenzenden Landkreis Regen der Naturpark »Mittlerer Bayerischer Wald« ins Leben gerufen. Langfristig erwies sich diese Initiative aber eher als Schrittmacher des Nationalparks, da sie das Projekt von der Gutachten- auf die Planungsebene überführte.

Minister Eisenmann und die Inauguration des Nationalparks im Europäischen Naturschutzjahr

Die parlamentarische Zustimmung zur Errichtung eines Nationalparks im Rachel-Lusen-Gebiet fiel am 11. Juni 1969 dennoch einstimmig. Im Laufe des Jahres hatten auch die letzten Bastionen nachgegeben. Im Februar sprachen sich zunächst die Landwirtschafts- und Grenzlandausschüsse für den Nationalpark aus, die Wirtschafts- und Haushaltsausschüsse folgten im Mai. Am 3. Mai 1969 stellte sich schließlich auch Ministerpräsident Alfons Goppel auf die Seite der Nationalparkbefürwortenden. Goppel hatte sich vorher in der Öffentlichkeit mit klaren Aussagen pro oder contra Nationalpark dezent zurückgehalten, soll intern aber schon vorher seine Zustimmung zu dem Projekt signalisiert haben.

Von entscheidender Bedeutung für die Verwirklichung des Nationalparks waren – neben der anhaltenden Unterstützung durch die Öffentlichkeit (im März 1969 stimmten die LeserInnen der Zeitschrift *Gong* beispielsweise zu 99 Prozent für den Nationalpark) – vor allem zwei Faktoren gewesen: die Ankündigung des Europäischen Parlaments, 1970 ein Europäisches Naturschutzjahr durchzuführen, und der Personalwechsel an der Spitze des StMELF am 11. März 1969. Mit dem neuen Landwirtschaftsminister Hans Eisenmann hatte das Projekt einen entschiedenen Fürsprecher gewonnen, der nicht davor zurückschreckte, der Klientel seines Hauses auf die Zehen zu treten. So äußerte der studierte Landwirt zur geplanten Einschränkung der Jagd im Nationalpark kurz und entschlossen: »Jagd ist aus«[12]. Die bisher widerstrebende Forstverwaltung sah sich daher (zumindest öffentlich) zu einer Meinungsänderung um 180 Grad gezwungen. Im Februar 1967 hatte Staatssekretär Vilgertshofer noch in der *Abendzeitung* verkündet, »freiwillig sind wir jedenfalls niemals dafür«.[13] Derartige oppositionelle Stimmen verstummten rasch, nachdem Eisenmann klar gemacht hatte, dass er abweichende Äußerungen in der Nationalparkfrage nicht dulden werde. So in einem Interview mit der *Süddeutschen Zeitung*: »›Ich bin überzeugt, daß meine Mitarbeiter das Projekt bejahen. Und wenn sie es nicht tun…‹ Kleine Pause, dann mit Nachdruck: ›Sie tuns aber.‹«[14] Die Kritik der Forstleute am geplanten Nationalpark beschränkte sich entsprechend in der Folgezeit auf subversive Spitzfindigkeiten. So pries ein für PR-Zwecke vorgesehener Reiseführer der Oberforstdirektion Regensburg das außerordentlich kalte und raue Klima der Gegend mit kurzen, regenreichen Sommern und zu allen Jahreszeiten auftretenden unangenehmen Nordost- und Ostwinden. In der Praxis agierten die zuständigen Forstämter bei Jagd und Holzwirtschaft ohnehin noch einige Jahre, als ob es keinen Nationalpark gäbe.

Eisenmann hatte – klarer als sein Vorgänger Hundhammer – die Potenziale erkannt, die der überaus populäre Nationalpark für die öffentliche Wahrnehmung und Selbstdarstellung des Freistaats (aber auch der eigenen Person) als moderne, zukunftsorientierte Institutionen besaß – und dies zu vergleichsweise geringen Kosten. Das Europäische Naturschutzjahr (ENJ) des Jahres 1970, dessen Organisation in Bayern in den Händen von Weinzierl lag, bot hierfür den idealen Rahmen. Von einer regen Presseberichterstattung begleitet, sollte das ENJ »der gesamten Bevölkerung einmal die *gefährliche Situation des Menschen in seiner Umwelt*, sozusagen fünf Minuten vor zwölf«[15] aufzeigen. Natur- und bald auch Umweltschutz waren in den Jahren um 1970 mit Schwung aus dem vormaligen politischen Windschatten getreten. Das wachsende Umweltbewusstsein der Zeit hatte seine Ursachen in einem längerfristigen Mentalitäts- und Prioritätenwandel. Steigender materieller Wohlstand und zunehmende Freizeit hatten im Laufe der 1950er und 60er Jahre zu einer stärkeren gesellschaftlichen Wertschätzung immaterieller Werte wie Natur und Landschaft geführt, aber auch zu einer Sensibilisierung gegenüber potenziellen Gesundheitsrisiken und konkreten

Abb. 4
Minister Hans Eisenmann auf Kutschfahrt anlässlich der Feierlichkeiten zur Nationalparkeröffnung.

Umweltbelastungen. Verstärkt durch kritische Publikationen und Medienberichte über die Verletzlichkeit und Bedrohung des blauen Planeten rückten Natur- und Umweltschutz mit an die Spitze der gesellschaftlichen und politischen Prioritätenskala, wie unter anderem die Umfragen des Allensbacher Instituts für Demoskopie für die 1960er und 1970er Jahre belegen.

Die bayerische Staatsregierung war in dieser Zeit bemüht, sich an die prestigeträchtige Spitze der Umweltpolitik zu setzen – und dies nicht nur innerhalb der Bundesrepublik, sondern auch im internationalen Vergleich. Am 8. Dezember 1970 richtete der Freistaat mit dem Bayerischen Staatsministerium für Landesentwicklung und Umweltfragen das erste Umweltministerium der Welt ein. Und auch der Nationalpark Bayerischer Wald diente der Profilierung der bayerischen Politik im vielversprechenden neuen Aktionsfeld des Natur- und Umweltschutzes. Die feierliche Eröffnung des Nationalparks durch Minister Eisenmann am 7. Oktober 1970 wurde entsprechend öffentlichkeitswirksam zelebriert und inszeniert. Die Feierstunde, bei der erstmals der bayerische Naturschutzpreis vergeben wurde, war umrahmt von einem fünftägigen Volksfest in Neuschönau, dem Standort des vorläufigen Informationszentrums. Zu dem bunten Programm gehörte neben Exkursionen, (Schul-)Wanderungen, Kutschfahrten und Heimatabenden auch eine Sternfahrt nach Neuschönau, die vom Bayerwald Motorsport Club Grafenau organisiert worden war.

Friede – Freude – Eierkuchen?
Der Nationalpark Bayerischer Wald nach
seiner Einweihung

Der Alltag im neuen Nationalpark gestaltete sich dann weit weniger glanzvoll und einträchtig. In der Praxis erwies es sich als äußerst anspruchsvoll, der vierfachen Aufgabenstellung des Nationalparks gerecht zu werden und Naturschutz, Forschung, Tourismus und Bildung gleichermaßen zu befördern. Planung und Verwaltung oblag dabei von 1969 bis 1998 dem Nationalparkamt unter Leitung des Oberforstmeisters Hans Bibelriether, Stellvertreter war Georg Sperber. Jedoch blieben für Wild und Wald zunächst weiterhin die Forstämter zuständig.

In der Aufbauphase des Nationalparks stand die Förderung des Fremdenverkehrs eindeutig im Vordergrund. Trotz steigender Besucher- und Übernachtungszahlen nahmen in den Anrainergemeinden aber im Laufe der Zeit Skepsis und Misstrauen gegenüber dem Nationalpark deutlich zu. Die hohen Erwartungen auf einen touristischen Boom, die in der Nationalparkkampagne bewusst geschürt worden waren, erfüllten sich oft nicht – auch wenn sich die Übernachtungszahlen der umliegenden Gemeinden bis Ende der 1970er Jahre von 0,7 Mio. im Jahr 1969 auf circa drei Millionen im Jahr 1980 vervierfachten. In dem Fachgutachten »Fremdenverkehr am Nationalpark« von Prof. Kleinheinz gaben 1977 immerhin 30 Prozent der Besucher an, der Nationalpark sei für die Wahl des Urlaubsortes mit von Bedeutung gewesen (bei weiteren fünf Prozent von entscheidender Bedeutung). Doch nicht nur die Entwicklung des Fremdenverkehrs blieb mitunter hinter den großen Hoffnungen der Ortsansässigen zurück. Auch so manche Entscheidung zur Weiterentwicklung des Naturschutzes im Nationalpark stieß auf wenig Verständnis. Besonders kontrovers war das von Bibelriether formulierte Nationalpark-Prinzip, »Natur Natur sein [zu] lassen« – diese also nicht nach den Idealvorstellungen des Menschen zu formen, sondern ihren eigenen Dynamiken zu überlassen, auch wenn dies bedeutete, dass größere Waldflächen von Borkenkäfern kahlgefressen wurden (wie etwa in den 1990er Jahren, als mehrere warme Jahre eine Massenvermehrung des Buchdruckers ausgelöst hatten). Die Wiedereinbürgerung von Raubtieren wie dem Luchs, der Bau von Wintergattern, vor allem aber die künftige Rolle der Jagd im Nationalpark lösten ebenfalls mehrfach Konflikte aus.

Weitgehend unbestritten war, dass zur Wiederherstellung eines »ökologischen Gleichgewichts« im Bayerischen Wald zunächst das Schalenwildproblem gelöst werden müsse. Der Bayerische Jagdverband war allerdings nicht gewillt, seine Flinte ohne Widerstand ins Korn zu werfen – weder im Bayerischen Wald noch im Königsseegebiet, wo Anfang der 1970er Jahre ebenfalls heftig über die Ausgestaltung des zweiten bayerischen Nationalparks – und speziell die Rolle der Jagd – diskutiert wurde. Im Bayerischen Wald hatten Winterfütterungen sowie eine Bejagung, die sich auf das männliche Wild konzentriert hatte, im Laufe der Zeit zu einem starken Anstieg der Bestände geführt. Bestrebungen, das Schalenwild von 4,5 auf 2,0 Stück/100 Hektar zu reduzieren, wurden von den Jägern aber leidenschaftlich bekämpft oder zumindest ignoriert. Die Situation spitzte sich zu, nachdem die bayerische Staatsregierung Bibelriether und Sperber untersagt hatte, sich öffentlich über Wildschäden zu äußern. In der Suche nach Verbündeten wandten sich diese nun an die Naturschützer Bernhard Grzimek und Horst Stern mit der Bitte, die Problematik in ihren populären Tiersendungen anzuprangern.

Speziell Sterns Fernsehbeitrag »Bemerkungen über den Rothirsch«, zu Heiligabend 1971 ausgestrahlt, löste durch die geschickte Kombination von emotionalen Bildern und sachlichem Kommentar bei der auf besinnliche Feiertagsunterhaltung eingestimmten Fernsehöffentlichkeit einen wahren Schock aus. Zur besten Sendezeit attackierte Stern den Mythos vom edlen Jäger und dem majestätischen Wild, indem er erstere als naturferne, mit der Politik verfilzte Ignoranten und die Tiere (in hoher Zahl) als Waldschädlinge präsentierte. Selbst der bayerische Landtag debattierte über das Thema. Der öffentliche Druck bewirkte tatsächlich, dass jagdliche Interessen nun gegenüber den Ansprüchen des Waldes zurücktreten mussten und sich die Forstwirtschaft verstärkt ökologischen Methoden zuwandte – nach Bibelriether ein Wendepunkt der jüngeren deutschen Waldnutzungsgeschichte. Im Nationalpark Bayerischer Wald wurden dabei die Wildregulierung intensiviert (auch der weiblichen Tiere), freie Fütterungen aufgegeben und stattdessen Wintergatter angelegt. Umfang und Erfolg dieser Maßnahmen blieben umstritten. Während das StMELF stolz (und nicht ganz korrekt) verkündete, die Jagd ruhe seit 1975 weitgehend im Nationalpark, da sich der Bestand nun im Einklang mit dem Habitat befände, kritisierten Bund Naturschutz, SPD und der Bayerische Oberste Rechnungshof noch 1976/77, der Bayerische Wald unterscheide sich durch nichts von anderen Staatsjagdrevieren.

Abb. 5
Der Journalist und Autor Horst Stern war ein wortgewaltiger und populärer Unterstützer der Nationalparkidee.

Eine wesentliche Ursache für die fortgesetzten Konflikte zwischen Naturschutz und anderen Nutzungsinteressen lag darin begründet, dass große Teile des Nationalparks ohne speziellen Schutzstatus blieben. Seine Gründung war in eine Phase gefallen, als die Kategorie des Nationalparks in Deutschland noch nicht gesetzlich definiert war. Doch selbst nachdem Nationalparke 1973 in der novellierten Fassung des Bayerischen Naturschutzgesetzes in die Liste der Schutzgebiete aufgenommen worden waren (§ 8), hielt Minister Eisenmann eine eigene Verordnung für den Nationalpark für nicht notwendig. Dieser halboffizielle Schwebestatus erschwerte es, den Vorrang des Arten- und Biotopschutzes gegenüber anderen wirtschaftlichen Ansprüchen durchzusetzen. Hinter den Kulissen gerieten deshalb die beiden »Väter« des Nationalparks, Hubert Weinzierl und Hans Eisenmann, immer heftiger aneinander. Weinzierl warf Eisenmann »unvertretbaren Etikettenschwindel«[16] vor und kündigte an, der BN werde künftig den Bayerischen Wald nicht mehr als Nationalpark bezeichnen. Eisenmann wiederum unterstellte Weinzierl »selbstzerstörerische Ausfälle«.[17] Dieser Streitpunkt sollte erst 1987 durch die Verordnung über den Nationalpark Bayerischer Wald endgültig aus dem Weg geräumt werden.

Trotz derartiger Unzulänglichkeiten machte der Naturschutz im Nationalpark Bayerischer Wald beachtliche Fortschritte. Zum einen konnte die Nationalparkfläche stark ausgedehnt werden. Zum ursprünglichen Kerngebiet im Rachel-Lusen-Gebiet kamen bereits 1969 Gebiete westlich der Linie Spiegelau-Rachel und östlich des Reschwassers hinzu, 1971 die Rachelnordseite, Großer Filz und Klosterfilz sowie 1973 Gebiete südlich der Nationalparkbasisstraße. Weiter konnten schutzwürdige Flächen am Rande des Nationalparks und im Bereich der Rodungsflächen erworben oder getauscht werden. Nach der Erweiterung im Falkenstein-Rachel-Gebiet 1997 beträgt seine Fläche heute 24 250 Hektar. Zusammen mit dem 1991 gegründeten und fast dreimal so großen angrenzenden Nationalpark Šumava in der Tschechischen Republik bildet der Nationalpark Bayerischer Wald heute mit über 900 Quadratkilometer das größte Waldschutzgebiet Mitteleuropas.

Speziell diese letzte Erweiterung des Jahres 1997 löste vor Ort deutlich weniger Begeisterung aus als die Nationalparkkampagne der 1960er Jahre. Genährt von Befürchtungen, die Borkenkäfer-Laissez-Faire-Politik im Nationalpark könne zur Zerstörung der Wälder am Großen Falkenstein führen, kam es ab 1995 in den betroffenen Gemeinden zu heftigen Zerwürfnissen. Pro- und Contra-Gruppen standen sich zeitweise unversöhnlich gegenüber. Gleich drei Protestinitiativen wandten sich gegen die Vergrößerung des Nationalparks. »In tiefer Sorge, daß der Naturschutz zu einer ideologischen Spielwiese experimentierfreudiger Wissenschaftler verkommt« (Auszug aus der Satzung des »Bundesverband der Nationalparkbetroffenen«),[18] wetterte die »Bürgerbewegung Nationalparkbetroffener« gegen den »Saustall« der Nationalparkverwaltung: »Die haben den Wald zu Tode geschützt.«[19] Die kahlen Kuppen in den Höhenlagen des Nationalparks seien »mit unserem Heimatgefühl nicht zu vereinbaren.«[20] Wildnis solle dort geschützt werden, wo es sie noch gibt – nicht aber in der Kulturlandschaft des Bayerwalds. In der Gemeinde Frauenau stimmten im April 1996 in einem Bürgerentscheid entsprechend 73 Prozent der Wahlberechtigten gegen die Nationalpark-Erweiterung. Letztlich vergeblich, da die Kommunen kein Mitbestimmungsrecht in dieser Causa hatten (ein weiterer Kritikpunkt) und sich wichtige Spitzenpolitiker wie Ministerpräsident Edmund Stoiber für die Ausweitung aussprachen. Bei einem Besuch Ende Oktober 1997 erklärte dieser der protestierenden Menge, Naturschutz bringe nun einmal Einschränkungen mit sich.

Denn nicht nur quantitativ, auch qualitativ veränderte sich einiges im Nationalpark. Ausgestorbene Tierarten wie Luchs, Habichtskauz, Kolkrabe oder Uhu wurden wiedereingebürgert, gefährdete Arten wie das Auerhuhn in ihrem Bestand gestützt, die überhöhten Schalwildbestände dem Habitat angepasst, Moore und Gewässer renaturiert. Auch die Holznutzung im Nationalpark wurde in den 1980er Jahren neu bewertet. Wegweisend war dabei das sogenannte Ammer-

Gutachten von 1984. Im Rahmen einer »ökologischen Wertanalyse«[21] wurden ökologisch besonders wertvolle Waldbestände ermittelt, die von der weiteren Holznutzung ausgeschlossen oder systematisch in einen naturnahen Zustand überführt werden sollten. Damit wurden bestehende Praktiken wissenschaftlich legitimiert und ausgeweitet. Bibelriether hatte bereits 1972 auf einer Sturmfläche damit experimentiert, den Wald sich selbständig erneuern zu lassen. Als 1983 abermals ein Sturm hektarweise Bäume umriss, konnte die Nationalparkverwaltung Minister Eisenmann hier anschaulich die Erfolge dieser Vorgehensweise zeigen.

Der Minister soll daraufhin beschlossen haben: »Wir lassen die Bäume liegen. Wir wollen im Nationalpark einen Urwald für unsere Kinder und Kindeskinder.«[22] Bis 1992 wurde im Zuge dieser Maßnahmen die reguläre Forstwirtschaft im Nationalpark fast vollständig beendet. Lediglich auf einem 500 Meter breiten Grenzstreifen dürfen zum Schutz der angrenzenden Wirtschaftswälder vom Borkenkäfer befallene Bäume gefällt werden.

Die »Borkenkäferfrage« blieb ein kontroverser Streitpunkt – noch 2010 pflanzten beispielsweise rund 100 Anhänger der »Bürgerbewegung zum Schutz des Bayerischen Waldes« aus Protest gegen die Borkenkäfer-Politik des Nationalparks 500 Fichten-Setzlinge auf einer Kahlfläche zwischen Großem Falkenstein und Lakaberg. In den letzten Jahren entspannten sich die Fronten allerdings deutlich, seitdem erkennbar geworden ist, dass sich der abgestorbene Wald verjüngt und der Tourismus nicht merklich beeinträchtigt wurde.[23] Bei allen Kontroversen, die Borkenkäfer, Luchs und Biber noch heute auszulösen vermögen – es hat sich viel verändert im Naturverständnis, seit sich 1965 eine kleine, aber hartnäckige Gruppe Naturschützer mit der Idee einer Tierfreistätte im Bayerischen Wald an Politik und Öffentlichkeit wandte. Anthropozentrische Vorstellungen, nur eine Natur sei schützenswert, die bestimmten ästhetischen Kriterien genügt oder für den Menschen nützlich ist, haben seitdem klar an Bedeutung verloren, wurden (wieder) abgelöst durch ein Naturbild, das Natur und Umwelt ein Eigenrecht an Schutz zugesteht. Und damit stieg nicht zuletzt auch die Bereitschaft, Nationalparke nicht nur als gepflegte Wildnis zuzulassen, sondern auch die unberechenbaren Aspekte der Natur zu respektieren und ein Stückweit zu akzeptieren.

Weiterführende Literatur

Bibelriether, Hans. *Natur Natur sein lassen: Die Entstehung des ersten Nationalparks Deutschlands: Der Nationalpark Bayerischer Wald.* Freyung 2017.

Chaney, Sandra. *Nature of the Miracle Years: Conservation in West Germany, 1945–1975.* New York 2008.

»Dossier zum Nationalpark Bayerischer Wald: Wo Natur Natur sein darf« *Bund Naturschutz in Bayern*, 2018. Aufgerufen am 03. Apr. 2020, https://www.bund-naturschutz.de/bund-naturschutz/erfolge-niederlagen/nationalpark-bayerischer-wald.html.

Hasenöhrl, Ute. *Zivilgesellschaft und Protest. Eine Geschichte der Naturschutz- und Umweltbewegung in Bayern 1945–1980 – Umwelt und Gesellschaft Band 2.* Göttingen 2011.

Haug, Michael und Reinhard Strobl, Hg. *Eine Landschaft wird Nationalpark – Schriftenreihe Bay. StMELF* 11, 2. Auflage. Grafenau 1993.

Kangler, Gisela. *Der Diskurs um ›Wildnis‹: Von mythischen Wäldern, malerischen Orten und dynamischer Natur*. Bielefeld 2018.

Nationalparkverwaltung Bayerischer Wald, Hg. *Wilde Waldnatur: Der Nationalpark Bayerischer Wald auf dem Weg zur Waldwildnis*. Grafenau 2000.

Sperber, Georg. »Entstehungsgeschichte eines ersten deutschen Nationalparks im Bayerischen Wald« in *Natur im Sinn: Beiträge zur Geschichte des Naturschutzes*, herausgegeben von Stiftung Naturschutzgeschichte. Essen 2001, 63–115.

Weinzierl, Hubert et al., Hg. *Nationalpark Bayerischer Wald*. Grafenau 1972.

Die Teilung des Eisernen Vorhangs

Grenzüberschreitender Naturschutz im Bayerischen Wald und Šumava[1]

Pavla Šimková

Der Eiserne Vorhang ist im Bayerischen Wald gefallen. Gut einen Monat vor der massenhaften Ausreise der DDR-Bürger über Ungarn im August trafen sich am Morgen des 12. Juli 1989 sechs tschechische und fünf westdeutsche Forstleute am Grenzstein 5/7 unweit der Moldauquelle, tief in der sonst unzugänglichen Grenzzone zwischen der Tschechoslowakei und der Bundesrepublik, zu einer gemeinsamen Grenzbegehung.[2] Anlass für diesen ungewöhnlichen »Spaziergang« gab eine offizielle Beschwerde, die die Tschechoslowakei bei der Bonner Regierung eingereicht hatte: Der Borkenkäfer aus der damals bereits ohne menschliche Eingriffe gemanagten Naturzone des Nationalparks Bayerischer Wald breite sich in die Wirtschaftswälder auf der tschechoslowakischen Seite aus und richte dort Schäden an. Daraufhin wurde ein Treffen der Forstleute aus beiden Staaten vereinbart, um die »Borkenkäfersituation« zu besprechen. Obwohl sich die Bayern dabei vorsichtig freundlich zeigten (im Vorfeld des Treffens wurde »ein Begrüßungsschluck mit kleiner Brotzeit am Treffpunkt« vorgeschlagen), waren sie auf die Gastfreundschaft der Gegenseite doch nicht vorbereitet. Zu ihrer Überraschung verschwand die tschechische Delegation um die Mittagszeit kurzerhand im Wald, um einige Augenblicke später wieder aufzutauchen, mit am Vortag dort deponierten Steaks und Flaschenbier. Nach diesem Auftakt, der die Stimmung unter den Teilnehmern spürbar lockerte, luden die um ihren Ruf der Herzlichkeit besorgten Bayern zum Schluss die tschechischen Forstleute zu einem Umtrunk im Lusen-Schutzhaus auf der bayerischen Seite der Grenze ein. Obwohl die Teilnehmer im inhaltlichen Teil dieses historischen Treffens grundlegende Differenzen in der Behandlung der aneinandergrenzenden Wälder feststellen mussten, war es auf der Ebene der bierseligen Völkerverständigung ein voller Erfolg.

Die freundschaftlich anmutenden Kontakte standen im starken Kontrast zu der immer noch düsteren Realität der militarisierten Grenze. Als der damals einzige Berührungspunkt zwischen der sozialistischen Tschechoslowakei und dem Westen wurde die Grenze, die durch die Hochlagen des Böhmerwald-Gebirges verlief, in den frühen 1950er Jahren zu einer massiven Militäranlage ausgebaut, um tschechoslowakische Bürger an der Flucht in den Westen zu hindern. Ein

Abb. 1
Die erste deutsch-tschechische Grenzbegehung im Juli 1989.

Grenzzaun aus Stacheldraht, kombiniert mit Betonsperren und unter Hochspannung stehenden Drahthindernissen, wurde von Grenzpatrouillen mit Hunden bewacht, an besonders exponierten Stellen wurden Landminen verlegt. Selbst in den späten 1980er Jahren, als der Elektrozaun längst abgeschafft worden war, blickte man von Bayern aus auf eine kilometerbreite Sperrzone, die zwei große Truppenübungsplätze einschloss und von für die Eventualität eines Ost-West-Konflikts gebauten Aufmarschwegen durchzogen war. Desto größer war der Effekt, als sich kaum ein halbes Jahr nach der ersten deutsch-tschechischen Grenzbegehung dieses verschlossene Gebiet im Zuge des politischen Umbruchs von 1989 schlagartig öffnete.

Wer nun von den Gipfeln des Bayerischen Waldes in Richtung Nordosten schaute, erblickte eine Landschaft, die der bayerischen Seite des Gebirges in mancher Hinsicht verblüffend ähnlich sah, sich aber in manchen ihrer Züge doch von ihr unterschied. »Wie zwei Geschwister mit unterschiedlichen Eigenschaften«, formulierte es etwas später eine Naturschutzbroschüre.[3] Geologisch gesehen gehört die je nach Kontext als Böhmerwald, Bayerischer Wald und Šumava bekannte Bergkette entlang der deutsch-tschechisch-österreichischen Grenze zum Böhmischen Massiv und wird vom gleichen Gesteinkomplex gebildet, dem Moldanubikum. An allen Seiten des Dreiländerecks ist das Gebirge für mitteleuropäische Verhältnisse ungewöhnlich dicht bewaldet; zusammen bilden seine drei Teile eines der größten zusammenhängenden Waldgebiete Mitteleuropas. Während aber die typische Landschaft des Bayerischen Waldes aus mit

Mischwäldern bewachsenen steilen südwestlichen Hängen besteht, überwiegen in Šumava klimatisch raue Hochebenen, ausgedehnte Moorflächen und Fichtenwälder. Erst im Hochmittelalter durch deutschsprachige Kolonisten besiedelt und erst seit dem 18. Jahrhundert intensiver wirtschaftlich genutzt, vor allem für Holzabbau und Glasmacherei, behielt die Landschaft Šumavas bis tief in das 19. Jahrhundert hinein einen Charakter, der von den Zeitgenossen als unberührte Wildnis und einer der letzten Urwälder Mitteleuropas gedeutet wurde.[4] Kein Wunder also, dass gerade hier einige der ersten Versuche eines territorialen Naturschutzes in Europa stattfanden.

Geschichte des Naturschutzes in Šumava

Während auf der bayerischen Seite der Grenze die ersten Keime des Naturschutzes staatlichen Eingriffen entsprangen, waren sie auf der böhmischen Seite das Resultat von Initiativen adeliger Großgrundbesitzer. 1858 hatte Johann Adolf II. Fürst zu Schwarzenberg auf die Empfehlung seines Oberförsters Josef John 144 Hektar des Kubany-Urwalds (Boubínský prales), der wohl zu diesem Zeitpunkt tatsächlich noch aus ursprünglichen Wäldern bestand, für die Zukunft aus der forstwirtschaftlichen Nutzung herausgenommen.[5] Obwohl Schwarzenbergsche Förster bis 1869 auch in der »jungfräulichen Natur« des Urwalds Holzgewinnung betrieben, wurde der Kubany somit zu einem der ältesten Naturreservate Mitteleuropas. Anfang des 20. Jahrhunderts ging zudem die Initiative für den Naturschutz im Böhmerwald sowohl von international agierenden Persönlichkeiten wie dem preußischen Naturschützer Hugo Conwentz als auch von tschechischen und deutsch-böhmischen Naturschützern aus, denen es in gleichem Maße um den Erhalt von Naturdenkmälern wie um die Darstellung von bestimmten Orten und Landschaften als nationaler Natur ging. 1911 schlug Conwentz den Denkmalschutz von zwei Gletscherseen, dem Schwarzen See (Černé jezero) und dem Teufelssee (Čertovo jezero), die zu den einprägsamsten Orten des Böhmerwaldes gehörten, vor. Auf die Errichtung von territorial kleinen Naturreservaten folgten bald Entwürfe eines großräumigen Naturschutzes. Der Vorschlag des Abgeordneten des böhmischen Landtags Luboš Jeřábek im Jahr 1911, mehrere Nationalparke in Böhmen einzurichten, unter anderem auch im Böhmerwald, hatte in dem zerstrittenen Parlament, wo kaum Hoffnung auf seine Verabschiedung bestand, noch einen eher ideellen als praktischen Wert. Auch spätere Bemühungen um die Etablierung eines Nationalparks im Mittleren Böhmerwald, die sich von der Zerschlagung des Großgrundbesitzes im Zuge der tschechoslowakischen Bodenreform nach 1918 Gewinne für den Naturschutz versprachen, gingen nicht auf. Sie halfen aber, den Böhmerwald als die letzte Wildnis Böhmens und eine schützenswerte Landschaft in der öffentlichen Wahrnehmung zu etablieren.

Die Pläne für die Errichtung eines großräumigen Schutzgebiets im Böhmerwald gingen oft mit politischen und sozialen Umwälzungen einher. Nach der Besetzung der Grenzgebiete der Tschechoslowakei durch NS-Deutschland im Herbst 1938 schmiedete die Berliner Oberste Naturschutzbehörde Pläne für einen grenzüberschreitenden Nationalpark Böhmerwald, um die ehemalige Staatsgrenze verschwinden und die annektierten Gebiete als unzertrennliche Teile Deutschlands erscheinen zu lassen.[6] Auch der nächste Entwurf eines Böhmerwald-Nationalparks stand in Zusammenhang mit einem politischen Umbruch: Der tschechische Zoologe Julius Komárek argumentierte 1946, dass nach der Vertreibung der deutschen Bevölkerung des Böhmerwaldes der günstigste Moment gekommen sei, in der nun weitgehend menschenleeren Region einen großflächigen Nationalpark zu errichten. Erst siebzehn Jahre nach dieser aus heutiger Sicht freilich etwas zynischen Einschätzung wurde 1963 das erste großflächige Naturreservat im Böhmerwald ausgerufen, das 163 000 Hektar große Landschaftsschutzgebiet Šumava, das sich 113 Kilometer entlang der tschechoslowakisch-deutschen Grenze erstreckte. Allerdings musste der Naturschutz in diesem riesigen Gebiet nicht nur mit wirtschaftlichen Nutzungen der Landschaft ringen, sondern auch mit dem Vorgehen des Militärs, das auf einem großen Bereich des Schutzgebietes für seine Zwecke Kahlschlag betrieb und Bodenverbesserungen durchführte. Der Naturschutz zog dabei meistens den Kürzeren. Auch die Vision eines grenzüberschreitenden Großraumschutzprojekts »Intersilva«, das sowohl den deutschen und tschechoslowakischen Teil des Böhmerwaldes als auch den im österreichischen Mühlviertel liegenden Zipfel des Gebirges eingeschlossen hätte und das in den 1960er Jahren vom Naturschutzbeauftragten der Regierung Niederbayern Hubert Weinzierl im Austausch mit tschechoslowakischen Naturschützern aufgestellt wurde, griff schließlich ins Leere. Auf der tschechoslowakischen Seite gab es zwischen 1968 und 1989 mehrere letztendlich gescheiterte Versuche, einen Nationalpark im Böhmerwald zu etablieren. Desto größer war beiderseits der Grenze die Euphorie, als zwanzig Jahre nach der Intersilva-Initiative einem grenzüberschreitenden Naturschutz im Böhmerwald nichts mehr im Weg zu stehen schien.

Anfänge des grenzüberschreitenden Naturschutzes

Nach der Wende fand sich die Region des Bayerischen Waldes in einer völlig neuen Situation wieder: Vom Ende der Welt, das mit seinem Rücken an den Eisernen Vorhang lehnte, rückte die Region plötzlich in die Mitte eines wenigstens formal wieder vereinigten Kontinents. Diese neue Stellung brachte große Hoffnungen mit sich, aber auch die Angst, dass sich die aussichtsreiche Entwicklung doch noch zum Nachteil der Natur drehen könnte.

Im politischen Tauwetter der späten 1980er Jahre griffen die bayerischen Naturschützer die alte Idee eines bilateralen Nationalparks im Böhmerwald wieder auf. »Wer am Kamm des Böhmerwaldes an der deutsch-tschechischen Grenzschneise steht«, schrieb 1988 der damalige Direktor des Nationalparks Bayerischer Wald Hans Bibelriether, »erkennt keinen Unterschied im Wald oder Moor diesseits und jenseits. Es gibt keinen Unterschied. Die Natur – Pflanzen und Tiere kennen keine vom Menschen gezogenen Grenzen.«[7] Auch andere, wie der langjährige Förster des Nationalparks Hartmut Strunz, plädierten für den Wert

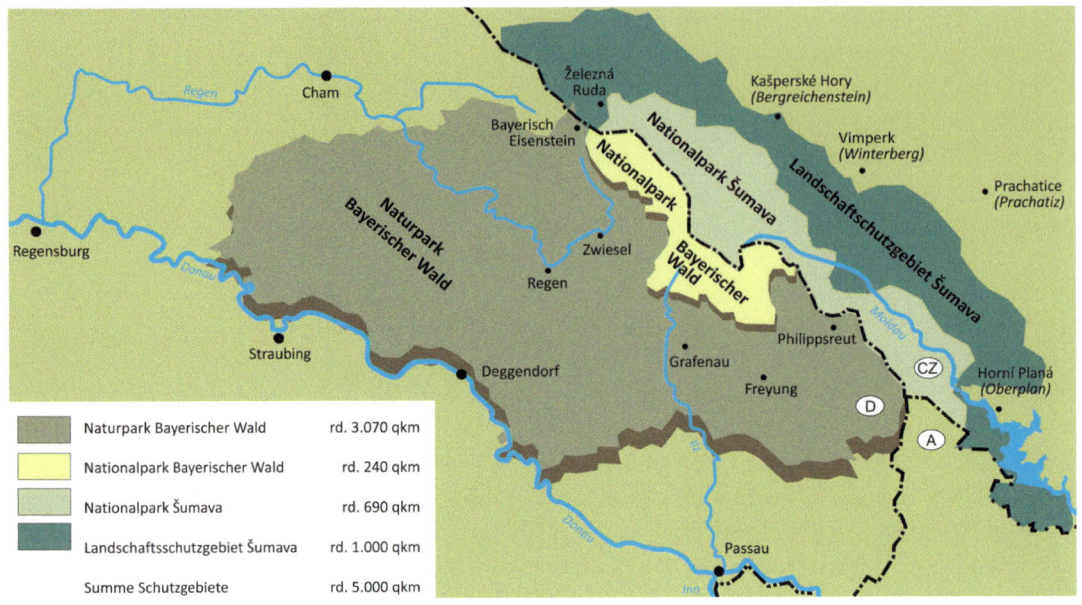

Abb. 2
Das grenzüberschreitende Nationalparkgebiet Šumava und Bayerischer Wald.

eines grenzüberschreitenden Nationalparks sowohl für den Naturschutz als auch für die Völkerverständigung. Als sich im Herbst 1989 der einst so unüberwindbare Grenzzaun in ein obsoletes Relikt einer anderen Zeit verwandelte, sahen die bayerischen Naturschützer darin eine einmalige Chance, die offensichtlich zusammengehörende Natur des Böhmerwaldes in einem großen grenzüberschreitenden Naturschutzgebiet zu vereinen. Die Vertreibung und die militärische Sperrzone erschienen ihnen jetzt als ein unbeabsichtigter Segen für die Natur: In der dadurch weitgehend entvölkerten Landschaft mitten im dicht besiedelten Mitteleuropa seien in der Abwesenheit von Menschen »große naturschutzwürdige Flächen« entstanden.[8] Nun galt es schnell zu handeln und diese Landschaft für die Natur zu sichern: Denn, wie die deutschen Naturschützer befürchteten, diese einzigartige Chance konnte sehr wohl gleichzeitig auch die letzte sein. Bald nach der Wende mehrten sich Stimmen, die auf die Gefahren der Grenzöffnung für die Belange der Natur hinwiesen. Bereits im Frühling 1990 wurde der Grenzzaun abgebaut und neue Wanderwege quer durch das Gelände markiert, bis in die Lebensräume des stark gefährdeten Auerhuhns hinein – aus Naturschutzperspektive eine beunruhigende Entwicklung, die den Wert des vom Westen aus als intakte Natur gesehenen Raumes für den Naturschutz gefährdete. Noch größeres Unbehagen als diese Einzelinitiativen, die am ehesten der Euphorie nach der Grenzöffnung entstammten, lösten Befürchtungen aus, wonach die in den letzten vierzig Jahren relativ unberührte Natur des tschechischen Böhmerwaldes bald einer durch westliches Kapital unterstützten intensiven touristischen Erschließung zum Opfer fallen könnte. Wie es 1990 der Vorsitzende des Umweltausschusses des bayerischen Landtags Herbert Huber formulierte: »Hier muß jetzt Initiative ergriffen werden, bevor durch die endgültige Grenzöffnung andere Entwicklungen eintreten und der Naturschutz den kürzeren zieht.«[9]

Die Vorbereitungen eines Nationalparks im tschechischen Böhmerwald schritten unterdessen schnell voran. Nach der Erörterung verschiedener Varianten des Parks, die in ihrer Ausdehnung von 15 000 bis 100 000 Hektar reichten, wurde im April 1991 die Gründung des Nationalparks Šumava bekanntgegeben. Mit seinen letztlich 68 460 Hektar nahm er nicht nur 0,86 Prozent der Fläche der bald darauf unabhängigen Tschechischen Republik ein, sondern war auch fünfmal so groß wie der damals noch nicht erweiterte Nationalpark Bayerischer Wald. Alsbald fing auch die ersehnte Zusammenarbeit über die Grenze hinweg an. Anfang 1992 fand die erste offizielle Begegnung der beiden Nationalparkverwaltungen im Hans-Eisenmann-Haus statt; noch im selben Jahr folgte das erste deutsch-tschechische Treffen der Nationalparkwachten und die Eröffnung des gemeinsamen Informationspavillons im Grenzort Bučina (Buchwald).

Abb. 3
Seit den 1990er Jahren arbeiten auch die Ranger der beiden Nationalparke zusammen.

Mit diversen Initiativen, die unter Namen wie »Naturparkregion«, »Intersilva« oder »Grünes Dach Europas« firmierten, versuchten verschiedene Akteure in den frühen 1990er Jahren, den Naturschutz im Böhmerwald auf eine multilaterale Basis zu stellen. Die grenzüberschreitende Zusammenarbeit blickte allem Anschein nach einer rosigen Zukunft entgegen. Bald genug erschienen jedoch auf dem bisher so klaren Himmel über dem Böhmerwald die ersten Wolken.

Der anfänglich großen Hoffnung der bayerischen Seite auf eine reibungslose Zusammenarbeit folgte bald eine ebenso große Enttäuschung. Während einer Borkenkäfermassenvermehrung im Jahr 1995 ließ die Verwaltung des Nationalparks Šumava die befallenen Bäume nicht stehen, sondern setzte vielerorts auf Kahlschlag und aktive Borkenkäferbekämpfung, sehr zum Leidwesen der deutschen Seite, die eine natürliche Erneuerung des Waldes bevorzugte. Tiefe Unzufriedenheit mit den Methoden der tschechischen Forstleute setzte ein: Die Leitung des Nationalparks Šumava hielt sich nicht an die Vorgaben der internationalen Naturschutzorganisationen, wie der Weltnaturschutzunion (International Union for Conservation of Nature, IUCN), stattdessen fanden im tschechischen Park wirtschaftliche Aktivitäten wie Holzbringung und die Jagd statt, die die Deutschen als »ökologisch sinnlos und ökonomisch fragwürdig« bezeichneten.[10] Der rasche Wechsel auf der Leitungsebene – in den ersten vier Jahren seiner Existenz hatte der tschechische Nationalpark 1995 bereits den vierten Direktor – trug zur generellen Verunsicherung bei. All dies führte den anonymen Autor eines Artikels in der Zeitschrift *Nationalpark*, der die Zustände im Nationalpark Šumava anprangerte, zu dem Ausruf: »Šumava, quo vadis?«[11]

Diese Kritik, so korrekt sie aus der Sicht der bayerischen Nationalparkleute auch sein mochte, konzentrierte sich allerdings nur auf die Symptome, weniger aber auf die Ursachen der Phänomene, die die grenzüberschreitende Zusammenarbeit erschwerten. Diese wiederum konnten nicht lediglich auf die Wachstumsschmerzen des neuen Nationalparks zurückgeführt werden. Sie hatten vielmehr mit dem politischen und sozioökonomischen Wandel in Tschechien nach der Wende zu tun, aber auch mit der Ausnahmestellung, die Šumava seit dem 19. Jahrhundert in der tschechischen Kultur eingenommen hat. Šumava und der Bayerische Wald sind zwar zwei Teile eines einzigen Gebirges und bilden geologisch wie ökologisch eine Einheit; die Tatsache, dass sie zwei verschiedenen Staaten angehören, spielte allerdings für ihre Geschichte und Entwicklung eine enorm wichtige Rolle. Die Natur kennt hier sehr wohl eine Grenze.

Probleme der grenzüberschreitenden Zusammenarbeit

Der einfachste der Gründe für die schwierige Zusammenarbeit der beiden Nationalparke lag in ihrem unterschiedlich langen Bestehen. Während im Fall des Bayerischen Waldes die Bevölkerung der Gemeinden um den Nationalpark herum zwanzig Jahre Zeit hatte, sich an dessen Existenz zu gewöhnen – zwanzig Jahre, die keineswegs nur durch Harmonie und gegenseitige Akzeptanz geprägt waren – musste sich der Nationalpark Šumava innerhalb kürzester Zeit in den regionalen sowie in den gesamtstaatlichen politischen Kreisen behaupten und die Akzeptanz oder zumindest Tolerierung durch die lokale Bevölkerung gewinnen. Die Vorstellung, dass durch die Etablierung des Nationalparks Šumava eine quasi Osterweiterung des Nationalparks Bayerischer Wald entsteht, die sofort nach den gleichen Regeln verwaltet wird, zu denen sich der Bayerische Wald im dritten Jahrzehnt seiner Existenz nur mühsam durchgearbeitet hatte, erwies sich daher als schwer realisierbar.

Die Geschichte der Regionen diesseits und jenseits der Grenze konnte nach dem Zweiten Weltkrieg unterschiedlicher kaum sein. Der Bayerische Wald galt in den 1960er Jahren als eine strukturschwache Region. Lokale wie staatliche Initiativen zielten darauf ab, sie touristisch attraktiv zu machen. Zu den Projekten, die den touristischen Reiz des Bayerischen Waldes erhöhen sollten, zählte ein Skiareal auf den Hängen des Gebirges, ein von Bernhard Grzimek vorgeschlagener Freilandzoo, besiedelt mit charismatischer Megafauna wie Elchen, Bären und Wisenten – und schließlich auch die Idee eines großflächigen Naturreservats, wie sie am Ende realisiert wurde. Der Bayerische Wald wurde als eine Region gesehen, in die Menschen gelockt werden mussten. Šumava hatte nach 1989 das gegenteilige Problem. Das mit knapp 5 000 Quadratkilometern flächengrößte Gebirge Tschechiens war vierzig Jahre lang für die meisten Menschen unzugänglich gewesen. Die schönsten und spektakulärsten Landschaften lagen tief in der militärischen Sperrzone. Nun, nach der Öffnung der Grenzzone und nach der Auflösung der Truppenübungsplätze, winkte Šumava wie ein riesiges Versprechen den unterschiedlichsten Menschen zu, die die unterschiedlichsten Ideen hatten, wie man den plötzlich wieder zur Verfügung stehenden Raum am besten nutzen könnte. Es ist kaum nötig zu erwähnen, dass die verschiedenen Ideen weit auseinanderklafften. Die Naturschützer freuten sich über die Chance, endlich Jahrzehnte alte Bestrebungen verwirklichen und einen Nationalpark etablieren zu können. Die lokale Bevölkerung nahm die Entwicklung als eine Gelegenheit

Abb. 4
»Einzigartiges Wohnen im Herzen Šumavas«: Ein Billboard wirbt für Baugrundstücke in der Nationalparkortschaft Kvilda (Außergefild).

wahr, ihren wirtschaftlichen Interessen durch den Ausbau touristischer Infrastruktur und das Weiterbetreiben konventioneller Forstwirtschaft einen Schub zu geben. Noch andere sahen die Region als Investitionsmöglichkeit und als einen Raum, der für touristische Erschließung offen stand. Šumava ist nach der Wende innerhalb kurzer Zeit – neben dem längst für diesen Zweck vereinnahmten Riesengebirge – zum primären Erholungsgebiet der Prager wirtschaftlichen Elite geworden. Ein Wochenendhaus in Šumava zu besitzen brachte Prestige ein und ließ die Grundstückpreise bald in die Höhe schießen.

Das 2014 fertiggestellte Luxusanwesen des Milliardärs und Medienmagnaten Zdeněk Bakala in Modrava (Mader) mitten im Nationalparkgebiet sowie die Hotelbauten des 2018 verstorbenen und als »König des Böhmerwaldes« berühmt-berüchtigten Unternehmers und entschiedenen Gegners des Nationalparks František Talián sind nur die eklatantesten Beispiele eines viel breiteren Trends. Alles in allem erlebte die Region nach 1989 einen nie dagewesenen Zufluss von Menschen und Kapital und damit enormen Druck zur weiteren Erschließung.

Dieser Druck brachte Probleme für die Ausweisung des Nationalparks und für dessen Verwaltung mit sich. Die Grenzen des 1991 etablierten Parks stellten einen schwierig verhandelten Kompromiss zwischen den Vorstellungen der Naturschützer und den Wünschen der Einwohner dar. Sieben Ortschaften lagen nunmehr vollständig im Gebiet des Nationalparks: Sie profitierten zwar einerseits stark vom Touristenverkehr, gehörten aber andererseits von nun ab zu den lautstärksten Kritikern der Nationalparkvorschriften, durch die sie sich in ihrer Eigenverwaltung eingeschränkt sahen.

Die Verwaltung des von so vielen Akteuren beanspruchten Nationalparks war seit 1991 von Inkonsistenz und häufigem Richtungswechsel geprägt. Während anfangs die Weichen für eine zunächst informelle, aber zunehmend enge Zusammenarbeit mit dem Nationalpark Bayerischer Wald und für einen möglichst strengen Naturschutz gestellt schienen, kam stattdessen 1995 der erste größere Bruch mit dieser Entwicklung. Der vom Bayerischen Wald kritisierte Umgang mit dem Borkenkäferbefall war das Ergebnis der Parkpolitik des neuen Direktors Ivan Žlábek, der konventionelle Forstwirtschaft bevorzugte und kein Freund des Konzeptes »Natur Natur sein lassen« war. Unter seiner Leitung wurde 1995 die Zone I des Nationalparks (deren Schutzstatus der Naturzone des Bayerischen Walds entspricht) in 135 kleine Teile zerstückelt, in 53 davon wurden die vom Borkenkäfer befallenen Bäume gefällt.[12] Die Zusammenarbeit mit dem Bayerischen Wald wurde jedoch vorangetrieben: 1995 haben der tschechische Umweltminister und der bayerische Landwirtschaftsminister ein grenzüberschreitendes »Waldgeschichtliches Wandergebiet«, ausgehend von Bučina und Finsterau, eröffnet, gemeinsame Ausstellungen mit Künstlern und Museen von beiden Seiten der Grenze fanden statt. Das Jahr 1999 brachte einen ersten Meilenstein der Zusammenarbeit mit sich: das Memorandum über die Zusammenarbeit der Nationalparkverwaltungen Šumava und Bayerischer Wald, das regelmäßige gemeinsame Dienstbesprechungen und das Einrichten von Arbeitsgruppen zur Koordination der grenzüberschreitenden Initiativen vorsah. Das Memorandum wurde 2005 um spezifische Ziele zur Erweiterung der Naturzone auf beiden Seiten der Grenze ergänzt. Im selben Jahr ist auch das erste gemeinsame Forschungsvorhaben, das sogenannte »Luchsprojekt«, angelaufen, das seitdem die Bewegungen der Eurasischen Luchse (*Lynx lynx*) beidseits der Grenze beobachtet und ihre Bedeutung für das Böhmerwald-Ökosystem auswertet. Zu dem Zeitpunkt lag die Leitung des Šumava-Nationalparks in den Händen von Alois Pavlíčko, der das Ruder wieder Richtung Prozessschutz nach IUCN-Richtlinien herumgeworfen hat. Er und sein Nachfolger František Krejčí traten für die Schaffung einer naturbelassenen Kernzone zwischen den beiden Parken ein. Das Parkmanagement war dabei stets auf die Unterstützung von Seiten der Politik angewiesen. In den Parlamentswahlen 2006 zog die Grüne Partei zum ersten Mal in der Geschichte ins tschechische Abgeordnetenhaus ein und ihr Vorsitzender Martin Bursík erhielt in der Anfang 2007 gebildeten Koalitionsregierung den Umweltministerposten. Nur zehn Tage nach dessen Amtsantritt verwüstete Orkan Kyrill die Wälder des Bayerischen Waldes und Šumavas, wobei die Schäden in den Fichtenwäldern auf tschechischer Seite dreimal so groß waren wie in Bayern. Ähnlich wie auf bayerischer Seite im Jahr 1983 – der »Stunde Null« des Prozessschutzes im Bayerischen Wald – entschied sich die Leitung des Nationalparks Šumava, unterstützt vom neuen Umweltminister, den Windwurf in der Kernzone des Parks liegen zu lassen. Die Bayern taten das gleiche, ganz im Sinne der im selben Jahr angelaufenen Initiative »Europas wildes Herz«, die die teilweise aneinandergrenzenden Kernzonen der beiden Parke zu einem gemeinsamen naturbelassenen Raum zusammenschließen sollte.[13] Zwei Jahre später, 2009, erhielten Šumava und der Bayerische Wald für ihre Zusammenarbeit das EUROPARC-Zertifikat, was den Entschluss zur engeren Zusammenarbeit noch weiter bestärkte. Die beiden Parke schienen auf dem Weg, Musterschüler in internationaler Kooperation und in der Sache eines grenzüberschreitenden Naturschutzes zu werden.

Abb. 5
Im Zuge der Borkenkäferbekämpfung 2011 wurden auch in der Naturzone des Nationalparks Šumava Bäume gefällt.

Die Freude war jedoch von kurzer Dauer: 2011 schwang das politische Pendel in Tschechien wieder in die entgegengesetzte Richtung. Die neue konservative Regierung berief nämlich den bisherigen Vorsitzenden des Nationalparkbeirats und des Klubs tschechischer Touristen Jan Stráský auf den Direktorenposten. Die Ansichten des politisch gut vernetzten ehemaligen Ministerpräsidenten der Tschechoslowakei unterschieden sich drastisch von denen seines Vorgängers. Er setzte auf Baumfällung und eine chemische Bekämpfung des durch den Windwurf ausgelösten Borkenkäferbefalls selbst in der Naturzone des Nationalparks.

Seine einjährige Amtszeit als Nationalparkdirektor brachte ihm nicht nur den ökologischen Negativpreis »Ölfresser des Jahres« und eine Strafanzeige von Seiten des Tschechischen Umweltinspektorats ein, sondern schadete auch der eben erst in Fahrt gekommenen Zusammenarbeit mit der Verwaltung des Nationalparks Bayerischer Wald. Stráskýs Nachfolger, Jiří Mánek, blieb auf dem vorgegebenen Kurs: 2012 gab er bekannt, dass er den Nationalpark nicht als angehende Wildnis, sondern vielmehr als Kulturlandschaft betrachte. Teile des Nationalparks sollten nicht mehr als IUCN-Kategorie II, sondern als die mit viel geringeren Naturschutzansprüchen verbundene Kategorie IV verwaltet werden. Wäre diese Entscheidung zum Tragen gekommen, hätte sie weite Teile des Nationalparks in eine Art Landschaftsschutzgebiet verwandelt und damit die Interessen der Gemeinden auf die gleiche Ebene wie die des Naturschutzes gestellt. Die Zusammenarbeit mit dem Nationalpark Bayerischer Wald, der diesem Kurswechsel mit Unbehagen zusah und ihn nicht mittragen wollte, kam dabei zum Erliegen.

Im Jahr 2014 brachte ein Regierungswechsel erneut auch einen Wechsel auf dem Direktorenposten des Nationalparks mit sich. Jiří Mánek wurde durch den langjährigen Direktor des Landschaftsschutzgebiets Šumava Pavel Hubený ersetzt, der den Nationalpark bis heute leitet. Unter seiner Leitung erfolgte der bisher letzte Kurswechsel des größten tschechischen Nationalparks: Eine seiner ersten Amtshandlungen war ein Antrittsbesuch im Bayerischen Wald, bei dem er eine erneute Bereitschaft zur Zusammenarbeit signalisierte. In den nächsten Jahren kam es zu einer wahren Flut an gemeinsamen Projekten, die im Jahr 2017 ein Gesamtvolumen von sechs Millionen Euro erreichten und einen Höhepunkt in den Beziehungen der beiden Parke markierten. Während in den Jahresberichten des Bayerischen Waldes während der Amtszeit von Mánek kaum die Rede von Šumava war, wurde ab 2014 über die gemeinsamen Initiativen unter Titeln wie »Noch engere Bande mit dem Nationalpark Šumava« ausführlich berichtet.[14] Jedoch können die Erfolge des Naturschutzes und die relative Stabilität der letzten Jahre die Tatsache nicht verschleiern, wie sehr das Management des Šumava-Nationalparks von der jeweiligen politischen Situation in Tschechien abhängt und wie unmittelbar sich jeder politische Wechsel auf die Ausrichtung des Naturschutzes im Park auswirkt. Allein der Wechsel auf den Führungspositionen der beiden Parke macht die prekäre Situation der tschechischen Parkverwaltung deutlich: Während der Bayerische Wald in den fünfzig Jahren seiner Existenz gerade einmal drei Direktoren hatte, haben im erst dreißigjährigen Šumava bereits zehn Nationalparkleiter einander abgewechselt. Die vielen Interessen, die seit dreißig Jahren im Nationalparkgebiet miteinander kollidieren, machen den Umgang mit den Fichtenwäldern und Hochmooren Šumavas politisch äußerst umstritten.

Noch weniger vergleichbar als die Umstände, unter denen die beiden Nationalparke entstanden sind und verwaltet werden, ist ihre Stellung im öffentlichen Diskurs ihrer jeweiligen Länder. Der Bayerische Wald genoss als der erste deutsche Nationalpark große Aufmerksamkeit, vor allem unter Naturschützern. Nach seiner Gründung wurde er zum Objekt lokaler wie regionaler Kontroversen. Jenseits der Grenze Bayerns war der Umgang mit der Natur im Nationalpark jedoch kaum umstritten.

Ganz anders dagegen im tschechischen Teil des Gebirges. Šumava hat im tschechischen Kontext eine Ausnahmestellung, sowohl unter den zurzeit vier tschechischen Nationalparken als auch unter Gebieten, in denen der Naturschutz und wirtschaftliche Interessen aufeinandertreffen. In den letzten dreißig Jahren ist Šumava zu einem Raum geworden, in dem Konflikte um den Naturschutz und um den Umgang mit Natur im Allgemeinen ausgetragen werden. Teils ist dies historisch zu erklären: Šumava galt seit dem 19. Jahrhundert als Böhmens letzte Wildnis, als die heimische Inkarnation der romantischen, ungezähmten Natur, und wurde als solche in unzähligen Artikeln und Büchern gefeiert. Den mythischen Status der Gebirgswälder und die Einzigartigkeit deren

Natur haben auch Autoren der »Böhmerwaldliteratur« wie Adalbert Stifter oder Karel Klostermann beschworen. Nach 1918 wurde die überwiegend von deutschsprachiger Bevölkerung besiedelte Region zum Objekt einer Art innerer Kolonisierung: Der Klub tschechischer Touristen baute fleißig Aussichtstürme und Hütten und markierte Wanderwege durch die Grenzwälder, nicht zuletzt um Šumava als eine tschechische Landschaft zu beanspruchen. Die bitteren und öffentlich ausgetragenen Interessenskonflikte in Šumava nach der Wende taten ein Übriges: Das südwestböhmische Gebirge rückte ins Blickfeld der ganzen Nation. Obwohl es in Tschechien durchaus andere Regionen gab, in denen ähnliche Konflikte zwischen Naturschutz, Holzwirtschaft und wirtschaftlicher Entwicklung ausgefochten wurden, waren die Schlaglichter stets auf Šumava gerichtet.

Abb. 6
Demonstration gegen die Parkpolitik von Jan Stráský vor dem Umweltministerium in Prag, 2011.

Wer sich zu Fragen des Naturschutzes äußern wollte und auf ein breites Medienecho hoffte, tat gut daran, nach Šumava zu fahren, denn das Geschehen im Nationalpark wurde von den gesamtstaatlichen Medien seit den 1990er Jahren intensiv beobachtet. So wurde Šumava 1999 und 2011 zum Schauplatz zweier medial im Detail verfolgten Umweltdemonstrationen, während denen Umweltaktivisten versuchten, die Nationalparkverwaltung an der Abholzung wertvoller Biotope in der Kernzone zu hindern. Staatspräsident Václav Klaus und sein Nachfolger Miloš Zeman äußerten sich mehrfach öffentlich über Šumava und besuchten die Region. Zeman, der nicht im Verdacht steht, mit den Zielen des Naturschutzes zu sympathisieren, setzte sich 2017 heftig gegen die Verabschiedung eines strengeren Naturschutzgesetzes ein und bezeichnete die sich noch von den Folgen des Orkans von 2007 erholende Landschaft Šumavas gar als »braunen Mordor«.[15] Šumavas Rolle als Stellvertreter für Umweltkonflikte in Tschechien und die extreme mediale Aufmerksamkeit macht jede Entscheidung der Nationalparkverwaltung zu einer heiß diskutierten öffentlichen Angelegenheit und erschwert die Durchsetzung der Ziele des Naturschutzes erheblich.

Als sich vor mehr als dreißig Jahren die tschechischen und bayerischen Forstleute Steaks und Bier im Wald teilten, war die Staatsgrenze eine schwer übersehbare Realität. Im heutigen Šumava und Bayerischen Wald figuriert die Grenze als ein Hindernis, das es zu überwinden gilt und das in vieler Hinsicht auch bereits überwunden wurde. Der Buchmarkt ist überflutet von Reiseführern und touristischen Broschüren, die auf grenzüberschreitende Wanderungen hinweisen und Titel wie *Šumava bez hranic* (Šumava ohne Grenzen), *Grenzenlos wild/Divoká příroda bez hranic* oder *Grenzenlose Landschaftsträumereien* tragen. Der Klub tschechischer Touristen gibt seit den frühen 1990er Jahren die Wanderkarte »Šumava – Trojmezí« (Šumava – Dreieckmark) heraus, die Wanderwege in allen drei Ländern des tschechisch-deutsch-österreichischen Dreiecks aufzeichnet. Die Fahrpläne der Igelbusse auf der bayerischen und der Grünen Busse (Zelené autobusy) auf der tschechischen Seite des Böhmerwaldes sind teilweise aufeinander abgestimmt. Auch große Tierarten wie der Rothirsch, für die der Grenzzaun vor

Die Teilung des Eisernen Vorhangs

1989 ein unüberwindbares Hindernis darstellte, wandern nun ungestört über die Grenze. Angesichts dieser Entwicklungen könnte man leicht zu dem Schluss kommen, dass die Grenze zwischen Šumava und dem Bayerischen Wald eine Sache der Vergangenheit ist, die für die Gegenwart so gut wie keine Rolle mehr spielt. Wer sich in den Wald begibt, sieht die Grenze allerdings noch: Man findet dort einen zwei Meter breiten Pfad, der sich durch die Wälder windet und den die Innenministerien der beiden Länder freischneiden lassen. Auch dort, wo unterschiedliche Naturschutzzonen – etwa Šumavas Zone I und das Erweiterungsgebiet des Bayerischen Waldes oder die bayerische Naturzone und die tschechische »naturnahe« Zone – aufeinandertreffen, machen sich die Unterschiede im Waldmanagement bemerkbar.

Trotz der Bemühungen und der Erfolge der letzten Jahre ist die Vision eines einheitlichen grenzüberschreitenden Nationalparks im Böhmerwald nur teilweise wahr geworden. Die Schwierigkeiten und Konflikte, die die gemeinsame Geschichte der beiden Nationalparke in den letzten dreißig Jahren begleiteten, sind großteils auf ihre unterschiedlichen politischen und sozioökonomischen Bedingungen und auf ihre sehr unterschiedliche Stellung innerhalb der beiden Länder zurückzuführen. Diese Faktoren müssen bei jeder Bilanz der Erfolge und Misserfolge der grenzüberschreitenden Zusammenarbeit in Betracht gezogen werden. Die Tatsache, dass das ökologisch grenzenlose Gebirge politisch unter zwei Staaten verteilt ist, spielt für ihre Geschichte sowie für ihre Gegenwart eine enorm wichtige Rolle.

Weiterführende Literatur

Anděra, Miloš et al. *Šumava. Příroda – historie – život*. Praha 2003.

Gissibl, Bernhard. »A Bavarian Serengeti: Space, Race and Time in the Entangled History of Nature Conservation in East Africa and Germany« in *Civilizing Nature: National Parks in Global Historical Perspective*, herausgegeben von Bernhard Gissibl, Sabine Höhler und Patrick Kupper. New York 2012, 102–122.

Hölzl, Richard. »Naturschutz in Bayern zwischen Staat und Zivilgesellschaft: Vom liberalen Aufbruch bis zur Eingliederung in das NS-Regime, 1913 – 1945« in *Bund Naturschutz Forschung* 11 (2013), 21–60.

Křenová, Zdenka und Hans Kiener. »Europe's Wild Heart – Still Beating? Experiences from a New Transboundary Wilderness Area in the Middle of the Old Continent« in *European Journal of Environmental Science* 2,2 (2012), 115–124.

Matějka, Karel, Jakub Hruška und Pavel Kindlmann. »Jak má vypadat smysluplná zonace národního parku Šumava?« in *Živa* 5 (2013), 96–100.

Matt, Johannes. *Grenzüberschreitende Zusammenarbeit zwischen Nationalparken. Eine Faktorenanalyse anhand der Nationalparke Bayerischer Wald – Šumava, Thayatal – Podyjí und Sächsische Schweiz – České Švýcarsko*, Masterarbeit Albert-Ludwigs-Universität. Freiburg 2014.

Petrova, Saska. *Communities in Transition: Protected Nature and Local People in Eastern and Central Europe*. Farnham 2014.

Piňosová, Jana. *Inspiration Natur: Naturschutz in den böhmischen Ländern bis 1933*. Marburg 2017.

KULTURELLE PERSPEKTIVEN

Im Woid dahoam
Notizen zu Kultur und Geschichte

Christian Binder

Ferdinand Neumaier, einer der bedeutendsten und sicher erfolgreichsten Volksliedschöpfer Niederbayerns, veröffentlichte 1938 sein wohl bekanntestes Lied »Mia san vom Woid dahoam«. Von unzähligen Musikern interpretiert, kann man es mit Fug und Recht als »Waldler-Hymne« bezeichnen. Thematisch schlägt es dabei den Bogen von der Wilderei über die Arbeitssuche im Gäuboden bis hin zur Liebe, die dem »Tannahoiz« – gemeint ist wohl der Fichtenwald – entgegengebracht wird: »uns schlogt des Herz so laut, sehng mia die Bäumerl steh«.

Das Lied reiht sich in eine Tradition von Heimatliedern ein, die gegenseitig fast austauschbar erscheinen, da es in erster Linie nicht um eine konkrete Natur in ihrer spezifischen landschaftlichen Ausformung geht, sondern vielmehr um eine Gefühlsqualität, die sich durchaus mit »Heimat« gleichsetzen lässt. Heimat wurde seit der zweiten Hälfte des 19. Jahrhunderts zum Kontrapunkt der sich entwickelnden Moderne, Industrialisierung und Urbanisierung stilisiert. Als ihr Kennzeichen galt eine friedliche, harmonische und intakte Natur. Als deren Sinnbild fungierte meist der Wald, insbesondere der *deutsche* Wald.[1] Die im Lied ebenfalls besungenen Bauernknechte hat es dann allerdings recht früh aus Straubing wieder zurück in den Wald verschlagen: »hot uns net g'foin do drauß, ham müaßn glei hoamgeh, mia san vom Woid dahoam, da Woid is schee.«

In diesen Zeilen spiegelt sich ein Bild, das der Münchner Maler Josef Friedrich Lentner bereits um die Mitte des 19. Jahrhunderts von den Waldlern zeichnete. Lentner, der auf Wunsch des Bayerischen Kronprinzen Maximilian die Arbeit an einer »Ethnographie Bayerns« aufgenommen hatte, bezeichnete die Bewohner des Bayerischen Waldes als »eine besondere Menschengattung«, »die am besten nur in Ihre abgelegene Waldwirniß sich verkriecht.«[2] Die Selbstbezeichnung Waldler deutet nicht nur auf die Gefühlswelt der Bewohner der Region gegenüber ihrem Wald hin, sondern ist zugleich Ausdruck eines intimen Verhältnisses beziehungsweise einer engen Identifizierung der Einheimischen mit ihrer Region.[3] Anders als für die Bevölkerung des Bayerischen Waldes wird die Bezeichnung »Waldler« von Außenstehende zuweilen mit Rückständigkeit gleichgesetzt; nicht selten ist sie despektierlich gemeint. Die Waldler hingegen verwenden den Titel, der ja nichts anderes als »Bewohner des Waldes« bedeutet, mit Stolz. Die vermeintlich negativen Auswirkungen des Waldes auf Image, Wirtschaft und Mentalität der Region werden dabei ausgeblendet:[4] Ein Bewohner der Region hat dies

Abb. 1
Gesunder Waldnachwuchs als Lebensgrundlage der »Waldler«: Pflanzkolonie mit Fichtensetzlingen um 1920.

in einem von vielen – im vorliegenden Text anonymisierten – Interviews mit dem Verfasser wie folgt erklärt: »Wir sind der Bayerische Wald, wir sind stolz darauf, wir haben eine Entwicklung hinter uns, die zum Teil massiv ist, aber wir sind halt nicht stehen geblieben.«[5]

Doch wie steht es um das Bild vom Wald? Davon zeugen ab dem Ende des 18. Jahrhunderts diverse Reisebeschreibungen, und um die Mitte des 19. Jahrhunderts außerdem Verwaltungsberichte des Bayerischen Staatsministeriums des Inneren (Physikatsberichte). Die Berichterstatter beschreiben nicht selten die rauen, dunklen und gefährlichen Seiten des Waldes. So liefert der Verwaltungsjurist und Literat Joseph von Hazzi, der zahlreiche Dienstreisen durch Bayern unternahm und dabei seine Eindrücke vom einfachen Leben auf dem Land übermittelte, im Jahr 1805 bei seiner Beschreibung des Landgerichts Zwiesel, das später vielzitierte Bild vom Bayerischen Wald als »Bayerisch Sibirien«:

> Blikt man in dieser Gegend um sich, so glaubt man so ganz in eine sibirische Wüstenei sich versetzt. Der immerwährende Wald und die hohen schwarzen Gebirgsaufthürmungen scheinen hier die Erde zu begrenzen, so wie die kleinen hölzernen Hütten eher einen Aufenthalt wilder Thiere als gesitteter Menschen vermuten lassen: Angst und Beklemmung überfällt den Wanderer, er glaubt in das traurige Reich des Pluto sich verirrt zu haben. Das Klima rau, beinahe unaufhörlich braust der Nordwind, selbst in den heißen Sommermonaten verdrängen noch Schneelagen jeden angenehmen Eindruck des holden Tages.[6]

Die »Entdeckung« des Waldes während des 19. Jahrhunderts ging einher mit einer veränderten und positiven Sicht der Volkskultur durch das sich konstituierende Bürgertum, dessen Werte und Ansichten die Meinungsherrschaft von Adel und Ständen ablösten. In Fortführung Rousseauscher Ideen sprachen Gelehrte wie Jakob Grimm (1785–1863) oder Johann Gottfried von Herder (1744–1803) dem Volk schöpferische Fähigkeiten zu. Volkslieder, Sagen und Märchen galten als Ausdruck eines ursprünglichen Germanentums oder eines Nationalgeistes, in dem sich die Eigenheiten des Volkes in ihrer Ursprünglichkeit widerspiegelten.[7] Nun war es auch das Bürgertum, das das Reisen als Medium der Bildung, Welterfahrung und Zerstreuung entdeckte. Man reise, wie die Volkskundlerin Silke Götsch treffend beschrieben hat, »auf das Land, wo man jene Bilder nationaler Eigentümlichkeit aufsuchte und zu finden glaubte. Die begeisterten Schilderungen von farbenfrohen Bräuchen, pittoresken Trachten und einem festfreudigen Landleben füllen die populären Reisebeschreibungen jener Zeit, werden beliebtes Sujet von Künstlern. Man sah, was man sehen wollte und was der Bestätigung und Verfestigung dieser Klischees diente.«[8]

Einer der frühesten Reiseführer der Region mit dem Titel *Der Bayerische Wald (Böhmerwald)*[9] stammt von Bernhard Grueber und Adalbert Müller und erschien 1846. Darin wird der natürliche und besondere Reiz dieser Waldregion gepriesen, der vor allem darin gesehen wurde, »dass im Ganzen hier noch viel Natürlichkeit herrscht, nicht sehr beeinträchtigt durch Kunst, Politik und Ueberbildung.«[10] Weiter heißt es:

> Die Thäler der Vorberge münden gegen die Donau fast immer eng und schluchtartig aus, und ihre Wände, steil und felsig sind dicht mit Laub- und Nadelholz bewachsen. In der Tiefe rauscht ein munterer Bergbach, der mit rastlosem Fleiße die Räder einsamer Mühlen – und Hammerwerke in Bewegung setzt. […] Der Charakter des Lieblichen und Anmuthigen, die die Landschaft bis da getragen weicht immer mehr dem Ernsten und Rauhen, je näher man […] dem Hauptrücken des Gebirges kommt. Die Thäler werden düster und einsamer, die Felsmassen drängen dichter und kolossaler aus dem Boden hervor, finstere, endlose Wälder umschließen uns von allen Seiten und hemmen den Blick in die Ferne. Mit scheuem Fusse betreten wir diese dichten Forste, deren breitästigen Baumriesen keinen Sonnenstrahl zu uns eindringen lassen, und je weiter wir fortgehen, desto unwegsamer wird der Pfad, desto wilder die Wildniß.[11]

Es folgt eine Beschreibung, die genauso gut die Wälder des heutigen Nationalparks Bayerischer Wald beschreiben könnte:

> […] durch Jahrhunderte über einander geworfene Windbrüche liegen aufgethürmt auf dem sumpfigen Boden, und aus den vermodernden Baumleichen steigt eine zweite Generation empor, kühn, kräftig, hoch, daß das Auge kaum die Wipfel dieser Giganten zu erreichen vermag. Wir sind am Fusse einer der Hauptkuppen des Gebirges in einen Urwald gerathen, wo

die menschliche Hand noch nie gewagt hat, die Natur in ihrem Werke der Vernichtung und des Wiederaufbaus zu stören.[12]

Fast wortgleich wie Mueller und Grüber äußerte sich 1806 Kaspar Graf Sternberg über den Böhmerwald: »[Dort] führet der so genannte Weg [...] durch einen sumpfigen Wald, aus dessen grauenvoller Verwirrung man sich kaum herauszuarbeiten vermag. Durch Jahrhunderte übereinander geworfene Windbrüche liegen aufgetürmt, und auf ihren vermodernden Rücken hebt sich kühn eine zweite Generation empor.« Auch hier klingt im zweiten Absatz des Zitats eine weitere Ebene an: Hoffnung auf einen neuen wilden Wald. Nicht zuletzt deswegen dürfte dieses Zitat von der Nationalparkverwaltung Bayerischer Wald in der Broschüre »Europas Wildes Herz« als Beleg für die Tradition eines sich erneuernden Waldes und damit für die Dynamik in einem vermeintlich toten Wald herangezogen worden sein.

Abb. 2
Werbeprospekt »Die Sommerfrischen des Bayerischen Waldes« um 1910.

Immer wieder finden sich in der Literatur um die Mitte des 19. Jahrhunderts Hinweise auf die letzten Reste einstiger Urwälder, obwohl der Wald in Wirklichkeit längst industriell genutzt wurde. In ihrer volkstümlichen Darstellung des Bayerischen Walds bezeichneten Bernhard Müller und Adalbert von Müller den Bayerischen Wald »mit seinem außerordentlichen Holzreichthume« als die vorzüglichste und nachhaltigste, vielleicht bald die einzige Zufluchtstätte der holzkonsumirenden Industrie in Süddeutschland. In den zugänglichen Theilen des Gebirges hat die Axt schon sehr aufgeräumt.[13]

Einen nicht unerheblichen Beitrag zur Imagebildung leistete der 1883 gegründete Bayerische Wald-Verein, der sich zum Ziel setzte, die Schönheit des Waldes und des einheimischen Lebens zu vermitteln sowie touristisch zu vermarkten und zu erschließen. Der Verein will, in den Worten des Heimatforschers Herbert Pöhnl: »den Wald in seiner Ursprünglichkeit und Schönheit erhalten« und »das Interesse der Jugend an der Tradition fördern« Zu diesem Zweck werden »Aussichtshütten, Schutzhütten [...] gebaut, Karten und Führer aufgelegt. Plakate gedruckt und Referate gehalten. Auf Heimatabenden wird der walderlerische Alltag heroisiert und romantisiert. Speziell die Wälder der Hochlagen begründen den Mythos Wald. Es wird eine Wirklichkeit konstruiert, die nicht nur Städter fasziniert: majestätische, dunkle, endlose Wälder. Kathedralen der Schöpfung.«[14]

Der Wald wird so zum zentralen Element im Heimatempfinden der Bevölkerung erhoben – er erfährt im Bereich der lokalen Identität eine Aufwertung zum konstituierenden Aspekt von ›Heimat‹. Damit findet eine völlige Umkehrung von

Abb. 3
Holzhauerpartie beim Genuss der Tabakpfeife und des beliebten »Schmai« aus dem Schnupftabakglasl, fotografiert vor dem Ersten Weltkrieg.

kultureller Wertigkeit statt. Mag der Wald im Außenblick unter topographischen und kulturellen Aspekten eher mit negativen Konnotationen versehen sein, wird er vom Bayerischen Wald-Verein zum Garanten für Lebensqualität und ›Heimat‹ stilisiert. Die den Bayerischen Wald definierende Abgelegenheit erfährt eine Umdeutung wird ins Positive: zu Ursprünglichkeit, Unkompliziertheit und Idylle.[15]

Mit einem völlig anderen Grundtenor wird dann ab 1918 in der Presse über die Region berichtet. Je nach politischer Ausrichtung der jeweiligen Blätter galt die »Bayerische Ostmark« den eher gemäßigten Stimmen als eine Grenzregion, die Hilfe benötigte; für die rechtsextremen Kräfte wurde sie dagegen zum Symbol für die »Erfüllungspolitik« der Demokraten, die man als »Vaterlandsverräter« abstempelte, da sie im Zuge der Kriegsniederlage und des Versailler Vertrags ein ehemals deutsches Gebiet – den Böhmerwald – an die Tschechoslowakei abgetreten hatten. Die Bilder vom »malerischen Elend« blieben aber in allen Berichten erhalten. Immer und immer wurden die gleichen Stereotypen bedient und wiederholt, die den Wald charakterisierten: Holzreichtum und Totenbretter, Glas und Granit, ursprüngliches Brauchtum und der altbayerische Schnupftabak (genannt »Schmai«) sowie dessen Konsumenten (»Schmalzler«).

Nach 1933 wurde dann eine regelrechte Imagekampagne für die »Ostmark« geführt, die sich in zwei Phasen aufspalten lässt: in den ersten beiden Jahren nach dem Beginn ihrer Herrschaft betonten die Nationalsozialisten Armut und Elend im Bayerischen Wald und kritisierten damit die in ihren Augen erfolglose Politik der Vorgängerregierungen. In der zweiten Hälfte der 1930er Jahre feierten sie die NS-»Notprogramme« und beweihräucherten damit die Erfolge der NS-Politik.

Gerade die nationalsozialistische Führung war darauf bedacht, ein möglichst homogenes Bild des Bayerischen Waldes zu propagieren, das sich mit ihren politischen Prämissen zu decken hatte: Handwerk (»Ostmarkwaren«), Verkehrswege (»Ostmarkstraße«), Tourismus und vor allem »unverfälschtes Brauchtum«

Abb. 4
»Arbeiterschutzhütte i. bayr. Wald (Aufbruch der Holzhauer zur Arbeit)«.

waren die Schlagworte, mit denen die NS-Ideologie in der Region verbreitet wurde. Dafür versorgten die zentralen Stellen die örtlichen Gruppen nicht zuletzt mit einschlägigem Bild- und Propagandamaterial.[16]

Im *Baedeker Reiseführer Süddeutschland* aus dem Jahr 1937 ist über die Region folgendes zu lesen: »Die Bevölkerung lebt großteils von der Holzfällerei und der Weiterverarbeitung des Holzes; bedeutend ist auch die Glasindustrie. Der bayerische Wald wird mehr und mehr dem Verkehr erschlossen, bietet aber noch immer die Vorteile eines verhältnismäßig unberührten und billigen Reisegebiets.«[17] Diese Charakterisierung entsprach dem damals gängigen Bild vom Wald. Auch die Nationalsozialisten machten sie sich in Parteimitteilungen, Denkschriften und Presseartikeln zu eigen, wobei sie freilich die Bayerische Ostmark[18] zur »Urheimat des Germanentums«[19] verklärten, in der »unberührte Bergwälder […] das Bild des germanischen Waldes in seiner ganzen Großartigkeit erstehen ließen«. Volkstrachten waren für die Zeitgenossen keine »Museumsstücke, sondern wirklich sonntägliche Kleidung«;[20] und Volksbräuche und »Sagen aus fernsten Zeiten« galten ihnen nicht als »volkskundliche Forschungsgegenstände, sondern als »unmittelbares Leben«.[21] Die ökonomische Rückständigkeit und der Erhalt alten Brauchtums fungierten hier als Garant und Bewahrer ursprünglichen Volkstums.[22]

Nach dem Ende des Zweiten Weltkriegs waren Genrefilme, die vom Waldidyll erzählten, en vogue. Der Rückzug in die »Heimat« bedeutete für die Nachkriegsgeneration nicht selten eine Flucht vor der Erinnerung an die Gräuel, Verbrechen und die Brutalität des Krieges und der Nazizeit. Die Heimatfilme, die Ende der 1940er Jahre und in den 1950ern in den Kinos liefen, spiegelten eine heile Naturwelt wider, in der der Wald wiederum zum Symbol einer intakten Heimat wurde. »Das Einfache und Vitale lebt in den Bergen und Wälder« erklärt Herbert Pöhnl. »Der Städter besucht den Bayern und Hirten und wird dabei geläutert.

Das personifizierte Gute, Starke und Gerechte ist der Förster.«[23] In Filmen wie *Der Wilderer im Silberwald* aus dem Jahr 1957 rettet der Förster den von Rodung bedrohten Wald und verhindert damit auf einer symbolischen Ebene die Zerstörung der Heimat.

Wer nun glaubt, diese Stereotypen seien nur in historischen Publikationen und antiquierten Heimatfilmen zu finden, irrt: 1998 sendete der Bayerische Rundfunk einen Bericht über den Bayerischen Wald, der malerisch mit einem Schwenk über die Mittelgebirgslandschaft beginnt. Der Sprecher zitiert dabei einen Reisenden des 19. Jahrhunderts, demzufolge »dieses Waldgebirge zu den rauesten Deutschlands« gehört.[24] Und es klingt vertraut, von »unwirtbarer Wildnis aus Fels und Sumpf«[25] zu hören oder von einem »Deutschen Sibirien mit reißenden Tieren und wilden Menschen.«[26] Zwar differenziert der Beitrag und fährt relativierend fort: »Der Bayerische Wald gilt schon lange nicht mehr als abgelegen und unerschlossen. Die neue Zeit macht vor ihm nicht halt.«[27] Doch wie schon im 19. Jahrhundert wird auf den Holzreichtum als das Kapital des Bayerischen Waldes verwiesen. Auch der Aspekt, die Region liege abseits und der Tourismus sei ein neuer wirtschaftlicher Aspekt ist nicht neu. Und immer wieder verweist der Beitrag auf die harten schneereichen Winter, von denen es heißt, sie seien für die Bezeichnung »Bayerisch Sibirien« verantwortlich. Die schwierigen wirtschaftlichen Verhältnisse machten es notwendig, im Nebenverdienst etwa als Holzdrahthobler zu arbeiten, weiß der Sprecher zu berichten. Wie schon in der Literatur des 19. Jahrhunderts thematisiert der Film die Arbeit in den Glashütten und Granitbrüchen der Region. Der Film schließt mit dem Hinweis: »Brauchtum ist im Bayerischen Wald immer noch Teil des täglichen Lebens. Man übt die Bräuche aus Überzeugung aus und nicht als Folklore für die Fremden.«[28] Als einziges Novum hinsichtlich des aufgezeigten Gesamtbilds schildert der Beitrag interessanterweise die Einrichtung des Nationalpark Bayerischer Wald mit seiner ökologischen, kulturellen und wirtschaftlichen Bedeutung für die Region.

Der Nationalpark wurde 1970 nach einigen Jahren kontroverser Diskussionen eröffnet. Naturschützer sahen in ihm die »Krone des Naturschutzes« in Deutschland. Jedoch waren für seine Gründung wirtschaftliche Impulse ausschlaggebend, die man für die Region erhoffte. So stand in den ersten Jahren die Schaffung touristischer Infrastruktur im Vordergrund. Wanderwege wurden eingerichtet, ein Tierfreigelände, umweltpädagogische Einrichtungen und das Besucherzentrum Hans-Eisenmann-Haus.

Am Nationalpark Bayerischer Wald entzündete sich dann ab Mitte der 1990er Jahre eine äußerst intensiv und emotional geführte Debatte um die Identifizierung von Wald mit Heimat. Umstritten war vor allem das Konzept »Natur Natur sein lassen«, welches die natürliche Entwicklung des Waldes ohne Eingriffe des Menschen vorsieht. Teil des Konzeptes war und ist es, Waldschäden, wie Schneebruch, Windwurf oder etwa Borkenkäferbefall als natürliche, zyklisch auftretende Erscheinungen zu verstehen und konsequenterweise nicht zu bekämpfen. Die Folgen waren weitreichende Flächen scheinbar toten Waldes zwischen den Bergen Rachel und Lusen mit einem Höhepunkt Mitte der 1990er Jahre. Die

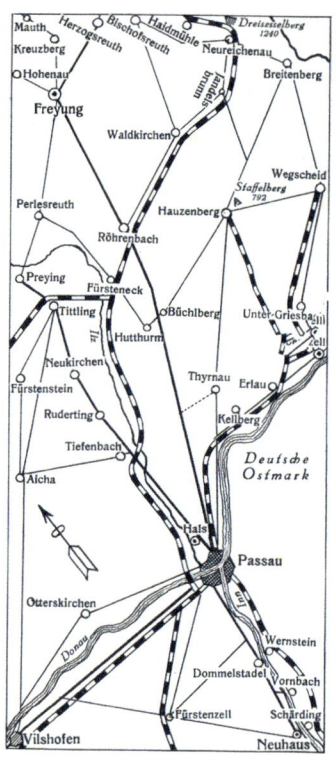

Abb. 5
Werbeprospekt der NS-Organisation »Kraft durch Freude« für die Region Bayerischer Wald als Urlaubsziel, 1938.

waldnah lebende Bevölkerung der Region nahm diese »toten« Flächen vor dem eigenen Erfahrungshorizont eines vermeintlich »gesunden« grünen – vor allem aber wirtschaftlich genutzten – Waldes wahr und befürchtete den Verlust einer traditionsreichen Naturwelt. Die Diskrepanz zwischen den Aussagen von Nationalpark und subjektivem erfahrungsgeleitetem Empfinden über den Soll- und Ist-Zustand des Waldes führte in der Folge zu starken Irritationen. Ein Einwohner äußerte sich zum Beispiel wie folgt: »Krass war es als der Lusen die grauen Säulen bekommen hat. Das hat mir im Herz weh getan. Da bin ich eher zum Saulus geworden. Da bin ich fast zum Gegner geworden.«[29] Trotz vielfältiger Vermittlungsbemühungen seitens der Nationalparkverwaltung wurde daher das Konzept von einem Teil der Bevölkerung nicht akzeptiert. Es formte sich Widerstand, zumal Mitte der 1990er Jahre auch die Erweiterung des Nationalparks in den Landkreis Regen diskutiert und 1997 realisiert wurde. Die zuweilen tiefe Abneigung gegenüber der Nationalparkverwaltung wurde nun offen kommuniziert. Mit diversen Angriffen und Aktionen versuchte man die Verwaltung zu diskreditieren. »Ökofaschismus« warf man ihr vor, ebenso wie »Diktatur« des Naturschutzes.

Drohungen gegen Mitarbeiter des Nationalparks und Attacken auf Fahrzeuge und Gebäude der Nationalparkverwaltung zeigten deutlich, wie sehr die Gemüter der Region von den toten Waldgebieten bewegt wurden. Der Grund für diese extremen Anfeindungen, die bis zur Brandstiftung, Sachbeschädigung und

Nötigung reichten, lag in der Angst der Bevölkerung vor einem Verlust regionaler Identität. Die Rolle des Bayerischen Waldes für das Heimatgefühl ist so bedeutend, dass die Bewohner der Region im sterbenden Wald ihre Heimat verschwinden sahen. Die Arbeit und Intention der Nationalparkverwaltung wurde als Angriff auf das gewohnte Lebensumfeld Wald und damit auf die Heimat interpretiert.[30] So schrieb 1997 der damalige Kreisvorsitzende der Jungen Union, Mario Dumps: »Wer den Borkenkäfer nicht bekämpft, der nimmt dem Menschen seine Heimat«.[31]

Zum 30jährigen Bestehen des Nationalparks warf ein anonymer Briefeschreiber der Verwaltung vor, man habe »den hier wohnenden Menschen ein Stück Heimat und Lebensqualität geraubt.«[32] Und noch 2019 betonte eine Interviewpartnerin mittleren Alters, »dass Waldverlust Heimatverlust bedeutet.«[33] Dabei wird nicht der wilde, ungenutzte Wald mit Heimat gleichgesetzt, sondern der Wirtschaftswald. Im gleichen Jahr äußerte ein Bewohner der Region im Interview sein Entsetzen über den Verlust des Waldes: »So viel schönes Holz, Schreinerholz, Brennmaterial – wir bekommen keines vom Park, aber drüben lassen sie es verrotten.«[34] Ins gleiche Horn stieß im Jahr 2008 Heinrich Geiger, der Vorsitzende der 1995 gegründeten »Bürgerbewegung zum Schutz des Bayerischen Waldes e. V.«. Den Bürgerbewegten, so Geiger, gehe es um Heimat und den gewohnten Anblick, nicht so sehr um Natur. Man liebe die Kulturlandschaft und den Wirtschaftswald. Im Gegensatz zu den Mitarbeitern des Nationalparks bestehe die Bürgerbewegung aus heimatverbundenen Leuten.[35]

Ein Problem bildete für viele überdies, dass die Nationalparkverwaltung als staatliches Organ von den Bewohnern als übermächtig empfunden wurde. Die Bevölkerung fühlte sich nicht ernstgenommen, nicht mitgenommen.[36] »Für manche erweckte es den Anschein, als würde ihnen kolonialistisch von oben eine neue Identität verordnet«, zumal die ersten Leiter des Nationalparks, Hans Bibelriether und Karl Friedrich Sinner, aus Mittel- bzw. Unterfranken stammten und viele der Förster und Verwaltungsbeamte nicht aus der Region stammten und im eigentlichen wie auch im übertragenen Sinne die Sprache der lokalen Bevölkerung nicht sprachen.[37] Der damalige Bürgermeister der Gemeinde Neuschönau machte seinem Unmut Luft: »Diese Bevormundung können wir nicht länger hinnehmen. Das macht uns Waldler richtig krank.«[38]

Aus dem Umstand resultierte eine Art Fatalismus und nicht selten ein zynischer Umgang mit dem Nationalpark und dessen Protagonisten. 1997 schwenkten Demonstranten Schilder mit der Aufschrift »Wir sind das Volk« und stimmten anklagend »Mia san vom Woid dahoam« an. Ein Demonstrant ließ sich auf einem Plakat gar zur Formulierung »Volk ohne Raum« hinreißen.[39] Mit einer derart völkischen Parole suggerierte er, dass die Einheimischen ihren Wald zurückerobern wollten. Es schien, als hätten die Nationalparkgegner *den Wald* und die Heimatliebe für sich gepachtet. Doch zeichnete sich langsam aber stetig ein Stimmungswechsel ab. Zurückblickend lassen sich die Nuller-Jahre als Konsolidierungsphase definieren. Ein umfangreiches Projekte-, Maßnahmen-, Ideen- und Kommunikationspaket der Nationalparkverwaltung läutete den Umschwung ein.

Abb. 6
»Als wollte man potenziellen Besuchern den tatsächlichen Anblick ersparen: Werbeprospekte für das Ferienland am Nationalpark Bayerischer Wald aus den Jahren 1998 und 1999«.

Die Erweiterung des Nationalparks brachte dem Landkreis Regen zunächst eine reich ausgestattete Mitgift, wie etwa den Bau und die Einrichtung des Haus zur Wildnis, des Tierfreigeländes, des Wildniscamps; um nur die Wichtigsten zu nennen. Schon seit den 1980ern entwickelte sich die Umweltbildung im Nationalpark Bayerischer Wald zum Vorbild für vergleichbare Einrichtungen weltweit. Mit neuen Inhalten und Vermittlungsformen gelang es, die *Idee Nationalpark* generationenübergreifend zu kommunizieren. So begann etwa eine neu initiierte Reihe sogenannter Sonderführungen den Besuchern die Natur im Nationalpark emotional, spannend, provozierend und variantenreich zu vermitteln. Sie trugen Titel wie etwa ›Mythos Heimat‹ [!], beschäftigten sich mit ›Nationalpark und Schöpfung‹ oder machten sich ›Auf die Spuren von …‹«[40] Anstelle des von der Nationalparkverwaltung zu lange gepflegten Diskurses um die Katastrophe des toten Waldes trat zunehmend die Präsentation des neu wachsenden, wilden Waldes. In diese neue Stoßrichtung schwenkten zunehmend auch die Verbündeten des Nationalparks ein. Die Tourismusverwaltung des Landkreises Freyung-Grafenau warb zum Beispiel ab 2003 in ihren Prospekten der »Ferienregion Nationalpark Bayerischen Wald« mit der Waldwildnis zwischen Rachel und Lusen um Urlauber.

Lange boten – neben der Galerie Wolfstein in Freyung – die Einrichtungen des Nationalparks als einzige Kunstausstellungen mit den Werken heimischer Künstler. Im Waldgeschichtlichen Museum St. Oswald ergänzten Ausstellungen zu Geschichte und Kultur der Region das Portfolio. Bereits in den 1990er Jahren versuchte die Reihe »Nationalpark und Kunst« einen neuen offen, diskursiven Zugang zur Natur und zum Nationalpark zu ermöglichen. Kunstaktionen, Ausstellungen und Konzerte halfen Denkmuster aufzubrechen, sich zu öffnen das Sehen und Empfinden des Neuen zu ermöglichen. Durch die Anerkennung regio-

Abb. 7
Fünfzig Jahre Inspiration: die Natur des Nationalparks Bayerischer Wald als Vorlage, Motivation und Faszination zahlreicher Künstler, hier im Gemälde *Großfamilie* von Klaus Krosskinsky.

naler Kultur und deren Protagonisten sah sich die Region endlich wertgeschätzt. 2002 fand auf dem Falkenstein die Diskussion »Gipfelgespräch Heimat« statt, an der auch der damalige Leiter des Nationalparks Bayerischer Wald, Karl Friedrich Sinner, teilnahm. *Heimat* blieb dabei zwar im Vagen, doch spiegelten die Beiträge die Bandbreite des Begriffes ab. Es kristallisierte sich heraus, dass der Nationalpark für viele nicht mehr das Problem, wohl aber Bestandteil der regionalen Natur und Identität geworden war.

Und heute? Es scheint als gehören die Waldbilder, die die Zerstörung durch den Borkenkäfer zeigen, mittlerweile wie selbstverständlich zur Ikonographie des Bayerischen Waldes: »Er streckt sich 100 Kilometer in die Länge, bis nach Böhmen«, schrieb Andreas Glas 2019 in der *Süddeutschen Zeitung*: »Es gibt Moore, Schluchten, dazu Hänge voller Baumskelette, totenstarr, Opfer des Borkenkäfers.«[41] Die mittlerweile hohen Akzeptanzwerte des Nationalparks Bayerischer Wald sprechen für sich: in den Jahren von 2007 bis 2018 stieg die Zustimmungsquote um zehn Prozentpunkte auf 86 Prozent.[42]

Alles in allem scheint es, als ob sich je nach Altersgruppe ein Wandel in der Beziehung zur Region, zum Wald herausgebildet hat: »Bei den älteren Leuten«, erklärt eine in der Grenzregion zum Böhmerwald lebende 36jähriger Interviewpartnerin, »ist es so, dass diese sich mit dem Wald identifizieren. Aber bei den jungen ist es nicht mehr so. […] Die wollen in den Städten wohnen, die haben kein Interesse. Die wissen nicht, wie sie die Freizeit verbringen sollen.«[43]

Auf der anderen Seite hat sich der Nationalpark mittlerweile, vor allem für die jüngere Generation, vom Feindbild zum Kristallisationspunkt einer Identifikation mit der Heimat gewandelt. So führt eine Studentin aus: »Ich bin stolz auf ›unseren‹ Park. Selbst in der Uni werde ich drauf angesprochen.« Auf die Frage worauf das zurückzuführen sei, werden neben »dem neu entstehenden Wald« auch das moderne Image des Nationalparks genannt. Der Nationalpark als Imageträger – jung und dynamisch. Und das bei einem Fünfzigjährigen.

Weiterführende Literatur

Baedeker, Karl. *Süddeutschland. Reisehandbuch für Bahn und Auto*. Leipzig 1937.
Bibelriether, Hans. *Natur Natur sein lassen: Die Entstehung des ersten Nationalparks Deutschlands: Der Nationalpark Bayerischer Wald*. Freyung 2017.
Binder, Beate. »Heimat als Begriff der Gegenwartsanalyse? Gefühle der Zugehörigkeit und soziale Imaginationen in der Auseinandersetzung um Einwanderung« in *Zeitschrift für Volkskunde* 1 (2008), 1–18.
Binder, Christian. *Fotografierte Realität? Der Bayerische Wald in Bildern von Hanns Hubmann und Artur Grimm*, unveröffentlichte Magisterarbeit. Regensburg 1999.
Binder, Christian. »Waidlerklischees und nationalsozialistische Propaganda: Der Bayerische Wald in Bildern von Hanns Hubmann und Artur Grimm« in *Lichtung. Ostbayerisches Magazin* (Januar 2000), 10–14.
Eichinger, Jürgen (Regie). *Im Bayerischen Wald*, 1997. DVD.
»Eine Geschichte vom Nationalpark Bayerischer Wald (Teil 1)« *Bürgerbewegung zum Schutz des Bayerischen Waldes*, 2019. Aufgerufen am 16.09.2019, http://bayerwald-schutzverein.de.
Glas, Andreas. »Erlöse uns von dem Bösen« in *Süddeutsche Zeitung* 189, 17./18. Aug. 2019, 11–13.
Grueber, Bernhard und Adalbert Müller (1864). *Der Bayerische Wald (Böhmerwald)*. Regensburg 1976.
Haller, Jörg. »*Wald Heil!*« *Der Bayerische Wald-Verein und die kulturelle Entwicklung der ostbayerischen Grenzregion 1883 bis 1945*, herausgegeben von Konrad Köstlin und Klara Löffler. Grafenau 1995.
Harms, Sören. »Unter allen Wipfeln ist Unruh« in *Brand eins Neuland* 3 (2008), 22–31.
Im Bayerischen Wald, Regie Jürgen Eichinger, 1997. DVD.
Job, Hubert et al. *Akzeptanz der bayerischen Nationalparks*, Würzburger Geographische Arbeiten Band 122. Würzburg 2019.
Keller, Martina. »Zuviel Wald macht zornig« in *Zeit* 33, 11. Aug. 1995, 45.
Kleindorfer-Marx, Bärbel. *Volkskunst als Stil: Entwürfe von Franz Zell für die Chamer Möbelfabrik Schloyerer*. Regensburg 1996.
Lehmann, Albrecht. *Von Menschen und Bäumen: Die Deutschen und Ihr Wald*. Hamburg 1999.
Praxl, Paul. »Vorbemerkungen zum Beitrag ›Zur Volkskunde‹« in *Der Landkreis Freyung-Grafenau*, herausgegeben von Paul Praxl. Freyung 1982, 241–277.
Pöhnl, Herbert, Hg., *Der Halbwilde Wald, Nationalpark Bayerischer Wald: Geschichte und Geschichten*. München 2012.
Schmid, Diethard. »Vom Nordgau zu Ostbayern: Zum Gebrauch der Namen für die östliche Landesteile Bayerns« in *Ostbayern: Ein Begriff in der Diskussion*, herausgegeben von Helmut Groschwitz. Regensburg 2008, 13–26.
Trampler, Kurt, *Bayerische Ostmark: Aufbau eines deutschen Grenzlandes*. München 1935.
Trampler, Kurt. »Wanderungen in der Ostmark« in *Das Bayerland* 45 (1934), 183–208.
Trummer, Manuel und Christian Binder. »Heimat Hinter(m)wald? Charakterbilder aus Bayerisch Sibirien« in *Der Halbwilde Wald, Nationalpark Bayerischer Wald: Geschichte und Geschichten*, herausgegeben von Herbert Pöhnl. München 2012, DVD.
von Hazzi, Joseph. *Statistische Aufschlüsse über das Herzogthum Baiern, aus ächten Quellen geschöpft: Ein Beitrag zur Länder- und Menschenkunde*. München 1805.

Käferkämpfe
Borkenkäfer und Landschaftskonflikte im Nationalpark Bayerischer Wald[1]

Martin Müller und Nadja Imhof

> *Über dem gewohnten dichten Waldgrün der unteren Hänge tut sich eine seltsame Zahnstocherlandschaft auf. Als hätte ein Waldbrand gewütet – nur, dass die toten Bäume nicht verkohlt, sondern als helle, rindenlose Gerippe kläglich in den Himmel starren.*[2]

Mit der Zunahme der globalen Erwärmung und den natürlichen Störungen in Wäldern haben sich Landschaftsbilder weltweit verändert. Überdurchschnittliche saisonale Temperaturen, Trockenheit und extreme Wetterereignisse haben Intensität, Häufigkeit und Ausmaß von Waldbränden, Insektenepidemien und Windwürfen verstärkt. Borkenkäfer, quasi die Urheber der oben beschriebenen Waldlandschaft, haben sich in den gemäßigten und borealen Nadelwäldern Nordamerikas und Mitteleuropas stark ausgebreitet. In British Columbia, Kanada, erreichte die Epidemie des Bergkiefernkäfers im Jahr 2011 ein kumulatives Ausbruchgebiet von mehr als 175 000 Quadratkilometer.

Im Gefolge der zunehmenden Häufigkeit und dem Ausmaß natürlicher Störungen, insbesondere von Waldbränden und Insektenepidemien, gibt es eine zunehmende Zahl von Studien, die sich mit deren sozialen Dimensionen befassen. Forschungsarbeiten haben Aspekte wie die Wahrnehmung und soziale Konstruktion natürlicher Störungen untersucht: die Einstellung der Menschen und die öffentliche Unterstützung von Managementstrategien, die Verletzlichkeit von betroffenen Gemeinden und Regionen und Zusammenhalt und Konflikt. Auch die Wahrnehmung der Besucher und deren Bevorzugung bestimmter Managementstrategien in Naturschutzgebieten sind Gegenstand einiger Studien.[3]

Was jedoch bisher wenig Beachtung fand, ist die symbolische Dimension der natürlichen Störung und deren Auswirkungen auf die Gemeinschaft.[4] Wie der Deggendorfer Journalist Kollböck schreibt: »Der Borkenkäfer frisst nicht nur Bäume auf, er frisst Seele auf«.[5] Die Umwelt ist ein »symbolisches Spiegelbild dessen, wie Menschen sich selbst definieren und […] Veränderungen in der Umwelt können diese kulturellen Ausdrucksformen herausfordern und erfordern eine Neuverhandlung ihrer Bedeutung«.[6]

Die Gradation des Borkenkäfers, die den Nationalpark Bayerischer Wald und die angrenzenden Gemeinden seit Anfang der 1990er Jahre prägt und zu weitläufigen Totholzflächen von einer Grösse von über 8 000 Hektar geführt hat, ist ein einschlägiges Beispiel für die Neuverhandlung der Bedeutung von Landschaft. Die Kontroversen und Konflikte infolge der Epidemie zeigen darüber hinaus, wie es gelang – trotz tiefer sozialer Risse – einen politisch und gesellschaftlich akzeptablen Umgang in einer Krise zu finden, die durch natürliche Störungen und die Veränderung der Waldlandschaft ausgelöst wurde. Konkret kam es im Bayerischen Wald zu einer öffentlichen Diskussion zwischen jenen, die behaupten, dass der Borkenkäfer eine karge, verlassene Brache aus Totholz produziert und somit die Heimat zerstört, und denen, die ihn als einen natürlichen Prozess der Waldverjüngung in einer neu entstehenden Wildnis sehen.

Die Bedeutung der Landschaft

In diesem Kapitel gehen wir davon aus, dass Landschaften – und damit auch die Waldlandschaften des Bayerischen Waldes – mehr als nur Orte sind. Landschaften sind auch Bedeutungsträger: Die Bilder, die wir uns von Landschaften machen, spiegeln dementsprechend Ideen und Werte wider. Die visuelle Dimenson und die Symbolik von Landschaften sind zugleich Ausdruck des Selbstverständnisses der Menschen. Wie wir eine Landschaft verstehen, macht ein Stück unserer Identität aus: es zeigt, wer wir sind und wo wir hingehören.[7]

Wälder spielen eine zentrale Rolle bei der Gestaltung einer Landschaft – durch ihre Präsenz, durch ihre Zusammensetzung (Plantage oder Naturwald, Alters- und Artenstruktur) oder aber durch ihr Verschwinden. Der US-amerikanische Geograph Michael Williams behauptet: »Abgesehen von der Schaffung von Städten, war die Abholzung der Wälder vermutlich der größte Einzelfaktor in der Entwicklung der amerikanischen Landschaft«.[8] Über Jahrhunderte hinweg haben sich ästhetische Konventionen herausgebildet, wie Wälder aussehen sollen. Versuche der Wiederherstellung und Aufforstung von Waldlandschaften spiegeln das Anliegen wider, nicht nur Bäume zu pflanzen, sondern auch die Komposition eines visuellen Erscheinungsbildes. Die Landschaft eines Kiefernwaldes ist nicht gleich der eines Fichtenwaldes und die eines altgewachsenen Primärwaldes ist nicht gleich der eines nachwachsenden Sekundärwaldes.

Waldlandschaften sind mit ihrer reichen kulturellen Bedeutung tief in den Gemeinschaften verwurzelt und dienen als Schlüsselelemente der Identitätsbildung. Menschen identifizieren sich mit dem visuellen Erscheinungsbild einer Landschaft, die ein geteiltes Gefühl von Ortsgebundenheit und Zugehörigkeit schafft. Es ist daher nicht verwunderlich, dass natürliche Störungen, die dichte, grüne Wälder in Totholzlandschaften verwandeln, tiefgreifende soziale Auswirkungen haben müssen. Die Auswirkungen dieses Landschaftswandels sind jedoch kaum vorhersehbar. Denn wenn wir Landschaft als kulturelles Erscheinungsbild verstehen, müssen wir anerkennen, dass ihr keine gegebene oder natürliche

Bedeutung zukommt. Vielmehr variiert die Bedeutung derselben Landschaft je nachdem, wer sie betrachtet, und so kann sie Gegenstand erheblicher Auseinandersetzungen werden.[9]

Wald und regionale Identität im Bayerischen Wald

Die jahrhundertelange Abhängigkeit von Wald und Waldbesitz hat eine enge Verbindung zwischen den Menschen und den Wäldern im Bayerischen Wald hergestellt und der Wald ist zu einem zentralen Identitätsmerkmal geworden.[10] Die Einheimischen nennen sich ›Waidler‹ und sind stolz darauf, Nachfahren einer Linie von Holzarbeitern zu sein; eine Abstammung, die sie oft bis ins 19. Jahrhundert zurückverfolgen können. In der Verwaltungseinheit für Regional- und Landesplanung heißt die Region einfach Donau-Wald und bezieht sich auf die beiden vielleicht charakteristischsten Elemente der Landschaft: die Donau und den Wald. Der Bayerische Wald braucht die Kennzeichnung ›Bayerisch‹ nicht – wenn man von *dem* »Wald« spricht, ist es fast immer der Bayerische Wald.

Seit Ende des 19. Jahrhunderts pflegt auch der Staat den Regionalpatriotismus im Bayerischen Wald und stärkt damit die Bindung zwischen Mensch und Wald. Er trug dazu bei, das Bild des bescheidenen Waidlers, der den Wald pflegt und seinem Land treu ist, zu schaffen und zu verfestigen.[11] Der Wald ist also Heimat. Das lokale Volkslied ›Mia san vom Woid dahoam‹ (Unser Zuhause ist der Wald) verbindet die emotionale Vorstellung von Heimat mit der Schönheit des Waldes:

> Und unser Haiserl des, konn uns koa Wind verwahn,
> weil mia des Schindldoch mit lauter Stoa eischwarn
> und 's Haiserl steht im Woid, a Steigerl muaßt naufgeh,
> mia san vom Woid dahoam, da Woid is schee.

Die Waldlandschaft mit dem Häuschen und dem Weg dorthin ist ein Symbol der Heimatidentität. Die Seele der Heimat ist der Wald – der Wald wird zur Waldheimat. Ohne ein Bewusstsein für diese Bedeutung des Waldes für die lokale Bevölkerung ist der politische Konflikt, der durch die Landschaftsveränderungen infolge des Borkenkäferbefalls entsteht, kaum zu verstehen.

Veränderte Strategien des Borkenkäfermanagements im Nationalpark Bayerischer Wald

Die Borkenkäfermassenvermehrung im Bayerischen Wald hat die Landschaft der Waldheimat seit Anfang der 1990er Jahre verändert und ist eng mit der Entstehung des Nationalparks Bayerischer Wald verbunden. Als er 1970 gegründet wurde, galt menschliche Intervention als unerlässlich, um den Übergang von einem kommerziell bewirtschafteten zu einem naturnahen Wald sicherzustellen.

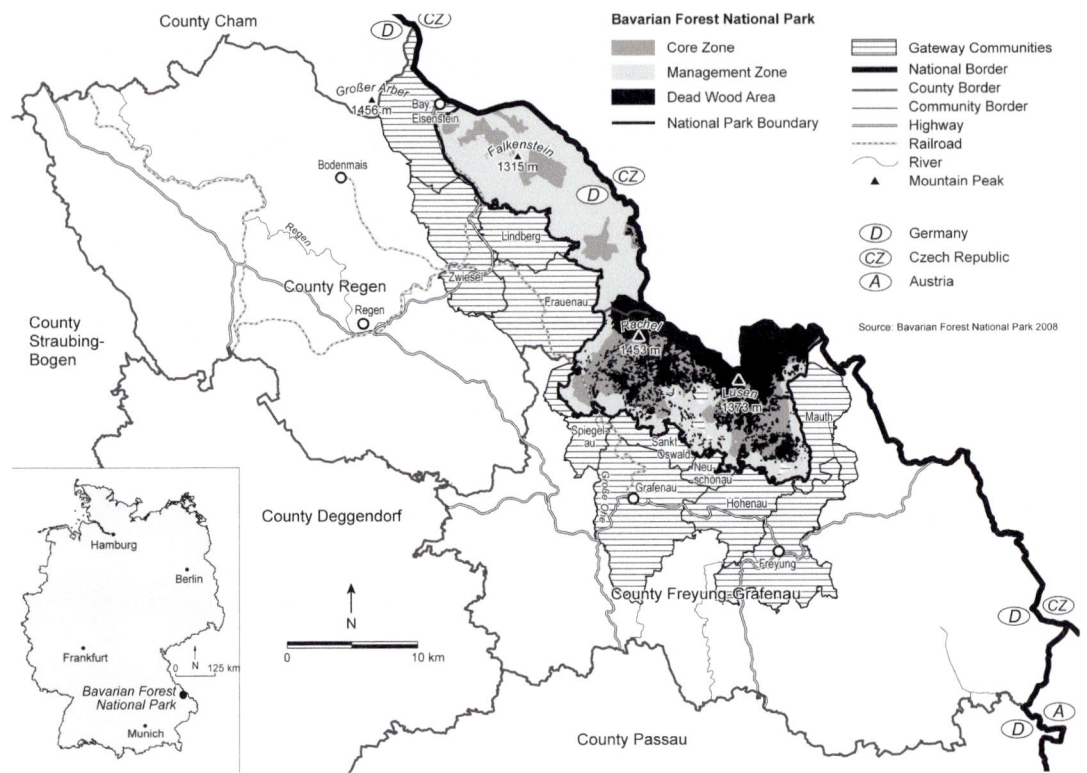

Abb. 1
Lage, Zonierung und Totholzgebiete im Nationalpark Bayerischer Wald. Das Rachel-Lusen-Gebiet bildet den Kern der Naturzone, das Falkenstein-Rachel-Gebiet wird als Erweiterungsgebiet bis 2027 sukzessiv in Naturzone umgewidmet.

Dazu gehörte auch die ästhetische Bewirtschaftung, um einen Wald zu schaffen, der im Einklang mit dem lokalen Klima und der Landschaft steht. Eines der erklärten Ziele war die Erhaltung der großflächigen Überdachung der Bergfichtenwälder für zukünftige Generationen.

Nach den großen Windwurfereignissen in den Jahren 1983 und 1984 verabschiedete das Parkmanagement jedoch eine neue Schutzpolitik, die einen völligen Verzicht auf Eingriffe in die Naturzone des Parks forderte. Der damalige Leiter des Nationalparks Bayerischer Wald begründete diesen Beschluss als einen wesentlichen Schritt zur Erfüllung der Ziele der ökologischen Integrität:

> [Vom Windwurf geknickte Bäume] sind Bestandteil einer natürlichen Waldentwicklung, zu der unverzichtbar auch totes Holz […] gehört. Ohne sie ist ein natürlicher Lebenszyklus von Wäldern nicht möglich. Naturbelassene Wälder oder Urwälder sind ständig in einer dynamischen Entwicklung. […] Diese dynamischen ökologischen Prozesse zu schützen, ist Ziel von Nationalparken.[12]

Dieser Moment markierte den Wandel von einem Bestandsschutzkonzept in den 1970er Jahren zu einem Prozessschutz. Während der Borkenkäfer noch durch regelmäßige Kontrolle der Bestände und sofortige Entfernung der befallenen Bäume in der Managementzone kontrolliert wird, wurde »Natur Natur sein lassen« zum Motto für die Naturzone. Als Folge der neuen Politik wurde das Windwurfholz nicht aus dem Wald entfernt, und die umgefallenen Bäume bildeten einen günstigen Brutplatz für den Fichtenborkenkäfer. Überdurchschnittlich hohe saisonale Temperaturen und eine Reihe von schweren Windwurfereignissen ermöglichten die Ausbreitung des Borkenkäfers in den 1990er und 2000er Jahren und führten schließlich zu seiner massiven Vermehrung, von der mehr als 7 000 Hektar Wald betroffen wurden – mehr als ein Viertel der Gesamtfläche des Parks von 24 250 Hektar. Dieser Ausbruch im Nationalpark Bayerischer Wald markiert den ersten großflächigen Befall eines geschützten Waldes in Mitteleuropa. Die sozialen Auswirkungen der Störung sind besonders ausgeprägt aufgrund der Tatsache, dass mehr als 150 000 Menschen in einem Umkreis von dreißig Kilometern um den Park leben. Fast ein Drittel von Ihnen sind Bewohner der unmittelbar an den Park angrenzenden Gemeinden. (Abb. 1)

Die Politik von Landschaft

Tote Wälder und fremder Einfluss

Die durch die Borkenkäfermassenvermehrung hervorgerufene einschneidende Veränderung des Landschaftsbildes war der Brennpunkt, um den sich der politische Konflikt um ein angemessenes Landschaftsmanagement entwickelte. Das ungewöhnliche Erscheinungsbild der nach der Störung entstandenen Landschaft löste bei den Bewohnern des Bayerischen Waldes große Emotionen und Ablehnung aus. Die neue Landschaft wurde als »Waldwüste« oder »Waldfriedhof« bezeichnet – ein sehr eindrucksvolles Bild, das sich vom dichten Grün der Fichtenwälder abhebt. Zeitungen und Nachrichtenagenturen griffen die Geschichte auf und schrieben von einer Landschaft, die einem »Wald der Ruinen«[13] ähnelte, wo »über Kilometer […] die Gerippe von toten Bergfichten in den Himmel [ragen]«[14]. Gerade die lokalen Tageszeitungen spielten ein wichtige Rolle in der Bildung von Meinungen und dem Anheizen von kontroversen Debatten.[15] Die Landschaft nach der Störung wird als karges, lebloses Grasland charakterisiert, das keine Ähnlichkeit mit den majestätischen Wäldern der Vergangenheit hat. Die Erscheinung des Waldes erinnert an die Bilder eines massiven Waldsterbens durch sauren Regen, die in den frühen 1980er Jahren in den deutschen Medien präsent waren und den bevorstehenden Tod des Waldes ankündigten.

Es sind die drei Berggipfel des Nationalparks – Lusen, Rachel und Falkenstein – die zu Wahrzeichen konkurrierender Landschaftsvisionen geworden sind: Während Lusen und Rachel in der Naturzone liegen, wo keine Eingriffe erlaubt sind, befindet sich der Falkenstein im Erweiterungsgebiet, wo der Borkenkäfer auf großen Flächen immer noch bekämpft wird. Die Naturzone sollte seit 1997 auf den Falkenstein ausgedehnt werden, die Parkverwaltung stieß aber auf derart heftigen lokalen Widerstand, dass eine Umwandlung des Erweiterungsgebietes in Naturzone bis 2027 nur schrittweise bis auf 75 Prozent der Gesamtfläche erfolgt.

Die Bevölkerung befürchtete, dass die Wälder um den Falkenstein im Falle einer Umwandlung das gleiche Schicksal erleiden würden wie die Wälder der Naturzone. Eine Bürgerbewegung bildet sich, um sich gegen die so genannten »Waldvernichtungszonen« zu versammeln. Der Begriff »Waldvernichtung« impliziert eine Intentionalität, die oft externen Interessen zugeschrieben wird, die Vorrang vor den Anliegen der lokalen Bevölkerung haben.

> Landfremde Interessen haben von unseren Wäldern Besitz ergriffen und ruinieren sie unwiederbringlich. Wenn der ganze Wald aussieht wie das Fell eines räudigen Hundes, verschwinden sie wieder.[16]

Die unterschiedliche Wahrnehmung der Landschaft durch die Landesbehörden in München aus der Ferne im Vergleich zur lokalen Bevölkerung ist ein immer wiederkehrendes Leitmotiv. Diese Dichotomie von Nähe und Distanz wird von einer Reihe anderer konstruierter Gegensätze begleitet: die Kluft zwischen städtischen und ländlichen Gebieten, wodurch sich die Landbevölkerung als »Bürger zweiter Klasse« fühlt, die von den städtischen Zentren aus regiert werden, ohne ein Mitspracherecht zu haben; die Kluft zwischen vermeintlich einfachen, ehrlichen Menschen, wie Holzarbeitern, und den Bürokraten und Wissenschaftlern im Nationalpark und im Ministerium, die als zu weit von der lokalen Situation entfernt angesehen werden, um die richtigen Entscheidungen zu treffen:

> Jeder Holzfäller wusste, dass der Käfer mehrere Kilometer fliegen kann, [aber die Wissenschaft will es besser wissen][17]

Implizit wird in dieser Aussage (hier durch unseren Zusatz in eckigen Klammern verdeutlicht) auch die alleinige Deutungshoheit von wissenschaftlichem Wissen angezweifelt. Dieses Wissen wird vor allem der Nationalparkverwaltung zugeschrieben, die über eine eigene wissenschaftliche Abteilung verfügt und den Borkenkäfer intensiv vor allem aus ökologischer Perspektive erforscht. Diese Forschung bezieht ihre Legitimität aus wissenschaftlichen Methoden und Vergleichen mit ähnlichen Vorgängen an anderen Orten weltweit, wohingegen das Alltagswissen der Holzfäller sich über die lange Verbundenheit mit dem Wald und die alltägliche Erfahrung und Interaktion rechtfertigt. Die Argumentationslogiken der Wissensproduktion sind also konträr: hier das subjektive, emotional gelebte und lokal verankerte Erfahrungswissen; dort der scheinbar objektive Anspruch allgemeingültigen Wissens, das sich gerade über den Vergleich mit anderen Orten legitimiert.

Die Landschaft nach der Störung wird so zum Symbol für politische Konflikte zwischen lokaler Bevölkerung und lokalem Wissen auf der einen Seite und distanzierter Behördenlogik und (scheinbarer) wissenschaftlicher Objektivität auf der anderen. Die Baumskelette spiegeln die einseitige Aktion der Nationalparkverwaltung in den frühen 1980er Jahren wider auf die Abholzung in der Naturzone zu verzichten, sowie die empfundene Geringschätzung der Menschen ›in der Provinz‹. Für einen Großteil der lokalen Bevölkerung ist die Landschaft nach der

Abb. 2
Das Gebiet zwischen dem Lusen (Vordergrund rechts) und dem Rachel (Hintergrund links) im Nationalpark Bayerischer Wald ist am stärksten vom Borkenkäfer betroffen.

Störung ein Symbol des Ausschlusses von der Bewirtschaftung des Waldes: Sie steht für eine (Miss-)Bewirtschaftung aus der Ferne, die die malerische Schönheit der Landschaft ruiniert hat (Abb. 2). Es ist eine Enteignung, eine »Schändung unserer Landschaft«,[18] die die lokale Bevölkerung von der Landschaft entfremdet. Die weiten Flächen voller Totholz stellen keine Landschaft mehr dar, mit der sich die Menschen identifizieren können. Es ist eine Landschaft des fremden Einflusses.

Die Borkenkäferbedrohung und die Zerstörung der Heimat

Der Gegensatz von Distanz und Nähe, von Wissenschaftlern, Bürokraten und Anwohnern manifestiert sich auch in der Aussage, die Akteure aus der Ferne nicht können nicht erkennen, dass »der Wald nicht nur Wirtschaft, sondern auch Seele ist«.[19] Die Borkenkäfermassenvermehrung gefährde nicht nur den ästhetischen Wert der Landschaft, sondern stelle auch einen Angriff auf die innerste Grundlage des Selbstverständnisses der Menschen, auf ihrer Heimat, dar, so die Wahrnehmung. Die Totholzwüste sei nicht die Waldheimat des Volkes. Der Bayerische Wald gilt heute demnach als verunstaltete, entweihte Landschaft, die keine Ähnlichkeit zu dem hat, was einst Heimat war, und kein Zugehörigkeitsgefühl vermittelt. Der chaotische, ungepflegte Wald verspottet die Bemühungen der Menschen über Jahrhunderte hinweg, die Wälder zu domestizieren und ihren Lebensunterhalt mit ihnen zu verdienen. Zu sehen, wie der Wald stirbt, verur-

Abb. 3
Broschüre als Teil der Kampagne der Bürgerbewegung zur Bekämpfung des Borkenkäfers

sacht starke Schmerzen und Leiden. Es sei »ein Verbrechen an unserer Heimat, wenn man über vier Quadratkilometer Totoholz sieht. [...] Wut, Ärger und zugleich Angst überwältigen einen.«[20]

Diese Emotionalität ist gelegentlich zu physischem und verbalem Missbrauch eskaliert,[21] hat sich aber auch in literarische und musikalische Produktionen übersetzt, die sich mit der Zerstörung von Heimat beschäftigen. Menschen haben Gedichte, Lieder und Bücher[22] über den Borkenkäfer geschrieben, die von ihrer Wut gegen das Insekt und den unangemessenen Umgang mit dem Wald im Nationalpark erzählen.

Mit dem Wandel der Landschaft wird der Borkenkäfer zur Bedrohung für Heimat und Menschen. Die Bürgerbewegung zum Schutz des Bayerischen Waldes e. V. greift in ihrer Kampagne zur Bekämpfung des Borkenkäfers auf diese emotionale Dimension der toten Wälder zurück. In einer Broschüre wird die gegenwärtige Waldbehandlung mit der Zerstörung von Heimat gleichgesetzt und die Menschen werden aufgefordert, sich dem Protest zum Schutz der Heimat anzuschließen. Eine Seite der Broschüre (Abb. 3) zeigt die Kapelle in der Nähe des Rachelgipfels vor und nach der Borkenkäfermassenvermehrung. Die Symbolik der Kapelle als Teil der Waldlandschaft kommt nicht von ungefähr: Das ist nicht das, was Gott wollte, oder wie ein Mitglied des Bayerischen Landtags bei einem Besuch im Bayerischen Wald sagte: »Es ist eine Sünde, Gottes Schöpfung so zu behandeln.«[23]

So wird ein natürlicher Prozess, *qua* Landschaft, so eng mit tiefsitzenden emotionalen Verankerungen lokaler Identität verwoben, dass bestimmte Managementpolitiken von Borkenkäfern zu einem größeren politischen Streit über den Angriff auf die Heimat führen. Indem sie die Borkenkäferbewirtschaftung zur Überlebensfrage von Heimat gemacht hat, ist es der Bürgerbewegung gelungen, lokale Unterstützung für ihre Sache zu gewinnen. Im ausgehenden 20. Jahrhundert war mehr als die Hälfte der Bevölkerung des Gebietes gegen »Natur Natur sein lassen« als Managementstrategie – erst in neuerer Zeit hat das Konzpt des »wilden Waldes« in der Region höhere Akzeptanz gefunden.[24] Jedenfalls hatten die Ressentiments gegenüber der Nationalparkpolitik zur Stärkung der Bürgerbewegung geholfen: Schließlich haben sie zu einem Vetorecht der lokalen Bürgermeister bei Entscheidungen zur Erweiterung der Naturzone geführt. Die Gemeinden haben erheblichen Einfluss auf das Parkmanagement gewonnen und konnten die Nationalparkverwaltung zunächst dazu bewegen, den Borkenkäfer in einem Großteil des nördlichen Erweiterungsgebietes viel länger als ursprünglich geplant, zu bekämpfen.

Echte Natur: eine neue Wildnis

Es gibt aber auch Versuche, die Landschaft nach dem Käfer mit einer neuen, positiveren Bedeutung zu belegen. Diese sind um den Begriff von »Waldwildnis« geronnen. Das Nationalparkmanagement hat sich dieses Konzept in seiner Kommunikation mit Besuchern und zivilgesellschaftlichen Gruppen als eine alternative Interpretation der neuen Landschaft zu eigen gemacht; nicht zuletzt auch zu Vermarktungszwecken, da Besucher und Touristen eine wichtige Einkommensquelle für die Region sind.[25] Dabei wird der Bayerische Wald als Ort einer einzigartigen Walddynamik zwischen Atlantik und Ural präsentiert.

Auf den ersten Blick scheint Waldwildnis eine Landschaft zu bezeichnen, in der die Natur von der Kultur getrennt ist und ohne menschliches Zutun regieren darf. Die Bindung zwischen dem Waidler und seinem Wald ist aufgelöst. Die Menschen sind nur noch Besucher dieser Landschaft, keine aktiven Mitgestalter. Doch die Landschaft von Waldwildnis ist nicht weniger reich an kultureller Bedeutung als die von Waldheimat. Karl Friedrich Sinner, der ab 1988 die Leitung des Nationalparks Bayerischer Wald übernahm, schrieb in einer Publikation im Jahr 2010:

> Heute, 15 Jahre nach dem Beginn des Umbaus in den Nationalparkwäldern durch den Borkenkäfer, zeigen diese [...] ein neues Bild von *Wildnis* mit der ganzen Vielfalt an Formen, Farben, Strukturen, Gerüchen und Lebewesen, die zum Wald gehören. *Wildnis* entwickelt eine nie dagewesene Anziehungskraft für alle, die Natur in ihrer Ursprünglichkeit erfahren wollen.[26]

Chaotische Wildnis mutiert hier zum alternativen Entwurf einer körperlich erfahrenen und erlebten Wildnis. Die Wildnis, in der natürliche Störungen als Bedrohung für Heimat wirken, wird zu einer Wildnis, in der natürliche Störungen die menschliche Erfahrung bereichern, umkodiert. Der Borkenkäfer ist kein zu bekämpfender Forstschädling mehr, sondern ein Schöpfer neuer Wälder, der den Menschen etwas von der Authentizität der Natur erahnen lässt. Die neue Landschaft wird zur Projektionsfläche für unerfüllte menschliche Wünsche und ein neues Naturverständnis. Die Befürworter des Waltenlassens des Borkenkäfers betrachten die Landschaft nach der Störung oft als Gegenstück zur modernen Welt: » wir Menschen in unserer hoch technisierten und komplizierten globalisierten Welt [brauchen] wenigstens einen Teil der Natur in ihrer ursprünglichen Form, damit uns der Sinn des Lebens nicht verloren geht,« hieß es in einem Leserbrief im lokalen *Grafenauer Anzeiger*.[27]

Waldwildnis verkörpert einen vermeintlich authentischen Wald, eine Flucht aus den Fesseln der Zivilisation, die den Menschen zumindest vorübergehend in einen ursprünglichen Zustand der Einheit mit einer vermeintlich authentischen Natur zurückführt – nicht einer Natur, die er nach ästhetischen Idealen gestaltet hat. Die Idee der Wildnis gibt der neuen Landschaft im Bayerischen Wald eine andere Bedeutung, sodass sie schließlich zu einer Landschaft wird, mit der man sich identifizieren kann, auch wenn sie in ihrem Erscheinungsbild so auffällig anders aussieht. Die Befürworter der Waldwildnis argumentieren dazu, dass das ästhetische Ideal eines Waldes überdacht werden muss. Der Ethologe und Ornithologe Wolfang Scherzinger formuliert in seinem Buch über die »Wilde Waldnatur« des Bayerischen Waldes:

> Damit wir auch eine Versammlung aus greisen Baumgerippen – kränkelnd hohl, anbrüchig und morsch – eine chaotische Wirrnis aus gestürzten Stämmen, einen unwegsamen Verhau aus morschem Lagerholz, einen trügerisch nachgebenden Waldboden aus Moos und Moder, als Merkmale eines natürlichen Waldbildes akzeptieren und als schön empfinden können![28]

Die Neueinschreibung der Landschaft nach dem Borkenkäfer, gewissermaßen als kulturelle Wildnis, verleiht ihr nicht nur einen neuen symbolischen Wert, sondern ist auch ein hochpolitisches Projekt. Die kulturelle Bedeutung der Wildnis als wahre Natur ist mit der Idee der ökologischen Integrität und dem entsprechenden Rezept für die Landbewirtschaftung des »Natur Natur sein lassen« verbunden.[29] Waldwildnis als wünschenswerte, bedeutungsreiche Landschaft ist an die Umwandlung zusätzlicher Naturzonen mit ökologischer Integrität gebunden, in denen der Borkenkäfer nicht bekämpft wird. Gemeinsam mit der Parkverwaltung haben sich mehrere zivilgesellschaftliche Organisationen dafür eingesetzt, die Idee von Waldwildnis und dem Bayerischen Wald als wildes Herz Europas als alternative Landschaftsvision zum ›grünen Dach Europas‹ zu fördern. Als Teil dieser Idee wird das Flächenmanagement im Nationalpark dazu ermutigt, die Kriterien eines Wildnisgebietes gemäß der Vorgaben der Weltnaturschutzunion (International Union for Conservation of Nature IUCN-Kategorie Ib) einzuhalten. Dies würde ein stärkeres Bekenntnis zu ökologischer Integrität und natürlichen Prozessen und eine Herabstufung der Bedeutung von Erholung bedeuten.

Doch während diese neue Landschaft erfolgreich an die Besucher vermarktet wird, bleiben die Anwohner weitgehend skeptisch. Das erhaltende, stabile Verständnis der grünen Waldlandschaft als Heimat wird oft als unvereinbar mit der Integrität natürlicher Prozesse gesehen – Prozesse, die eine umfassende Umgestaltung des Erscheinungsbildes von Landschaften mit sich bringen.

> Ich sehe beim besten Willen keinen Weg zu einem Kompromiss: entweder will man den heimatlichen Wald oder den Wildniswald des NPs. Entweder will man die Jungfrau oder die Schwangere. Ein bisschen schwanger geht nicht.[30]

Coda

Das Beispiel des Landschaftswandels im Bayerischen Wald zeigt, dass natürliche Störungen Auswirkungen auf kultureller, politischer, ökologischer und wirtschaftlicher Ebene mit sich bringen können. Die Entscheidung für die eine oder andere Strategie des Umgangs mit natürlichen Störungen ist eine politische Entscheidung, bei der es aus gesellschaftlicher Sicht kein richtig oder falsch gibt. Aus diesem Grund muss die Umsetzung einer Managementstrategie, die ökologische, wirtschaftliche und soziale Aspekte integriert, auch auf einem Verständnis der kulturellen Bedeutung von Landschaft beruhen. Diese kulturelle Bedeutung variiert von Ort zu Ort und verdeutlicht, wie wichtig es ist, den lokalen Kontext ernst zu nehmen.

Bei den Borkenkäferepidemien im Nationalpark ist sicher zu berücksichtigen, dass niemand in den 1980er Jahren den Umfang und die Auswirkungen der Störungen vorhersagen konnte, die in den 1990er Jahren weite Teile des südlichen Nationalparks erfassen würden. Diese wissenschaftliche Unsicherheit führte zu einer wenig koordinierten Kommunikation, die mehr reagierte als antizipierte und viele Bürger vor den Kopf stieß. Sicher unterschätzte die Nationalparkverwaltung auch die Notwendigkeit partizipativer Handlungsansätze zu erarbeiten und die emotionale Bindung der Bewohner an den Wald ernst zu nehmen. Die aus der emotionalen Betroffenheit der Bewohner resultierende soziale Unzufriedheit resultierte schließlich in einem politischen Widerstand, der auf Eindämmung der Borkenkäferepidemie drängte.

Zwar ist es nicht immer möglich, einen Kompromiss zu finden, der allen Anforderungen gerecht wird, aber die Umsetzung einer Naturschutzstrategie, die den vorherrschenden Vorstellungen von Landschaften zuwiderläuft, wird zwangsläufig das Potenzial für tiefgreifende politische Konflikte schaffen. In dem Maß wie das Zulassen oder Nachahmen natürlicher Störungen zunehmend zu einem Managementmodell für Schutzgebiete unter dem Paradigma des Prozessschutzes wird, müssen auch die kulturellen und emotionalen Dimensionen von Natur und Landschaft Berücksichtigung finden.

Weiterführende Literatur

Berlinger, Joseph. *Grenzgänge: Streifzüge durch den Bayerischen Wald.* Passau 1994.
Kangler, Gisela. *Der Diskurs um »Wildnis«: Von mythischen Wäldern, malerischen Orten und dynamischer Natur.* Bielefeld 2018.
Matless, David. *Landscape and Englishness.* London 1998.
Müller, Martin und Hubert Job. »Managing Natural Disturbance in Protected Areas: Tourists' Attitude towards the Bark Beetle in a German National Park« in *Biological Conservation* 142, 2 (2009), 375–83. https://doi.org/10.1016/j.biocon.2008.10.037.
Sinner, Karl Friedrich. *Grenzenlose Waldwildnis: Nationalpark Bayerischer Wald.* Grafenau 2010.
Williams, Michael. *Americans and Their Forests: A Historical Geography.* Cambridge 1989.

Wilde Tiere im Wald
Über die kulturelle Wahrnehmung von Rothirsch, Luchs und Wolf

Zhanna Baimukhamedova

Der Naturschutz gewinnt heute merklich an Dynamik und erlebt einen markanten Aufschwung: Immer mehr Länder weisen Schutzgebiete aus, um die Artenvielfalt zu erhalten. Das Konzept der Naturschutzgebiete hat sich seit dem letzten Viertel des 20. Jahrhunderts rasant ausgebreitet, als Umweltfragen erstmals verstärkt im öffentlichen Diskurs auftauchten. Zunächst stand dahinter der Gedanke, eine Landschaft mit Symbolcharakter zu bewahren, ein Stück Natur dem Eingriff des Menschen zu entziehen.[1] So gibt es ganz unterschiedliche Formen von geschützten Gebieten, und Verwaltungsstrategien sind genauso vielfältig wie ihre Ausgestaltung, doch eine Variante verdient besondere Aufmerksamkeit: der Nationalpark. Ihre Wurzel hat die Nationalparkidee in den Vereinigten Staaten – also an einem Ort, wo man der indigenen Bevölkerung einfach riesige Flächen wegnehmen und diese zu Naturschutzgebieten erklären konnte. Aus Sicht der Kolonisatoren jedoch entsprach die Einrichtung von Naturschutzgebieten einem Narrativ von Wildnis, die darauf wartet, entdeckt, erkundet und erobert zu werden. Auch in Mitteleuropa bedeutete die Einrichtung eines Nationalparks, dass jahrhundertealte Beziehungen der Menschen zu ihrer Umwelt außer Kraft gesetzt wurden. Denn in den 1970er Jahren gab es im Grund keinerlei Gebiete mehr, die nicht von Menschen aktiv gestaltet und genutzt wurden.

Gemeinhin geht man davon aus, dass die Akzeptanz von Naturschutzgebieten überwiegend davon abhängt, inwieweit es gelingt, die Akzeptanz in der örtlichen Bevölkerung zu steigern und sie in die Entscheidungsprozesse einzubinden. Aus praktischer Sicht kann es oft zeitraubend und kostspielig sein, wenn alle betroffenen Parteien ihre Belange artikulieren dürfen, doch hat die Einbeziehung verschiedener Interessenvertreter den positiven Effekt, dass die mit Blick auf ein Schutzgebiet getroffenen Entscheidungen eine deutlich größere Legitimität genießen.[2] Es ist jedenfalls absolut verständlich, dass die Menschen sich an den Diskussionen über die Zukunft ihrer Region beteiligen wollen, doch ihre Einstellungen wie ihre Motive sind oftmals ganz unterschiedlich gelagert. Für sich genommen führt die Berücksichtigung verschiedener Interessen stets zur Suche nach einem Mittelweg – nach einem »konsensbasierten Ansatz«, bei dem die endgültige Entscheidung, eben weil sie unterschiedliche Forderungen miteinander in Einklang bringen möchte, in einen Kompromiss mündet, der zwar allgemein akzeptiert, aber nur selten präferiert wird.[3]

In den letzten Jahren war viel die Rede vom Konflikt zwischen Mensch und wilden Tieren. Anders als ein Stück Landschaft oder eine Ansammlung von Bäumen sind Tiere mobil und in der Lage, die Grenzen eines Naturschutzgebiets nach Belieben zu überwinden. Da sie zudem von gesellschaftlichen Regulierungen und menschengemachten Regeln nichts wissen, können sie aufgrund ihres Verhaltens und ihrer Gewohnheiten physischen und ökonomischen Schaden anrichten. Wenn also jemand wilden Tieren nachstellt oder ihren Lebensraum zerstört, so gilt das aus Sicht des Konflikts zwischen Menschen und Wildtieren als Ausdruck von Unbehagen ob der Präsenz dieser Tiere im Ökosystem oder als unmittelbare Reaktion auf erlittene Schäden. Doch der Mensch-Wildtier-Konflikt ist häufig vor allem Ausdruck einer Auseinandersetzung zwischen verschiedenen Interessengruppen, zu denen die Tiere nicht gehören. In der Mehrzahl der Fälle steht dahinter eine gesellschaftliche Frage, bei der Menschen und ihre gegensätzlichen Forderungen aufeinanderprallen.[4] So können beispielsweise Landbewohner gegen den Wolf sein, weil er Schaden am Viehbestand anrichtet, doch eigentlich könnte das Problem darin bestehen, dass die Menschen vor Ort das Gefühl haben, sie hätten keinerlei Mitspracherecht in der Frage, ob der Wolf in ihren »Hinterhof« darf und wie man mit ihm umgehen soll.

Kaum hatten die bundesweiten Diskussionen über einen Nationalpark begonnen, sorgte die Idee, einen solchen im Bayerischen Wald einzurichten, für lebhafte Debatten zwischen den betroffenen Menschen vor Ort und der deutschen Bevölkerung insgesamt. In den Lokalzeitungen finden sich schon Ende der 1960er Jahre jede Menge Berichte über verschiedene Interessengruppen, die sich zu diesem Thema eindeutig positionieren: vom Stadtrat in Grafenau, der den Vorschlag bereitwillig aufgriff,[5] über Bedenken hinsichtlich der logistischen und moralischen Umsetzbarkeit der von Oberforstmeister Robert Götz vorgelegten Pläne,[6] bis hin zu einer vom Bundesinnenministerium in Auftrag gegebenen Umfrage, bei der eine überwältigende Mehrheit der Deutschen – sage und schreibe 88 Prozent! – den Vorschlag zur Einrichtung des ersten Nationalparks begrüßte.[7]

Als die Finanzierung gesichert war und die Stimmung insgesamt einem Nationalpark zuneigte, sorgte die Frage nach der geeigneten Umsetzungsstrategie erneut für heftige Kontroversen. Die Forstverwaltung, aus deren Reihen sich das Personal des Nationalparks Bayerischer Wald damals überwiegend rekrutierte, setzte häufig auf eine Top-down-Strategie mit möglichst geringer Beteiligung der lokalen Bevölkerung.[8] Die Vorstellungen der Nationalparkverwaltung darüber, wie man den Wald schützen und erhalten sollte, entsprachen nicht immer denen der Einheimischen, und als die großen Raubtiere wieder ausgewildert wurden oder von sich aus zurückkehrten, hatten die Menschen vor Ort kaum Möglichkeiten, sich am Entscheidungsprozess zu beteiligen. 50 Jahre Nationalpark Bayerischer Wald erzählen auch die Geschichte der Machtverhältnisse zwischen verschiedenen Akteuren und Interessengruppen, und an deren Schnittstelle stehen die Tiere, die bis heute erregte Debatten darüber auslösen, welche Natur geschützt werden sollte – Rothirsch, Luchs und Wolf.

Der Rothirsch

Man kann sich den Bayerischen Wald kaum vorstellen ohne Rotwild, das ihn durchstreift. Mit seiner stattlichen Figur und seinem imposanten Geweih ist der Rothirsch der sagenumwobene »König des Waldes«, doch das war nicht immer so.

Bis zum 17. Jahrhundert kam er in der Gegend kaum vor, doch mit Beginn des 18. Jahrhunderts nahm die Zahl der Hirsche rasch zu, weil seine natürlichen Feinde, die großen Raubtiere, intensiv bejagt wurden. Jetzt gab es nicht nur mehr Rothirsche in den Wäldern, sondern auch mehr Fälle, in denen diese Tiere in die umliegenden Felder einfielen und das Getreide fraßen. Überdies war der Rothirsch ein ausgezeichneter Fleischlieferant, weshalb er zur lukrativen Beute für Wilderer wurde. Das alles führte zu dramatischen Konflikten zwischen Förstern und Wilderern, die etliche Tote auf beiden Seiten forderten, und so verfügte Fürst Schwarzenberg, dem weite Teile des Böhmerwalds gehörten, 1817 als Ausweg den »Totalabschuss« des Rothirschs.[9]

Wie es der Zufall will, war es eben dieses Haus Schwarzenberg, das 1874 mit der Wiederansiedlung des Rothirschs begann: Binnen 25 Jahren tummelten sich in den Wäldern wieder 751 Exemplare und die ersten Tiere wurden auch wieder auf der Bayerischen Seite der Grenze gesehen. Seitdem steht der Rothirsch im Zentrum von sich überlagernden Debatten über das Wohl des Waldes, Schäden in der Landwirtschaft, Tierschutz, Jagdtraditionen und die Rückkehr großer Beutegreifer in der Region.

In den 1970er Jahren versuchte sich eine Folge der beliebten Dokumentarfilmreihe *Sterns Stunde* an »Bemerkungen über den Rothirsch«. Gleich in der ersten Minute sprach der Moderator der Sendung davon, die einzige Form des Umgangs mit dem Rothirsch sei, ihn zu schießen – nicht wegen der Trophäen, sondern aufgrund der Tatsache, dass er mit seinen Fressgewohnheiten den Wald zerstöre: Insbesondere im Winter fressen die Tiere die nährstoffreichen Schichten der Baumrinde, um die harten Monate zu überleben. Wegen ihrer Größe benötigen diese Tiere zwischen acht und zwanzig Kilogramm Nahrung pro Tag, und wenn das Frühjahr kommt – und mit ihm die Geburt der Kälber –, bevorzugt der Rothirsch frisches Gras und Blätter. Vor allem bei hoher Bestandsdichte hat ein junger Baum kaum eine Überlebenschance aufgrund des starken Verbisses und im fortgeschrittenen Alter auch aufgrund der Schäle.

Eine mögliche Lösung besteht darin, den Rothirsch in den Wintermonaten zu füttern. Mit dieser Praxis begann man nach dem Zweiten Weltkrieg, als Jagdgewohnheiten, die Sorge um den Wald und das Fehlen großer Raubtiere, die einen Rothirsch hätten töten können, zur Einrichtung zahlreicher Futterstellen führten. Offiziell wurde die Winterfütterung damit begründet, dass man Schäden an den in den Tälern liegenden Wäldern und Feldern verhindern wolle, doch in Wirklichkeit wollte die Forstverwaltung das Wild in den eigenen Jagdrevieren halten, damit die örtlichen Jäger die mühsam gehegte Trophäenträger nicht schießen konnten. Das hatte in Verbindung mit zu geringen Abschüssen vor allem zweierlei zur Folge: Erstens kam es zu einem enormen Anwachsen der Rothirschpopulation und damit zu höheren Bestandsdichten; zweitens konzent-

Abb. 1
Darüber wie man mit Rothirschen im Nationalpark umgehen soll, entbrannten in der Gründungsphase des Nationalparks heftige Kämpfe. Die Nachwirkungen sind bis heute zu spüren.

rierten sich die Rothirsche in den Berglagen – also dort, wo der Schnee reichlich und das Futter knapp war.[10]

Das ist etwas, womit Horst Stern, der namengebende Moderator der Sendung *Sterns Stunde*, zusammen mit der Nationalparkverwaltung so seine Probleme hatte: Die Fütterung und Einzäunung im Winter mache die Hirsche zu »halbdomestizierten« Tieren; zusammen mit der Beimischung von Hormonen für größere Geweihe und Wurmbekämpfungsmitteln für eine höhere Überlebensrate werde der Wald so praktisch zu einer Rotwildfarm.[11] Bevor die Jagd zur einzigen Möglichkeit wurde, die Zahl der umherstreifenden Paarhufer zu reduzieren, hatte die Natur die Sache selbst in die Hand genommen: Wölfe, Bären und Luchse jagten die Weibchen und die Kälber; gelegentlich trafen Wölfe auch auf ein ausgewachsenes Rothirschmännchen, das in der Brunftzeit geschwächt war. Jäger hingegen interessieren sich in erster Linie für große, stattliche Männchen, und all das mündet in ein System, in dem es viele Weibchen für die Reproduktion, deutlich weniger ausgewachsene Männchen und keinen Spitzenprädator gibt, der die Zahlen in Grenzen hält.

Heute besteht die Praxis der Winterfütterung fort, um verlorengegangene Überwinterungsgebiete zu ersetzen, intensiven Verbiss zu verhindern und eine höhere Populationsdichte aufrecht zu erhalten. Wenn das Rotwild in niedriger gelegene Regionen abwanderte, so verringerte das üblicherweise den Verbissdruck auf den Wald; hält man die Tiere in abgezäunten Gehegen, simuliert das diese temporäre Absenz, wie sie im natürlichen Zustand des Ökosystems Wald gegeben ist. Im Nationalpark Bayerischer Wald wird das Rotwild von Dezember bis Anfang Mai in vier Wintergehegen, sogenannten Wintergattern, gehalten, so dass es nicht auf Nahrungssuche durch die Wälder streifen kann, was die Waldbesitzer sehr begrüßen.

Dafür werden die Tiere in den Wintergattern von Mitarbeitern des Nationalparks bejagt. Diese Art der Jagd wird damit begründet, dass sie auf begrenztem Gebiet und in einem sehr kurzen Zeitraum erfolgt, was es erlaubt eine jagdfreie Zone von über 18.000 ha auszuweisen – und dazu führt, dass das Rotwild in den Naturzonen weniger Angst vor Menschen haben muss. Gegen diese Praxis, mit der man in den 1980er Jahren begonnen hat, reichte der Bayerische Jagdverband Klage beim Bayerischen Verfassungsgerichtshof ein, doch das entschied zugunsten der Nationalparkverwaltung.[12] Diese Maßnahme ist angesichts der bestehenden Situation notwendig, doch es bleiben Fragen, wie man mit Wildtieren umgehen sollte. Immerhin läuft diese Praxis dem Zweck des Nationalparks zuwider, nämlich die Natur Natur sein zu lassen.[13]

Besonders deutlich wurden diese Fragen während der Rotwild-Kontroverse 2007/08. Damals versuchte die Nationalparkverwaltung, die örtlichen Landwirte, Jäger, Förster und Naturschützer in die Entscheidung einzubeziehen, wie man mit dem Rotwild in der Region und vor allem wie man mit den Wintergattern umgehen sollte. Um darüber zu diskutieren schlug die Nationalparkverwaltung die Einrichtung einer Arbeitsgruppe mit allen beteiligen Interessensgruppen vor.[14] Die Tiere im Winter einzusperren verstieß gegen das oberste Prinzip des Nationalparkgedankens, doch gleichzeitig ist es eine gute Möglichkeit, Privatwälder vor dem hungrigen Wild zu schützen. Die lokale und regionale Presse berichtete über den Diskurs in der Region und zu Beginn war das Rotwild Gegenstand der Berichterstattung – »die allgemeine Schönheit des Rothirschs, seine Majestät und seine besondere Bedeutung für die Bewohner der Region«[15] machten das Tier zu einem Superstar des Waldes. Nach und nach aber schlug die Stimmung um und der Rothirsch wurde zum Streitpunkt als sich die Diskussion auf die Frage konzentrierte, ob man das Rotwild in die angrenzenden Gebiete lassen sollte, um ein natürlicheres Wanderverhalten zu ermöglichen und das Management den in der Umgebung lebenden Menschen zu übertragen. In der Debatte selbst schien es eher um enttäuschte Erwartungen, gegenseitiges Misstrauen und kommunikative Versäumnisse als um die Tiere selbst zu gehen. Besonders unglücklich waren die Landbesitzer, Förster und Jäger darüber, dass sie dachten die Nationalparkverwaltung würde ihnen ein Konzept überstülpen wollen, und deshalb verlegten sie sich auf eine Art Boykott: Obwohl sie sich zuvor über das Rotwildmanagement im Nationalpark beklagt hatten, beschlossen sie, sich nicht an der Arbeitsgruppe zu beteiligen und alles so zu lassen, wie es war. Das konnte man dahingehend deuten, dass das Hauptproblem der Umgang mit dem Rotwild war, doch im Kern prallten hier unterschiedliche Interessen und Erwartungen, sowie gegenseitige Ressentiments aufeinander, die jegliche Interaktion zwischen der Nationalparkverwaltung und der örtlichen Bevölkerung vergifteten.

Der Luchs

Anfang Mai 2015 im Lamer Winkel, ein Ort von bemerkenswerter landschaftlicher Schönheit. Der Himmel ist von ungeheurer Weite, in der Ferne sieht man schemenhaft die Berge, und die gewellte Landschaft erinnert an ein sanft wogendes Meer aus Grün – ein Ort, der zum Nachdenken einlädt. Doch finden sich hier auch vier abgetrennte Pfoten – zwei von Leonie und zwei von Leon. Der Luchs war einem Wilderer über den Weg gelaufen, und der tat, was Wilderer tun, und noch ein wenig mehr, denn dieser Akt war auch ein Statement. Er hatte die Pfoten vor eine Kamerafalle gelegt, damit sie von jemandem gefunden wurden, der die Rückkehr der Luchse propagierte. Die Botschaft hätte deutlicher nicht sein können: Entweder der Luchs verschwindet von selbst, oder wir sorgen dafür, dass er verschwindet.

Doch warum ist der Luchs so verhasst? Für ein Geschöpf von solcher Anmut und bescheidener Größe schlug seine Anwesenheit im Bayerischen Wald unverhältnismäßig große Wellen im öffentlichen Diskurs. Die Debatten darüber, ob für ihn Platz ist im Freistaat, sind oftmals emotional aufgeladen und bestimmt von widerstreitenden Interessen, doch als direkte Bedrohung für den Menschen gelten Luchse nie. Anders als der Wolf schleppt der Luchs nicht so viel negativen kulturellen Ballast mit sich herum: Er, der in der Region heimisch ist, kommt in Märchen und modernen Medien kaum vor, außer vielleicht in Dokumentationen, die im Allgemeinen ein realistischeres Bild von ihm zu zeichnen versuchen – als Einzelgänger und vorsichtiger Jäger, der kleinere Tiere erbeutet. Fragt man die Menschen nach ihren Einstellungen gegenüber dem Luchs, loben sie sein äußeres Erscheinungsbild oft ebenso wie seine beeindruckende Intelligenz.[16] Das scheue und umsichtige Wesen des Luchses erschwert es zusätzlich, ein Exemplar in freier Wildbahn anzutreffen, und es kommt so selten zu Begegnungen zwischen Menschen und diesem Tier, dass man nur allzu leicht vergisst, dass der Luchs überhaupt da ist.

Die Wilderer freilich – hinter denen manche Beobachter nichts weiter als frustrierte Jäger vermuten[17] – vergessen nie, und die Luchspopulation ist viel kleiner als sie sein könnte. So grausam der Vorfall mit Leonie und Leon auch war, so erregte er doch enormes Aufsehen, und die öffentliche Empörung war so groß, dass die Ergreifung der Täter zu einer Staatsangelegenheit wurde.[18] Doch weil Wilderei zumeist im Zeichen der drei berüchtigten »S« geschieht – »schießen, schaufeln, schweigen«[19] – und die Praxis so erfolgreich war, dass der Lamer Winkel schon den Beinamen »Bermudadreieck für Luchse«[20] erhielt, ist es eher unwahrscheinlich, dass man den für die illegale Tötung Verantwortlichen aufspürt (der Luchs gehört laut der Habitatrichtlinie der EU zu den streng geschützten Arten).

Geschieht Wilderei nicht im Verborgenen, wird sie zu einer Form der Kommunikation. Beispielsweise wurde eine Luchsin, die mit drei Jungen trächtig war, mit einem Gewehr erschossen und so platziert, dass Wanderer quasi über den Kadaver stolperten.[21] Ein paar Jahre später gab es erneut einen Vorfall, dieses Mal allerdings perfider, erfinderischer und grausiger in seiner Durchführung: Das

Abb. 2
Luchse wurden 1970 im Bayerischen Wald wiederangesiedelt. Heute gibt es wieder mehr als 100 Tiere in der Bayerisch-Österreichisch-Tschechischen Grenzregion.

scheinbare Opfer einer Kollision mit einem Auto, das in einem Straßengraben im Landkreis Freyung-Grafenau gefunden wurde, war mit einem Draht erdrosselt worden.[22] Viele Arten also, einen Luchs zu töten, und doch bleibt eine Frage: Warum tut jemand so etwas? Schließlich macht der Schutzstatus des Luchses es zu einem Verbrechen, ein solches Tier zu töten. Der Lohn muss also sehr hoch sein, wenn jemand ein solches Risiko in Kauf nimmt.

Ein Grund könnte sein, dass die Menschen deshalb nicht besonders glücklich über die Rückkehr des Tieres sind, weil es nicht *von sich aus* wieder aufgetaucht ist.[23] Wie die Mehrzahl der großen Beutegreifer wurde der Luchs vor eineinhalb Jahrhunderten in fast ganz Mitteleuropa ausgerottet. Die Luchspopulation wurde nicht nur von den Jägern gezielt ins Visier genommen, sondern hatte auch enorm unter der Dezimierung ihrer natürlichen Beutetiere zu leiden. Zusätzlich weideten damals viele Nutztiere im Wald und so blieben dem Luchs, der keine Abfälle durchstöbert und ein einzelgängerischer Lauerjäger ist,[24] in seiner sich verschlimmernden Lage kaum andere Möglichkeiten, als sich dem Nutzvieh zuzuwenden. Mochte es zuvor noch ein Fitzelchen Toleranz gegenüber seiner Anwesenheit gegeben haben, so war es damit nun auch vorbei, und wie immer in einer solchen Situation war eine Kugel stärker als Fangzähne und Klauen. Der letzte Luchs des Bayerischen Waldes wurde 1846 erschossen.[25]

Die Zeit verging, bis irgendwann dann der Nationalpark Bayerischer Wald eingerichtet wurde. Um seinem Beinamen gerecht zu werden – man sprach von der »bayerischen Serengeti«, eine Bezeichnung, die in den Medien nur zu gern breitgetreten wurde –, brauchte man wilde Tiere, und das Gerede davon, große charismatische Tiere aus Afrika hierherzubringen, verwandelte sich in Diskussionen darüber, welche heimischen Tiere in einem frisch ausgewiesenen Schutzgebiet einen Platz bekommen sollten. Zwar wurden immer mal wieder vereinzelte Luchse in Ostbayern gesichtet, aber dauerhaft ansässige Tiere wurden nie beobachtet. Angesichts der Abneigung gegen den Luchs, die bei den Jägern augenscheinlich immer noch bestand, entschloss man sich dazu, den Luchs heimlich wieder im Bayerischen Wald auszuwildern.[26] Die Aufmerksamkeit nicht auf seine Rückkehr zu lenken hatte auch einen positiven Effekt, denn er konnte sich damit in aller Ruhe in der Region ansiedeln, ohne Gefahr zu laufen, dass die Jäger aufgeschreckt würden.

Zu Beginn der 1970er Jahre wurden mehrere Luchse aus der Mittelgebirgsregion der Slowakei in den Bayerischen Wald gebracht. Die ganze Operation wurde so organisiert, dass niemand auch nur auf den Gedanken kam, Luchse könnten möglicherweise wieder zurück sein, bis die Menschen sie zu ihrer Verwunderung auf beiden Seiten des Eisernen Vorhangs sahen. Diese Geheimniskrämerei und die Weigerung, die Wahrheit zu sagen, bestimmten lange Zeit die wenig positive Wahrnehmung der Nationalparkverwaltung, denn es hatte den Anschein, als könnte die sich alles erlauben, ohne groß auf die Meinung der örtlichen Bevölkerung Rücksicht zu nehmen. Letztendlich erwies sich die Wiederansiedlung als nicht erfolgreich, da in den folgenden Jahren immer wieder Luchse gewildert wurden und Kenner der Situation vor Ort davon ausgegangen sind, dass illegale Handlungen auch der Grund dafür sind, dass sich der Bestand nicht weiter ausdehnen konnte.

Zwischen 1982 und 1989 wurde der Luchs im Šumava-Nationalpark auf tschechischer Seite, zur Stützung der verbliebenen Tiere aus den Freilassungen der 70er Jahre, wiederangesiedelt und bildet seitdem die sogenannte böhmisch-bayerisch-österreichische Population. Anfangs erging es den Tieren prächtig, und in den 1990er Jahren stieg ihre Zahl. Danach jedoch schien es bis vor ein paar Jahren so, als würde der Luchs es nicht schaffen, obwohl er in einer Umgebung lebte, die seinen Bedürfnissen bestens entsprach: Die Jungen kamen auf dem Gebiet des Nationalparks zur Welt, wurden erwachsen und wanderten in die umliegenden Gebiete, wurden für eine Weile sesshaft und verschwanden dann. Wo waren sie hin? Man könnte behaupten, sie seien nicht aus eigenem Willen fortgegangen, und damit sind wir wieder bei den Wilderern: Welche Botschaft wollen sie vermitteln? Ist Jagdkonkurrenz Grund genug, um das Risiko einzugehen, festgenommen und strafrechtlich verurteilt zu werden? In Gegenden mit tief verwurzelten Jagdtraditionen wie Bayern galten Luchse möglicherweise selbst als Beutewild.[27] Möglicherweise ist das Verschwinden des Tieres aber auch nur ein Mittel der Kommunikation, und die Botschaft lautet: Wir wollen selbst entscheiden wer in unserem Wald leben darf und wer nicht.

Der Wolf

Die Geschichte des Wolfs ist besonders interessant. Seine Rückkehr hat zu einer bundesweiten Kontroverse geführt, und in Bayern mit seinen ausgeprägten Jagdtraditionen und seiner starken Landwirtschaft, wo man von fast jedem Tier Schäden befürchtet, dessen Fangzähne Fleisch reißen, ist der Wolf Gegenstand heftiger Debatten. Dieser Beutegreifer gilt als zu wild und blutrünstig, als dass er seinen Lebensraum auf dem intensiv bewirtschafteten Terrain des Freistaats mit Mensch und Nutzvieh teilen könnte, doch es gibt auch andere, die seine Rückkehr – oder auch »Heimkehr«, wie manche sagen – in den Wald begrüßen.

Die ökologischen Funktionen des Wolfs haben einen Trickle-down-Effekt auf das gesamte Ökosystem: Seine Beutegewohnheiten verringern die Zahl der Huftiere und verändern ihr Verhalten, was wiederum einen positiven Einfluss auf die natürliche Regeneration des Waldes hat.[28] Insofern spielt das Tier eine wichtige Rolle für die Renaturierung des Nationalparks Bayerischer Wald, dessen Wälder allmählich ihre natürliche Mischstruktur zurückgewinnen.[29]

Der Wolf ist seit mehr als einem Jahrhundert aus Mitteleuropa verschwunden, und ein Jahrhundert ist für Mensch und Tier gleichermaßen eine ziemlich lange Zeit. Damals war der Wolf ein echtes Problem, denn die Menschen lebten mehrheitlich von Ackerbau und Viehzucht. Als Gegenwehr wurden Jäger und Bauern mittels Abschussprämien dazu animiert, möglichst viele Wölfe abzuschießen. Diese Strategie erwies sich als recht erfolgreich, doch noch größere Auswirkungen auf das Verschwinden des Raubtiers hatte die Ausrottung seiner Beutetiere: Ohne etwas zu Fressen und ohne sicheren Rückzugsort sank die Zahl der Wölfe immer weiter. Schließlich wurde, nach Jahrhunderten systematischer Verfolgung, 1847 der letzte Wolf in Bayern erlegt.[30]

Doch in den letzten Jahrzehnten kehrten die Wölfe allmählich zurück. Schon kurz nach dem Zweiten Weltkrieg wurden vereinzelt erste Tiere vor allem in Ostdeutschland gesichtet, die über die Grenze kamen, ein wenig umherstreiften, sich aber immer wieder zurückzogen, so als seien sie sich der Tatsache bewusst, dass sie momentan noch immer Beutetiere waren.[31] Und das waren sie in der Tat, denn üblicherweise wurden sie erschossen. Dann zu Beginn des Frühjahrs 2000, kamen auf dem Terrain des Truppenübungsplatzes Muskauer Heide in Sachsen die ersten Wolfsjungen seit mehr als 150 Jahren zur Welt.[32] In Bayern wurde 2006 in der Gemeinde Pöcking ein wandernder Wolf tot aufgefunden.[33] Und im Nationalpark Bayerischer Wald ließ sich, 2015 tatsächlich der erste Wolf nieder. 2017 gelang dann die Sensation, die ersten Jungwölfe in Bayern wurden im Nationalpark Bayerischer geboren, mehr als 170 Jahre nach Ausrottung der Tiere.

Der Nationalpark verfügt über eine ganze Reihe von Gehegen, in denen ganz verschiedene Tiere – Otter, Rotwild, Eulen und Bisons, insgesamt sind es rund 40 heimische Arten – sich innerhalb eines abgezäunten Terrains frei bewegen können. Die Wölfe in den Gehegen werden vom Nationalparkpersonal gefüttert und assoziieren die Anwesenheit von Menschen deshalb mit Nahrung.[34] Diese Wölfe mögen scheu sein und den Kontakt mit Menschen meiden, doch gleichzeitig sind sie neugierig und betrachten Menschen nicht zwangsläufig als Gefahr.

In den letzten fünfzig Jahren gab es insgesamt drei Ausbrüche aus den Freigehegen, und zusammen mit der Tatsache, dass wilde Wölfe in Deutschland wieder heimisch werden, führt das zu heftigen öffentlichen Debatten.

Der erste Ausbruch ereignete sich am 27. Januar 1976, als acht Wölfe, offenbar aufgeschreckt vom Lärm einer Schneefräse, aus dem Gehege entkamen. Anfangs war die Lage nicht dramatisch, doch zwei Monate und zwei abgeschossene Wölfe später hatte sich das geändert: Ein vierjähriger Junge, der mit Freunden in der Nähe des Weilers Forstwald spielte, wurde von einem der Wölfe gebissen.[35] Daraufhin wurde der Freistaat von einer Art Hysterie erfasst, und viele Menschen, die eines Tages vielleicht das Gehege besucht und die Wölfe hinter der imposanten Einzäunung beobachtet hätten, hörten sie nun quasi unmittelbar vor ihrer Haustür heulen. Die tief verwurzelte Vorstellung vom Wolf als einem Tier, das dem Menschen absichtlich Schaden zufügen kann, bestimmte nun erneut die öffentliche Debatte.

In jüngerer Zeit – 2002 und 2017 – kam es zu zwei weiteren Ausbrüchen. Letzterer wirkte fast wie ein Kriminalfall: Die Tür, durch die die Mitarbeiter des Nationalparks das Wolfsgehege betraten, um die Tiere zu füttern, stand eines Tages sperrangelweit offen. Ein bloßes Versehen? Ein Sabotageakt? Weil die Intelligenz der Wölfe sie äußerst misstrauisch gegenüber jeglicher Veränderung in der Umgebung macht, ist es extrem schwierig, die Tiere wieder einzufangen, und als ein Tier den Menschen zu nahe kam und sich aggressiv verhielt, beschloss man, es zum Abschuss freizugeben.[36]

Diese Vorfälle lassen ein seltsames Phänomen sichtbar werden: Zwar ist der Wolf als großer Beutegreifer ein potenziell gefährliches Tier, doch die Reaktion der Menschen auf ihn wird nicht nur durch seine Biologie und sein Verhalten bestimmt, sondern auch durch die Assoziationen, die ins kulturelle Gewebe eingesponnen sind. Ulrich Schraml, Professor für Forst- und Umweltpolitik an der Universität Freiburg spricht davon, der Wolf schleppe einen »sozio-kulturellen Rucksack«[37] mit sich herum: eine Ansammlung von Stereotypen und Wahrnehmungen, die ihm durch eine ganze Reihe von Medien – Märchen, Filme, Redewendungen, religiöse Analogien usw. – zugeschrieben werden. Es ist nicht nur die physische Sicherheit, die durch den Wolf gefährdet ist – auch das Selbstbild des Menschen als »Beherrscher der Natur« wird durch die Präsenz dieses großen Raubtiers in Frage gestellt.[38] Aus dieser bedrohten Identität und aus der Unfähigkeit, am Status des Wolfs als geschützte Art zu rütteln, resultiert die Verbitterung vieler Menschen. Letztlich geht es nicht um den Wolf, sondern um das, wofür er in den Gedanken des Menschen steht: Kontrollverlust, Identitätsverlust.

Die Rückkehr des Wolfs führt nicht nur zu Meinungsverschiedenheiten zwischen den am stärksten Betroffenen – den Menschen vor Ort – und den Stadtbewohnern, sondern auch zwischen den politischen Parteien.[39] Während einige die ökologische Funktion des Tieres betonen und seine Anwesenheit als segensreich für die natürliche Regulierung verschiedenster Ökosysteme betrachten, vertreten andere die Ansicht, es gebe nur zwei Möglichkeiten – Landwirtschaft oder Wolf, beide könnten nicht friedlich nebeneinander existieren. Gerade wenn es um kleine Bauernhöfe geht, können die Installation von Schutzzäunen oder die

Abb. 3
Seit 2015 gibt es wieder Wölfe im Nationalpark Bayerischer Wald.

Anschaffung von Wachhunden zu teuer sein – selbst wenn die Kosten vom Staat übernommen werden, sind die Sicherung der Höfe und die Instandhaltung dieser Wolfsabwehrmaßnahmen aufwändig und erstrecken sich über mehrere Jahre.[40] Gleichzeitig hat man erkannt, dass sich in den Jahren, in denen der Wolf in der Region überhaupt nicht präsent war, menschliche Siedlungen und die zugehörige Infrastruktur vielfach ausgebreitet haben und dass den Menschen die Fertigkeiten und das Wissen, wie man mit dem Raubtier lebt, abhanden gekommen sind. Die möglichen Zukunftsszenarien können sich in zwei Richtungen entwickeln: Entweder die Menschen lernen die Kunst der Koexistenz wieder oder die Diskussionen und Konflikte um den Wolf und den Umgang mit ihm eskalieren weiter.

Geschützte Gebiete, geschützte Menschen

Unabhängig davon, ob man mit der Art und Weise, wie der Nationalpark Bayerischer Wald verwaltet wird, einverstanden ist, steht eines fest: Der Nationalpark wird bleiben. Der Weg dorthin verlief nicht immer reibungslos, und insbesondere die ersten 30 Jahre seiner Existenz waren bestimmt von Konflikten, die aus der Strategie der Top-Down-Verwaltung resultierten, derer sich die Forstverwaltung und später die Nationalparkverwaltung bedienten. Zwar sind die Einstellungen zu den sozioökonomischen und ökologischen Auswirkungen des Nationalparks heute insgesamt gesehen überwiegend positiv,[41] doch bleiben Konflikte vor allem im Grenzbereich zur Kulturlandschaft. Ein Naturschutzgebiet in einem Wald einzurichten, wo die Menschen gewohnt waren, dessen Ressourcen und Tiere entsprechend den eigenen Bedürfnissen zu nutzen, bedeutete, dass man aktiv bestimmte Tätigkeiten verhinderte, weil sie nicht zur Naturschutzidee passten. Rothirsch, Luchs und Wolf sind allesamt nicht nur als Geschöpfe aus Fleisch und Blut problematische Tiere, sondern auch als Repräsentanten von Machtbeziehungen und von Kämpfen um Kontrolle. Die persönlichen Geschichten, welche die Einheimischen mit dem Wald verbinden, machen das Ganze zu einer sehr sensiblen Angelegenheit, und die Menschen wollen Gehör finden und genügend Mitspracherecht haben, wenn es um die Zukunft ihrer Region geht.

Rothirsch, Luchs und Wolf sind allerdings Symptome gesellschaftlicher Konflikte und weniger deren Ursache. In ihrer Untersuchung zum Widerstand der Jägerschaft gegen große Beutegreifer stellen Angela Lüchtrath und Ulrich Schraml von der Universität Freiburg fest, dass der *missing link* zwischen den Einheimischen und den Naturschutzbehörden die dauerhafte und effektive Kommunikation ist. Wie wir am Beispiel des Luchses gesehen haben, dient Wilderei oftmals dazu, eine Botschaft zu übermitteln, aber eine derart drastische Maßnahme kommt erst dann zum Zuge, wenn die anderen Möglichkeiten, sich Gehör zu verschaffen, bereits erschöpft sind oder sich als vergeblich erwiesen haben. Die beiden Freiburger Wissenschaftler sind der Ansicht, dass der Konflikt darüber, wem der Wald gehört und wer darüber entscheiden darf, »nicht in erster Linie zwischen Jägern und großen Beutegreifern besteht, sondern vielmehr zwischen Gruppen, die sich durch die Wahrnehmungen, Empfindungen und/oder Wünsche anderer Gruppen ›hinsichtlich‹ großer Beutegreifer beeinträchtigt fühlen«.[42]

Mit dem Finger auf Menschen zu zeigen, weil sie für Naturschutz und die Rückkehr wilder Tiere, die seit gut einem Jahrhundert verschwunden waren, nicht viel übrig haben, ist nicht besonders schwer, aber es verbaut die Chance auf einen produktiven Dialog. Dabei wurden durchaus Schritte unternommen, um die Kluft zu überbrücken. So wurden Einheimische als Personal für die Nationalparkverwaltung rekrutiert und Bildungsprogramme sowie Workshops für Einheimische und Besucher gleichermaßen aufgelegt. Seit 2015 ist die Luchspopulation im Bayerischen Wald nach Jahrzehnten der Fluktuation stetig gewachsen[43] – ein hoffnungsvolles Zeichen dafür, dass die Debatte über das Tier endlich an dem Punkt angekommen ist, an dem die Präsenz des Luchses nicht den Machtverlust der örtlichen Gemeinden symbolisiert und vielleicht sogar ein gewisses Gefühl des Stolzes vermittelt, dass solch wunderschöne Tiere hier im Bayerischen Wald leben.

Gleichzeitig sei daran erinnert, dass erfolgreicher Naturschutz von der Kooperation der Menschen abhängt. Das Verhältnis zwischen den Einheimischen und der Nationalparkverwaltung ist ein dynamischer Prozess, und die Gewinne oder Rückschläge von heute sollten die Beteiligten nicht daran hindern, eine noch transparentere, fruchtbarere Atmosphäre für einen Dialog zu schaffen. In einer Welt, in der der Verlust an Artenvielfalt eine zutiefst bedauerliche Konstante darstellt, ist es von allergrößter Bedeutung, auf Menschen zuzugehen und mit ihnen zusammenzuarbeiten, um Arten zu schützen, deren Präsenz das gesamte Ökosystem bereichert. Es geht dabei nicht nur um die biologische Rolle dieser Tiere – sie sind auch Symbole dafür, wozu Menschen fähig sind, wenn sie gemeinsam für eine Sache arbeiten. In seinem Beitrag zu dem Band *Trash Animals* schreibt Charles Bergman, Verfasser zahlreicher Bücher und Publikationen zu Artenschutz und Wildtiermanagement: »Bei der Rettung eines wilden Wolfs geht es um mehr, als wir glauben. Wir müssen sowohl das buchstäbliche als auch das symbolische Geschöpf bewahren. Dass in diesem rationalen und empirischen Zeitalter so viele Tiere gefährdet sind, hat gerade auch damit zu tun, dass wir die zwei Gesichter jeder Kreatur vergessen haben. Wir haben vergessen, was Tiere *bedeuten.*«[44]

Und so konfliktbeladen die kulturellen Wahrnehmungen von Rothirsch, Luchs und Wolf auch sind, so geben sie doch auch Hoffnung für eine Zukunft, in der diese Tiere sicher und willkommen sind – einer Zukunft, in der die Menschen einen Schritt weiter sind, wenn es um die Kunst der Koexistenz mit den wilden Tieren und untereinander geht.

Aus dem Englischen von Andreas Wirthensohn

Weiterführende Literatur

Ansorge, Hermann et al. »Die Rückkehr der Wölfe: Das erste Jahrzehnt« in *Biologie in unserer Zeit* 40, 4 (2010), 244–253.

Bergman, Charles. »Hunger Makes the Wolf« in *Trash Animals: How We Live With Nature's Filthy, Feral Invasive, and Unwanted Species*, herausgegeben von Kelsi Nagy und Philip David Johnson II. Minneapolis 2013, 39–67.

Breitenmoser, Urs. »Large Predators in the Alps: The Fall and Rise of Man's Competitors« in *Biological Conservation* 83, 3 (1998), 279–289.

Červený, Jaroslav et al. »The Change in the Attitudes of Czech Hunters Towards Eurasian Lynx: Is Poaching Restricting Lynx Population Growth?« in *Journal for Nature Conservation* 47 (2019), 28–37.

Dickman, Amy J. »Complexities of Conflict: The Importance of Considering Social Factor for Effectively Resolving Human-Wildlife Conflict« in *Animal Conservation* 13 (2010), 458–466.

Dupke, Claudia, Dormann, Carsten.F. und Marco Heurich. »Does Public Participation Shift German National Park Priorities Away from Nature Conservation?« in *Environmental Protection* (2018), 1–8.

Fuhr, Eckhard. *Rückkehr der Wölfe: Wie ein Heimkehrer unser Leben verändert.* München 2016.

Gerner, Jutta et al. »How Attitudes are Shaped: Controversies Surrounding Red Deer Management in a National Park« in *Human Dimensions of Wildlife: An International Journal* 17, 6 (2012), 404–417.

Gerner, Jutta et al. »Red Deer at a Crossroads: An Analysis of Communication Strategies Concerning Wildlife Management in the ›Bayerischer Wald‹ National Park, Germany« in *Journal for Nature Conservation* 19 (2010), 319–326.

Heurich, Marco et al. »Illegal Hunting as a Major Driver of the Source-sink Dynamics of a Reintroduced Lynx Population in Central Europe« in *Biological Conservation* 224 (2018), 355–365.

Lewis, Connie. *Managing Conflicts in Protected Areas*, International Union for Conservation of Nature (IUCN). Gland 1996.

Liberg, Olof et al. »Shoot, Shovel and Shut Up: Cryptic Poaching Slows Restoration of a Large Carnivore in Europe« in *Proceedings of the Royal Society* 279 (2012), 910–915.

Lüchtrath, Angela und Ulrich Schraml. »The Missing Lynx: Understanding Hunters' Opposition to Large Carnivores« in *Wildlife Biology* 21, 2 (2015), 110–119.

Ludwig, Melanie et al. »Discourse Analysis as an Instrument to Reveal the Pivotal Role of the Media in Local Acceptance or Rejection of a Wildlife Management Project« in *Erdkunde* 66, 2 (2012), 143–156.

Peterson, M. Nils, Markus J. Peterson und Tarla Rai Peterson. »Conservation and the Myth of Consensus« in *Conservation Biology* 19, 3 (2005), 762–767.

Reinhardt, Ilka und Gesa Kluth. *Leben mit Wölfen. Leitfaden für den Umgang mit einer konfliktträchtigen Tierart in Deutschland*. Bonn 2007.

Rentsch, Gudrun. *Die Akzeptanz eines Schutzgebietes: Untersucht am Beispiel der Einstellung der lokalen Bevölkerung zum Nationalpark Bayerischer Wald*. München 1988.

Ripple, William J. und Robert L. Beschta. »Wolves and the Ecology of Fear: Can Predation Risk Structure Ecosystems?« in *BioScience* 54,8 (2004), 755–766.

Schraml, Ulrich. »Wildtiermanagement für Menschen« in *Wolf, Luchs und Bär in der Kulturlandschaft. Konflikte, Chancen, Lösungen im Umgang mit großen Beutegreifern*, herausgegeben von Marco Heurich. Stuttgart 2019, 113–142.

Sterns Stunde, 10. »Bemerkungen über den Rothirsch«, moderiert von Horst Stern, 24. Dez. 1971, Süddeutscher Rundfunk.

van der Knaap, Willem O. et al. »Vegetation and Disturbance History of the Bavarian Forest National Park, Germany« in *Vegetation History and Archaeobotany* (2019), 1–19.

Watson, James E.M. et al. »The Performance and Potential of Protected Areas« in *Nature* 515, 7525 (2014), 67–73.

Wotschikowsky, Ulrich. *Rot- und Rehwild im Nationalpark Bayerischer Wald – Schriftenreihe Bay. StMELF* 7. München 1981.

Attraktivität und Akzeptanz des Nationalparks Bayerischer Wald

Hubert Job

Der Gegensatz von Schützen und Nützen

Der Nationalpark Bayerischer Wald ist nach den Vorgaben der Weltnaturschutzunion (International Union for Conservation of Nature, IUCN) in deren Kategorie II gelistet und erfüllt demnach eine Doppelfunktion: Neben dem Schutz der natürlichen biologischen Vielfalt mitsamt ihren ökologischen Strukturen und den dazugehörigen Prozessen wird auch die Förderung von Bildung und Erholung als ein vorrangiges Ziel betrachtet.[1] Das Gebiet eines Nationalparks wird demnach nicht nur einfach sich selbst überlassen, sondern auch für wissenschaftliche Zwecke genutzt und als Möglichkeit zur Erholung in ursprünglicher Natur in Wert gesetzt. Klassische Formen der Landnutzung wie Land- und Forstwirtschaft oder Fischerei sind in solchen Gebieten nicht mehr umsetzbar.

Der Konflikt mit anderen Landnutzungsinteressen hat die Etablierung von Nationalparks in Deutschland vielfach vor große Herausforderungen gestellt. Deshalb ist die Idee eines großflächigen Gebietsschutzes in Form von Nationalparks hierzulande mit dem Bayerischen Wald als erstem Vertreter vergleichsweise jung. Bei deren Umsetzung steht man vor dem grundsätzlichen Problem, dass es aufgrund der relativ dichten Besiedlung in Deutschland mit einer weit zurückreichenden Geschichte der kulturellen Transformation von Landschaften so gut wie keine unberührten großflächigen Naturräume mehr gibt. Gemäß dem Leitsatz »Natur Natur sein lassen« von Hans Bibelriether als erstem Leiter des Nationalparks Bayerischer Wald handelt es sich deshalb stets um Gebiete, die sich im Sinne des Prozessschutzgedankens erst im Zeitverlauf wieder zu naturnahen Flächen entwickeln.

Auf dem (langen) Weg zu solch einem Zustand treffen Befürworter und Gegner der Nationalparkidee immer wieder aufeinander, wie gerade auch die Geschichte des Nationalparks Bayerischer Wald von Anfang an sehr eindrücklich zeigt:[2] Politische und ökologische Visionen, wirtschaftliche Interessen sowie Motive und Anliegen der Bevölkerung begegnen sich in teils leidenschaftlich geführten Kontroversen, wenn es um die Gründung oder Erweiterung von Nationalparks geht. Etliche potenzielle Nationalparks in Deutschland sind bereits

Abb. 1
Demonstration des Vereins Unser Steigerwald gegen einen dritten bayerischen Nationalpark in Ebrach, Juli 2009.

gescheitert, wie beispielsweise die entsprechenden Initiativen im Siebengebirge, dem Peenetal oder die jüngst abgebrochene Suche nach einem dritten bayerischen Nationalpark belegen. (vgl. Abb. 1)[3]

Der augenscheinliche Mangel an Akzeptanz für zukünftige Nationalparks wirft dabei unweigerlich die Frage auf, wie es um die Wahrnehmung des ersten deutschen Nationalparks nach nunmehr fünfzig Jahren bestellt ist. Denn gerade die Akzeptanz seitens der lokalen Bevölkerung ist nicht nur für die Ausweisung und Erweiterung von Nationalparks, sondern auch für das gut funktionierende Management bestehender Nationalparks eine unverzichtbare Ausgangsbasis. Im Folgenden werden daher zunächst schlaglichtartig die Akzeptanzprobleme des Nationalparks Bayerischer Wald anhand eines kurzen Abrisses seiner Entwicklungsgeschichte vor Augen geführt. Im weiteren Verlauf wird dann konkret auf die bisherige Akzeptanzforschung über den Nationalpark eingegangen, um schließlich wesentliche Ergebnisse einer Untersuchung aus dem Jahr 2018 vorzustellen.

Wechselhafte Unterstützung durch die Bevölkerung

Bereits seit Beginn der 1950er Jahre wurde für den Bayerischen Wald ein Landschaftsschutzgebiet vom Hohen Bogen bis zum Dreisessel zunächst diskutiert und schließlich 1967 realisiert. Jedoch erschien dieser Schutzstatus bereits Ende der 1960er Jahre angesichts geplanter touristischer Erschließungen der Hochlagen des Bayerischen Waldes ungenügend. In der Folge setzte sich daher unter den damaligen Entscheidungsträgern zunehmend die Idee eines Nationalparks im Bayerischen Wald durch. Entsprechend wurde das erste deutsche Gebiet dieser Art im Juni 1969 durch den Bayerischen Landtag konstituiert und im Oktober 1970 eröffnet (heutiges Rachel-Lusen-Gebiet).[4] Von Beginn an gab es dabei auch

Kritik an dem Vorhaben und den daran geknüpften Bedingungen – nicht nur von den umliegenden Anwohnern, die das Vorhaben in Teilen durchaus positiv gesehen haben: An der Spitze der Gegnerschaft stand die Bayerische Staatsforstverwaltung, insbesondere aufgrund entgegenstehender Auffassungen bezüglich Wildbestand und Jagd. Darüber hinaus zählten der Bayerische Forstverein, der Bayerische Jagdschutzverband sowie der Verein Naturschutzpark e.V. zu den Gegnern der ersten Stunde.[5]

Im Jahr 1997 erfolgte dann die Erweiterung des Nationalparkgebietes nach Nordwesten um rund 11 000 Hektar (Falkenstein-Rachel-Gebiet), was bei der lokalen Bevölkerung aufgrund mangelnder Partizipation starken Unmut hervorrief: Die neu gegründete Bürgerbewegung Nationalparkbetroffener, später Bürgerbewegung zum Schutz des Bayerischen Waldes e.V., fand weitreichende Unterstützung in den Anrainergemeinden und forderte in einer sehr emotional geführten Debatte anstatt der geplanten Erweiterung die gänzliche Abschaffung des Nationalparks. Der Widerstand war so stark ausgeprägt, dass die damalige Bayerische Staatsregierung weitreichende Zugeständnisse im Rahmen der neuen Nationalparkverordnung machte. So wurde unter anderem auch die Erfüllung der IUCN-Vorgaben von 75 Prozent Kernzone zunächst auf das Jahr 2017, im weiteren Zeitverlauf sogar auf das Jahr 2027 verschoben.[6]

In wenigen Schlagworten lässt sich die mittlerweile fünfzigjährige Geschichte des Nationalparks Bayerischer Wald in insgesamt sechs Phasen untergliedern, wobei der stete Kampf um die Akzeptanz des Gebietes vor allem bei der örtlichen Bevölkerung als ein wesentlicher Schlüssel für erfolgreiche Nationalparkarbeit zu sehen ist:[7]

Bis 1970
Vorgeschichte und Gründungsphase: Fehlen einer fachgesetzlichen Grundlage; Fortsetzung der regulären Forstwirtschaft; große Unterstützung des Nationalparkprojekts durch die einheimische Bevölkerung.

1970 bis 1983
Aufbauphase: Sukzessive Reduzierung der Holzeinschläge trotz großer Widerstände vor Ort; Liegenlassen erster kleiner Windwürfe ab 1972 als Versuchsflächen; Regulierung der Wildbestände.

1983 bis 1995
Paradigmenwechsel-Phase: Erster Schritt hin zum Prozessschutz durch Ausweisung von Reservatszonen; keine Aufarbeitung von Windwürfen und keine Bekämpfung von Borkenkäferkalamitäten außerhalb der Randzone; Einstellung der forstlichen Nutzung mit Ausnahme der Randzonen; starke Akzeptanzprobleme bei der einheimischen Bevölkerung.

1995 bis 1997
Erweiterungsphase: Erweiterung nach Nordwesten um rund 11 000 Hektar durch die Landespolitik und gegen den Willen der lokalen Bevölkerung; Höhepunkt der

Borkenkäfermassenvermehrung und sukzessives Absterben der Fichtenhochlagenwälder von Lusen und Rachel im Altparkgebiet; Kompromiss 1997: bis zum Jahr 2017 Borkenkäferbekämpfung im Falkenstein-Rachel-Gebiet.

1997 bis 2007
Etablierungsphase: Orkan »Kyrill« führt zu großflächigen Kahlschlägen und Borkenkäferausbreitung auch im Falkenstein-Rachel-Gebiet; Kompromiss 2006: erst im Jahr 2027 müssen 75 Prozent der Parkfläche zur Prozessschutzfläche erklärt worden sein, bis dahin kontinuierliche Vergrößerung der Naturzonen; deutliche Naturverjüngung der Totholzflächen im Rachel-Lusen-Gebiet.

2007 bis dato
Konsolidierungsphase: Eröffnung des neuen Besucherzentrums »Haus zur Wildnis« (einschließlich Wildfreigehege) im Falkenstein-Rachel-Gebiet 2006; Ersteinrichtung Baumwipfelpfad (mit 1 300 m Länge) 2009 im Rachel-Lusen-Gebiet zur Arrondierung der dortigen Besucherschwerpunkte »Hans-Eisenmann-Haus«, Pflanzen- und Gesteins- sowie Tierfreigelände aus dem Jahr 1982; im Rachel-Lusen-Gebiet keine weitere Borkenkäfermassenvermehrung und schnell voranschreitende Naturverjüngung besonders im Fichtenhochlagenwald.

Akzeptanzforschung zum Nationalpark Bayerischer Wald

Eine eindeutige definitorische Abgrenzung des Terminus »Akzeptanz« fällt schwer, da er in zahlreichen unterschiedlichen Kontexten verwendet wird. Gängig ist derzeit das von Doris Lucke entwickelte und später von Susanne Stoll für den Naturschutzbereich weiter präzisierte Funktionsmodell der Akzeptanz, das in der nachfolgenden Abbildung 2 dargelegt wird.[8]

Das Modell unterscheidet zwischen Akzeptanzobjekt, -subjekt und -kontext. Akzeptanzobjekte sind beispielsweise der Naturschutz im Allgemeinen oder auch Nationalparks im Speziellen. Für das Akzeptanzobjekt Nationalpark bedeutet dies, dass der Naturschutz als Schutzzweck gesellschaftlich akzeptiert sein muss. Akzeptanzsubjekte sind die individuellen und kulturellen Einstellungs- und Handlungsdeterminanten der beteiligten Akteure. Als Akzeptanzkontexte werden beispielsweise regionale, politische oder ökonomische Rahmenbedingungen verstanden. Sie stehen mit den Einstellungs- und Handlungsdeterminanten der Akzeptanzsubjekte in wechselseitiger Beziehung. Die Einstellungs- und Handlungsdeterminanten sind kontextabhängig, da jedes Mal ein individueller Bewertungsprozess auf Grundlage der vorliegenden Informationen stattfindet.

Bereits im Jahr 1988 wurde für das damalige Gebiet des Nationalparks Bayerischer Wald erstmalig eine wissenschaftliche Untersuchung der Akzeptanz in der lokalen Bevölkerung vorgenommen.[9] Es handelte sich um die erste Forschungsarbeit dieser Art in Deutschland und war letztlich für gesamt Mitteleuropa, einschließlich der Alpen in gewissem Maße richtungsweisend. Weitere Untersuchungen folgten zwanzig und dreißig Jahre später in den Jahren 2007/08 und

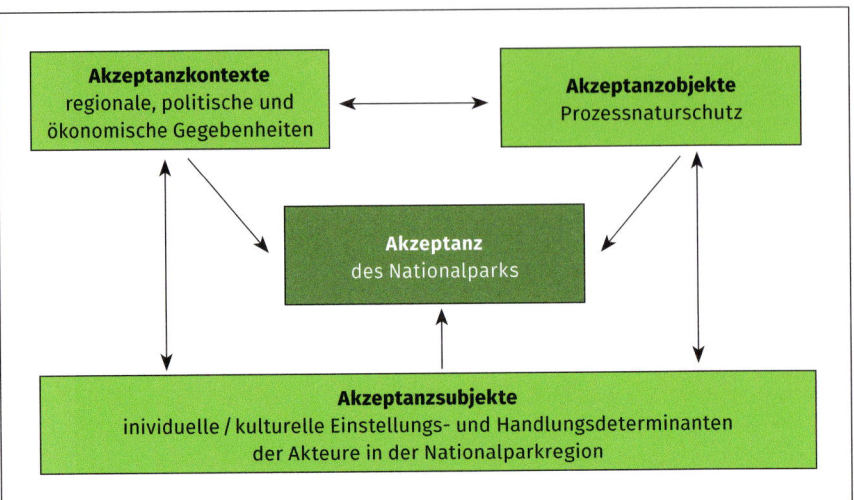

Abb. 2
Funktionsmodell von Akzeptanz im Naturschutz.[10]

2018, um die Nationalparkakzeptanz auf unterschiedlichen Maßstabsebenen zu untersuchen und mögliche Veränderungen im Zeitvergleich aufzuzeigen.[11]

Für die letzte Analyse der Akzeptanz des Nationalparks Bayerischer Wald bei der lokalen Bevölkerung wurden alle Gemeinden der beiden Nationalparklandkreise Freyung-Grafenau und Regen herangezogen. Um ein möglichst realitätsnahes Ergebnis zu erzielen und die Verweigerungsrate vor allem des den Nationalpark eher ablehnenden Teils der Bevölkerung gering zu halten, erfolgte im Januar 2018 die schriftliche Befragung (in Form eines selbst auszufüllenden Fragebogens) einer repräsentativen Stichprobe. Dabei wurden insgesamt 12 000 Fragebögen zufallsbasiert nach zuvor festgelegtem Intervall an bestimmte Haushalte verteilt. Innerhalb eines Haushalts hatte dann schließlich diejenige volljährige Person die Fragen zu beantworten, welche zuletzt Geburtstag gehabt hat. Dadurch sollte gewährleistet sein, dass es sich bei den letztlich teilnehmenden Personen um eine Zufallsstichprobe im bestmöglichen Sinne handelt. Der Rücklauf ausgefüllter Fragebögen lag schließlich bei rund 19,5 Prozent. Im Folgenden werden ausgewählte Ergebnisse dieser Untersuchung im Zeitvergleich mit den beiden vorangegangenen Studien vorgestellt.

Spontane Assoziationen

Einen ersten Eindruck geben die spontanen Antworten der Einheimischen auf die Einstiegsfrage, welche Begriffe ihnen einfallen, wenn sie an den Nationalpark Bayerischer Wald denken (Abb. 3). Die größte Verknüpfung besteht dabei zum Begriff der »Natur«. Darunter fallen hier unter anderem auch Naturschutzziele und der Wildnischarakter der Naturlandschaft. Darauf folgen mit in Summe etwa gleich vielen Nennungen »Tiere« sowie die Funktion des Nationalparks für »Tourismus & Erholung«. Das seit langem zentrale Konfliktfeld »Totholzflächen & Borkenkäfer« befindet sich auf dem vierten Platz. Im Vergleich zu 2007

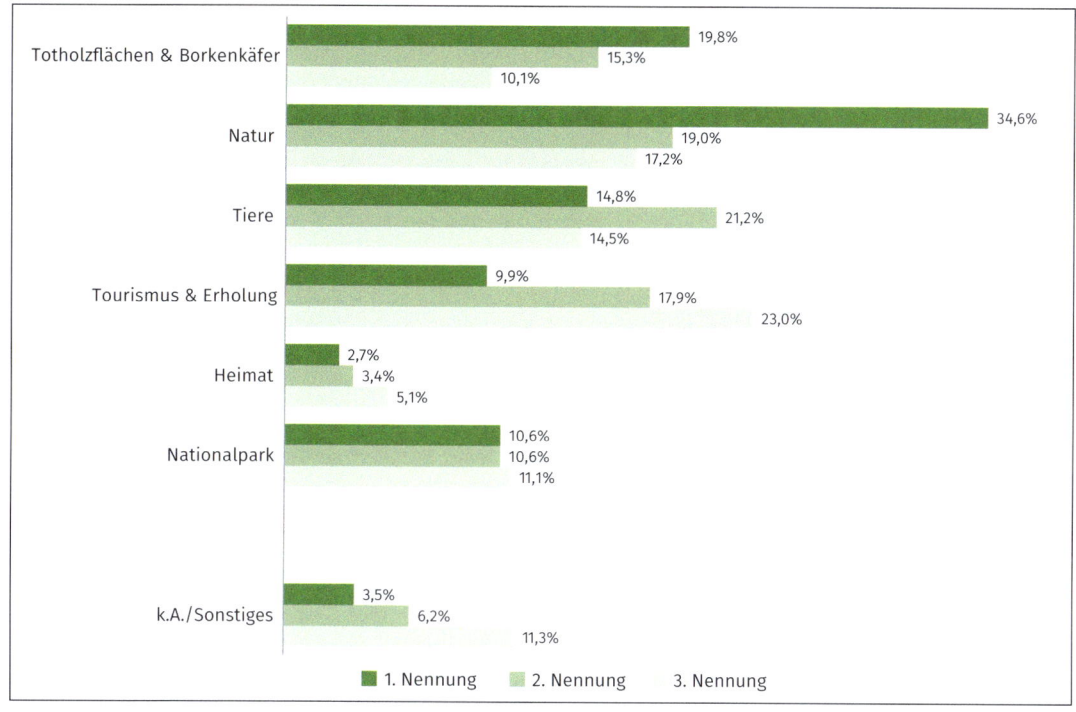

Abb. 3
Spontane Assoziationen mit dem Nationalpark Bayerischer Wald.

verliert das Thema Totholz und Borkenkäfer an Brisanz, ist jedoch weiterhin ein wichtiges Anliegen der Nationalparkanwohner. Die Verknüpfungen von Borkenkäfer und Nationalpark sind jedoch nicht mehr nur negativ konnotiert, sondern folgen einem deutlichen Trend zu weniger Unmut bezüglich der Totholzflächen. Trotz eines positiveren Stimmungsbilds im Vergleich zu 2007 signalisiert weiterhin ein nicht unerheblicher Teil der Befragten Verärgerung gegenüber dem Umgang mit dem Wald.

Wahrnehmung von Geboten und Verboten

Gebote und Verbote spielen für die Akzeptanz des Nationalparks eine nicht zu unterschätzende Rolle. An Einschränkungen können sich Anwohner oder Besucher anpassen oder sie können sich mit den entsprechenden Regeln identifizieren; Einschränkungen können aber auch Widerstand und Ablehnung hervorrufen.

»Im Nationalpark Bayerischer Wald ist vieles verboten, was erlaubt sein sollte.« Dieser Aussage stimmten im Jahr 2018 lediglich 28,6 Prozent zu. Das bedeutet, die Mehrheit der Befragten hält Ge- und Verbote im Sinne der Naturschutzziele für angemessen. Einzelne Teilgruppen fühlten sich davon aber offenbar stärker betroffen. So ist das wahrgenommene Übermaß an Verboten seitens der direkten Nationalparkanrainer deutlich ausgeprägter. Diese stimmten mit 42,6 Prozent mehrheitlich der obigen Aussage zu. Als Nationalparkanrainer bzw. Nahbereich wurden dabei solche Gemeinden definiert, die eine gemeinsame Grenze mit dem Nationalpark haben oder deren Gemarkung sich mit dem Nationalpark überschneidet. Gemeinden des Fernbereichs haben dagegen keine gemeinsame Grenze mit dem Nationalpark. Des Weiteren gaben die Befragten anhand einer Entscheidungsfrage an, ob sich für sie im Alltag durch die Nähe zum Nationalpark Einschränkungen ergeben, zum Beispiel aufgrund des Wegegebots oder des Verbots in der Kernzone Pilze und Beeren zu sammeln. Mit 87,3 Prozent antwortete eine klare Mehrheit mit »nein«, lediglich 9,1 Prozent antworteten mit »ja«. Im Nahbereich fühlen sich jedoch mit 19,8 Prozent deutlich mehr Anwohner im Alltag durch Einschränkungen betroffen. Das Phänomen der geringeren Akzeptanz im Nahbereich wurde bereits in der ersten Studie 1988 von Rentsch als »Akzeptanzkrater« betitelt, da die Akzeptanz in direkter Nationalparkumgebung geringer ist als im Fernbereich. Differenzen der Betroffenheit und dem Einschränkungsempfinden ergeben sich auch beim Vergleich zwischen Rachel-Lusen- und Falkenstein-Rachel-Gebiet. Denn nicht nur die Distanz zur Nationalparkgrenze, sondern auch das zeitliche Bestehen der Nationalparkteilgebiete sind akzeptanzwirksam. Je länger der Park besteht, desto eher identifiziert sich die Bevölkerung mit ihm oder akzeptiert ihn. Im älteren Rachel-Lusen-Gebiet herrscht deshalb eine höhere Akzeptanz des Nationalparks vor als im jüngeren Falkenstein-Rachel-Gebiet.

Nur wenige Verbote wurden im Jahr 2018 als problematischer empfunden als 2007. Das »Verbot in der Kernzone, Beeren und Pilze zu sammeln« wird nicht nur am ehesten als übertrieben bewertet, sondern weist unter den Verboten auch den höchsten empfundenen Einschränkungsgrad auf. Sichtbar wird das bei den geringsten Werten in der Kategorie »gar nicht einschränkend« (Abb. 4). Das »Verbot in der Kernzone, markierte Wege zu verlassen« wird 2018 zwar als einschränkender empfunden als 2007, aber der Anteil der Kategorie »sehr eingeschränkt« sinkt im Zeitverlauf. Durchgängig ist erkennbar, dass bei allen anderen Verboten ein Rückgang des Einschränkungsempfindens gegeben ist. Einige 2018 erstmals abgefragte Verbote und Restriktionen – darunter das Fahrverbot und das Wegegebot zum Schutz gefährdeter Arten – bewerteten die Befragten interessanterweise mehrheitlich als gar nicht einschränkend.

Wenn Anwohner sich nicht in die Entscheidungsprozesse eingebunden fühlen, in denen Regeln aufgestellt werden, ist davon auszugehen, dass sie sich von den Regeln stärker eingeschränkt fühlen. Im Vergleich zu den Zustimmungswerten von 2007 zeigt sich hier eine leichte Verbesserung bezüglich der wahrgenommenen Mitsprachemöglichkeiten durch den Kommunalen Nationalparkausschuss[12] und der Bürgernähe im Entscheidungsprozess der Nationalparkverwaltung. Mit 54,4 Prozent Zustimmung war jedoch auch 2018 noch eine Mehrheit der Befragten der Ansicht, die Nationalparkverwaltung treffe ihre Entscheidungen »über die Köpfe der Bevölkerung hinweg«. Noch immer ist das Mitspracherecht über den Kommunalen Nationalparkausschuss bei einem großen Teil der Bevölkerung nicht bekannt; von einigen wird die Existenz des Ausschusses auch nicht als Verbesserung angesehen. Dennoch zeigt sich: Je weniger Möglichkeiten zur Teilhabe und Mitsprache die Befragten empfinden, desto eher fühlen sie sich durch die Ge- und Verbote des Nationalparks eingeschränkt.

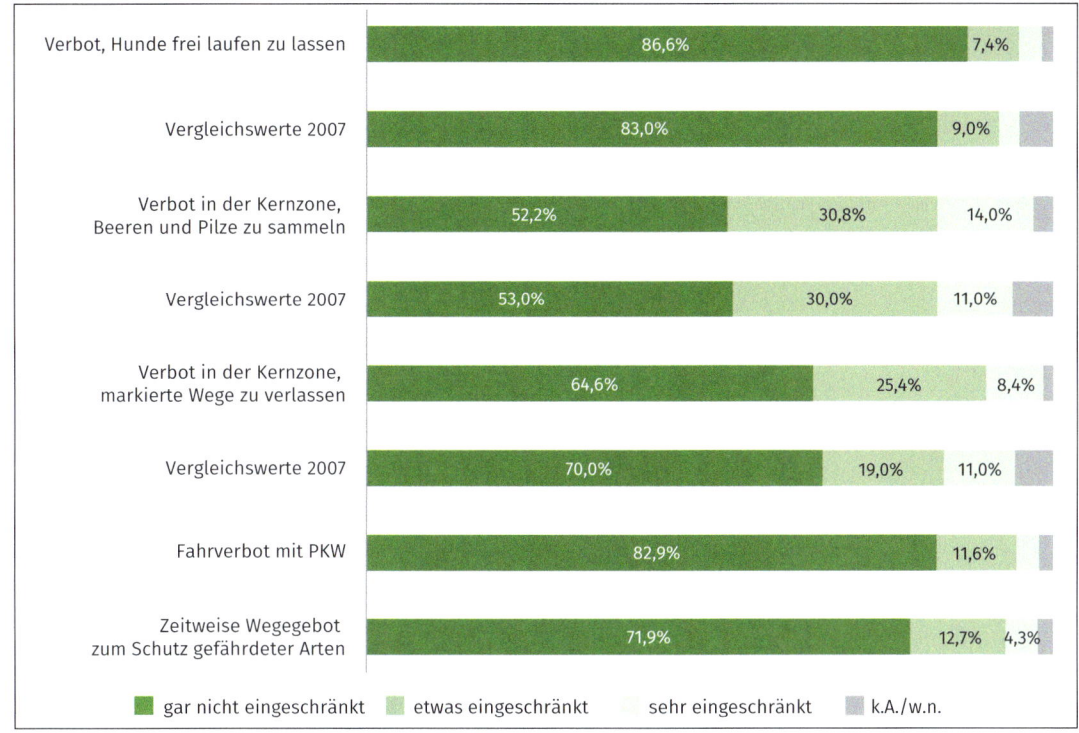

Abb. 4
Einschränkungsempfinden von Ge- und Verboten im Nationalpark Bayerischer Wald.

Ge- und Verbote dienen dem höchsten Ziel »Natur Natur sein lassen« mit der Entwicklung der vom Menschen beeinflussten Naturlandschaft hin zu mehr Wildnis. Die erste deutsche Nationalparkausweisung folgte diesem Ziel und stellte den Bayerischen Wald unter strengen Naturschutz, wodurch der ländlichen Region zugleich ein weiteres ökonomisches Standbein durch den Natur- und Nationalparktourismus ermöglicht werden sollte. Denn besonders Touristen, deren Reiseentscheidung ganz wesentlich auf der Bezeichnung »Nationalpark« beruht, schätzen die entstehende Waldwildnis. So ist auch ein größerer Anteil der Befragten von der positiven Wirkung des Nationalparks auf den Tourismus überzeugt. Im Jahr 2018 bewerteten entsprechend 86,9 Prozent der Befragten die Aussage als zutreffend, dass die Region durch den Nationalpark bundesweit und international bekannter geworden sei. Auf den Naturtourismus in deutschen Nationalparks fallen 53,09 Millionen Besuchstage mit einem Bruttoumsatz von 2,78 Milliarden Euro[13]. Damit der ökonomische Stellenwert des Nationalparktourismus auch akzeptanzwirksam ist, muss dieser Sachverhalt erkannt werden. Allerdings nehmen insbesondere die Gruppen, denen ein direkter Vorteil von steigenden Touristenzahlen unterstellt werden kann, wie zum Beispiel Betreiber eines Gastgewerbes oder direkt im Tourismus Beschäftigte, den positiven Zusammenhang zwischen Nationalpark und Tourismus nicht so deutlich wahr wie der Durchschnitt der Befragten. Dies lässt sich durch eine kritischere Einstellung dieser Personengruppe gegenüber dem sich verändernden Waldbild und seiner als negativ empfundenen Wirkung auf Touristen erklären und kann als möglicher Grund für die geringere Akzeptanz gewertet werden. Insgesamt zeigt sich aber, dass die Summe der Befragten heute deutlich stärker einen positiven Zusammenhang zwischen Nationalpark und Tourismus erkennt, als dies im Jahr 2007 noch der Fall war.

Information und Kommunikation

Da Akzeptanz und Informationsstand eng miteinander zusammenhängen, stellt sich die Frage, wie sich Anwohner über den Nationalpark Bayerischer Wald informieren. Hier zeigt sich die ungebrochene Beliebtheit der Printmedien, die bereits 2007 den ersten Rangplatz einnahmen. Auch die Informationsgewinnung durch entsprechende Angebote der Nationalparkverwaltung selbst sowie die Diskussion im Bekanntenkreis haben augenscheinlich gegenüber den neuen digitalen Informationsquellen wie Internetauftritt und Social Media kaum an Popularität eingebüßt. Zusätzliche Erkenntnis zum Informationsgrad der Anwohner über den Nationalpark Bayerischer Wald bietet die Nutzung der Informationseinrichtungen sowie der Veranstaltungen und der Informationsmaterialien des Nationalparks. Offenbar wird, dass 77,7 Prozent der Befragten im vergangenen Jahr mindestens eine der genannten Informations- und Bildungseinrichtungen des Nationalparks besucht haben. 26,5 Prozent hatten demnach an Führungen teilgenommen oder Vorträge und Bildungsveranstaltungen für Kinder besucht. Insgesamt fühlte sich mit 48,8 Prozent nahezu die Hälfte der Befragten gut bis sehr gut über die Arbeit der Nationalparkverwaltung informiert; 24,0 Prozent, eine klare Minderheit, schätzten ihren Informationsgrad schlecht ein.

Handeln der Nationalparkverwaltung

Auch die Einstellung der Anwohner gegenüber der Nationalparkverwaltung wurde im Rahmen der Untersuchung erfragt. Insgesamt 63,0 Prozent der Befragten schätzten den Kommunikationspartner Nationalparkverwaltung als vertrauenswürdig ein, lediglich 14,9 Prozent hegten Misstrauen. Unter den Bewohnern in der unmittelbaren Umgebung des Nationalparks lag der Anteil der Misstrauischen mit 22,9 Prozent um einiges höher. Die Bewertung des Handelns der Nationalparkverwaltung spielte eine entscheidende Rolle in der Gesamtwahrnehmung des Nationalparks (Abb. 5). Im Vergleich zur Einschätzung von 2007 hat sich die Wahrnehmung in jüngerer Zeit verbessert. Dennoch ist weiterhin eine Mehrheit der Befragten davon überzeugt, dass die Nationalparkverwaltung die Interessen der Waldbesitzer nicht ausreichend wahrt (55,3 Prozent als Summe der ersten beiden Antwortkategorien »stimme voll zu« und »stimme eher zu«).

Als Kommunikationszweig und Sprachrohr der Nationalparkverwaltung sind auch die Ranger zu sehen, denen die Nationalparkanwohner im Gelände begegnen können. Diese Erfahrung hatten bereits 41,0 Prozent der Befragten gemacht. Darunter waren drei Viertel mit der Begegnung zufrieden und berichteten, der

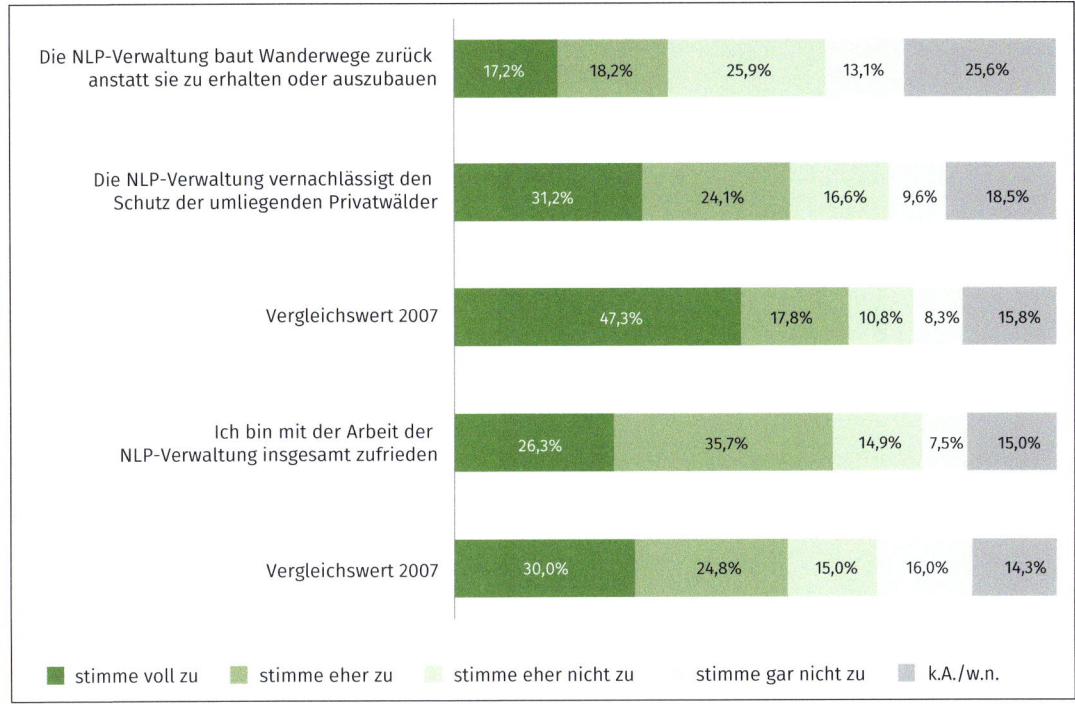

Abb. 5
Zustimmung zu Statements über das Handeln der Nationalparkverwaltung.

Eindruck sei »freundlich«, »hilfsbereit« oder »kompetent« gewesen. Dagegen äußerten 12,4 Prozent der Probanden, die einem Ranger begegnet waren, diese als »überheblich« oder »unfreundlich« empfunden zu haben. Die übrigen bewerteten ihre Begegnung im weiteren Sinne als »in Ordnung«. Zur Einordnung dieser Wahrnehmung sei angemerkt, dass Ranger neben ihrem Bildungsauftrag auch die Einhaltung der Schutzgebietsbestimmungen überwachen und daher unter Umständen ein etwas bestimmteres Auftreten haben.

Wahrnehmung von Totholz

Im Kontext forstwirtschaftlicher Tradition stellt der Umgang des Nationalparks mit Totholz und Borkenkäfermanagement ein zentrales Konfliktfeld dar. Der Stellenwert der Totholzproblematik wird deutlich anhand des sinkenden Anteils der Befragten, die den Nationalpark Bayerischer Wald spontan mit Begriffen wie »Totholz und Borkenkäfer« verbinden. Daraus folgt, dass zu Beginn des Jahres 2018 das Borkenkäferthema in der öffentlichen Wahrnehmung eine untergeordnete Rolle spielte.

Aufs Ganze gesehen wird eine zunehmend positive Wahrnehmung von Totholz ersichtlich. Trotz der mäßigen Selbsteinschätzung bezüglich des Informationsgrades zu Totholz befinden die Befragten zu 50,7 Prozent, dass ihnen Totholz gefällt (Abb. 6). Die ökologischen Funktionen von Totholz wurden ebenfalls von der Mehrheit der Befragten erkannt und 72,3 Prozent stimmten zu, dass

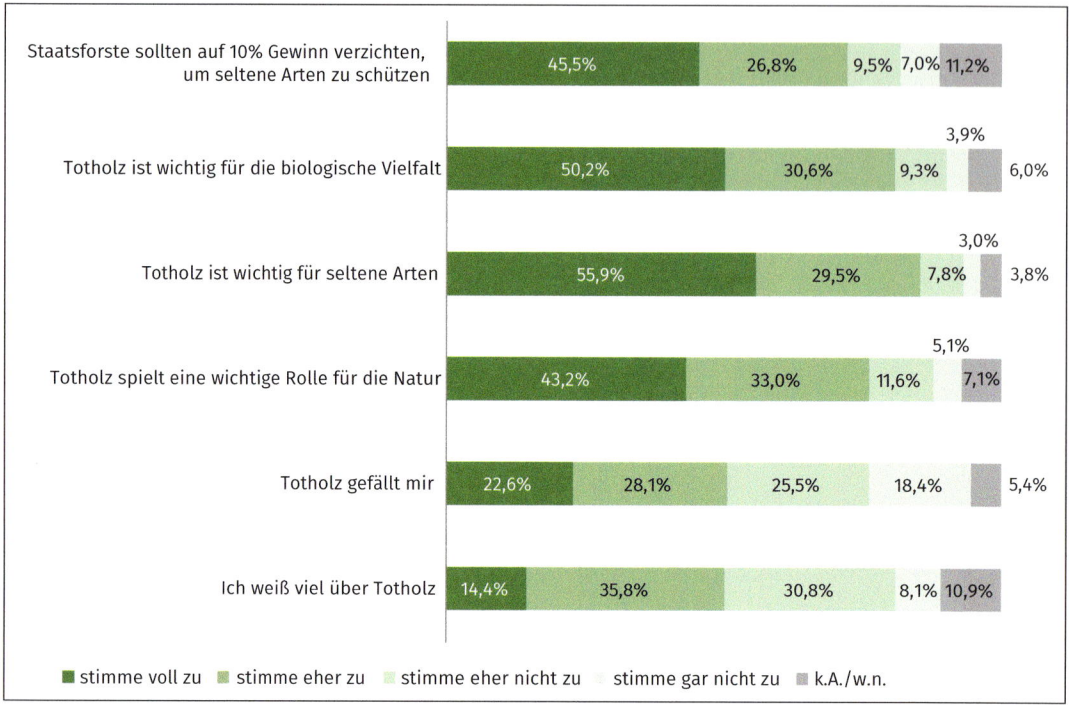

Abb. 6
Zustimmung zu Statements über Totholz.

finanzielle Unterstützung für den Biodiversitätsschutz auch auf Kosten der Gewinne aus Staatsforsten generiert werden sollten.

Die Wahrnehmung von Totholz wird mittlerweile augenscheinlich zunehmend durch dessen Funktion für den Biodiversitätserhalt bestimmt. Dies bestätigt sich auch durch die Antworten der Probanden auf die Frage nach der vermuteten Entwicklung der bestehenden Totholzflächen. Offenkundig sind die Einheimischen mittlerweile relativ gut über ökologische Zusammenhänge informiert. Sie haben sich augenscheinlich an das veränderte Waldbild gewöhnt; und die Erfahrung, dass der großflächig veränderte Bergfichtenwald mit je nach Gelände strukturreichen Ausformungen nachwächst, hat zu einer deutlich positiveren Bewertung geführt.

Sonntagsfrage zum Fortbestand des Nationalparks

Als wesentlicher Indikator für die Gesamtakzeptanz des Nationalparks dient die Aufforderung an die Befragten, wie sie entscheiden würden, wenn es am kommenden Sonntag eine Abstimmung über das Weiterbestehen des Nationalparks gäbe. Hier zeigt sich ein insgesamt sehr positives Bild mit 85,8 Prozent Zustimmung, ein Zugewinn von knapp zehn Prozentpunkten seit 2007 (Abb. 7). Weiterhin wird deutlich, dass der Anteil der Personen, die sich aktiv beziehungsweise organisiert gegen den Nationalpark engagieren, deutlich geringer ist als der Anteil der aktiven Befürworter des Nationalparks.

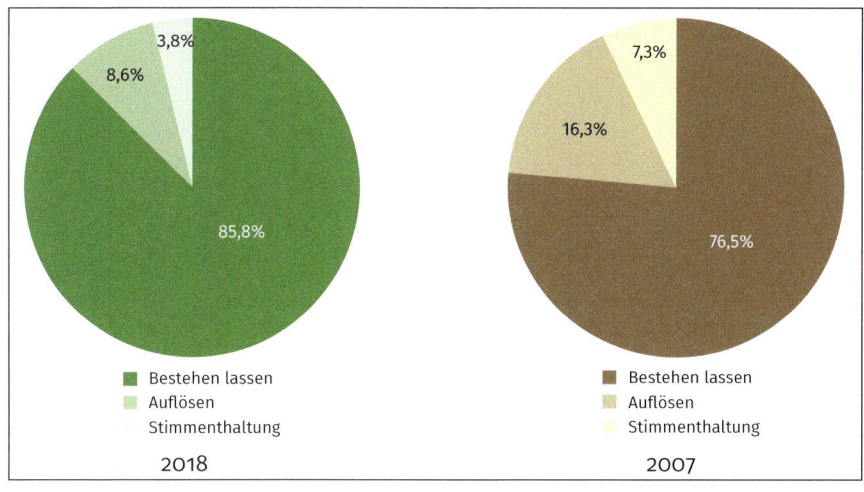

Abb. 7 Sonntagsfrage Nationalpark Bayerischer Wald im Zeitvergleich.

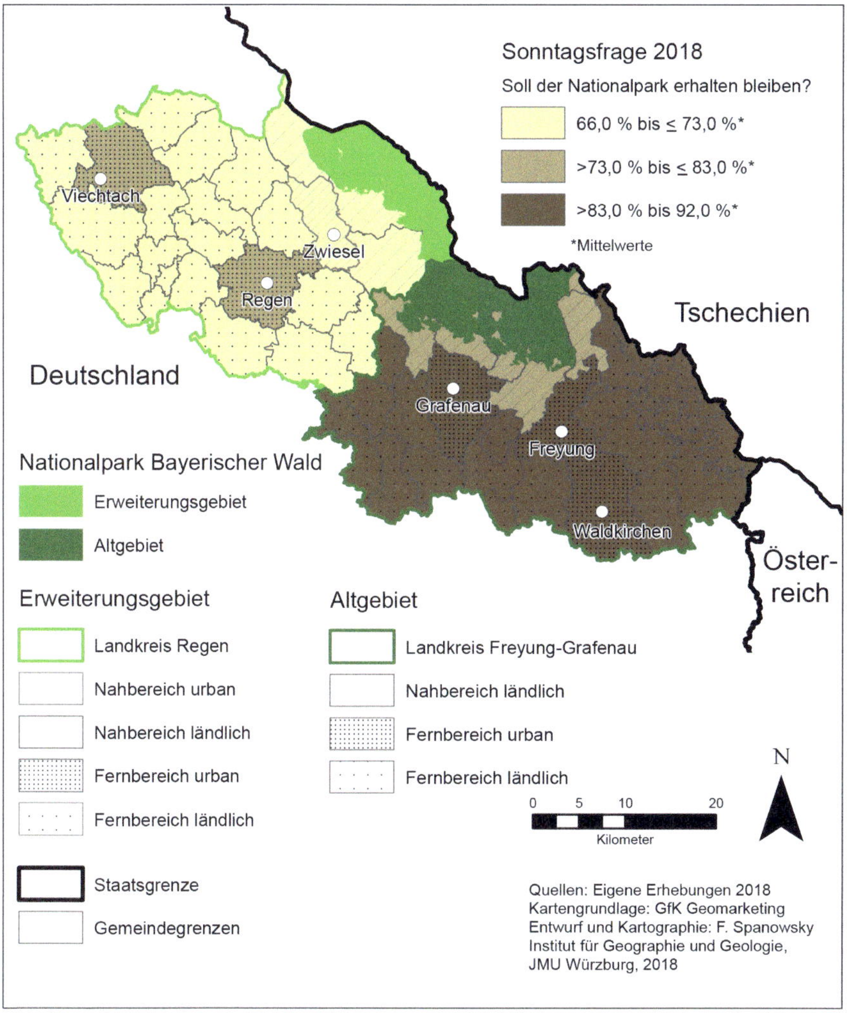

Abb. 8 Ergebnisse der Sonntagsfrage räumlich differenziert.

Der augenscheinliche Effekt der räumlichen Distanz auf die Einstellung der Befragten zum Nationalpark wird zudem anhand der Unterschiede im Abstimmungsverhalten in der »Sonntagsfrage« zwischen Nah- und Fernbereich deutlich. So ist der Anteil derer, die gegen den Fortbestand des Nationalparks abstimmen würden, im Nahbereich mit 14,4 Prozent immer noch genau doppelt so hoch wie im Fernbereich (Abb. 8).

Gegenüber den Vorgängerstudien stieg der Anteil der Nationalparkbefürworter jeweils deutlich an: im Nahbereich von 34,2 Prozent im Jahr 1988 auf 78,9 Prozent im Jahr 2018. Für das Rachel-Lusen-Gebiet wurde 2007 ein Anteil von 81,0 Prozent Nationalparkfürsprechern ermittelt. In der vorliegenden Studie ist dieser Wert deutlich auf 90,4 Prozent angestiegen.

Fazit

Das Stimmungsbild bei der lokalen Bevölkerung ist im Jahr 2018 deutlich positiver als in früheren Untersuchungszeiträumen (Abb. 9). Ein großer Anteil der Befragten – annähernd ein Fünftel – wünscht sich heute ein »Weiter so«. Die positiven Bewertungen beziehen sich sowohl auf den Park selbst als auch auf die die Nationalparkverwaltung. Aus dem 1988 bemerkten »Akzeptanzkrater«, der eine stark ablehnende Haltung der Bevölkerung im Parkumfeld bezeichnete, ist heute – um in der geomorphologischen Sprache zu bleiben – eher eine »Akzep-

Abb. 9
Kategorisierte Antworten: »Wollen Sie der Nationalparkverwaltung noch etwas mitteilen?«

tanzmulde« geworden. Diese ist im nördlichen Falkenstein-Rachel-Gebiet stärker wahrzunehmen als im Süden des Rachel-Lusen-Gebiets.

Daraus kann geschlossen werden, dass die Bewohner sich an ihren Park gewöhnt haben, ja vielfach sehr gut mit ihm leben können und stolz auf ihn sind. Diese positive Wahrnehmung brauchte aber letztlich seine Zeit. So ist im Nahbereich des Falkenstein-Rachel-Gebiets die Zustimmung zur Idee, die Natur im Nationalpark Natur sein zu lassen, am niedrigsten ausgeprägt. Unter den gegebenen Umständen braucht es auch hier noch eine weitere Generation, bis der Nationalpark in der Bevölkerung vor Ort angekommen sein wird. Als allgemeine Lehre aus den aufgezeigten Entwicklungen im Nationalpark Bayerischer Wald lässt sich ableiten, dass ein solches Gebiet von Beginn an als ein langfristiges Vorhaben gedacht und gelebt werden muss. Dies ist mit viel Arbeit und der Ausdauer aller Verantwortlichen verbunden, um einen Nationalpark mit seiner Idee in einer Region zu verankern.

Weiterführende Literatur

Job, Hubert, et al. *Akzeptanz der bayerischen Nationalparks: Ein Beitrag zum sozioökonomischen Monitoring in den Nationalparks Bayerischer Wald und Berchtesgaden – Würzburger Geographische Arbeiten* 122. Würzburg 2019.

Liebecke, Robert, Klaus Wagner und Michael Suda. *Die Akzeptanz des Nationalparks bei der lokalen Bevölkerung.* Grafenau 2011.

Rentsch, Gudrun. *Die Akzeptanz eines Schutzgebietes. Untersucht am Beispiel der Einstellung der lokalen Bevölkerung zum Nationalpark Bayerischer Wald – Münchner Geographische Hefte* 57. Kallmünz 1988.

Profitiert die Region vom Nationalpark?
Ökonomische Perspektiven

Marius Mayer

Schutzgebiete wie Nationalparks assoziiert man normalerweise mit wilden Tieren, spektakulären Landschaften und fernen Reisezielen wie dem Grand Canyon oder der Serengeti. Die ökonomische Seite dieser Parks ist hingegen vielen Menschen kein Begriff, obwohl von großer Bedeutung für die Entstehung und den Weiterbestand dieser Schutzgebiete. Bereits im späten 19. Jahrhundert war die Ankurbelung des Tourismus durch Nationalparks in den kanadischen Rocky Mountains ein wirtschaftliches Argument für deren Ausweisung[1]. Im Bayerischen Wald sollte der Nationalpark sogar ursprünglich keineswegs ein strenges Schutzgebiet mit Wildnischarakter werden, sondern war als Regionalförderung für das strukturschwache Gebiet am Rande des Eisernen Vorhangs gedacht, für das mit dem Park eine touristische Attraktion geschaffen werden sollte.[2] Der Vorrang der Tourismusförderung zeigt sich unter anderem daran, dass die ursprüngliche Konzeption des Schutzgebiets 1969/70 mit dem Tierfreigehege und der Fortsetzung der Forstwirtschaft eher einem Naturpark ähnelte, der jedoch aus Gründen der touristischen Vermarktung unbedingt das Label »Nationalpark« tragen sollte[3]. Auch für die Akzeptanz von Schutzgebieten bei der einheimischen Bevölkerung in ihrem direkten Umfeld spielen ihre wirtschaftlichen Folgen/Auswirkungen eine bedeutende Rolle, da allfällige Nachteile, falls nicht kompensiert, zu Unzufriedenheit und eventuell sogar Unterminierung der Schutzziele führen können.[4]

Mit dem Thema von Wirtschaftlichkeit und Vermarktung werden insbesondere die Besucherinnen und Besucher von Nationalparks außerhalb Deutschlands konfrontiert, wenn sie dort, zum Teil hohe, Eintrittsgelder entrichten müssen. Am Grand Canyon werden derzeit beispielsweise zwischen 20 und 35 US-Dollar für sieben Tage verlangt, im tansanischen Serengeti Nationalpark 60 US-Dollar pro Tag für erwachsene Nicht-Afrikaner.[5] In Deutschland schließen das Bundeswaldgesetz sowie die Landesverfassungen der Bundesländer die Erhebung solcher Eintrittsgelder aus, da sie das freie Betretungsrecht von Wald und Flur gewährleisten. Das bedeutet aber natürlich weder, dass durch Schutzgebiete in Deutschland keine Kosten entstünden, noch, dass diese Parks keine konkreten Einnahmen oder allgemeinen ökonomischen Nutzen für die Gesellschaft generieren würden.

Dieses Kapitel hat daher zum Ziel Nationalparks aus einer ökonomischen Perspektive zu betrachten und am konkreten Beispiel des Nationalparks Bayerischer Wald aufzuzeigen, welche gesellschaftliche Relevanz dieses Thema besitzt, welche Ergebnisse eine Kosten-Nutzen-Betrachtung ergibt und wie diese interpretiert werden können.

Ökonomische Aspekte von Nationalparks und anderen Schutzgebieten

Schutz der Natur ist das wichtigste Ziel bei der Einrichtung von Nationalparks, aber ökonomische Fragen haben in der Diskussion um Schutzgebiete immer wieder eine zentrale Rolle gespielt. Einige Kritiker – an erster Stelle der liberale, US-amerikanische Ökonom Milton Friedman – schlugen seit den 1960er Jahren vor, dass der Staat sich ganz aus dem Geschäft des Naturschutzes zurückziehen sollte.[6] Friedman war der Überzeugung, dass die private Wirtschaft die bestehende Nachfrage der Bevölkerung nach Naturschutz durch die Einrichtung von Schutzgebieten befriedigen könne. Der Staat sollte sich, so Friedman, vollständig zurückziehen und die Einrichtung und das Betreiben ganz dem Markt überlassen.

Als Reaktion auf diese sehr marktliberale Position entwickelten die US-amerikanischen Umweltökonomen Burton Weisbrod und John Krutilla eine ganz andere Position. Krutilla ging davon aus, dass die Umwelt einen »Existenz- und Vermächtniswert« habe. Nach dieser Theorie haben Menschen ein Interesse am Erhalt von Natur, auch wenn sie die Natur nie selbst aufsuchen. Der Wert ergäbe sich allein schon aus dem Wissen, dass die Natur um ihrer selbst willen (»Existenz«) aber auch für zukünftige Generationen – als »Vermächtnis« – erhalten bliebe.[7] Burton Weisbrod sprach der Natur einen »Optionswert« zu. Damit versuchte er zu erklären, dass ein Schutzgebiet auch dadurch eine Investition wert sein könne, dass man den Park vor der Bebauung oder Zerstörung bewahrt, denn dies halte die »Option« offen ihn in Zukunft besuchen zu können (oder auch die Rohstoffe zu einem späteren Zeitpunkt abbauen zu können).[8]

Sowohl Krutilla als auch Weisbrod machten mit ihrer Kritik deutlich, dass Nationalparks Wertkomponenten besitzen, die als öffentliche Güter nicht am Markt handelbar sind. Sie leiteten daraus ab, dass Nationalparks, wie andere öffentliche Güter, auch ökonomisch bewertet werden sollten, um nicht Gefahr zu laufen, im Fall knapper öffentlicher Kassen einem mit Unwirtschaftlichkeit begründeten Spardiktat zum Opfer zu fallen. Für das Entstehen von Nationalparks ist staatliches Handeln erforderlich, da wichtige Wertkomponenten von Schutzgebieten öffentliche Güter darstellen. Öffentliche Güter wiederum sind von zwei wesentlichen Eigenschaften geprägt. Erstens kann von ihrer Nutzung niemand ausgeschlossen werden. So gilt im Gegensatz zu einem privaten Freizeitpark für Nationalparks und andere Schutzgebiete in Deutschland freies Betretungsrecht. Zweitens verhindert die individuelle Nutzung öffentlicher Güter wie Nationalparks durch BesucherInnen nicht die Nutzung durch andere BesucherInnen –

etwa im Gegensatz zu einem Apfel, den immer nur ein Mensch zur Gänze verspeisen kann. Der Staat muss also Nationalparks ausweisen und unterhalten, da jeder Einzelne keinen Anreiz hat seine Zahlungsbereitschaft für einen solchen Park zu offenbaren: man kann den Park ja auch ohne Eintrittsgelder betreten und es besteht keine Notwendigkeit andere BesucherInnen durch höhere eigene Zahlungsbereitschaft von einem Besuch im Nationalpark abzuhalten – im Gegensatz zu einer Versteigerung, deren Objekt immer nur einer kaufen kann. Diese Argumente gelten im Übrigen aus den gleichen Gründen auch für die Bereitstellung vieler öffentlicher Güter des täglichen Lebens, wie zum Beispiel Sicherheit im öffentlichen Raum oder saubere Luft.

Da die Einrichtung von Nationalparks aus genannten Gründen eine staatliche Aufgabe ist, enthält jede umweltpolitische Entscheidung für oder gegen sie bereits eine Bewertung von Umweltgütern. Indem Politiker Prioritäten setzen – dadurch, dass sie Gebiete schützen oder sich für oder gegen Umweltmaßnahmen entscheiden – bestimmen sie bereits den Wert der Umwelt. Oft handelt die Politik so als sei die Umweltleistung eines Waldes oder eines Schutzgebiets kostenlos, weil scheinbar frei verfügbar. Tatsächlich aber liegt allen Umweltentscheidungen eine Bewertung zugrunde und eine ökonomische Bewertung legt diese oft nach Bauchgefühl getroffenen Entscheidungen lediglich offen.[9]

Dass dies keine rein akademische Diskussion ist, zeigen Äußerungen von Trägern hoher politischer Ämter wie eines bayerischen Staatssekretärs, der gegenüber der *Süddeutschen Zeitung* den Nationalpark Bayerischer Wald als ein Zuschussgeschäft bezeichnete, wohingegen die Forst- und Holzwirtschaft im nationalparkfreien Steigerwald Gewinne abwerfe.[10] Auch der Bundesverband der Säge- und Holzindustrie e. V. führt bei seinen »Fünf größten Nationalparkirrtümern« als dritten Kritikpunkt die Aussage an »Ein Nationalpark schafft Arbeitsplätze«: »Volkswirtschaftliche Erfahrungswerte sprechen gegen die Einrichtung eines Nationalparks. […] Die jährlichen Ausgaben bei den bestehenden Nationalparken Bayerischer Wald, Hainich, Kellerwald-Edersee und Harz [liegen] zwischen 250 und 640 Euro je Hektar. Dem stehen Einnahmen von etwa 100 Euro gegenüber.«[11] Unklar bleibt, welche Wertkomponenten hier den durchaus realistischen Angaben über direkte Kosten der Großschutzgebiete gegenübergestellt wurden: Um eine umweltökonomisch fundierte Kosten-Nutzen-Analyse handelt es sich sicher nicht, da lediglich von »Erfahrungswerten« gesprochen wird. Diese beiden Beispiele verdeutlichen, dass möglichst objektive und fachlich fundierte ökonomische Bewertungen von Nationalparks für eine sachliche Diskussion über ihre Rentabilität dringend erforderlich sind.

Abbildung 1 (links) zeigt,[12] dass durch Schutzgebiete drei wesentliche Kostenkategorien entstehen: Erstens sind dies direkte Kosten, die aus den Ausgaben für Ausrüstung, Unterhaltung und Management von Schutzgebieten bestehen. Schließlich müssen Mitarbeiterinnen und Mitarbeiter bezahlt, Besucherzentren und Wege errichtet und unterhalten, sowie Forschungsprojekte, wie beispielsweise Wildtier-Monitoring, finanziert werden. Zweitens entstehen indirekte Kosten. Diese umfassen die Schäden, die außerhalb des Schutzgebietes von Wildtieren aus dem Park verursacht werden: beispielsweise, wenn ein Rothirsch aus

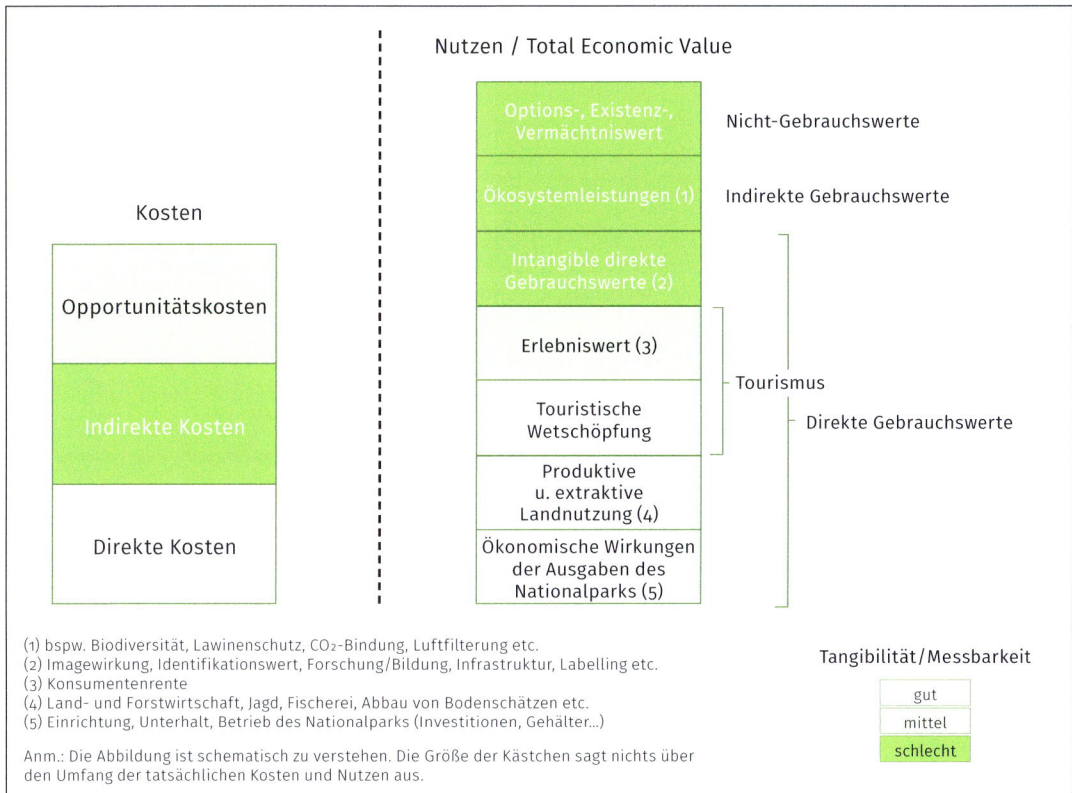

Abb. 1
Kosten und Nutzen von Schutzgebieten / Nationalparks.

einem Schutzgebiet Bäume in einem angrenzenden Wald schält und damit schädigt. Zum Dritten entstehen dadurch Kosten, dass Flächen zum Zwecke strengen Naturschutzes aus der Nutzung genommen werden und etwa kein Holz mehr eingeschlagen und verkauft werden darf. Dies sind die Opportunitätskosten, definiert als die entgangenen Einnahmen aus alternativen Landnutzungsmöglichkeiten, wie etwa der Forstwirtschaft oder aber skitouristischen Aktivitäten, falls aufgrund des Schutzgebietsstatus keine Liftanlagen und Pisten errichtet werden können. Dies war in den 1960er Jahren zwischen Rachel und Lusen im Gebiet des heutigen Nationalparks Bayerischer Wald tatsächlich geplant und gilt als einer der Auslöser für die Propagierung der Nationalpark-Idee durch Hubert Weinzierl, den damaligen Beauftragten für Naturschutz der Regierung von Niederbayern.[13]

Der freie Eintritt in deutsche Schutzgebiete bedeutet aber nicht, dass diese keine konkreten Einnahmen oder allgemeine ökonomische Werte für die Gesellschaft generieren würden. Bei den gesellschaftlichen Werten von Nationalparks kann man allgemein zwischen Gebrauchs- und Nichtgebrauchswerten unterscheiden. Die ersteren werden wiederum in direkte und indirekte Gebrauchswerte differenziert (Abbildung 1 rechts):

▶ Die Ausgaben für Löhne und Gehälter der Mitarbeiterinnen und Mitarbeiter sowie Investitionen in Infrastruktur und deren Erhaltung verschwinden

Profitiert die Region vom Nationalpark?

nicht im Nirgendwo, sondern beleben den regionalen Wirtschaftskreislauf. So finden beispielsweise Menschen aus der Region Arbeitsplätze und für Projekte und Investitionen werden häufig lokale Unternehmen und Betriebe herangezogen beziehungsweise beauftragt.

- Ein produktiver oder extraktiver Nutzen entsteht aus Ressourcen, die geerntet, abgebaut und als private Güter verkauft werden. Dies gilt zum Beispiel für den Verkauf von Holz, das in Pufferzonen eines Parks im Rahmen der Borkenkäferbekämpfung eingeschlagen wird.
- Ein weiterer wirtschaftlicher Nutzen resultiert aus dem Nationalparktourismus. Die touristische Wertschöpfung kommt aus den Geldern, die Parkbesucher zum Beispiel für Unterkunft, Gastronomie oder Souvenirs ausgeben. Darüber hinaus generieren Parks aber auch bezifferbare Werte außerhalb der Schutzgebietsregion, da die Anreise dorthin zum Teil mit erheblichen Ausgaben verbunden ist und die man als Messgröße für die Zahlungsbereitschaft der Besucher für einen Parkbesuch betrachten kann. Diese Anreisekosten für den Besuch von Schutzgebieten fließen zwar nicht als Zahlungen in den Park, aber Ökonomen haben Methoden wie die sogenannten Reisekostenmethode entwickelt, um damit den Nutzen zu berechnen, der sich durch die Anfahrt zu und damit den Besuch in den Schutzgebieten ergibt.
- Weitere, schwer fassbare (sogenannte intangible) Gebrauchswerte eines Nationalparks ergeben sich aus seinem Bekanntheitsgrad und damit verbunden dem Imagegewinn einer Region. Vermarktungsmöglichkeiten gibt es etwa, wenn »Wasser aus der Nationalpark-Region!« zum Verkauf angeboten wird und die Herkunftsangabe einen Mehrwert erzeugt. Im Bayerischen Wald gibt es etwa ein Nationalparkbier. In den gleichen Zusammenhang gehört auch der Wert des Parks für die Umweltbildung. Die Anzahl der Schulklassen, die alljährlich den Park besuchen, lässt sich zwar nur schwer in Geldeinheiten erfassen, hat aber ebenso einen Wert wie etwa die neu geschaffene Infrastruktur. Ein Beispiel ist der Bau der Nationalpark-Basisstraße im Bayerischen Wald in den Jahren unmittelbar nach Gründung des Parks. Auch kulturellen Faktoren kann ein Wert innewohnen; man denke nur an den Stolz auf das Schutzgebiet, wenn sich die lokale Bevölkerung mit einem Nationalpark identifiziert.
- Ein weiterer, indirekter Gebrauchswert von Schutzgebieten ergibt sich aus den ökologischen Auswirkungen und Vorteilen, die Menschen aus dem Ökosystem Nationalpark beziehen. Nationalparks stiften Nutzen (in der Fachsprache spricht man hier von Ökosystemleistungen), etwa durch die erhöhte Biodiversität oder durch die Verbesserung der Luft- und der Wasserqualität und durch die Bindung und Speicherung von CO_2. Nationalparks können außerdem die Gefahr von Naturkatastrophen, wie Lawinen oder Hochwasser reduzieren.

Im Rahmen der Nichtgebrauchswerte spricht allein schon das Wissen, dass Schutzgebiete erhalten bleiben (Existenzwert) oder dass Mitmenschen oder Nachfahren Zugang zu einer relativ ungestörten Natur haben (altruistischer Wert, Vermächtniswert), für den Wert von Nationalparks. Neben einer generellen Zufriedenheit spiegelt sich der Wert auch in der Bereitschaft zum Spenden wider. Die erfolgreichen Spendenkampagnen von Naturschutzorganisationen, zum Beispiel für Tiger-Reservate auf dem indischen Subkontinent, sind ein Beleg für diese Werte.

Fest steht, Schutzgebiete weisen eine Vielzahl und sehr unterschiedliche Kosten- und Nutzenkategorien auf, die sich unterschiedlich leicht messen und in konkreten Geldeinheiten ausdrücken lassen (Abbildung zu Kosten und Nutzen oben). Klar ist, dass ernst gemeinter strenger Naturschutz in Nationalparks eine Einstellung sämtlicher bisheriger Landnutzungen beinhalten sollte, was zur Aufgabe etwa von Land- und Forstwirtschaft führt. Der wirtschaftliche Verlust, der sich daraus zwangsläufig ergibt, lässt sich potenziell durch Tourismus und Erholung als Wirtschaftsfaktoren kompensieren. Erst durch die Nichtnutzung der Schutzgebiete entfalten Tourismus und Erholung ihre volle Attraktivität und Bedeutung. Was Schutzgebiete anziehend macht, ist insbesondere der Kontrast zu den mehr oder weniger stark urbanisierten beziehungsweise industrialisierten Landschaften sowie zum betriebsamen Alltag, aus dem die Besucher kommen. Konkret gewinnt der Nationalpark Bayerische Wald seinen touristischen Reiz zum einen durch die fehlende Besiedlung und die geringe Erschließung, zum zweiten daraus, dass die Naturzone sich selbst überlassen wurde und drittens, damit zusammenhängend, durch die unbeeinflusste Naturdynamik. Für Touristen übt der Borkenkäferbefall mit den entsprechenden landschaftlichen Folgen und der Entstehung großflächiger Totholzbereiche eine besonders starke Kontrastwirkung im Vergleich zu den aufgeräumten Wirtschaftswäldern außerhalb des Parks aus.

Kosten und Nutzen des Nationalparks Bayerischer Wald

In einem mehrjährigen Forschungsprojekt wurde für den Nationalpark Bayerischer Wald erstmalig in Deutschland eine weitgehend vollständige Kosten-Nutzen-Analyse erstellt.[14] Auch weltweit gibt es nur sehr wenige Schutzgebiete, für die eine vergleichbar detaillierte ökonomische Bewertung vorliegt.

Die Methodik der Kosten-Nutzen-Analyse ist sehr aufwändig und umfasst unter anderem eine Zählung und Befragung von Nationalparkbesuchern, eine postalische Unternehmensbefragung in den beiden Nationalpark-Landkreisen, Experteninterviews mit regionalen Unternehmen der Holz- und Sägeindustrie, touristischen Betrieben sowie der Nationalparkverwaltung. Zur korrekten Interpretation der Ergebnisse ist es notwendig, dass die Kosten und Nutzen des Nationalparks jeweils mit seiner wahrscheinlichsten Alternative verglichen werden, einem Betrieb der Bayerischen Staatsforsten. Dessen Gebiet würde ja auch zur Erholung aufgesucht. Außerdem wird zwischen einer volkswirtschaftlichen Betrachtung für den Freistaat Bayern beziehungsweise die Bundesrepublik Deutschland und einer regionalen Perspektive für die unmittelbare Umgebung des Nationalparks, die Landkreise Freyung-Grafenau und Regen, unterschieden. Dies ist nötig, weil die Kosten etwa für die Ausgaben des Parks vom Freistaat getragen werden, die Löhne und Gehälter der MitarbeiterInnen des Parks jedoch zum Großteil vor Ort ausgegeben werden. Die Ausgaben der Parkgäste führen in der Nationalparkregion zu einer zusätzlicher Wertschöpfung, volkswirtschaftlich gesehen darf jedoch nur die Wertschöpfung der ausländischen Gäste berücksichtigt werden, da nur diese zusätzliche Wertschöpfung in die deutsche Volkswirtschaft einbringen. Die Ergebnisse der hier vorgestellten Studie beziehen sich auf das Jahr 2007, da in diesem Jahr die aufwändigen Besucher- und Unternehmensbefragungen durchgeführt wurden. Zunächst werden hier nun die Ergebnisse einiger Kosten- und Nutzenkategorien kurz vorgestellt, um dann später das Gesamtergebnis aufzuzeigen[15].

Die direkten Kosten des Nationalparks Bayerischer Wald lassen sich relativ einfach dem bayerischen Staatshaushalt entnehmen und betrugen 15,8 Mio. Euro pro Jahr. Betrachtet man jedoch den Anteil, der aus den beiden Landkreisen Freyung-Grafenau und Regen finanziert wird, so reduziert sich dieser Betrag auf 2,4 Mio. Euro. Von diesen regionalen Einnahmen des Parks stammten 92 Prozent aus Holzverkäufen an regionale Abnehmer. Der zweite, nennenswerte regionale Beitrag zur Finanzierung des Parks sind Einnahmen aus Vermietung, Verpachtung und Nutzung. Diese erheblichen Unterschiede zwischen der Finanzierung durch den Freistaat und aus der Region zeigen, dass der Nationalpark Bayerischer Wald in erster Linie vom Freistaat Bayern finanziert wird: Zwischen der Gründung 1970 und 2009 wurden im Mittel zwei Drittel der direkten Kosten durch den Freistaat getragen.

Die Opportunitätskosten der Forstwirtschaft ergeben sich durch Übertragung von Kennzahlen der benachbarten Staatsforstbetriebe auf das Nationalparkgebiet sowie durch Interviews mit der Säge- und Holzindustrie. Abhängig von Holzmenge und -preisen verzichtet die deutsche Volkswirtschaft auf Einnahmen aus dem Holzeinschlag im Nationalparkgebiet die zwischen 5,5 und 11,6 Mio. Euro pro Jahr liegen. Auf regionaler Ebene betragen diese Kosten zwischen 5,5 und 6,8 Mio. Euro. Der Hauptgrund für diese Unterschiede liegt darin, dass die Gewinne der Staatsforstbetriebe an das Finanzministerium in München abgeführt werden und deshalb nicht in der Region verbleiben.

Die touristische Wertschöpfung des Nationalparks wurde nach der in Deutschland gebräuchlichen Standardmethode von Hubert Job[16] und Mitarbeitern erhoben. Basierend auf umfangreichen Besucherzählungen wurde eine Gesamtzahl von 760 000 Besuchstagen[17] ermittelt. 45,8 Prozent der Besucher weisen eine hohe Nationalpark-Affinität auf. Dies bedeutet, dass die Existenz des Nationalparks für ihre Entscheidung in die Region zu kommen eine große oder sehr große Rolle gespielt hat. Daraus lässt sich ableiten, dass der Nationalpark eine hohe touristische Attraktivität besitzt. Durchschnittlich geben die BesucherInnen pro Tag 36,6 Euro in der Nationalparkregion aus. Multipliziert mit den Besuchstagen ergibt sich daraus ein Bruttoumsatz in der Region von 27,8 Mio. Euro. Mit einem regionalwirtschaftlichen Multiplikatormodell, das die Verflechtungen der Tourismusbranche mit anderen Wirtschaftszweigen berücksichtigt, lässt sich die Wertschöpfung errechnen: 13,2 Mio. Euro fließen durch den Nationalpark-Tourismus in die Region[18]. Dies entspricht einem Einkommensäquivalent von 914 Personen, die rechnerisch durch die Wertschöpfung des Nationalparktouris-

Abb. 2
Führung zum Thema Totholz im Nationalpark.

mus ihr Auskommen finden. Betrachtet man aber volkswirtschaftlich gesehen nur die Wertschöpfung ausländischer Gäste, so reduziert sich dieser Wert auf 0,7 Mio. Euro. Dies zeigt, wie stark die Ergebnisse von der Betrachtungsebene abhängen.

Die Wirkungen der Ausgaben des Nationalparks für Mitarbeiterlöhne, Investitionen und sonstige Dienstleistungen werden durch eine sogenannte Inzidenz-Analyse bestimmt. Dabei werden die Ausgaben des Parks nach Verbleib in der Nationalpark-Region unterschieden und in ähnliche regionalwirtschaftliche Modelle eingespeist wie die Ausgaben der Touristen. 9,3 Mio. Euro pro Jahr verbleiben dabei in der Region. Volkswirtschaftlich gesehen ist diese Nutzenkategorie nicht relevant, da sich die staatlichen Ausgaben lediglich innerhalb des Landes verschieben.

Fügt man nun diese einzelnen Kosten- und Nutzen-Kategorien zusammen (und ergänzt die hier nicht im Einzelnen aufgeführten Aspekte), zeigt sich, dass die Nutzen des Nationalparks die Kosten auf regionalwirtschaftlicher Ebene, je nach Annahmen, zwischen 1,4 und 11,3 Mio. übersteigen (Tab. 1).

Ein wichtiges Kennzeichen von Kosten-Nutzen-Analysen ist es, dass die Kosten der einen Akteurs-Gruppe gleichzeitig die Nutzen einer anderen sein können und umgekehrt. Deshalb ist es sehr wichtig, aus wessen Perspektive die Betrachtung stattfindet. So stellt der Ökonom Christian Ruck zu Recht klar: »Die Kosten […] des Staates für den Kauf von Gütern- und Dienstleistungen zur Errichtung eines Nationalparks und dessen Aufrechterhaltung bedeutet gleichzeitig Einkommen – und damit Nutzen – für die Verkäufer dieser Güter und Dienste oder für das Nationalparkpersonal.«[19] Um daher die Frage zu beantworten, wer (welche Gebietskörperschaft, Institution, Akteursgruppe etc.) – ins-

Volkswirtschaftliche Ebene				
	Nutzen (in Mio. Euro)	Kosten (in Mio. Euro)	Nutzen minus Kosten (in Mio. Euro)	Nutzen-Kosten-Relation
Maximum	50,11	47,22	+2,89	1,06
Minimum	14,41	25,37	-10,96	0,57
Regionalwirtschaftliche Ebene				
Maximum	30,66	19,36	+11,31	1,58
Minimum	12,16	10,77	+1,39	1,13

Tabelle 1
Übersicht Nutzen und Kosten des Nationalparks Bayerischer Wald 2007. Die Minimum- und Maximum-Varianten verdeutlichen die Spannweite der Ergebnisse in Abhängigkeit von Vorannahmen, Preislevels, methodischen Varianten etc.; Nutzen-Kosten-Relation: Nutzen geteilt durch Kosten.

gesamt betrachtet – welche Kosten des Nationalparks trägt und wer auf welche Art und Weise vom Nationalpark profitiert ist ein weitergehender Analyseschritt notwendig.[20]

Summiert man die verschiedenen Zahlungs-, Kosten- und Nutzenströme zeigt sich, dass die Untersuchungsregion stets ein positives Zahlungssaldo aufweist: Zwischen 6,5 und 15,6 Mio. Euro fließen pro Jahr aufgrund des Nationalparks in die Landkreise Freyung-Grafenau und Regen. Die restliche Volkswirtschaft trägt dabei Opportunitätskosten zwischen 0,3 und 8,4 Mio. Euro, profitiert aber gleichzeitig von Nutzenströmen durch touristische Erlebniswerte die in einer Höhe von 4,9 bis 16,7 Mio. Euro liegen.

Aus den Ergebnissen lässt sich daher als zentrale Schlussfolgerung ableiten, dass der Nutzen des Nationalparks auf regionalwirtschaftlicher Ebene immer größer ist als die von den Landkreisen Freyung-Grafenau und Regen zu tragenden Kosten. Die regional entstehenden Opportunitätskosten werden von außerhalb der Region kommenden Zahlungen ausgeglichen. Die überwiegende Mehrheit der Opportunitätskosten des Nationalparks wird zudem von der Volkswirtschaft als Ganzes getragen. Die Region profitiert also deutlich vom Schutzgebiet. Es findet ein positiver Einkommenstransfer von der Ebene des Freistaats Bayern in die Nationalparkregion statt.

Diskussion und Ausblick

Berücksichtigt man die Unsicherheiten, die variablen Einflüsse[21] sowie vorsichtig-konservative Annahmen (aus Sicht des Nationalparks), so sind die Nutzen des Nationalparks Bayerischer Wald in fast allen betrachteten Fällen größer als die entstehenden Kosten. Die Existenz des Nationalparks ist damit, neben dem Naturschutz, auch unter wirtschaftlichen Gesichtspunkten gerechtfertigt und das obwohl viele Ökosystemleistungen und die Existenz- und Vermächtniswerte des Parks noch nicht in die Bewertung aufgenommen wurden. Wichtig ist, dass die Ergebnisse der Kosten-Nutzen-Analyse nichts an der Bedeutung des Nationalparks für den Naturschutz ändern und dies im Falle negativer Ergebnisse auch nicht tun würden. Sie sind aber für die Wahrnehmung des Parks durch die Gesellschaft von großer Bedeutung, da sie auf Basis etablierter Methoden erarbeitet wurden und damit den durch Stimmungen oder Vorurteile geprägten Meinungen konkrete Daten entgegenhalten.

Der Nationalpark Bayerischer Wald ist vor allem aus regionalwirtschaftlicher Perspektive für die Region vorteilhaft. Im Nationalpark sind heute fast doppelt so viele Personen wie in einem vergleichbaren Staatsforstbetrieb beschäftigt, was zu entsprechend höheren in die Region fließenden Lohnsummen führt. Die Kosten dafür trägt der Freistaat Bayern, also alle bayerischen Steuerzahler. Die durch den Nationalpark hervorgerufene touristische Wertschöpfung ist deutlich größer als diejenige intensiv forstwirtschaftlich genutzter Wälder – allein schon wegen der Seltenheit naturbelassener Wälder und dem Kontrast zu den Wäldern in den Herkunftsgebieten der Besucherinnen und Besucher. Selbst wenn die touristische Anziehungskraft des Nationalparks sehr skeptisch und die des Staatsforstbetriebs im Vergleich dazu positiver beurteilt werden, ist die wirtschaftliche Bewertung des Parks nach wie vor positiv. Grund sind die auf regionaler Ebene wirkenden Ausgaben des Nationalparks, während bei der Alternativnutzung Staatsforstbetrieb wegen der Rationalisierungsmaßnahmen im Zuge der Forstreform immer weniger Wertschöpfung in der Region verbleibt. Zudem werden die Gewinne eines Staatsforstbetriebs nicht in der Region wirksam, sondern über den Umweg der Bayerischen Staatsforsten an die Staatskasse abgeführt. Im Gegensatz dazu muss die touristische Wertschöpfung zu einem großen Teil an Ort und Stelle anfallen. Zum Beispiel wenn Nationalparkgäste abends in der Region Essen gehen und anschließend übernachten. Von dieser durch den Tourismus erzeugten Wertschöpfung fließt nur ein geringer Anteil wieder aus der Region ab, weil dank der vielfältigen Wirtschaftsstruktur im Bayerischen Wald viele von touristischen Betrieben benötigte Vorprodukte und Vorleistungen hier hergestellt beziehungsweise erbracht werden können. Auch wenn touristische Betriebe in Renovierungen oder bauliche Erweiterungen oder Neubauten investieren, beauftragen sie damit hauptsächlich Unternehmen aus der Region, während fast zwei Drittel des auf dem Nationalparkgebiet geschlagenen Holzes außerhalb der Region weiterverarbeitet werden (Mittelwert der Jahre 2005 bis 2009).

Betrachtet man den Nationalpark aus volkswirtschaftlicher Perspektive fällt das Ergebnis etwas gemischter aus. Nur bei optimistischen Annahmen übersteigen die Nutzen knapp die Kosten. Bestimmt man jedoch die Nutzen des Nationalparks sehr konservativ, ändert sich das Bild: Der Nationalpark wird hier zum Zuschussgeschäft, die Kosten liegen deutlich höher als die Nutzen. Dies liegt unter anderem daran, dass, wie oben bereits erläutert, lediglich die touristische Wertschöpfung ausländischer Besucher als Nutzen gewertet wird, nicht jedoch diejenige deutscher Binnentouristen. Aus naturschutzfachlicher Sicht betrachtet, kann dieses Ergebnis nicht überraschen: Dass ein Total-Reservat wegen der Einstellung wirtschaftlicher Aktivitäten zu volkswirtschaftlichen Einbußen führt, gehört zu dem Preis, den eine Gesellschaft für ernstzunehmenden Naturschutz zu zahlen bereit sein muss. Der Nationalpark Bayerischer Wald erreicht aus

Abb. 3
Einkehrmöglichkeit für Besucher: Das Waldschmidthaus am Großen Rachel auf 1360 Meter Höhe gelegen.

volkswirtschaftlicher Perspektive nur dann eine positive Bewertung, wenn auch seine öffentlichen Güter bewertet werden. Dies bedeutet zum Beispiel, dass man den Erholungswert des Parks mit Hilfe der Reisekostenmethode messen und den Existenzwert des Parks über eine Zahlungsbereitschaftsanalyse abschätzen sollte. Verzichtet man darauf, wird der Nationalpark als gesamtgesellschaftlich unwirtschaftlich bewertet. Eine fehlende Bewertung der von Nationalparks bereitgestellten öffentlichen Güter kann also zu falschen Einschätzungen und Entscheidungen führen.

Vergleicht man die Ergebnisse der Kosten-Nutzen-Analyse des Nationalparks Bayerischer Wald mit der internationalen Literatur,[22] so zeigen sich deutliche Unterschiede. Insbesondere für ärmere Entwicklungsländer, wo viele Menschen noch direkt von Land- und Forstwirtschaft leben und die Regierungen nur geringe Summen für die Schutzgebiete bereitstellen, wird angenommen, dass die Schutzgebiete ihre größten Nutzen auf nationaler und internationaler Ebene besitzen (letzteres wegen der globalen Bedeutung der Artenvielfalt vieler dieser Parks), wohingegen auf regionaler oder lokaler Ebene die einheimische Bevölkerung vor allem die Kosten und Nachteile zu tragen habe. Dies trifft auf den Bayerischen Wald (und wahrscheinlich auf westliche Industrieländer im Allgemeinen) aus mehreren Gründen nur im geringen Maß zu:[23]

- In Deutschland werden die direkten Kosten der Nationalparks durch die Bundesländer getragen. Da durch die Ausgaben für Personal und Investitionen regionales Einkommen entsteht, findet somit ein finanzieller Transfer in die meist peripher gelegenen Nationalparkregionen statt, während die Kosten auf alle Steuerzahler umgelegt werden.
- Es gibt in Deutschland nur wenige Wildtiere die außerhalb des Schutzgebietes Schäden verursachen, weshalb sich die indirekten Kosten des Nationalparks auf niedrigem Niveau bewegen. Die Parkverwaltung minimiert diese Kosten, indem sie in den Randzonen des Parks eine intensive Borkenkäferbekämpfung durchführt, sowie die Anzahl von Hirschen und Wildschweinen reguliert. Borkenkäferschäden gibt es auch in Wäldern weit entfernt von Nationalparks.
- Im Bayerischen Wald besteht eine vielfältige Wirtschaftsstruktur, die eine hoch entwickelte Tourismusbranche einschließt, weshalb es gelingt, den Erholungswert des Nationalparks in regionale Wertschöpfung umzusetzen.
- Die Opportunitätskosten des Nationalparks werden wegen der Besitzstruktur (Staatswaldflächen) zu großen Teilen von allen SteuerzahlerInnen getragen und nicht von der Bevölkerung der umliegenden Gemeinden, die ihr Auskommen in Land- und Forstwirtschaft oder durch Jagd verliert. Zudem besitzen diese Wirtschaftszweige im Bayerischen Wald die für Industrieländer typische geringe Bedeutung, da ausreichend alternative Erwerbs- sowie Auspendel-Möglichkeiten bestehen. Daher sind die Opportunitätskosten für die Mehrheit der Einheimischen gering. Einkommenseinbußen entstehen in näherer Zukunft allenfalls für lokale Sägebetriebe durch die weitere Reduzierung des Holzeinschlags des Nationalparks im Zuge verringerter Borkenkäferbekämpfung. Durch das Waldmanagement in den Jahren vor und nach 2007 (intensive Borkenkäferbekämpfung und Windwurfaufarbeitung auch außerhalb der Randzonen) wurden jedoch noch ein erheblicher Teil der Opportunitätskosten durch forstwirtschaftliche Einnahmen und damit in Zusammenhang stehende, regional bestellte Unternehmerleistungen, zum Beispiel für Holzernte und -transport, ausgeglichen.

Die Opportunitätskosten des Parks werden also in fast allen Fällen durch die Nutzen des Nationalparks zumindest kompensiert. Die direkten Kosten des Großschutzgebietes übernimmt der Freistaat Bayern. Diese dienen gleichzeitig als indirekte Wirtschaftsförderung für eine peripher gelegene und wirtschaftsstrukturell benachteiligte Region mit dem niedrigsten Pro-Kopf-Einkommen Bayerns und den höchsten Auspendleranteilen. Die Frage nach direkten Kosten und Opportunitätskosten stellte Wolfgang Haber bereits 1976 in seinem Entwicklungsplan für den damals noch recht jungen Nationalpark: »Werden Forstverwaltung, Landtag und letztlich die Gesellschaft bereit sein, auf forstliche Erträge von über 20 Mio. DM zu verzichten und einen Betrag in gleicher Höhe für die dauerhafte Sicherung und zweckentsprechende Einrichtung des Nationalparks zur Verfügung zu stellen?«[24] In Rückschau kann man diese Frage in jedem Fall positiv beantworten.

Trotz der regionalwirtschaftlich positiven Bilanz des Nationalparks sollte nicht übersehen werden, dass die Menschen in der Nationalparkregion auch eine Reihe von Kosten tragen, die in eine Kosten-Nutzen-Analyse nicht eingehen: die Nationalparkgründung, -erweiterung und der Wandel der Naturschutzstrategie hin zum Prozessschutz haben zu sozialem Unfrieden in der Region geführt. Die einheimische Bevölkerung hat einen Wandel der angestammten Kulturlandschaft beziehungsweise deren Aufgabe hinnehmen müssen, was bei vielen Menschen zu Verstörung, Ablehnung und Identitätsproblemen geführt hat.[25] Das bedeutet, dass die lokale Bevölkerung nicht unbedingt wirtschaftlich, aber sicherlich sozialpsychologisch gesehen einen relativ hohen Preis für den Nationalpark gezahlt hat und teilweise bis heute zahlt. Gleichzeitig sind aber eine positive Einstellung zum Nationalpark und unternehmerisches Denken innerhalb der einheimischen Bevölkerung eine Grundvoraussetzung, um das touristische Potenzial des Schutzgebietes überhaupt zu nutzen. Die sich bietenden Chancen müssen zunächst als solche erkannt, wahrgenommen und genutzt werden, wozu es einer arbeitsfähigen Beziehung zwischen der Verwaltung des Schutzgebiets und regionalen Akteuren oder besser noch eines gegenseitigen Vertrauensverhältnisses bedarf.

Abschließend muss man aber noch einmal betonen, dass die Entscheidung für oder gegen einen Nationalpark nicht auf wirtschaftliche Gesichtspunkte reduziert werden kann, sondern immer auch gesellschaftliche Werturteile widerspiegelt, die sich in demokratisch legitimierten Entscheidungen niederschlagen. In allererster Linie muss ein Nationalpark ohnehin für den Schutz der Natur eingerichtet werden und nicht zur Förderung peripherer Regionen oder aus politischen Proporzgründen (nach dem Motto: in dieser Region gibt es noch keinen). Trotz aller wichtigen Impulse in Richtung Nachhaltigkeit ist ein Nationalpark allein nicht in der Lage, wirtschaftliche Ungleichgewichte im großen Maßstab zu reduzieren; er ist kein »Allheilmittel« für eine erfolgreiche Regionalentwicklung, was im Übrigen für den Tourismus in peripheren Räumen allgemein gilt.[26] Der Bundesverband der Säge- und Holzindustrie e. V. liegt also nicht komplett falsch, wenn er postuliert: »Für die Entwicklung einer Region braucht man keinen Nationalpark«[27] – man möchte ergänzen: Der Nationalpark Bayerischer Wald schadet der Regionalentwicklung aber auch nicht, bewirkt aber für den Naturhaushalt und die Artenvielfalt sehr viel Positives.

Eine solch vorsichtige Einschätzung ist für den Nationalpark Bayerischer Wald jedenfalls nicht notwendig. Bereits 1973 hatte der damals zuständige bayerische Landwirtschaftsminister und große Förderer des Nationalparks, Dr. Hans Eisenmann erklärt: »Der Nationalpark hat die Wirtschaftskraft der Region gehoben und die Lebensverhältnisse seiner Bewohner wesentlich verbessert. … Eine höchst erfreuliche Bilanz!«[28] Seither haben sich die Erkenntnissee über die wirtschaftlichen und sozialen Effekte des Nationalparks erheblich erweitert. Als erster deutscher Nationalpark war der Bayerische Wald dabei häufig Vorreiter. Im Gegensatz zu den 1970er Jahren kann man heute auf relativ exakte Hochrechnungen der Besucheranzahl des Parks zurückgreifen, kennt das Ausgabeverhalten und die Besuchsgründe der Parkgäste sowie die Einstellung der lokalen

Abb. 4
Baumwipfelpfad im Nationalparkzentrum Lusen bei Neuschönau.

Bevölkerung zum Schutzgebiet. Von daher lässt sich mit Nachdruck sagen, dass die Region wirtschaftlich in der Tat vom Nationalpark profitiert, wenn man Kosten und Nutzen des Parks einander gegenüberstellt. Wird dies auch in Zukunft so sein? Vieles spricht dafür. Die politische Unterstützung des Parks ist inzwischen so einhellig wie beinahe noch nie in den ersten 50 Jahren seines Bestehens und die Anzahl der Parkbesuche ist seit 2007 auf mehr als 1,3 Millionen pro Jahr angestiegen.[29] Gründe dafür sind neben einer abweichenden Methodik zur Besuchererfassung unter anderem der sehr erfolgreiche Baumwipfelpfad im Nationalparkzentrum Lusen bei Neuschönau (seit 2009), der auch damit zusammenhängende, wachsende Zustrom tschechischer Besucher, die professionellere touristische Vermarktung von Park und Region sowie der allgemeine Trend zur Erholung in der Natur. Insofern verwundert es nicht, dass die touristische Wertschöpfung des Parks für das Jahr 2018 mit 26,1 Mio. Euro fast doppelt so hoch wie die Werte von 2007 liegt.[30] Damit ist es sehr wahrscheinlich, dass sowohl die regional- als auch die volkswirtschaftlichen Nutzen des Tourismus im Nationalpark seit 2007 weiter angestiegen sind.

»Natur Natur sein lassen«
Entstehung und Bedeutung des deutschen Nationalpark-Leitbildes in internationaler Perspektive

Thomas Michler und Erik Aschenbrand

»Natur Natur sein lassen« hat Karriere gemacht. Zu Beginn des Jahres 2020 verwenden fünfzehn der sechzehn deutschen Nationalparke dieses Motto in ihrer Öffentlichkeitsarbeit. Formuliert hat den Slogan Hans Bibelriether, der erste Leiter des Nationalparks Bayerischer Wald. Wie es dazu kam und welchen Einfluss das Motto bis heute erlangt hat, beleuchtet dieses Kapitel. Durch einen Vergleich mit internationalen Nationalpark-Zielsetzungen untersuchen wir, inwiefern das Motto »Natur Natur sein lassen« als Ausdruck einer regionalspezifischen Perspektive des deutschsprachigen Raumes auf Nationalparke verstanden werden kann. Zu diesem Zweck werten wir nationalparkbezogene Zielformulierungen aus dreißig Staaten aus. Der Fokus unserer Arbeit liegt auf dem Selbstverständnis, also den Motiven, Leitbildern und Zielen, die staatliche Nationalparkverwaltungen kommunizieren. Jedoch betrachten wir das Thema Nationalparkmanagement am Rande, da es für eine Einordnung des Leitbildes fruchtbar erscheint, Leitbild und Umsetzung gemeinsam zu diskutieren.

Zur Entstehung von »Natur Natur sein lassen«

Mehr als zwanzig Jahre liegen zwischen der Gründung des Nationalparks Bayerischer Wald im Jahr 1970 und der ersten Formulierung des Mottos »Natur Natur sein lassen« durch Nationalparkleiter Hans Bibelriether im Jahr 1991. Fast zeitgleich mit der Gründung des Nationalparks Bayerischer Wald wurden 1969 die ersten internationalen Kriterien für Nationalparke durch die Weltnaturschutzunion (International Union for Conservation of Nature, IUCN) formuliert. Als erstes Schutzgebiet seiner Art in Deutschland machte der Nationalpark Bayerischer Wald gesetzliche Grundlagen für diese Schutzgebietskategorie notwendig, die zuerst 1973 im Bayerischen Naturschutzgesetz und 1976 im Bundesnaturschutzgesetz geschaffen wurden. In den folgenden Jahrzehnten wurde der erste deutsche Nationalpark zum Motor der Weiterentwicklung des Nationalparkverständnisses in Deutschland. Diese Weiterentwicklung vollzog sich in mehreren Schritten.

Schritt 1: »Kampf gegen Holzhacker und Bürokraten«

Im Jahr 1971 erstellte die Nationalparkleitung eine Zehnjahresplanung, die den Holzeinschlag von jährlichen 68 000 Festmeter in den 1960er Jahren auf 55 000 Festmeter pro Jahr reduzierte und dazu eine »nutzungsfreie Reservatszone« auswies. Sowohl die ortsansässige Holzindustrie wie auch die Bayerische Staatsregierung lehnten eine weitere Vergrößerung der Reservatszone ab, war doch die Fortführung der Holznutzung im Park Teil des Gründungsbeschlusses durch den Bayerischen Landtag. In diesem Konflikt war die Frage der Holznutzung »vor allem anderen die Schlüsselfrage des Nationalparks«.[1] Bibelriether und andere Akteure begründeten die geforderte Reduzierung des Holzeinschlags mit den Vorgaben der Internationalen Naturschutzunion. Als im Jahr 1973 das Bayerische Naturschutzgesetz die ersten gesetzlichen Grundlagen für die Schutzgebietskategorie »Nationalpark« schuf, war dieser erste Konflikt zugunsten der Nationalpark-Leitung entschieden. Der zweite Absatz enthielt die Vorgabe »Sie [Nationalparke] bezwecken keine wirtschaftsbestimmte Nutzung«.[2] Bereits in dieser frühen Phase wurde die Nutzungsfreiheit als wesentliches Merkmal des Nationalparks positioniert. Dem damaligen Konfliktgegenstand entsprechend, wurde darunter eine Freiheit von forstwirtschaftlichen Nutzungen verstanden. Im Jahr 1983 folgte die politische Entscheidung, die »nutzungsfreie Reservatszone« auf 6 400 Hektar und damit auf knapp die Hälfte des Nationalparkgebietes auszudehnen.

Schritt 2: Gestört ist normal

Noch im Jahr 1983 sorgte ein Gewittersturm, der damals auf einer Fläche von 87 Hektar Bäume mit einem Volumen von 31 000 Festmeter zu Boden warf, für einen fließenden Übergang von einem Konfliktgegenstand zum nächsten: Vom Umgang mit der Holzernte zum Umgang mit großflächigen ökologischen Störungen. Der politische Beschluss innerhalb der nur wenige Wochen zuvor erweiterten Reservatszone Windwürfe mit einer Fläche von 64 Hektar und einem Umfang von 20 000 Festmeter nicht aufzuarbeiten, wurde von Nationalparkleiter Bibelriether als »Entscheidung für den Urwald« bezeichnet und folgendermaßen begründet: »In einem Naturwald gehört auch ein Sturmwurf zur natürlichen Entwicklung. […] Da in einem Nationalpark […] als vorrangiges Ziel die Erhaltung natürlicher oder naturnaher Lebensgemeinschaften sowie der natürlichen Abläufe in Lebensgemeinschaften anerkannt ist, bedeutet ein Sturmwurf in einem Nationalpark keinesfalls eine Katastrophe, sondern ein natürliches Ereignis«. Diese Haltung zu den Folgen des Sturmwurfs lässt sich rückblickend als Ausdruck einer radikalen Deutungsänderung verstehen. Ein Ereignis, das immer schon als natürlich, aber traditionell als negativ, nämlich als Naturkatastrophe, begriffen wurde, sollte im Nationalpark als Bestandteil einer wünschenswerten natürlichen Entwicklung aufgefasst werden. Begründet wurde die positive Deutung damit, dass eine durch Kleinstrukturen, Lichtangebot, Baumartenmi-

Abb. 1
Anblick des Waldes vor dem Einsetzen der natürlichen Walderneuerung: Totholz am Lusennnordhang, 2009.

schung und Naturverjüngung entstehende Strukturvielfalt die Artenvielfalt auf den Windwurfflächen fördere.³

Die detaillierte Begründung erweitert das zuvor formulierte Nationalpark-Leitbild der forstwirtschaftlichen Nutzungsfreiheit als Reaktion auf den Windwurf um eine Komponente: Nutzungsfreiheit wurde nun auch gleichgesetzt mit Verzicht auf Eingriffe in ökologische Störungen. Da den nicht aufgearbeiteten Windwürfen ab dem Jahr 1983 mehrere Borkenkäferausbrüche folgten, positionierte sich der Nationalpark auch explizit zum Borkenkäfer. Der bedeutendste Forstschädling mitteleuropäischer Wälder wurde im Nationalpark umgedeutet zu einem schützenswerten Teil der Natur, was nicht weniger radikal war als die vorangegangene Interpretation des Sturmwurfs. Mit den gravierenden Landschaftsveränderungen in Folge der Buchdrucker-Massenvermehrungen in den 1990er Jahren zeigte sich das volle Konfliktpotential dieses Leitbilds. Die Konflikte reichten bis hin zu tätlichen Übergriffen auf Nationalparkmitarbeiter und führten über dies zu einer Popularklage vor dem Bayerischen Verfassungsgerichtshof.

Schritt 3: Naturschutz im Namen von Evolution und Schöpfung

Neben den gesellschaftlichen Fronten verfestigte sich unterdessen auch die weltanschauliche Position des Nationalparkdirektors. Für Hans Bibelriether bedeutete Naturschutz nicht allein den Schutz gefährdeter Tierarten und deren Lebensräumen; vielmehr ging es ihm darum, »erstmals und konsequent auf großer Fläche in einem Waldgebiet Deutschlands die natürlichen Abläufe, die Evolution« zu schützen und damit, mehr noch, den »Fortgang der Schöpfung«.[4] Die positiven Auswirkungen auf Lebensräume für gefährdete Tierarten, die beim Windwurf 1983 noch detailliert aufgeführt wurden, sind in dieser Argumentation nachrangig gegenüber der Evolution als höchster vorstellbarer Autorität für die Beurteilung natürlicher Abläufe. Gleichzeitig bedeutet die Bezugnahme auf Evolution und Schöpfung eine moralische Aufladung der Argumentation zugunsten des Nationalparks und seiner Ziele bei gleichzeitiger Abwertung seiner Gegner; denn wer wollte sich vorwerfen lassen, gegen Evolution und Schöpfung zu agieren. In seinen Reflexionen, die Hans Bibelriether in der Zeitschrift *Nationalpark* veröffentlichte, betont er die positive, therapeutische Rolle, welche »die Begegnung mit unberührter Natur« mit sich bringe. Das »Zeitmaß der Wälder« sieht er als »heilend in der Kurzatmigkeit heutigen Lebens. […] In der Begegnung mit Bäumen können die kleinen und großen Macher und Machthaber unserer Zeit wieder Bescheidenheit lernen und einen Zeitmaßstab von anderer Qualität als den zwischen zwei Wahlperioden«.[5] Und beinahe niedergeschlagen fügt er an anderer Stelle hinzu: »Wie sehr ist doch die Mehrzahl unserer Mitmenschen bereits der Natur entfremdet, wenn sie nicht mehr begreift, daß Leben und Tod, Werden und Vergehen in der Natur untrennbar zusammengehören«.[6] Bibelriether bezieht sich hier inhaltlich auf die Kontroversen um das Absterben von Bäumen im Nationalpark. Dabei weitet er jedoch aber seine Argumentation beträchtlich aus und diagnostiziert dem überwiegenden Teil seiner Mitmenschen eine zivilisationsbedingte Naturentfremdung und ein daraus resultierendes Unverständnis über grundsätzliche Zusammenhänge in der Natur. Der Nationalparkleiter entwirft das Bild einer geplagten Zivilisation und positioniert den Nationalpark als Ort der Erlösung: »Ich gebe die Hoffnung nicht auf, daß es in und mit den Nationalparken gelingt, die Einsicht zu fördern, daß Natur einen Eigenwert hat […] Dann bleiben diese Gebiete auch als Freiräume erhalten, in denen sich naturentfremdete Menschen das verloren gegangene Naturmaß wieder zurückholen können«[7]. In Nationalparken, so hofft Bibelriether, könnten Menschen ihre Entfremdung von der Natur überwinden – zum Wohle der Menschen und der Natur.

Schritt 4: Die überlegene Natur

In einem letzten gedanklichen Schritt seiner Konzeption definiert Hans Bibelriether eine weitere Besonderheit der Zielsetzung von Nationalparken. Demnach »muss im Nationalpark eines Tages vollständig« nicht nur »auf die Nutzung des Holzes«, sondern auf jegliche »steuernde, lenkende, korrigierende, verbessernde, optimierende Eingriffe durch den Menschen« verzichtet werden. Als Begründung fügt er an, dass »unsere Kenntnisse von den komplizierten Lebensvorgängen innerhalb von Waldökosystemen [...] so beschränkt« seien, »dass jeder Wunsch ›künstlich mehr Natur zu schaffen‹, [mit] »den Bemühungen eines Automechanikers vergleichbar« sei, »der mit seinen groben Werkzeugen versucht, eine Präzisionsuhr zu reparieren«.[8] Dieser entscheidende Schritt ist eine konsequente Weiterführung des oben geschilderten Verständnisses von »Mensch« und »Natur«. Laut Bibelriether ist es »vermessen, in Nationalparken »künstlich« mehr Natur schaffen zu wollen. Unser traditionelles Denken, wonach der Mensch ständig und überall irgendwie eingreifen muß, lenken, hegen, pflegen oder optimieren, taugt nicht für Nationalparke. Nationalparke sind keine Spielwiese für Biotoppfleger«.[9] Die Ableitung daraus lautet, dass Naturschutz im Sinne einer gezielten Erhaltung durch den Menschen eventuell gar nicht möglich, zumindest aber in einem Nationalpark nicht sinnvoll und daher nicht wünschenswert sei. Im Jahr 1992 fasste Hans Bibelriether seine bisherigen Nationalpark-Leitbilder schließlich in der Formulierung »Natur Natur sein lassen« normativ zusammen.

Die Erweiterung des Konzeptes auf gezielte Naturschutzmaßnahmen wird folgendermaßen begründet: »Worum es mir geht, ist klarzumachen, daß die skizzierten Naturschutzzielsetzungen [Arten- und Biotopschutz] auf einer statischen Betrachtungsweise der Natur beruhen. Zustände in der Natur sollen konserviert werden. Damit muß man zwangsläufig, ob man will oder nicht, gegen die in der Natur wirksamen Kräfte arbeiten. Überspitzt formuliert muß Naturschutz gegen die Natur betrieben werden«.[10] Die Bewertung von Arten- und Biotopschutz als Naturschutz gegen die Natur ist aus dem Selbstverständnis einer »Nationalpark-Philosophie«, die im Namen der Evolution spricht, konsequent. Solchen als statisch eingeordneten Perspektiven wird Natur als »ein dynamischer Prozess« entgegengesetzt, der letztendlich zu komplex für das menschliche Verständnis sei. Der Wald sei ein so komplexes Ökosystem, dass er »trotz modernster Forschungsmethoden nie bis in seine letzten Einzelheiten und innere Zusammenhänge analysiert« werden könne. Seine »weit über unser menschliches Leben hinausreichenden Raum- und Zeitdimensionen« verhindere dies[11]. Gemäß dieser Argumentation können die beiden als gegensätzlich dargestellten Naturschutzkonzepte »nicht zur gleichen Zeit auf der gleichen Fläche« stattfinden[12]. In Bibelriethers Argumentation stellt die Natur nicht nur eine heilsame Gegenwelt zur menschlichen Gesellschaft dar, sondern nimmt auch die Rolle einer höheren Ordnung ein. Die Natur sei der menschlichen Planung überlegen, der Mensch könne sie nicht wirklich verstehen – und in Nationalparken müsse er das auch gar nicht erst versuchen, sondern: »Hier darf der Mensch nicht eingreifen. Er muss die Natur Natur sein lassen«.[13]

Zivilisationskritische und Natur-romantische Perspektiven sind im Naturschutz keine Erfindung des deutschen Nationalpark-Konzepts. Galt »Wildnis« von jeher als Bedrohung, so änderte sich das ästhetische Empfinden gegenüber »wilder« Natur besonders stark im Zuge der Romantik. Die moderne Idealisierung einer als wild und erhaben empfundenen Natur nahm hier ihren Anfang und führt über den Alpinismus, die beginnende touristische Erschließung von

Bergen und Wasserfällen zu den einflussreichen Schriften etwa Henry David Thoreaus und John Muirs und damit auch zur US-amerikanischen Nationalparkgeschichte. Während aber die amerikanische Nationalparkgeschichte von Beginn an im Zeichen des Schutzes erhabener Natur stand, so gibt es zur deutschen Nationalparkgeschichte, die bekanntermaßen im Bayerischen Wald begann, einen feinen Unterschied: Hier sollte das Schutzgut erst hergestellt werden. Anfangs durch die Ansiedelung von Tieren – das beliebte Tierfreigelände ist der letzte Zeuge dieses Ansatzes – und später eben durch »Natur Natur sein lassen«, also einen Verzicht auf menschliche Eingriffe. Der langjährige Vorsitzende des Bundes Naturschutz in Bayern und Mitinitiator des Nationalparks Bayerischer Walds, Hubert Weinzierl, bringt die mit diesem Leitbild verbundene Erwartung wortgewaltig auf den Punkt:

> Anstatt herkömmlicher Forstwirtschaft braucht es eben in solchen Vorranggebieten eine neue Gesinnung, es braucht die Achtung vor dem Waldwesen, es braucht keine Pläne, keine Wissenschaftler, auch keine Naturschützer. Es braucht demütige Menschen, die zuschauen und warten können. Nationalparke sind mehr als Naturschutzgebiete, sie sind Heiligtümer unserer Heimat, sie sind Seelenschutzgebiete, sind Erinnerungen an das Paradies, sind die Landschaften aus denen unsere Hoffnungen und Träume erwachsen. […] bringen wir die Kraft zur Einsicht auf […], dass uns die Natur überhaupt nicht braucht. Zumindest nicht in Nationalparken.[14]

Die dynamischen Veränderungen des Waldes im Nationalpark ermöglichen die Verbreitung eines abstrakten Natur-Ideals, nämlich der Fokussierung auf »natürliche Prozesse«. Natur ist demnach, was sich unbeeinflusst vom Menschen entwickelt. Die Beschreibung von Nationalparken als »Erinnerungen an das Paradies« ist dabei mehr als nur religiöse Metapher. Der Nationalpark wird als heiliger Raum positioniert, mit dem eine Heilserwartung verbunden ist. Diese Anknüpfung an die von Bibelriether geforderte Freiheit von allen menschlichen Eingriffen in Nationalparken unterstreicht auch deren hohe symbolische Bedeutung. Nach dieser Auffassung wird die naturschutzfachliche Bedeutung von Nationalparken vor allem durch den Verzicht auf menschliche Intervention begründet. Diese kritische Beurteilung menschlichen Handelns in Nationalparken ist allerdings nicht auf emotionale Festtagsreden beschränkt, sondern ist in ihrem normativen Kern sogar in die rechtlichen Grundlagen für Nationalparke in Deutschland übernommen worden.

»Natur Natur sein lassen« macht Schule und wird Gesetz

Bereits im Jahr 1991 wurde die Formel »Natur Natur sein lassen« im Rahmen einer Tagung im Wattenmeer mit dem Titel »Ungestörte Natur – Was haben wir davon?« thematisiert. Das von Hans Bibelriether geprägte Motto hatte also überregionale Bedeutung erlangt. Um zu ergründen, wie dieses Leitbild heute das

Abb. 2
»Natur Natur sein lassen« – ein klarer Schwerpunkt in der Selbstbeschreibung deutscher Nationalparke auf deren Internetpräsenzen.

Selbstverständnis der deutschen Nationalparke prägt, haben wir deren Selbstdarstellung im Internet analysiert: Mit ihren Internetpräsenzen erreichen die Nationalparke nicht nur ein größeres Publikum als mit jedem Managementplan, dort werden auch die eigenen Leitbilder in prägnanter Form präsentiert. Anfang 2020 weisen die Internetpräsenzen von fünfzehn der sechzehn deutschen Nationalparken das Leitbild »Natur Natur sein lassen« wortwörtlich als ihr vorrangiges Ziel aus. Fünf Nationalparke schreiben dem Prinzip eine universelle oder sogar weltweite Gültigkeit zu.

Auch wesentliche Argumente der Begründung Bibelriethers wurden von einzelnen Parks sinngemäß übernommen, etwa wenn der Nationalpark Schleswig-Holsteinisches Wattenmeer erklärt: »Nationalparke erhalten die Evolution der biologischen Vielfalt. Sie schützen alle Lebewesen, ohne einzelne Arten besonders zu fördern.«[15] »Natur Natur sein lassen« ist also von zentraler Bedeutung für das Selbstverständnis deutscher Nationalparke. Bis heute gilt dort der Anteil »nutzungsfreier Flächen« als wichtiger Qualitätsindikator und die Nutzungsfreiheit wurde in diesem Diskurs zur Gretchenfrage.

Bei der Reform des Bundesnaturschutzgesetzes im Jahr 2002 wurde die gesetzliche Zielvorgabe für Nationalparke im Vergleich zu den bisherigen Regelungen grundlegend verändert. Hatte zuvor der Erhalt eines artenreichen Tier- und Pflanzenbestandes im Mittelpunkt gestanden, so sah der Gesetzentwurf von 2001 vor, »im überwiegenden Teil« der Nationalparke »den möglichst ungestörten Ablauf der Naturvorgänge in ihrer natürlichen Dynamik zu gewährleisten«, während die anderen Ziele »gegenüber dem Ziel des Prozessschutzes nachrangig« gesehen wurden. Mit dieser Priorisierung eines Prozessschutzes, der mit einer vom Menschen unbeeinflussten Eigenentwicklung der Natur gleichgesetzt wird, war das im Bayerischen Wald entwickelte Nationalpark-Leitbild in einem deutschen

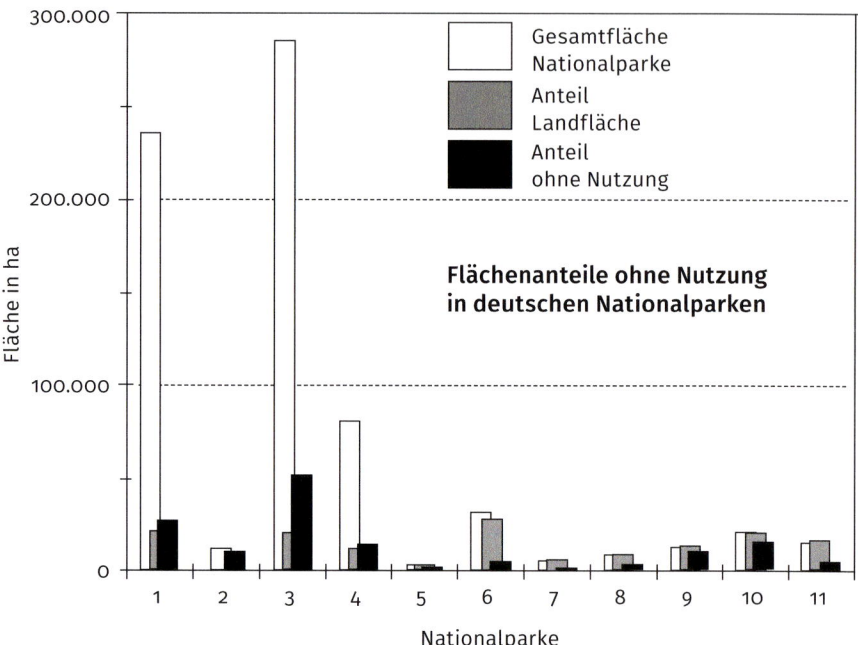

1 Niedersächsisches Wattenmeer
2 Hamburgisches Wattenmeer
3 Schleswig-Holsteinisches Wattenmeer
4 Vorpommersche Boddenlandschaft
5 Jasmund, MV
6 Müritz-Nationalpark, MV
7 Hochharz
8 Sächsische Schweiz
9 Bayerischer Wald, Bayern
10 Berchtesgaden, Bayern
11 Harz, Niedersachsen

Zonierung der deutschen Nationalparke (Stand: Juni 2018)				
Nationalpark	Größe (ha)	Naturdynamikzone (in %)	Entwicklungszone (in %)	Pflegezone (in %)
Hainich	7.513	94	–	6
Hamburgisches Wattenmeer	13.750	91,5	8,5*	
Kellerwald-Edersee	5.738	91	6	3
Jasmund	3.070	87	12,5	0,5
Müritz	32.000	78	19	3
Niedersächsisches Wattenmeer	345.000	68,5	31*	
Bayerischer Wald	24.217	68	8	24
Berchtesgaden	20.804	67	10	23
Harz	24.732	60	39	1
Eifel	10.770	57	25	18
Sächsische Schweiz	9.350	53	41	5
Vorpommersche Boddenlandschaft	78.600	38	62*	
Schleswig-Holsteinisches Wattenmeer	441.500	36	64*	
Schwarzwald	10.062	33	43	24
Hunsrück-Hochwald	10.230	33	42	25
Unteres Odertal	10.323	31	19	50

Abb. 3 Flächenanteile ohne menschlichen Eingriff als Qualitätsindikator in deutschen Nationalparken

Bundesgesetz angekommen. Auch die Abgrenzung vom Artenschutz findet sich dort wieder und vervollständigt den Paradigmenwechsel des Nationalparkrechts: »Soweit der ungestörte Ablauf der Naturvorgänge in ihrer natürlichen Dynamik zu einer Verdrängung bestimmter Arten führen sollte, würden selbst arterhaltende Maßnahmen diesem Ziel, das den eigentlichen Schutzzweck bestimmt, entgegenlaufen«.[16] Der Gesetzgeber war sich also des Konfliktpotentials zwischen Arten- und Prozessschutz bewusst, ist aber dem Ansatz des Prozessschutzes uneingeschränkt gefolgt. Mehrere Umweltrechtler, unter ihnen Klaus Meßerschmidt und Peter Fischer-Hüftle stellen in ihren Gesetzeskommentaren die Vermutung auf, dass der Gesetzgeber dabei das Beispiel des Nationalparks Bayerischer Wald vor Augen hatte. In diesem Zusammenhang wird häufig auf ein Urteil des Bayerischen Verfassungsgerichtshofs zum Nationalpark Bayerischer Wald verwiesen, in dem es unter anderem heißt:

> Allgemein lässt sich feststellen, dass eine Entwicklung von naturnahen zu natürlichen Lebensgemeinschaften im Wesentlichen nur dadurch erreicht werden kann, dass der menschliche Einfluss weitgehend unterbleibt oder zurückgedrängt wird, die Natur also sich selbst überlassen wird.[17]

Nur ohne den Menschen können sich demnach natürliche Lebensgemeinschaften entwickeln. Der in früheren Rechtsvorschriften noch vorrangige Erhalt der Artenvielfalt wird nach dieser Sichtweise durch das sich selbst überlassen der Natur in idealer Weise übernommen. In ihren Nationalpark-Verordnungen beziehungsweise -gesetzen führen heute vierzehn der sechzehn deutschen Nationalparke den Prozessschutz als vorrangigen Schutzzweck. Der bis heute gültige gesetzliche Rahmen, der in Paragraph 24 des Bundesnaturschutzgesetzes dargelegt ist, schließt gezielte Naturschutzeingriffe in Nationalparken nicht aus. Er bringt aber das Selbstverständnis des Gesetzgebers in Deutschland für diese Schutzgebietskategorie zum Ausdruck, wonach der Verzicht auf menschliche Eingriffe eine dauerhafte Sicherung der Artenvielfalt gewährleistet und einen bestmöglichen Schutz der Natur darstellt. Wir stellen uns in diesem Zusammenhang die Frage, ob es international vergleichbare Zielsetzungen für Nationalparke gibt, die in ähnlicher Weise eine vom Menschen unbeeinflusste Entwicklung in den Vordergrund stellen?

Verständnisse von Nationalparken international

Bei der Entwicklung des Leitbildes »Natur Natur sein lassen« wurde regelmäßig auch auf die Vorgaben für Nationalparke der Weltnaturschutzunion verwiesen. Tatsächlich definiert die IUCN den Schutz großflächiger Prozesse zusammen mit dem Erhalt von Artengemeinschaften und Ökosystemen als eine wichtige Aufgabe von Nationalparken. Vorrangiges Schutzziel von Nationalparken ist gemäß der IUCN der Erhalt der Biologischen Vielfalt. Um dieses Ziel zu erreichen spielen nach Auffassung der IUCN Prozesse gemeinsam mit Arten und Öko-

Abb. 4
Vielfalt der ausgewählten internationalen Nationalpark-Zielformulierungen verdeutlicht durch die Darstellung als Wortwolke.

systemen eine maßgebliche Rolle. Allerdings lässt sich auch feststellen, dass die IUCN anders als das Leitbild »Natur Natur sein lassen« den Prozessschutz nicht in Widerspruch zum Artenschutz stellt oder menschliche Eingriffe zum Schutz der Natur verbietet – sie nennt im Gegenteil den Erhalt von heimischen Arten als Aufgabe.[18] Mögliche Konflikte zwischen Artenschutz und Prozessschutz in Nationalparken wurde von der IUCN früh thematisiert, woraus allerdings kein »Prozessschutz-Absolutismus« entstand. Ein IUCN-Bericht aus dem Jahr 1980 empfiehlt für Nationalparke in West- und Nordeuropa sogar maximal mögliche Renaturierung durch den Menschen.[19] Dem Thema Restaurationsmaßnahmen in Schutzgebieten widmet die IUCN ferner eine eigene Publikation mit zahlreichen Erfolgsbeispielen aus Nationalparken.[20]

Um das Leitbild »Natur Natur sein lassen« besser einordnen zu können und in seiner gewachsenen Besonderheit zu verstehen, haben wir deshalb Nationalpark-Zielsetzungen aus dreißig Staaten recherchiert und insbesondere im Hinblick auf deren Aussagen bezüglich Prozessschutz und menschlichen Eingriffen verglichen. Als Quelle dienten gesetzliche Grundlagen für Nationalparke sowie die offiziellen Webseiten der für Nationalparke zuständigen Behörden. Dieser Vergleich legt nahe, dass es eine einheitliche »Nationalpark-Philosophie« auf weltweiter Ebene nicht gibt. Ein eindeutiger Schwerpunkt auf Prozessschutz, natürlicher Dynamik oder einer Freiheit von menschlichen Eingriffen wie bei den deutschen Nationalparken ist nicht erkennbar.

Unser Vergleich zeigt, dass sich nur in Österreich und der Schweiz Leitbilder für Nationalparke finden, bei denen »Prozessschutz« den höchsten Schutzzweck darstellt und die mit dem geschilderten deutschen Leitbild vergleichbar sind. So ist in der Schweiz das vorrangige Ziel der »Schutz der Natur vor allen menschlichen Eingriffen«, die »gesamte Tier und Pflanzenwelt« soll »ihrer natürlichen Entwicklung überlassen« werden.[21] In den Nationalparken Österreichs ist »Prozessschutz« das »oberste Ziel in den Kernzonen«.[22]

Aber auch in sieben weiteren der betrachteten Zielformulierungen finden sich Aussagen zum Schutz natürlicher Prozesse. In welchem Verhältnis stehen diese Leitbilder natürlicher Dynamiken zum Konzept »Natur Natur sein lassen«? Zur Annäherung an diese Frage betrachten wir an dieser Stelle exemplarisch das kanadische Nationalpark-Leitbild. Die kanadischen Nationalparke, oft ein Inbegriff großflächiger und intakter Naturlandschaften, folgen dem Ideal einer »ökologischen Integrität«. Natürliche Prozesse spielen in diesem Konzept als »Motoren, die ein Ökosystem am Laufen halten« eine wesentliche Rolle. Feuer oder Überschwemmungen sollen hier in »natürlicher Häufigkeit und Intensität« auftreten können. Dies entspricht zunächst dem Schutz natürlicher Prozesse wie ihn das Konzept »Natur Natur sein lassen« anstrebt – insbesondere, wenn man die Bedeutung von ökologischen Störungen wie Borkenkäferausbrüchen bei der Entstehung des Leitbildes bedenkt. Allerdings ist der Prozessschutz in Kanada nicht gleichbedeutend mit einer prinzipiellen Freiheit von menschlichen Eingriffen in die Natur: Zum Schutz von Prozessen zählt dort neben dem Erhalt auch deren Wiederherstellung durch den Menschen, weshalb beispielsweise gezielt Feuer in Nationalparken gelegt werden kann. Solche und zahlreiche andere als notwendig erachtete menschliche Interventionen sind zum Erreichen des Ziels »ökologische Integrität« ausdrücklich erlaubt und werden mit Hochglanzbroschüren in der Öffentlichkeit beworben.[23] Ähnliches lässt sich auch für andere Staaten wie die USA oder Finnland feststellen. Das Beispiel der kanadischen Nationalparke verdeutlicht, dass dort der Schutz natürlicher Prozesse ebenfalls eine große Rolle spielt, allerdings ist dabei der Verzicht auf menschliche Eingriffe kein exklusives Konzept, sondern eine von mehreren als gleichwertig betrachteten Naturschutz-Strategien.

Weder für die Vorrangigkeit natürlicher Dynamiken noch für die im Leitbild »Natur Natur sein lassen« implizierte Unvereinbarkeit mit menschlichen Naturschutzeingriffen bilden sich Schwerpunkte in den untersuchten internationalen Nationalpark-Leitbildern ab. Stattdessen offenbart sich ein überraschend vielfältiges Bild, in dem zahlreiche landesspezifische Schwerpunkte zum Ausdruck kommen, die hier mit einigen Beispielen illustriert werden sollen.

In Kolumbien stellt beispielsweise die nachhaltige Nutzung von Biodiversität ein vorrangiges Schutzziel von Nationalparken dar. Kolumbianische Nationalparke sollen nicht nur die »natürliche Versorgung mit Umweltgütern und -dienstleistungen gewährleisten«, sondern auch zur »Verbesserung von Einkommensmöglichkeiten durch nachhaltige Nutzung von biologischer Vielfalt« beitragen.[24]

In zahlreichen afrikanischen Staaten haben Wildtiere und der damit verbundene Tourismus eine überragende Bedeutung für Nationalparke. So strebt Uganda in seinen Nationalparken »gesunde Ökosysteme« an, die »Uganda zur einer weltweit herausragenden Destination für Ökotourismus machen.« »Schutz, wirtschaftliche Entwicklung und nachhaltige Steuerung von Tierwelt und Schutzgebieten« dienen dem »Wohle der Menschen von Uganda und der globalen Gemeinschaft«.[25]

Nationalparke sollen in Kenia zur »Rettung der letzten großen Arten und Gebiete auf der Erde für die Menschheit« beitragen. Tansania will in seinen Nationalparken Innovationen zur »Maximierung von Ökosystemleistungen und Verbesserung der touristischen Entwicklung zum Wohle der Menschen« entwickeln.[26]

Die Volksrepublik China hat in den letzten Jahren neue Leitbilder für ihre Nationalparke entwickelt. Das oberste Ziel ist hier der »Schutz der Integrität und Authentizität natürlicher Ökosysteme«, doch auch die Förderung von Gemeinwohl und Bürgerbeteiligung sowie die Stärkung des Nationalstolzes bereichern die Palette der Schutzziele.[27]

Im Jahr 2010 hatte Hans Bibelriether in einer Publikation zum vierzigjährigen Bestehen des Nationalparks Bayerischer Wald betont, die Formel »Natur Natur sein lassen« sei »heute uneingeschränkt […] international für Nationalparke gültig.«[28] Unsere Gegenüberstellung internationaler Nationalparkzielsetzungen legt stattdessen nahe, »Natur Natur sein lassen« als Ausdruck eines regionalspezifischen Nationalparkverständnisses des deutschsprachigen Raumes zu betrachten.

»Natur Natur sein lassen« – ein spezifisch deutsches Verständnis von Nationalparken?

Wir fassen an dieser Stelle die bisherigen Ausführungen so zusammen, dass das im Bayerischen Wald entstandene Motto »Natur Natur sein lassen« in Deutschland zu einem Verständnis von Nationalparken beigetragen hat, welches den Verzicht auf menschliche Eingriffe und Kontrolle als deren wichtigstes Alleinstellungsmerkmal und als überlegene Naturschutzstrategie positioniert. Bei der Entwicklung dieses Ansatzes lassen sich rückblickend aber auch Gegenströmungen und Kritik feststellen. So warnte der Zoologe Wolfgang Scherzinger, der an der naturwissenschaftlichen Erforschung des Nationalparks Bayerischer Wald maßgeblich beteiligt war, bereits vor dreißig Jahren vor einer einseitigen Ausrichtung von Nationalparken: »Die Reduktion der Schutzziele auf das Laufenlassen von Prozessen, deren Natürlichkeit nicht […] gewährleistet ist, birgt ein großes Risiko der Fehlentwicklung«. Scherzinger interessierte die Frage, inwieweit man »Natürlichkeit« überhaupt definieren könne. Der Gleichsetzung von Natürlichkeit mit der Freiheit von menschlichen Eingriffen setzte er mit der »Vollständigkeit von Flora und Fauna« ein betont ökologisches Konzept entgegen.[29] Darüber hinaus warf er die Frage auf, inwieweit es heute überhaupt noch Lebensprozesse gibt, die vom Menschen nicht beeinflusst sind. Allerdings konnten sich seine Forderungen nach einer Gleichwertigkeit von Arten- und Prozessschutz und pluralistischen Lösungsansätzen in den gesetzlichen Rahmenbedingungen des Bundesnaturschutzgesetzes nicht durchsetzen.

Bezüglich dieser Rahmengesetzgebung kritisierte der Jurist Klaus Meßerschmidt die »Absolutsetzung« des Prozessschutzes als »ökologische Zuspitzung« und »Verengung des Nationalparkrechts«.[30] Die vom Gesetzgeber formulierte Forderung, die Natur als dynamisches System aufzufassen und zu schützen sei zwar unstrittig, daraus aber die generelle Folgerung abzuleiten, dass die Natur deshalb sich selbst überlassen bleiben soll, betrachtet Meßerschmidt als problematisch.

Wichtig wird an dieser Stelle die Unterscheidung von Leitbild und Naturschutzpraxis in den Nationalparken, denn die geschilderten Leitbilder und Rahmengesetze lassen zunächst vermuten, dass Nationalparke in Deutschland gezielte Naturschutzeingriffe zugunsten einer maximalen Unberührtheit aufgeben. Allerdings gibt es zahlreiche Belege dafür, dass das praktische Management zwischen den selbst gesteckten Polen Arten- und Prozessschutz deutlich differenzierter abläuft, als dies die Selbstbeschreibungen vermuten lassen. Entgegen ihrer Selbstbekundung spielen in einem Großteil der Nationalparke bestimmte Vorstellungen zur Zusammensetzung von Artengemeinschaften eine Rolle für das Management.[31] Konzepte wie das von Wolfgang Scherzinger scheinen demnach für das tatsächliche Handeln der Nationalparke eine höhere Relevanz zu haben, als nach außen kommuniziert wird. Dies wirft die Frage auf, ob das sich selbst Überlassen der Natur eventuell doch nicht die eindeutig überlegene Naturschutzstrategie im Kontext deutscher Nationalparke darstellt. Möglicherweise ist das Motto »Natur Natur sein lassen« eher von ideellem Wert, der aus seiner kulturellen und emotionalen Anschlussfähigkeit resultiert. Fest steht jedenfalls, dass der Freiheit von menschlichen Eingriffen in Nationalparken vielfach eine hohe ideelle Bedeutung zugeschrieben wird, die von romantisierenden Vorstellungen einer dem Menschen überlegenen Natur geprägt zu sein scheint. Der Verzicht auf menschliche Intervention gilt dabei auch deshalb als der beste Schutz der Natur, weil der Mensch die Natur in letzter Konsequenz nicht verstehen und lenken könne. Wie erklärt sich also der Erfolg von »Natur Natur sein lassen«? Warum setzte sich das Motto durch und wurde zur »Nationalpark-Philosophie« erklärt? Eine Kurz-Analyse der Reaktionen auf zwei Facebook-Posts der Nationalparkverwaltung Bayerischer Wald kann hier Hinweise geben.

Besonders reichweitenstark auf Facebook waren Fotos, die Waldentwicklung anhand einer Zeitreihe veranschaulichen. Solche Bildvergleiche des nachwachsenden Waldes symbolisieren für viele Kommentatoren die Überlegenheit der Natur gegenüber dem Menschen. Eine als natürlich bewertete Waldveränderung wird dabei als wertvoller empfunden als eine Entwicklung, die auf menschliche Eingriffe zurückgeführt wird, wie der folgende Kommentar zum Ausdruck bringt: »Und das was da nachwächst ist weit schöner und resistenter und spannender und echter, als das was davor dort wuchs«.[32] Das Zitat verdeutlicht aber auch die Inspiration, welche die Kommentatoren aus der Idealisierung eines als natürlich wahrgenommenen Prozesses ziehen. Einige der positiven Rezeptionen

Nationalpark Bayrischer Wald: Wie sich die Wälder unterhalb des Lusens in den letzten 20 Jahren verändert haben, erfahrt ihr auf einer Wanderung mit Nationalparkmitarbeiter Josef Wanninger und dem ehem. Bürgermeister der Gemeinde Neuschönau, Heinz Wolf, am 19. Mai.

Kommentare:

Warum sah es da so tot aus? sorry für die Frage. Klärt mich bitte auf

Halt sich also doch ausgezahlt, [sic!] daß ich nicht mehr im Wald joggen gehe!

Die Natur ist wunderbar.

Bitte das Foto mal diesen NP-Gegnern senden. Ach ja, die sind in letzter Zeit so stumm geworden.

Natürliche Feinde können der Natur nichts anhaben weil sie eben auch zur Natur gehören. Die Natur ist stark, verwandelt sich stetig, je nach Bedingungen. Das einzige was was unsere Natur aus dem Gleichgewicht bringen kann ist des Menschen Begier alles unter Kontrolle haben zu wollen.

Wenn man damals von Lusen aus in die Runde blickte, gabs kein Grün mehr. Gar keins. Nur noch grau-braun. Mir hat das sehr weh getan. Bin auch seitdem nicht mehr da rauf.

Abb. 5
Facebook-Posts der Nationalparkverwaltung Bayerischer Wald zur Waldentwicklung auf Borkenkäferflächen und deren besonders große Resonanz in den sozialen Medien.

der Facebook Posts bringen Vorstellungen eines durch Menschen gestörten natürlichen Gleichgewichts zum Ausdruck: »Die Natur ist stark […] Das einzige was unsere Natur aus dem Gleichgewicht bringen kann ist des Menschen Begier alles unter Kontrolle haben zu wollen.«[33] Die Deutung zugunsten eines vermuteten natürlichen Gleichgewichts, durch einen konsequenten Verzicht auf menschliche Kontrolle steht dabei im Widerspruch zu den auf Ungleichgewichtstheorien beruhenden ökologischen Begründungen des Prozessschutzes. Dies ist ein weiterer Hinweis darauf, dass es nicht die wissenschaftlichen, sondern die kulturellen Anteile in der Begründung von »Natur Natur sein lassen« sind, die mit ihren Projektionsflächen für individuelle Vorstellungen von Natur einen wesentlichen Anteil für die Anschlussfähigkeit darstellen. »Natur Natur sein lassen« bietet ein Framing, dass es der Nationalparkverwaltung erlaubt, eine konsistente Deutung der Totholzlandschaft anzubieten und einen kleinräumigen Ausschnitt des Bayerischen Waldes in die Meta-Erzählung einer den Planeten zugrunde richtenden Zivilisation einzubetten. Eine Gesellschaft, die gedankenlos Natur zerstört, findet hier den Ort, an dem »die Natur sich ihr Recht zurückholt«. Die Kommentare in den sozialen Medien zeigen, dass diese Erzählung für viele Besucher inspirierend ist: »Die Natur braucht den Menschen nicht, sie regeneriert sich selbst, wenn man sie lässt.«, heißt es auf der Facebook-Seite des Nationalparks. Dieses dichotome Verständnis von Natur und Mensch schließt unmittelbar an die Argumentation Bibelriethers an. Im Leitbild »Natur Natur sein lassen« gipfelt die Opposition Mensch-Natur in einer grundlegenden Ablehnung aller menschlicher Interventionen in Nationalparken und der Inszenierung eines Widerspruchs zwischen einem als natürlich und gut bewerteten Prozessschutz und gezielten Naturschutzeingriffen, die als künstlich und damit schlecht empfunden werden. Unser Befund bei der Recherche internationaler Nationalpark-Leitbilder legt nahe, dass es für eine solche Polarisierung keinen internationalen Konsens gibt.

Stattdessen bedeutet die Einordnung jedes menschlichen Eingriffs als Makel eine Idealisierung von »Natur«, die Reflektionen über gesellschaftliche Naturverhältnisse eher erschwert. Dies wird dem Potenzial des im Bayerischen Wald entwickelten Konzeptes nicht gerecht, das auch im Aufbrechen konventioneller Sichtweisen liegt: Die Bewertung von großflächigen Störungen wie Borkenkäferbefall als schützenswertem Teil der Natur war eine innovative Vorstellung von »Natur« und »Natürlichkeit«, die zum Nachdenken über Mensch und Natur angeregte. In der jetzigen Form besteht die Gefahr, dass dieses Nachdenken mit dem Ergebnis »Natur ist das, was nicht vom Menschen beeinflusst wird« als abgeschlossen betrachtet wird. Damit wird nicht nur die Perspektivenerweiterung von einer Verengung und Verfestigung abgelöst, es führt auch zu der bereits von Wolfgang Scherzinger[34] aufgeworfenen Frage, ob sich dieser Naturbegriff halten lässt. Welche Natur ist im Anthropozän noch vom Menschen unbeeinflusst und kann eine abschließende Antwort auf die Frage, was »natürlich« bedeutet, überhaupt gefunden werden?

Wie Abbildung 4 zeigt, ist »natürlich« bzw. »Natürlichkeit« der am häufigsten genannte Begriff in den betrachteten internationalen Zielformulierungen. Allerdings bleibt in den meisten Fällen offen, was darunter exakt zu verstehen ist und wie dieses Ziel erreicht werden soll: In Neuseeland beispielsweise zählt dazu nicht nur der Schutz heimischer Pflanzen und Tiere, sondern auch ausdrücklich die Ausrottung eingeführter Pflanzen und Tiere.³⁵ Die Sozialistische Republik Vietnam versucht diese Frage mit einer akribischen Definition zu lösen. Als »natürlich« gelten dort Nationalparke, wenn sie

a. mindestens 10 000 Hektar groß sind und »mindestens ein typisches Ökosystem von nationaler oder internationaler Bedeutung aufweisen« oder
b. mindestens 7 000 Hektar groß sind und »mindestens eine endemische Art oder die Fähigkeit, fünf bedrohte, seltene und geschützte Arten zu erhalten« aufweisen³⁶

In Nordamerika und speziell in den USA wird der Diskurs über »Natürlichkeit« in Nationalparken bereits seit längerem kontrovers, aber auch differenziert geführt. Eine Publikation von David Cole und Laurie Yung reflektiert nicht nur die verschiedenen Definitionen von Natürlichkeit und die damit verbundenen Managementansätze, sondern auch deren Grenzen und Zielkonflikte.³⁷ So differenzieren die Autoren etwa bei Fragen der »Unberührtheit« zwischen menschlicher Kontrolle und menschlichem Einfluss. Selbst die großflächigsten und natürlichsten Nationalparke der USA sind von menschlichen Einflüssen betroffen, teilweise mit gravierenden Folgen für ihre Schutzgüter beispielsweise durch den Klimawandel. Um diese menschlichen Einflüsse zu mindern, ist teils erhebliche Kontrolle durch den Menschen notwendig. Gleiches gilt auch für die Wildnisgebiete in den USA, in denen die Freiheit von menschlichen Eingriffen traditionell eine noch höhere Rolle spielt als in den Nationalparken. Cole und Yung ziehen aus diesem »Dilemma des Wildnis-Managements« die Schlussfolgerung, dass ein einzelner Schutzansatz wie das sich selbst Überlassen der Natur die Bandbreite und Komplexität der Schutzziele von Nationalparken und Wildnisgebieten nicht adäquat umsetzen kann. Auf exakt diesen einen Ansatz grenzt aber das Motto »Natur Natur sein lassen« das Leitbild von Nationalparken ein. Offenbar ist diese Perspektive auf Natur gesellschaftlich anschlussfähig, wie unsere Kurz-Analyse zur Rezeption des Mottos auf Facebook illustriert. Besonders die Zivilisationskritik in Verbindung mit den Heilsversprechungen eines als Gegenwelt positionierten Nationalparks scheinen für Besucher einen großen Teil von dessen Faszination auszumachen und auch die von Hubert Weinzierl eingeforderte Demut gegenüber der Natur lässt sich an vielen der Kommentare ablesen.

Jedoch muss vorerst offenbleiben, inwiefern das in der Formel »Natur Natur sein lassen« implizierte Natur- und Menschenbild im Sinne einer nachhaltigen Entwicklung zu konstruktivem Handeln motivieren kann. Denn wenn nur das als natürlich und gut gilt, was vom Menschen unbeeinflusst ist, wie kann dann eine wünschenswerte Rolle für den Menschen in der Natur aussehen? In einer der eindringlichsten Kritiken am Wildnis-Verständnis der USA warnt der Umwelthistoriker William Cronon vor der romantisierenden Idealisierung von Wildnis, da das damit verbundene dualistische Menschen- und Naturbild eine gestaltende und zukunftsfähige Vorstellung von der Rolle des Menschen in der Natur verhindere.³⁸ Cronon bescheinigt diesem Dualismus einen prägenden Einfluss auf große Teile der Naturschutzbewegung und sieht darin ein wesentliches Hindernis für eine konstruktive Auseinandersetzung mit aktuellen Umweltproblemen. Die von William Cronon kritisierte harte Gegenüberstellung von Mensch und Natur bildet das Zentrum des Leitbildes »Natur Natur sein lassen«. Dieser Artikel zeigt zwar, dass dies für das Management der Nationalparke in Deutschland weniger relevant zu sein scheint als für ihre Selbstdarstellung nach außen. Jedoch liegt besonders in der öffentlichen Wahrnehmung von Nationalparken deren großes Potential, innovative Perspektiven auf Naturschutz-Themen zu entwickeln und in die öffentliche Debatte einzuspeisen. Die zitierten Kommentare auf Facebook geben der Kommunikationsarbeit der Nationalparke insofern recht, als dass es diesen offensichtlich gelingt, zumindest in bestimmten sozialen Milieus, einen hohen Zuspruch für ihre Arbeit zu gewinnen. Jedoch ist fraglich, welche Einstellungen, beispielsweise zum gezielten Erhalt von Arten, der Leitsatz »Natur Natur sein lassen« befördert und inwiefern er – einst innovativ – heute noch Räume offenlässt für konstruktive Auseinandersetzungen mit unseren Vorstellungen und Bewertungen von Mensch und Natur. Wir plädieren dafür, die Debatte über Zielsetzungen von Nationalparken nicht als abgeschlossen zu betrachten, sondern besonders den internationalen Vergleich zur Überprüfung eigener Gewissheiten und zur Gewinnung neuer Perspektiven bestmöglich zu nutzen.

Weiterführende Literatur

Bayerisches Gesetz- und Verordnungsblatt 16 (1973). Aufgerufen am 12. Dez. 2019, https://www.verkuendung-bayern.de/files/gvbl/1973/16/gvbl-1973 16.pdf.
Bibelriether, Hans. »Entscheidung für den Urwald« in *Nationalpark* 41 (1983), 34–35.
Bibelriether, Hans. »Wo der Wald den Wald baut« in *Nationalpark* 54 (1987), 5–7.
Bibelriether, Hans. »Naturerbe – Kulturerbe« in *Nationalpark* 61 (1988): 4–5.
Bibelriether, Hans. »Natur im Nationalpark schützen: Welche? Für wen? Wozu?« in *Nationalpark* 3 (1990), 28–31.
Bibelriether, Hans. »Nationalpark Bayerischer Wald: Das größte Naturwaldreservat Mitteleuropas« in *Nationalpark* 71 (1991), 48–51.
Bibelriether, Hans. »Natur Natur sein lassen« in *Ungestörte Natur – Was haben wir davon? – Tagungsbericht 6 der Umweltstiftung WWF Deutschland*, herausgegeben von Peter Prokosch. Husum 1992, 85–104.
Bibelriether, Hans. »Zum Geleit« In *25 Jahre auf dem Weg zum Naturwald*. Neuschönau 1995, 6–8.
Bibelriether, Hans. *Natur Natur sein lassen: Die Entstehung des ersten Nationalparks Deutschlands: Der Nationalpark Bayerischer Wald*. Freyung 2017.
Cole, David N. und Laurie Yung. *Beyond Naturalness. Rethinking Park and Wilderness Stewardship in an Era of Rapid Change*. Washington, DC 2010.
Cronon, William. »The Trouble with Wilderness: Or, Getting Back to the Wrong Nature« in *Environmental History* 1, 1 (1996), 7–28.
Deutscher Bundestag. »Entwurf eines Gesetzes zur Neuregelung des Rechts des Naturschutzes und der Landschaftspflege und zur Anpassung anderer Rechtsvorschriften (BNatSchGNeuregG)« Drucksache 14/6378. Berlin 2001. Aufgerufen am 06. Dez. 2019, http://dip21.bundestag.de/dip21/btd/14/068/1406878.pdf.
Gryn-Ambroes, Paule und Duncan Poore. *Nature Conservation in Northern and Western Europe,* International Union for Conservation of Nature (IUCN). Gland 1980. Aufgerufen am 06. Dez. 2019, https://portals.iucn.org/library/sites/library/files/documents/1980-Poor-001.pdf.

International Union for Conservation of Nature (IUCN). *Guidelines for Applying Protected Area Management Categories*, herausgegeben von Nigel Dudley. Gland 2008. Aufgerufen am 06. Dez. 2019, https://portals.iucn.org/library/sites/library/files/documents/PAG-021.pdf.

Keenleyside, Karen et al. *Ecological Restoration for Protected Areas: Principles, Guidelines and Best Practices*, International Union for Conservation of Nature (IUCN). Gland 2012.

Knapp, Hans Dieter. »Vision-Wirklichkeit-Perspektive. Das ostdeutsche Nationalparkprogramm fünf Jahre danach« in *Nationalpark* 87 (1995), 6–12.

»Nationalparke« *Bundesamt für Naturschutz*, 2019. Aufgerufen am 14. Apr. 2020, https://www.bfn.de/themen/gebietsschutz-grossschutzgebiete/nationalparke.html.

Plochmann, Richard. Nationalpark Bayerischer Wald am Scheideweg in *Nationalpark* 2 (1976), 6–10.

Scherzinger, Wolfgang. »Das Dynamik-Konzept im flächenhaften Naturschutz, Zieldiskussion am Beispiel der Nationalpark-Idee« in *Natur und Landschaft* 65,6 (1990), 292–298.

Weinzierl, Hubert. »40 Jahre Nationalpark Bayerischer Wald« in *40 Jahre Nationalpark – Geschichte und Geschichten*. Grafenau 2010, 10–11.

»10 Jahre Sommerweg am Lusen« *Facebook Fanpage Nationalpark Bayerischer Wald*, 2016. Aufgerufen am 20. Sept. 2019, https://www.facebook.com/nationalpark.bayerischer.wald/photos/a.10150147542737901.282745.323649842900/10153796525532901/?type=3&theater.

PHILOSOPHISCHE REFLEXIONEN

Dem Anthropozän zum Trotz
Naturphilosophische, naturästhetische und naturethische Dimensionen von Wildnis im Nationalpark Bayerischer Wald

Christina Pinsdorf

Bereits im Jahr 1989 stellt Bill McKibben in seinem einflussreichen Buch *The End of Nature* fest, dass es keine von menschlichem Einfluss unberührte Natur mehr gebe. Mit der aktuellen Proklamation eines neuen geochronologischen Erdzeitalters namens *Anthropozän*, in dem der gesamte Planet, wenn nicht unmittelbar und augenscheinlich, so doch zumindest indirekt durch Veränderungen seiner Litho-, Atmo-, Hydro-, Kryo- und Biosphäre, anthropogen beeinflusst ist, scheint endgültig besiegelt, dass es keine wilde Natur und erst recht keine unberührte Wildnis (*pristine wilderness*) mehr geben kann. Gerade die Natur Mitteleuropas ist seit Jahrhunderten vom Wirken des Menschen geprägt. Durch die Intensivierung von Industrie und Landwirtschaft, den hohen Grad der Urbanisierung, den Ausbau von Infrastruktur und die flächendeckende dichte Besiedelung ist Mitteleuropa landschaftlich zerschnitten und insgesamt kulturell überformt – große und weitestgehend unbeeinflusste Naturlandschaften wie etwa in Nordamerika gibt es nicht mehr.

Dem räumlichen Kontext im dicht besiedelten Mitteleuropa und dem zeitlichen Kontext im menschengemachten Erdzeitalter zum Trotz, stellt die Einrichtung des Nationalparks Bayerischer Wald der jahrhundertelangen zivilisatorisch-technisierten Entwicklung etwas genuin Andersartiges entgegen: die Kultivierung von Wildnis. Vorausschauend und die Einseitigkeiten des traditionell konservierenden Naturschutzes erkennend wird nach einem großen Windwurf im Jahr 1983 ein neues Naturschutzparadigma für den Nationalpark Bayerischer Wald geprägt und erstmalig umgesetzt: »Natur Natur sein lassen«. Dieser Leitsatz des Prozessschutzes wird von Hans Bibelriether, dem langjährigen Leiter des Nationalparks Bayerischer Wald, auf einer Tagung der Umweltstiftung WWF-Deutschland in Husum 1991 erstmals formuliert und 1992 veröffentlicht.[1] Durch die möglichst konsequente Umsetzung des Prozessschutzes auf einigen Flächen des Nationalparks Bayerischer Wald soll aus vormals wirtschaftlich genutztem Forst wieder Naturwald mit vielfältigen Strukturen, eine sogenannte *sekundäre Wildnis* entstehen.

In den nachfolgenden Ausführungen soll herausgestellt werden, inwiefern das Zulassen von Wildnis im Nationalpark Bayerischer Wald als höchstkultürliches

Projekt zu charakterisieren ist, mit welchen natur*philosophischen* und natur*ästhetischen* Hintergründen einer möglichen europäischen Wildnisidee das Projekt »Natur Natur sein lassen« verknüpft ist und mit welchen natur*ethischen* Herausforderungen es konfrontiert wird.

Naturphilosophische Dimensionen

Die Stellung des Menschen in der Natur

Eine grundlegende Frage der Naturphilosophie betrifft die Stellung des Menschen in der Natur. Innerhalb der westlichen Kulturgeschichte wurde die Antwort auf diese Frage sowohl seitens der Religion als auch seitens der Philosophie und Naturwissenschaft zumeist im Rahmen eines Natur-Kultur-Dualismus beantwortet. Dieser trennte den Menschen nicht nur von der Natur, sondern ordnete ihn ihr über: Die christlich-jüdische Schöpfungslehre erteilte dem Menschen als Abbild Gottes einen – wenn auch zumeist als pflegend und hegend ausgelegten – Herrschaftsauftrag über die restliche Natur. Beginnend mit Francis Bacon etablierte der Empirismus der Neuzeit ein mechanistisches Paradigma der Naturbeherrschung, welches Natur zum bloßen Objekt menschlichen Erkenntnisinteresses reduzierte und zur freien Verfügbarkeit für menschliche Zwecksetzungen anheimstellte. Seit der Sesshaftwerdung des Menschen und der Einführung des Ackerbaus in der Jungsteinzeit, über die Industrialisierung im späten 18. Jahrhundert, den eklatanten Anstieg von Bevölkerungszahl und Konsumverhalten in der Mitte des 20. Jahrhunderts bis zur heutigen hochtechnisierten Gesellschaft im Anthropozän hat sich ein ausbeuterischer Umgang des Menschen mit Natur entwickelt, der gegenwärtig die planetaren Belastungsgrenzen erreicht und die ökologische Krise samt Klimawandel und sechstem großen Artensterben vorantreibt. So zeichnet sich aktuell der Zugang des Menschen *zur* und seine Stellung *in* der Natur vornehmlich durch Entfremdung und Zerstörung aus. Allerdings ist das gegenwärtig vorherrschende, dualistisch exploitative Mensch-Natur-Verhältnis nicht alternativlos.

Mit der Wende vom 18. zum 19. Jahrhundert wächst unter den Philosophen der deutschen Romantik das Bestreben, eine Wiederverzauberung der Natur zu befördern. Friedrich Wilhelm Joseph Schelling, Begründer der romantischen Naturphilosophie, begreift den Dualismus von Natur und Geist als notwendiges Übel, das es auf dem Weg zu einer reflektierten Einheit von Menschen und Natur zu überwinden gelte.[2] Doch anstelle einer Bewegung in Richtung Wiedervereinigung konstatiert Schelling eine konträre Entwicklung: Philosophie und Naturwissenschaft zementieren die Trennung von Subjekt und Objekt und tragen so nicht nur zu einer Abspaltung des Menschen von der Natur (auch seiner eigenen), sondern zu der als Errungenschaft beurteilten Enthebung des Menschen aus seiner vormals schutzlosen und lebensbedrohlichen Einbettung in Naturzusammenhänge bei. Mithilfe des technologischen Fortschritts können die von der wilden Natur ausgehenden Gefahren, die etwa für Jäger- und Sammlerkulturen noch allgegenwärtig waren, überwunden werden. Allmählich wandelt sich so auch die vorrangige Bedeutung von Wildnis. Im *Deutschen Wörterbuch* der Gebrüder Grimm sind einige Bedeutungsverschiebungen des Begriffs dokumentiert: In der früheren europäischen Kulturgeschichte wird Wildnis häufig als Gegensatz zum Paradies, als das Gefährliche, Finstere, Grausige, Hässliche, zu Zivilisierende und mehr beurteilt; doch vom ausgehenden 18. Jahrhundert an – einhergehend mit dem Verschwinden von naturnahen Landschaften – wird Wildnis stetig positiver bewertet.[3]

Im Zuge einer immer weiter vordringenden Naturbeherrschung manifestiert sich unterdessen ein weiteres Entfremdungssyndrom: »[...] die Fremdheit [...] der transparent und berechenbar gewordenen Natur [...]«[4]. Bei der ersten – Schelling zufolge philosophisch unvermeidbaren – Trennung stellt sich der Mensch die Natur gegenüber: Er distanziert sich von ihr, um sie philosophisch betrachten und über sie reflektieren zu können. In diesem Rahmen wirkt Natur als das unkontrollierbare Andere durchaus fremd, bedrohlich und unverfügbar. Die zweite Trennung hält die Fremdheit der Natur aufrecht, löst aber ihre Bedrohlich- und Unverfügbarkeit auf: Sie manifestiert durch Naturentzauberung und -beherrschung die Entfremdung des Menschen von der äußeren wie von seiner inneren Natur.

So ist der Mensch mächtig, zugleich aber auch ohnmächtig geworden, insofern er mittlerweile *selbst* die größte Bedrohung für seine eigenen Existenzgrundlagen darstellt. Schelling bewertet die zu seiner Zeit noch deutlich moderatere Entwicklung wie folgt:

> So ist denn der Anfang der Sünde, daß der Mensch aus dem eigentlichen Sein in das Nichtsein [...] übertritt, um selbstschaffender Grund zu werden, und [...] über alle Dinge zu herrschen. [...] Hieraus entsteht der Hunger der Selbstsucht, die in dem Maß, als sie vom Ganzen und von der Einheit sich lossagt, immer dürftiger, ärmer, aber eben darum begieriger, hungriger, giftiger wird. Es ist im Bösen der sich selbst aufzehrende und immer vernichtende Widerspruch, daß es kreatürlich zu werden strebt, eben indem es das Band der Kreatürlichkeit vernichtet, und aus Übermut, Alles zu sein, ins Nichtsein fällt.[5]

Im Rahmen seiner Naturphilosophie deutet Schelling an, es könne dem Menschen gelingen, gewissermaßen *trotz* seiner Freiheit – die ihn bisweilen auf Abwege führe –, aber ebenso auch nur *durch* seine Freiheit – die für eine bewusste Wiedervereinigung vorauszusetzen sei –, einen angemessenen Umgang mit Natur und einen adäquaten Ort in ihr zu finden. Der *ausschließlich* auf menschlichen Nutzungsinteressen basierende Naturzugang sei allerdings aufzugeben, denn »soweit nur immer die Natur menschlichen Zwecken dient, wird sie getödtet«[6].

Von den hier nur rudimentär darstellbaren Einsichten Schellings und der romantischen Naturphilosophie kann eine europäische Wildnisidee ihren Ausgang nehmen, die das Zulassen von Wildnis als nutzungsfreien und nicht menschlich dominierten Raum fundiert.

Ebenfalls im Sinne der romantischen Naturphilosophie kann der im Nationalpark Bayerischer Wald praktizierte Prozessschutz lehren, das Gesamtgefüge nicht mehr bloß »in seinem *Seyn*, sondern in seinem *Werden*«[7] zu betrachten und in Ansätzen zu begreifen. So kann man im Nationalpark Bayerischer Wald beispielsweise verstehen lernen, dass Totholz kein isoliertes *Seyn*, sondern ein integriertes *Werden* innerhalb ökologischer Kreisläufe ist. Totholz unterstützt den Prozess der Waldverjüngung, der wiederum nicht des menschlichen Eingriffs, sondern des Gewährens von Zeit bedarf. Mit seinem Programm »Natur Natur sein lassen« und der Ausweisung von Flächen als Wildnis(entwicklungsgebiete) kann der Nationalpark Bayerischer Wald konkret dazu beitragen, eine lebensweltliche Basis für ein neues, auf Einheit hin reflektiertes Mensch-Natur- sowie menschliches Selbstverhältnis zu schaffen. Denn das Zulassen von Wildnis im Anthropozän – oder vielmehr dem Anthropozän zum Trotz – realisiert die reflektierteste Form des Mensch-Natur-Verhältnisses: »Natur Natur sein lassen« ist ein höchstkultürliches Projekt. Wir können uns autonom dazu entscheiden, Natur aus menschlichen Zwängen und menschlicher Nutzung zu entlassen, um ihr dann wieder auf Augenhöhe begegnen zu können. Natur auf Augenhöhe zu begegnen impliziert im Falle des Prozessschutzes nicht ihre nachhaltige Nutzung, sondern vielmehr Nutzungsverzicht sowie Unterlassung jeglicher Eingriffe – auch vermeintlich pflegerischer Art.[8] Denn geschützt werden sollen nicht etwa vom Menschen festgelegte Zustände, sondern nicht-anthropogen beeinflusste evolutive Entwicklungsbedingungen. »Prozessschutz bedeutet«, nach der Definition des Landschaftsökologen Eckhardt Jedicke,

> das Aufrechterhalten natürlicher Prozesse (ökologischer Veränderungen in Raum und Zeit) in Form von dynamischen Erscheinungen auf der Ebene von Arten, Biozönosen, Bio- oder Ökotopen, Ökosystemen und Landschaften. Prozessschutz zielt […] auf den Erhalt anthropogen ungesteuerter Dynamik auf mindestens aktuell ungenutzten Flächen unter Einschluß von Sukzessionsprozessen auf durch den Menschen veränderten bzw. beeinflußten Standorten, welche zu naturnäheren Stadien führen können.[9]

In der Naturzone des Nationalparks Bayerischer Wald wird durch die Einhaltung des Prozessschutzes im Sinne des Nichteingreifens zum einen die Entwicklung von sekundärer Wildnis möglich. Aufgrund der Komplexität und Interdependenz ökologischer Zusammenhänge können Auswirkungen von menschlichen Eingriffen nur sehr schwer vorhergesagt werden, so dass gezieltes Naturmanagement die Gefahr unerwünschter Nebenwirkungen birgt. Durch die Einhaltung des Prozessschutzes werden somit zum anderen unbeabsichtigte Fehlsteuerungen des Naturmanagements, die selbst erfahrene Natur- und Landschaftsmanager wie Aldo Leopold in den USA oder Hans Bibelriether in Deutschland zu beklagen hatten, vermieden.[10]

Die US-amerikanische Wilderness Idea und eine europäische Wildnisidee

Nicht zuletzt durch Einflüsse der deutschen und englischen Romantik entsteht in den USA der 1830er Jahre der sogenannte *amerikanische Transzendentalismus*, dem unter anderem die Philosophen Ralph Waldo Emerson und Henry David Thoreau zugerechnet werden. Innerhalb der langen und intensiven Beziehung zwischen Emerson und Thoreau wird dem *American Wilderness Preservation Movement* ein fruchtbarer Boden bereitet, zu dessen intellektueller Hauptfigur Thoreau avanciert. Im späten 19. und frühen 20. Jahrhundert kommt die Wertschätzung von *Wilderness* über künstlerische, literarische, naturwissenschaftliche und politische Beiträge verstärkt zum Ausdruck. Thoreaus Essay »Walking« thematisiert *Wildness* als das höchste ästhetische wie ethische Ideal und propagiert eine Balance zwischen Kultiviertem und Wildem; er betont, »in wildness is the preservation of the world«[11]. Auch der schottisch-amerikanische Naturkundler und Umweltschützer John Muir stellt die besonderen spirituellen und ästhetischen Werte der *Wilderness* heraus. Durch seine Schriften macht er die Region des Yosemite Valley zunächst bekannt und engagiert sich dann persönlich und politisch erfolgreich für die Einrichtung des Yosemite-Nationalparks 1890. Nur zwei Jahre später gründet er mit dem Sierra Club die älteste und größte Naturschutzorganisation der USA.

Auch der amerikanische Forstwissenschaftler und Wildbiologe Aldo Leopold formuliert im Laufe seines Lebens verschiedene Argumente für den Schutz von *Wilderness*: Unter anderem verweist er auf den Wert von *Wilderness* als Erholungsraum, in dem Amerikaner Einsamkeit erleben, aber auch diverse Formen von ursprünglicheren Freiluftaktivitäten – wie Wandern oder Pack Trips zu Pferde – ausüben können.[12] Später betont Leopold außerdem die Bedeutung von Wildnisgebieten als wissenschaftliche Vergleichsfläche bzw. Referenz für intakte Ökosysteme. In seinem Hauptwerk *A Sand County Almanac and Sketches Here and There* hebt er insbesondere die Notwendigkeit einer *land ethic* und den damit verbundenen Respekt für die gesamte biotische Gemeinschaft sowie die zentrale Bedeutung der Ausweisung von *Wilderness Areas* auf bundesstaatlichen Flächen hervor.[13] Leopold ist Mitbegründer der *Wilderness Society* und prägt mit seinen Ansichten auch die Ausformulierung des *American Wilderness Act* von 1964. In diesem wird »wilderness« definiert als eine »area where the earth and its community of life are untrammeled by man, where man himself is a visitor who does not remain«[14].

Für die Konzeption einer europäischen Wildnisidee bietet die US-amerikanische *Wilderness Idea* zugleich ein Vorbild wie eine Kontrastfolie. Ähnliches gilt für die Bedeutung des ersten US-amerikanischen Nationalparks (Yellowstone) im Vergleich zum ersten Nationalpark Deutschlands (Bayerischer Wald). So wie der Yellowstone-Nationalpark als praktischer Prüfstein hinsichtlich Umsetzbarkeit und Rechtfertigungsfähigkeit der *Wilderness Idea* gelten kann, muss auch der Nationalpark Bayerischer Wald bei der Ausarbeitung und Bewertung einer europäischen Wildnisidee herangezogen werden.

Abb. 1
Das Yosemite Valley in einem Gemälde des deutsch-amerikanischen Künstlers Alfred Bierstadt, um 1860.

Tatsächlich ist der Nationalpark Bayerischer Wald ein Ort, an dem auch theoretisch-konzeptionelle Schwierigkeiten einer europäischen Wildnisidee deutlich werden, wenngleich er vornehmlich ein Ort ist, an dem sich mitentscheidet, was Wildnis in und für Mitteleuropa praktisch bedeutet, ob und wie sie umgesetzt werden kann und welche spezifischen Herausforderungen ein konsequenter Prozessschutz für die dicht besiedelte Region mit sich bringt.

Im Gegensatz zur Verknüpfung von Wildnis und kultureller Identität im amerikanischen Pioniergedanken[15] wird Wildnis vor dem Hintergrund der langen historischen Kulturtradition in Mitteleuropa oftmals als Bedrohung kultureller Identität wahrgenommen.

Dies gilt auch im Kontext des Nationalparks Bayerischer Wald: Die ältere Generation der Waidler (die Einheimischen in der Region des Bayerischen Waldes bezeichnen sich so)[16] verband mit Wildnis negative Assoziationen und stand dem seinerzeit neuen Programm »Natur Natur sein lassen« mindestens skeptisch, wenn nicht sogar ablehnend gegenüber. Man war eher konservativen Werten und traditionellen Denkschemata der Forstwirtschaft verhaftet, die man durch die neue Formel gefährdet sah. Schließlich ist der in Deutschland historisch gewachsene Naturschutz statisch und auf das Bewahren von Naturdenkmälern ausgerichtet, der neue Naturschutzgedanke hingegen dynamisch und grundsätzlich für jede Form der Naturentwicklung offen.

In der traditionsreichen Geschichte der Waidler wurde ungenutzte Natur für wertloses Unland, Ödland oder Brachland befunden.[17] Durch harte Arbeit und unter Inkaufnahme beschwerlicher Mühen mussten Eltern, Groß- und Urgroßeltern dem Wald ihr Überleben abtrotzen und haben nach und nach einen für ihre Nachkommen ungefährlichen, kontrollierbaren, ertragreichen und optisch »immergrünen« Forst geschaffen, den es für Letztere weiterhin durch pflegende Maßnahmen zu erhalten galt. In dieser Perspektive scheint es kaum verwunderlich, dass die Ausweisung von Wildnisentwicklungsgebieten durch den Nationalpark Bayerischer Wald immer wieder auf Unverständnis stieß und Empörung sowie tief verletzte Gefühle erzeugte. Das Bild des zunächst vom Sturmwurf verwüsteten Waldes, den niemand aufräumte, gefolgt von der Borkenkäfervermehrung, die niemand bekämpfte, und dem daraus resultierenden Absterben größerer Waldflächen, die man aus Gründen des Naturschutzes sich selbst überließ, empfanden zahlreiche Waidler als Naturzerstörung und Verrat an den Errungenschaften ihrer Vorfahren. Sie wünschten für sich und den Wald das rettende Eingreifen des Menschen, das Bild des stets grünen und als Heimat empfundenen Forstes zurück.

Seit einiger Zeit ist allerdings bekannt, dass der lange als Idealbild bewertete »immergrüne« Forst nur scheinbar ein stabiler Wald gewesen ist. In Zeiten des voranschreitenden Klimawandels mit vermehrten Extremwetterereignissen und größeren Borkenkäferpopulationen ist deutlich geworden, dass großflächig angelegte Fichtenmonokulturen als Altersklassenwirtschaftswald nur einen unvollständigen Wald repräsentieren, gegenüber externen Einflüssen besonders anfällig sind und sich zudem negativ auf die Artenvielfalt auswirken. Auch ist die Bewertung der fraglos anzuerkennenden Leistung der Vorfahren nicht auf die gegenwärtige Situation übertragbar: Während in früherer Zeit die Kulturlandschaft tatsächlich von der Natur abgerungen werden musste, haben sich heute die Verhältnisse geradezu umgekehrt: Im Anthropozän sind weite Teile der Erde kulturell überformt und in Mitteleuropa sind Kulturlandschaften nicht mehr das Besondere. Heute müssen wir uns nicht mehr mittels Kultivierungsleistungen vor der Wildnis schützen, sondern Kultivierungsleistungen aufwenden, um Wildnisentwicklung zu ermöglichen. Heimat muss dabei jedoch nicht zur Disposition stehen, sondern allenfalls als veränderbar gedacht werden. Für die jüngere Generation der Waidler verbindet sich mit dem Nationalpark Bayerischer Wald ohnehin bereits ein Heimatgefühl und eine positive Haltung. Sie ist mit der neuen Form des sich entwickelnden Naturwaldes aufgewachsen und seinen Anblick gewohnt.

Naturästhetische Dimensionen

Das Gefühl des Erhabenen

Insbesondere Urwälder und Wildnis betreffend ist das kulturelle Deutungsrepertoire für Natur im mitteleuropäischen Raum stark durch das im späten 18. Jahrhundert langsam entstehende romantische Naturgefühl geprägt. Der vormals als lebensbedrohlich empfundene wilde Naturraum, in dem reißerische Bestien und gesetzlose Barbaren hausten,[18] verlor durch die fortschreitende Naturbeherrschung an Schrecken. Im Zuge eines aufkeimenden Unbehagens angesichts zivilisatorisch bedingter Zwänge wurde er zunehmend als kompensatorischer Raum neu entdeckt und schließlich als erhaben klassifiziert.[19] Gemäß dem romantischen Verständnis von der Erhabenheit der Natur sind es gerade wilde, von zivilisatorischen Prägungen unberührte Gegenden, die die Vorstellungskraft anregen und besonders lustvolle Gefühle erzeugen: Sie offenbaren etwas Gewaltiges, das die Erfahrung des bloß Schönen noch übersteigt.[20] Innerhalb des romantischen Naturgefühls kommt der wilden Natur aufgrund ihrer kraftvollen Dynamik eine herausgehobene Stellung zu, die im Rahmen der Kunsttheorie bereits vorbereitet wurde. So hatten etwa die Ausführungen des Schweizer Kunsttheoretikers Johann Jakob Bodmer erheblichen Einfluss auf die romantische Bestimmung des Erhabenen:

> Wir werden in eine angenehme Bestürzung versetzt […], wenn wir gewisse unbegrenzte Gegenstände erblicken. […] Da würcket nicht die Schönheit auf das Gesicht, sondern die wilde Pracht, welche in diesen erstaunlichen Wercken der Natur hervorleuchtet. […]. Wenn auch gleich ein Gegenstand so groß ist, daß das Gemüthe sich darinnen verliehrt, so setzt es dieser Verlust selbst in einen Stillstand und eine Entzückung seiner Kräfte, welche von einem feinen Ergetzen gefolgt wird.[21]

Zunächst sei das Subjekt von der Unermesslichkeit erhabener Naturphänomene durchaus überfordert, dann aber finde es Gefallen an der Herausforderung zur Erweiterung seiner Vorstellungskraft – die »Selbststeigerung durch Annäherung an das überlegene Objekt«[22] erzeuge Lust.

Dem Expeditionsreisenden und Naturforscher Alexander von Humboldt, der die Natur als Ganzheit betrachtet, ist diese Form des Naturgenusses wohl vertraut. In den »Einleitenden Betrachtungen über die Verschiedenartigkeit des Naturgenusses« erläutert er, dass »selbst das Schreckliche in der Natur, alles was unsere Fassungskraft übersteigt […] in einer romantischen Gegend zur Quelle des Genusses«[23] wird. Für Humboldt sind die ästhetischen Reaktionen auf Natur ähnlich bedeutsam wie ihre quantifizierbaren Eigenschaften. Auf seinen ausgedehnten Reisen macht er viele Erhabenheitserfahrungen und schildert Naturschauspiele, die sinnliches wie rationales Fassungsvermögen übersteigen und dadurch zur Quelle schauriger Lustempfindungen werden:

Abb. 2
Romantisches Naturgefühl und das Erhabene in der Kunst: *Uttewalder Grund* von Caspar David Friedrich, um 1825.

Eindrücke solcher Art sind lebendiger, bestimmter und deshalb für besondere Gemütszustände geeignet. Bald ergreift uns die Größe der Naturmassen im wilden Kampfe der entzweiten Elemente oder, ein Bild des Unbeweglich-Starren, die Öde der unermeßlichen Grasfluren und Steppen.[24]

Das Erschaudern angesichts der Grenzen menschlicher Fassungskraft erfülle die Natur betrachtende Person zugleich mit Ehrfurcht vor und Staunen über die Erhabenheit der Natur. Die Annäherung des Subjekts an ein erhabenes Naturobjekt führe zur Erweiterung von dessen Vorstellungskraft und Erhebung seiner Seele. Dabei bleibt die ästhetische Empfindung notwendig ambivalent: Die Gefahr, vor der überwältigenden Größe des Naturgegenstandes doch kapitulieren zu müssen und in Niedergeschlagenheit zu versinken, ist im genussvollen Schauer und der Lust am Ungeheuren stets präsent.

Vom romantischen Erhabenheitsgefühl ist eine andere, für die ästhetische Bewertung von Natur ebenfalls bedeutsame Konzeption des Erhabenen zu unterscheiden: In seiner *Kritik der ästhetischen Urteilskraft* entwirft Immanuel Kant eine »Analytik des Erhabenen«, die zwischen dem mathematisch Erhabenen und dem dynamisch Erhabenen differenziert. Während das mathematisch Erhabene auf die Unangemessenheit der menschlichen Einbildungskraft als endliches sinnliches Vermögen bezogen sei, verweise das dynamisch Erhabene auf die physische Unzulänglichkeit des Menschen angesichts übermächtiger Naturgewalten.[25]

Im Gegensatz zum Naturschönen, das dem Menschen zweckmäßig, geordnet und strukturiert entgegentrete oder »directe ein Gefühl der Beförderung des Lebens bei sich führt«, löse das Erhabene in seiner Bedrohlichkeit »das Gefühl einer augenblicklichen Hemmung der Lebenskräfte«[26] aus. Im Gegensatz zum *Schönen* der Natur gelinge es dem Menschen nicht das *Erhabene* zu fassen – es bleibe sinnlich unfassbar, aber auch rational zunächst unermesslich und erzeuge so ein Gefühl der Unterlegenheit und Unlust.

Doch auch hier kann das zunächst vorherrschende Gefühl »physische[r] Ohnmacht«[27] in ein erhebendes und bei Kant sogar in ein triumphierendes Gefühl verwandelt werden. Denn als Vernunft- und Moralwesen erfahre sich der Mensch im Akt der Selbstreflexion nicht nur als der äußeren Natur enthoben, sondern als dieser überlegen: In der geistigen Sphäre sei er nicht mehr den Naturgesetzen unterworfen, sondern bestimme sich nach seinen eigenen moralischen Grundsätzen, dem Sittengesetz, selbst. Weil das Vermögen der Vernunft »jeden Maßstab der Sinne übertrifft«[28], eröffne es für uns Menschen eine Sphäre, die nicht »von der Natur außer uns angefochten und in Gefahr gebracht werden kann«[29]. Insofern erzeugt das Gefühl des Erhabenen auch bei Kant am Ende Lust, wobei das eigentlich Erhabene nicht die äußere Natur, sondern die durch sie erzeugte innere Gemütsstimmung des moralischen Subjekts kennzeichnet.[30]

Damit die eigentlich erhabene Gemütsstimmung entstehen kann, bedarf es Kant zufolge einer hochentwickelten Kultur.[31] Für das ästhetische Naturerleben des Schönen *und* des Erhabenen bilde eine vom Menschen noch unbeherrschte Natur den Ausgangspunkt.[32] Nun hat Kant allerdings schon die Vermutung geäußert, dass eine solche »freie[…] Natur« verschwinden und »ein späteres Zeitalter« daher der »Natur immer weniger nahe sein«[33] könnte.

Genau dieser zu verschwinden drohenden freien Natur hat sich der Nationalpark Bayerischer Wald verschrieben. Einst war der Bayerische Wald ein mitteleuropäischer Urwald, dessen Anmut, Ungeheuerlichkeit und Erhabenheit auf lyrische Weise von Adalbert Stifter in seiner Erzählung *Aus dem bairischen Walde* über viele Seiten trefflich beschrieben ist, wenn es etwa heißt: »Der erhabene Wald, obwohl ganz beschneit, war doch dunkler als all das Weiß, und sah wie ein riesiger Fleck fürchterlich und drohend herunter.«[34] Zu Stifters Zeiten waren Glasindustrie und moderne Forstwirtschaft freilich längst etabliert und spätestens nach dem Ausbau des Schienennetzes der Waldeisenbahn gegen Ende des 19. Jahrhunderts war von der ursprünglichen Gestalt des Bayerischen Waldes nur noch wenig geblieben. Erst mit der Einrichtung des Nationalparks Bayerischer Wald vor 50 Jahren setzte ein Umdenken ein: weg von reinem Ertragsdenken, hin zu Vorstellungen ertragsunabhängiger Naturwaldentwicklung. Dank des Leitgedankens »Natur Natur sein lassen« entwickelt sich heute auf dem Areal des Nationalparks Bayerischer Wald *wieder* weitgehend unbeeinflusste Sekundärwildnis. Durch die Wiedergewinnung von urwaldartigen Strukturen ist es im Nationalpark Bayerischer Wald gelungen, die Bedingungen für Naturerfahrungen zu schaffen, die dem *romantischen Naturgefühl des Erhabenen* ebenso nahe kommen wie den Kantisch geprägten Gefühlen des *Naturschönen* und des *Erhabenen*. Folgende Beispiele mögen der Verdeutlichung dienen:

Das *romantische Gefühl des Erhabenen* kann sich nicht zuletzt dort einstellen, wo durch das Zulassen der Entwicklung von Naturwäldern urwüchsige und – je nach Jahres- oder auch Tageszeit – geheimnisumwobene bis schauderhaft anmutende Orte wie das Höllbachgspreng entstanden sind. Dabei handelt es sich um einen der ältesten geschützten Wälder Deutschlands mit bis zu 600 Jahre alten Bäumen. Kraft Gehölzsukzession entstandene bizarre Wuchsformationen machen den Wald ebenso wie liegende, stehende oder ineinander verschachtelte Totholzvorkommen zu einem teilweise undurchdringlichen Dickicht und lassen ihn verwunschen bis unheimlich wirken. Durch die Rückkehr respektive Wiederansiedelung von wilden Großbeutegreifern wie Wolf und Luchs im Gebiet des Bayerischen Waldes kommt auch ohne deren Sichtung, spätestens in der Abenddämmerung, ein Gefühl des Schaurigen auf. Die Laute des Waldes tun ihr Übriges, es knistert und knackt bei jedem Schritt, die Rufe von Habichts- und Waldkauz und auch die Geräusche der anderen Waldbewohner dringen stärker ins Bewusstsein. Doch bleibt der Schauer lustvoll, denn Besucher können sich in relativer Sicherheit wägen und so die eigene Phantasie und Vorstellungskraft gemäß dem romantischen Gefühl des Erhabenen steigern. In den deutschlandweit verbreiteten Fichtenplantagen mit umfassender Erschließung durch Forststraßen und Rückewege sind vergleichbare Naturerlebnisse kaum möglich. Insofern verwundert es nicht, dass Besucher aus der gesamten Bundesrepublik, die Humboldts »Wunsch, eine wilde, erhabene und in ihren Hervorbringungen mannigfaltige Natur aus der Nähe zu sehen«[35] teilen, den Nationalpark Bayerischer Wald aufsuchen, um ihre Sehnsucht nach ungeordneter, wilder Natur zu stillen.

Wer dem Kantischen Gefühl des Natur*schönen* nachspüren möchte, kann dies etwa auf dem Wanderweg vom Lusen zur Martinsklause tun. Ausgehend von einem massiven Borkenkäferfraß Mitte der 1990er Jahre hat hier eine intensive Naturverjüngung eingesetzt, die sich zu einem malerischen Szenario entwickelt hat. Auf einem gesicherten Holzsteg werden Besucher im Herbst durch ein Meer von Farben geführt: Das Rot der Heidelbeerblätter, Braun der Farne, satte Grün der Fichte, goldgelbe Laub der Buche und silbergraue Schimmern der Totholzstämme mischt sich unter blauem Himmel zu einem realen romantischen Naturgemälde. Der bunte Farbenmix erfreut die Sinne ebenso wie die vielfältige Struktur des allein gemäß den Gesetzen der Natur und ohne menschlichen Einfluss nachwachsenden Waldes. Hier wächst mosaikartig ein abwechslungsreiches Landschaftsbild mit diversen Komponenten heran. Neben Baumgruppen sind auch solitäre Laubbäume oder Tannen zu bewundern und durch das angenehm heterogene Bild, bei dem sich dichter Bewuchs und Lichtschächte abwechseln, entsteht ein sinnlich ansprechender Gesamteindruck.

Das Kantische Gefühl des *Erhabenen* wird am ehesten bei den sogenannten Blauen Säulen im Hochlagenwald am Fuße des Lusen ausgelöst. Nach dem großflächigen Borkenkäferfraß bot sich zwischen Lusen und Großem Rachel ein schreckeinflößender Anblick, der auch heute noch erahnt werden kann: Auf einer Fläche von etwa 6000 ha waren ausschließlich abgestorbene Baumgerippe zu sehen – silber-bläulich schimmernde Stelen bis zum Horizont.

Diese gigantische Menge toter Baumskelette war in ihrer Größenordnung für Mitteleuropa beispiellos. In Anbetracht dieser »Verwüstung« machte sich unter den Einheimischen seinerzeit nicht nur Unlust, sondern Panik breit; man fühlte sich von Anblick und Ausmaß dieses »Baumfriedhofs« überwältigt und geängstigt. Auf eine Art wurde hier also – in Kantischem Sinne – sowohl mathematisch als auch dynamisch Erhabenes an der Natur wahrgenommen: ersteres aufgrund der schier endlos scheinenden Menge an silber-bläulichen toten Säulen, letzteres aufgrund der Hilflosigkeit gegenüber dem scheinbar lebensfeindlichen Geschehen. Eine erhabene Gemütsstimmung stellte sich jedoch nicht ein. Vielmehr konnten große Teile der Bevölkerung das Panorama des toten Waldes nicht ertragen und fühlten sich zugleich durch das seitens der Nationalparkleitung verordnete Handlungsverbot ohnmächtig.

In einer gewissen Neuinterpretation der nach Kant als erhaben klassifizierten Gemütsstimmung des Menschen, könnte man aus heutiger Perspektive die geforderte menschliche Selbstbegrenzung der Prozessschutz-Pioniere als »erhaben« im Sinne des Gewahrwerdens vernünftiger menschlicher Selbstgesetzgebung deuten. Auch wenn die einheimische Bevölkerung stärker in die naturschutzstrategische Neuausrichtung des Nationalparks hätte einbezogen werden müssen, bleibt das Festhalten an der Leitidee »Natur Natur sein lassen« (natur)ethisch visionär. Denn das Gewähren eines (so selten gewordenen) Raums, in dem sich Natur frei entfalten darf, fordert gerade die von Kant als wesentlich bezeichneten Vermögen der Vernunft und Moral heraus. Zunächst bedarf es der Vernunft, um einzusehen, dass die Lebensgrundlagen der Menschen im Bayerischen Wald durch das Zulassen von Wildnis- oder Naturwaldentwicklung nicht existenziell gefährdet werden können. Zugleich impliziert das Zulassen von Wildnis durchaus das kulturell herausfordernde Aushalten von Kontrollverlust und Machtaufgabe.[36] Weiterhin bedarf es der Einsicht, dass nicht alles Existierende unter dem Gesichtspunkt des für den Menschen Zweckmäßigen, Nützlichen oder Gewinnbringenden zu bewerten ist.[37] Schließlich erfordert es ein hohes Maß an Autonomie, die eigenen menschlichen Bedürfnisse oder Neigungen zugunsten der Realisierung naturethischer Normen zurückzustellen. Gerade im Anthropozän kann die selbstbestimmte Selbstbegrenzung des Menschen als höchstkultürlicher Akt gewertet werden (die Selbsterhebung des Menschen im Gefühl des Erhabenen beruht hier auf seiner ihn vor allen anderen Naturwesen auszeichnenden moralischen Fähigkeit zur Selbstgesetzgebung). In diesem weiterführenden Sinn

Abb. 3
Der Geisterwald nach Borkenkäferbefall: Ausblick vom Lusengipfel Richtung Pürstling (CZ).

ist Wildnis als Kultivierungsleistung zu verstehen, da sie sich nur noch unter großer kultureller Anstrengung und Bescheidung des Menschen entwickeln kann.

Naturgenuss durch Wildnisbildung

Die bisweilen in der deutschen Romantik geäußerte »Besorgnis, daß bei jedem Forschen in das innere Wesen der Kräfte die Natur von ihrem Zauber, vom Reiz des Geheimnisvollen und Erhabenen verliere«[38], teilt Alexander von Humboldt nicht. Ganz im Gegenteil führe ein *sinniges* Naturstudium vielmehr zur Schärfung des Natursinns und habe sogar eine Verstärkung des Naturgenusses zur Folge. Durch vermehrtes Wissen über die Natur werde erst die unendliche Komplexität ökologischer Zusammenhänge offenbar. Wissen erzeuge »freudiges Erstaunen« und mit »wachsender Einsicht vermehrt sich das Gefühl von der Unermeßlichkeit des Naturlebens«[39].

Durch die Maxime des Prozessschutzes kann im Nationalpark Bayerischer Wald dieses »ewig Wachsende, ewig im Bilden und Entfalten Begriffene«[40] seitens der Naturwissenschaft studiert werden, um sowohl neue Einsichten zu generieren als auch immer neue Geheimnisse aufzuspüren. Doch trägt der Nationalpark Bayerischer Wald nicht nur zum allgemeinen wissenschaftlichen Erkenntnisgewinn und vermehrten Naturgenuss der Forschenden bei, sondern kommt auch seinem Bildungsauftrag für die Öffentlichkeit nach. Im Nationalpark Bayerischer

Wald besteht das spezifische und übergeordnete Ziel der Umweltbildung darin, »das Prinzip des Prozessschutzes als normativen Grundsatz von Nationalparken zu vermitteln und in seinen vielfältigen Zusammenhängen im Dialog mit Einheimischen und Gästen gemeinsam zu reflektieren«.[41]

Naturgenuss wird etwa mit Blick auf die Beurteilung von Totholz nicht nur im Sinne Humboldts »mit der Einsicht in den inneren Zusammenhang der Naturkräfte vermehrt«[42], sondern für Laien teilweise überhaupt erst möglich. In den Natur- und Kernzonen des Nationalparks Bayerischer Wald finden sich große Totholzvorräte in verschiedenen Verrottungsstadien. Während man Totholz früher gar nicht erst hat entstehen lassen oder es umgehend aus dem Wald entfernte, hat über die letzten zwei Jahrzehnte die Umweltbildung im Nationalpark Bayerischer Wald dazu beigetragen, dass der weitaus größte Teil der Waidler wie auch die überwiegende Mehrheit der restlichen deutschen Bevölkerung Totholz mittlerweile als Grundlage für neues Leben begreifen.[43] Totholz ist wichtig für die Artenvielfalt von Flora und Fauna, es bietet diversen Insekten, Pflanzen und Pilzen eine Lebens- und Nahrungsgrundlage, schafft räumliche Strukturen für Auerhuhn, Haselhuhn oder Dreizehenspecht und trägt insgesamt zur Bodenverbesserung bei. Auf den Flächen des Nationalparks Bayerischer Wald, die teilweise über 100 Festmeter Totholz pro Hektar aufweisen – eine heute sehr selten auffindbare, für ursprüngliche Urwälder Mittel- und Osteuropas hingegen typische Menge –, haben sich sogenannte Urwaldreliktarten wie der seltene Pilz *Zitronengelbe Tramete* oder der seltene Käfer *peltis grossa* wiederangesiedelt.

Im Vergleich zu einer 250-jährigen, solitär stehenden Rotbuche oder einem anmutigen Luchs sind diese beiden Arten mehr als unscheinbar. Dessen ungeachtet sind sie nicht weniger Indikatorarten für Wildnis, nicht weniger faszinierend und verdienen nicht weniger unsere Aufmerksamkeit. Diese kann ihnen aber erst zuteilwerden, wenn wir von ihnen und über sie wissen, um nach ihnen Ausschau zu halten und sie trotz ihrer scheinbaren Unscheinbarkeit zu bewundern. Davon wusste auch Stifter auf seinen Streifzügen durch den Bayerischen Wald schon zu berichten:

> Und wie eindringlicher und erweckender wirkt es erst, wenn man irgendein Ding zum Gegenstande seiner Betrachtung oder wissenschaftlichen Forschung macht, sei es das Leben der Himmelsglocke mit ihren Farben und Wolken, oder sei es das Leben mancher Tiergattung, oder seien es nur die verachteten Moose, die mit ihren verschiedenen Blättchen oder den dünnsten goldenen Seidenfäden den Stein überkleiden. Da zeigt sich im Kleinsten die Größe der Allmacht[44]

Im direkten Kontakt mit wilder Natur können Besucher des Nationalparks Bayerischer Wald sich mit ihren Wünschen und Sehnsüchten auseinandersetzen, werden aber auch mit ihren Ängsten konfrontiert. Ihr Reflexionsvermögen kann dabei nicht minder herausgefordert werden wie ihr sinnlicher Wahrnehmungsapparat. Sie können intensive Körperwahrnehmungen ebenso erleben wie eine Infragestellung ihres Wertesystems und ihres bisherigen Lebenswandels, der

Abb. 4
Der Urwaldpilz Zitronengelbe Tramete fotografiert im Bayerischen Wald.

möglicherweise nicht auf bewussten ökologischen Entscheidungen, sondern eher auf Achtlosigkeit basierte. Körperliche und kognitive Grenzerfahrungen können eine Bewusstwerdung der Differenzierung zwischen existenziellen und eher unwesentlichen Bedürfnissen anregen. Es können Situationen entstehen, die zum Beispiel ein Hinterfragen des eigenen umweltgefährdenden Konsumverhaltens anleiten und so eigenverantwortliches Handeln initiieren.

Da spätere Umwelteinstellungen wesentlich im Kindesalter geprägt werden und unter Kindern und Jugendlichen eine Tendenz zur Naturentfremdung feststellbar ist,[45] legt der Nationalpark Bayerischer Wald besonderes Augenmerk auf die Wildnisbildung ebendieser Altersgruppen. Im Wildniscamp am Falkenstein können Kinder und Jugendliche für mehrere Tage in verschiedenen im Wald gelegenen Themenhütten – Wiesenbett, Wasserhütte, Erdhöhle, Lichtstern, Baumhaus oder Waldzelt – unterkommen, den jeweiligen Lebensraum außerhalb der gewohnten Komfortzone intensiver wahrnehmen und von dort aus ihre unmittelbaren Erfahrungen in der urwaldartig strukturierten Natur beginnen.

Die vornehmliche Aufgabe begleitender Wildnispädagogen besteht darin, passende Lernsituationen zu schaffen, in denen Kinder und Jugendliche bestenfalls direkt von der Natur unterrichtet werden und unmittelbare Erlebnisse ein Lernen durch eigene Erfahrung ermöglichen. Wildniserfahrung kann Wohlbefinden und Verbundenheit mit der Natur erlebbar machen. Dazu zählt auch ein an der Natur ausgerichteter Umgang mit Zeit, das heißt die Beachtung von Biorythmen, Tages- und Jahreszeiten.

Studien haben bestätigt, dass Jugendliche nach einem Aufenthalt im Wildniscamp über differenziertere Kenntnisse bezüglich wilder Natur verfügen.[46]

Abb. 5
Lernorte im Bayerischen Wald: Die Themenhütte Wiesenbett im Wildniscamp am Falkenstein.

Während sie vor dem Aufenthalt beispielsweise vornehmlich heimische Großherbivoren wie Rot- und Rehwild oder Großprädatoren wie Wolf und Luchs mit Wildnis assoziierten, rückten nach dem Campaufenthalt stärker die biologische Vielfalt im Allgemeinen sowie eher unscheinbare Tiere und Pflanzen – Insekten und Pilzarten – in ihren Fokus. Zudem wurden sie zur Auseinandersetzung mit natur- und umweltethischen Fragestellungen angeregt sowie darin bestärkt, eigene Standpunkte zu entwickeln, argumentativ zu begründen und kritisch zu reflektieren.

Auch weil der Zugang zu wilder Natur unter anderem für die Wildnisbildung wesentlich ist, bleibt es eine dauerhafte Herausforderung, ihn zum einen wildnisverträglich zu gestalten, zum anderen aber in besonders sensiblen Naturzonen trotzdem gänzlich zu untersagen.

Naturethische Dimensionen

Die Rückkehr von Wildtieren

Eine etymologische Begriffsanalyse zeigt, dass der deutsche Terminus ›Wildnis‹ aus dem englischen Terminus ›Wilderness‹ hervorgegangen ist. Letzterer wurzelt wiederum im Germanischen, wo das altenglische Adjektiv ›wilde‹ ungezähmte, nicht-domestizierte Pflanzen und Tiere charakterisiert und ›deor‹ eine Bezeichnung für ›Biest‹ oder ›Bestie‹ ist. Mit der Kombination ›Wilddeor‹ wird im Altenglischen auf ›wilde Tiere‹ und mit ›wilddeoren‹ auf die Beschaffenheit einer

Gegend verwiesen. Ein Ort, der *wilddeoren* ist, zeichnet sich also insbesondere durch die Anwesenheit von wilden Tieren aus. Sprachgeschichtlich besehen verweist *Wilderness* insofern nicht nur auf die Abwesenheit menschlicher Einflussnahme, sondern auch auf die mit dieser oftmals einhergehenden Anwesenheit von Wildtieren.[47] Damals fürchtete der Mensch in der Wildnis um seine Haus- und Nutztiere, zuweilen aber auch um sein eigenes Leben. Unter anderem aus diesen Gründen wurde der Wolf in Deutschland massiv bejagt und galt in der Mitte des 19. Jahrhunderts als ausgerottet.

In Mitteleuropa ist der Wolf kein neutrales, sondern ein symbolträchtiges Tier: Für manche ist der Wolf eine Ikone der Wildnis, für andere eine schreckliche Bestie. Die Faszination ersterer basiert unter anderem auf Filmproduktionen (*Das Dschungelbuch*, *Der mit dem Wolf tanzt*, *Wolfsblut*, *Wolfsbrüder* und ähnliche), die den Wolf zugleich als erhabenes Wildtier aber auch als heimlichen Freund des Menschen inszenieren.[48] Vor allem der ländlich lebenden und mit der Rückkehr des Wolfs unmittelbarer konfrontierten Bevölkerung ist der Wolf jedoch zuweilen verhasst. Auch jahrhundertealte Bräuche – wie etwa das in einigen Gegenden des Bayerischen Waldes heute noch praktizierte Wolfaustreiben – unterstützen das negative Image des »bösen Wolfs« der Grimm'schen Märchen.[49]

Nüchtern betrachtet ist der Wolf ein zu den Großprädatoren zählender Karnivore, ein intelligentes, in Familien organisiertes Wild-, Raub- und Rudeltier, das nach Deutschland zurückgekehrt ist. Allerdings hat sich die Umgebung in Deutschland seit dem Verschwinden des Wolfs stark gewandelt und er kehrt in eine nunmehr umfassend kultivierte Landschaft zurück. Der Umstand, dass der Wolf zum Kulturfolger wird, birgt großes Konfliktpotenzial und führt zu der Frage: Wie wollen beziehungsweise sollen wir als Gesellschaft mit der Rückkehr des Wolfs umgehen? Eine Antwort hierauf spaltet Bürger teilweise in vehemente Wolfsbefürworter und drastische Wolfsgegner. Interessenskonflikte entspinnen sich zwischen Verwaltungsstellen, Jägerschaft, Nutztierhaltern, Naturschutzverbänden, Naturschützern, Wissenschaftlern, lokalen Bevölkerungsgruppen und der allgemeinen Öffentlichkeit.[50]

Aus philosophisch-ethischer Perspektive gilt es sowohl Verharmlosungen als auch Dramatisierungen im Zusammenhang mit der Rückkehr des Wolfs zu vermeiden. Es lässt sich jedoch durchaus die Hypothese formulieren, dass sich gerade an unserem Umgang mit der Rückkehr des Wolfs paradigmatisch unsere grundsätzliche Einstellung zu Natur und unser Selbstverständnis im Umgang mit Natur offenbart. Inwiefern dies der Fall ist, lässt sich eindrücklich an der Lebensgeschichte Aldo Leopolds nachvollziehen, der sich im Laufe seiner mehr als drei Jahrzehnte andauernden Praxis des Natur- und Wildtiermanagements vom begeisterten Wolfsjäger zum ehrfürchtigen Wolfsverehrer entwickelt hat.[51]

Zu Leopolds Zeit wurden große Karnivoren wie Wölfe oder Pumas von der Mehrheit der Jäger und Forstwirte als Konkurrenten wahrgenommen. Anfänglich teilte auch Leopold diese Ansicht und war ein überzeugter Befürworter von Kampagnen, die die Ausrottung von Wölfen, Pumas und anderen Großbeutegreifern zum Ziel hatten. In den späten 1920er Jahren wirkte sich die erfolgreiche Dezimierung der großen Beutegreifer in den USA dann in Form von übermäßigen Wildpopulationen aus, die Pflanzen- und Baumbestände zerstörten, eine Erosion der fragilen Humusschicht auslösten und somit ganze Habitate und in ihnen lebende Spezies gefährdeten. In der Zwischenzeit ist das Postulat der Eliminierung von »Schädlingen« einer neuen Sichtweise gewichen: Menschliches Management gilt nicht mehr als ein Gut, das den Wert von Wildnis oder die Präsenz großer Beutegreifer zu ersetzen vermag. Als einer der ersten kritisierte Leopold bei seinem Deutschlandbesuch im Sommer 1935 das Wildnisdefizit der deutschen Wälder, welches zu »unnatural simplicity and monotony«[52] führe.

In der im Verhältnis zum gesamten Bundesgebiet verschwindend kleinen Naturzone des Nationalparks Bayerischer Wald geht es daher einmal *nicht* darum, was der Mensch von der Natur will. Hier steht *nicht* im Vordergrund, dass Landwirte, Jäger, Fischer, Förster und die gesamte Bevölkerung Natur auf verschiedene Art und Weise als Ressource nutzen. Hier wird vielmehr zugelassen und ertragen, dass Borkenkäfer Bäume ›fällen‹, Wölfe Wild ›erlegen‹ und Graureiher Forellen ›angeln‹ – der Mensch hingegen kommt mit seiner traditionsreichen Tötung in Form von Abholzung, Jagd und Fischerei einmal nicht zum Zuge. Sein Eingreifen wird dort unter Umständen auch nicht mehr benötigt, wo der Wolf wieder seinen Platz im Ökosystem einnimmt, die ökologische Nahrungskaskade anführt und das Nahrungsnetz ergänzt.

Im Nationalpark Bayerischer Wald halten sich allerdings nicht nur freilebende Wölfe auf, sondern es werden auch Wölfe in Gefangenschaft gehalten. Aus tierethischer und das individuelle Tierwohl betrachtender Perspektive ist die Gehegehaltung von Wildtieren im Allgemeinen höchst problematisch, da ihre Lebensumstände nahezu vollständig vom Menschen bestimmt und sie in der Ausübung ihrer Arteigenschaften teilweise massiv eingeschränkt werden. Die Gehegehaltung von Wölfen im Speziellen ist kaum zu rechtfertigen. Auch wenn der Nationalpark Bayerischer Wald versucht, bestmögliche Bedingungen für die Situation der Wölfe in Gefangenschaft herzustellen – und durch teilweise großzügige Rückzugsmöglichkeiten gewiss deutlich bessere Umstände für die Tiere vorherrschen als in Zoologischen Gärten oder anderen Tierparken –, können Wölfe im Tier-Freigelände viele ihrer soziobiologischen Eigenschaften und Fähigkeiten nicht entfalten.[53] Artenschutz und Individualtierschutz geraten hier nicht nur in Konflikt, sondern gelangen zu konträren Einschätzungen: Aufgrund ihres Bildungsfaktors – »Menschen können durch das unmittelbare Erleben der Tiere für diese begeistert und für ihren Schutz gewonnen werden«[54] – und ihrer Marketingfunktion für und mit der *flagship species* »Wolf« kann die Gehegehaltung von Wölfen aus Perspektive des Artenschutzes als rechtfertigbar gelten.[55] Aus Perspektive der Tierethik und des am individuellen Wohl ausgerichteten Tierschutzes ist die Besucherattraktion »Wolfsgehege« hingegen abzulehnen. Dass die Rückkehr von Wölfen in freier Wildbahn teilweise von denselben Personen missbilligt wird, die Wölfe hinter Gittern mit Begeisterung bestaunen, wirkt nicht nur in naturethischer Hinsicht zynisch.

Wildnis als neues Leitbild im Naturschutz

Die Entwicklungsgeschichte im deutschen Naturschutz wird gemeinhin als Erweiterung von der Naturdenkmalpflege über den Arten-, Biotop- und Ökosystemschutz bis hin zum Prozessschutz nachgezeichnet. Alle genannten Formen des Naturschutzes finden in Deutschland weiterhin statt, wobei der Prozessschutz auf den mit Abstand geringsten Flächen des Landes zum Tragen kommt. Naturschutz in typischen Kulturlandschaften verlangt fortwährend regulierende Eingriffe. »Natur Natur sein lassen« weist die damit einhergehende, permanente Bewertung von Naturzuständen als für menschliche Belange nützlich oder schädlich zurück und repräsentiert demgegenüber eine Haltung, die eigendynamische Prozesse zuzulassen und dabei auf Wertungen zu verzichten vermag.

Zur Veranschaulichung der gegensätzlichen Positionen eignet sich der Borkenkäfer – eine Tierspezies, die mittlerweile ähnlich stark polarisiert wie der Wolf.

Von Nationalpark-Gegnern, aber auch von manchen Naturschützern und Wissenschaftlern wird bezüglich der Vorkommen dieses Insekts häufig von sogenannten Borkenkäferkalamitäten gesprochen. Der aus dem Lateinischen ›calamitas‹ abgeleitete Begriff ›Kalamität‹ bedeutet ›schwerer Schaden‹, ›Unglück‹ oder ›Übel‹ und ist somit kein beschreibender (deskriptiver), sondern ein wertender (normativer) Terminus. Er bringt folgende Haltung des Menschen gegenüber Natur zum Ausdruck: Was unseren (vermeintlichen) Nutzen nicht befördert, ist ein (schwerer) Schaden. Diese Sichtweise kann in zweifacher Hinsicht hinterfragt werden: Zählt (erstens) nur der menschliche Nutzen mit Blick auf die Bewertung von Naturräumen? Und ist (zweitens) der durch Borkenkäferfraß beeinträchtigte Nutzen für den Menschen tatsächlich in jeder Hinsicht ein schwerer Schaden?

Wer die erste Frage bejaht, dürfte als Vertreter eines normativen Anthropozentrismus gelten, den Bibelriether folgendermaßen kennzeichnet: »Der Mensch ist das Maß aller Dinge. Nur die Natur, die dem Menschen nützt, sei es materiell, sei es, daß sie seinen ästhetischen Vorstellungen oder emotionalen Bedürfnissen entspricht, besitzt einen Wert.«[56] Naturethisch rechtfertigungsfähig wäre demgegenüber die Antwort, dass für Naturräume nicht ausschließlich Bewertungsmaßstäbe auf der Basis von instrumenteller Rationalität und menschlichem Nutzenkalkül angelegt werden können.

Mit Blick auf die zweite Frage besteht zunächst kein Zweifel daran, dass ein durch Borkenkäferfraß verursachtes Absterben von Bäumen für menschliche Nutzungsinteressen schädlich sein kann. Allerdings ist hier zwischen kurzfristigen und langfristigen Auswirkungen zu unterscheiden. Kurzfristig betrachtet kann ein aus Borkenkäferbefall hervorgegangener »Baumfriedhof« mit ökonomischen Einbußen, ästhetischer Unlust und sogar Angstzuständen vor dem Verlust von Heimat einhergehen. Langfristig betrachtet ist, wie im Nationalpark Bayerischer Wald geschehen, davon auszugehen, dass ein Borkenkäferbefall im Rahmen ökosystemarer Kreisläufe aufgefangen wird und schließlich zur Waldverjüngung und sogar zur Erhöhung der Biodiversität beiträgt. Auf lange Sicht können ästhetisch-emotionale Schäden in ästhetischen Genuss und Freude über heimatlich vitale Naturwälder verwandelt und (holz)wirtschaftliche Schäden

Abb. 6
Der Borkenkäfer fotografiert im Bayerischen Wald.

kompensiert werden. Vor dem Hintergrund von jahrhundertelang manifestiertem Herrschafts- und Nutzungsdenken des Menschen gegenüber der Natur fordert das Prinzip »Natur Natur sein lassen« eine Eingrenzung von kurzfristigen Eigeninteressen. Aus naturethischer Sicht besteht gerade in diesem Verzicht auf einen klar definierten Mehrwert und der Überwindung eines zweckrationalen Nutzenkalküls ein höchstkultürlicher Akt des Menschen. Hierauf verweist auch das von Leopold für die *Wilderness Society* formulierte Leitmotiv: »It is one of the focal points of a new attitude – an intelligent humility toward man's place in nature.«[57] *Intelligent humility* (intelligente Bescheidenheit) ist als *eine* Schlüsselkompetenz für die Neuausrichtung der Stellung des Menschen in der Natur anzusehen. Mit ihr verbinden sich eine Haltung der Achtsamkeit sowie eine Fähigkeit, die prinzipiell nur vom Menschen als moralischem Subjekt eingenommen werden kann: selbstbestimmte Selbstbegrenzung.

Auch wenn es im Anthropozän und nach dem proklamierten Ende der Natur keine *pristine wilderness* (mehr) gibt, bietet der Nationalpark Bayerischer Wald im dicht besiedelten Deutschland und damit im Herzen Mitteleuropas weiterhin die Möglichkeit, Wildnis(entwicklungs)gebiete losgelöst von Nutzenkalkulation und Zweckdenken zu schaffen. Der menschlichen Fähigkeit zu Selbstlimitierung erwächst hier ein Gegenentwurf zum normativen Anthropozentrismus, zu Herrschafts-, Nutzungs- und Verbrauchsansprüchen gegenüber Natur.

Für den Schutz von Wildnisgebieten lassen sich eine Reihe von zweckrationalen Argumenten anführen: Sie können Effekte des Klimawandels abmildern, speichern große Mengen an Kohlenstoffdioxid und erbringen andere Ökosystemdienstleistungen; sie sind Habitate diverser Arten, können die Biodiversität sogar teilweise erhöhen, sind Reservoire genetischer Information und Referenzgebiete für wissenschaftliche Studien. Auch Argumente der intergenerationellen Gerechtigkeit und die Interessen zukünftiger Generationen können für den Schutz von Wildnis geltend gemacht werden. Nicht zuletzt erzielt Wildnis in Form von touristisch attraktiven Nationalparks einen ökonomischen Nutzen für die regionale Wertschöpfung.[58]

Aber liegt der Sinn von Wildnis nicht eigentlich genau darin, *nicht* zweckrational und nutzenorientiert begründet zu sein? Das Zulassen von Wildnis, das eine autonome Selbstbegrenzung des Menschen ebenso voraussetzt wie eine *intelligent humility*, kann zu einem Fortschritt der Moral und einem neuen Leitbild für ein ethisch rechtfertigungsfähiges Mensch-Natur-Verhältnis beitragen. Wildnis ist nicht der einzige angemessene Umgang mit Natur, aber der für exploitative Mensch-Natur-Verhältnisse herausforderndste. Damit wird Wildnis heute zum Prüfstein für das Selbstverständnis der menschlichen Lebensform. Sind wir in der Lage, die unsere Lebensform besonders auszeichnenden Eigenschaften der Vernunft- und Moralfähigkeit in unserem Verhältnis zur Natur anzuwenden oder scheitern wir daran? Als einzige uns bekannte Lebensform haben wir das Potenzial zu begreifen, dass eine von uns kaum beeinflusste Natur nicht nur um unserer selbst und unserer Nachkommen willen schützenswert ist, sondern auch für nicht-humane Lebewesen.[59] Alle individuellen Lebewesen haben ein für sich je eigenes Gut, nach dem sie streben. Menschen repräsentieren die einzige uns bekannte Lebensform mit der Fähigkeit, das für sie vermeintlich Gute bewusst über das Gute für alle anderen Lebewesen zu stellen und das für sie vermeintlich Zuträgliche auf Kosten aller anderen Lebewesen zu erreichen. Menschen repräsentieren aber zugleich eine Lebensform, die kognitiv nicht in der Lage ist, alle komplexen ökologischen Zusammenhänge zu verstehen, geschweige denn zu kontrollieren. Diesen ›Mangel‹ könnten sie durch ihre wiederum einzigartige Moralfähigkeit ausgleichen und eine Lebensform sein, die anderen Lebensformen respektvoll begegnet, achtsam mit Natur umgeht und sich in ihrer Macht, alles dominieren zu können, selbst limitiert. Die einzigartige Fähigkeit des Menschen, das eigene Handeln auf eine (natur)ethisch angemessene Art und Weise zu gestalten, erscheint aktuell paradoxerweise als der einzige Weg, die Fortexistenz der menschlichen Lebensform zu sichern. Die hierfür erforderliche Selbstbegrenzung ist prinzipiell möglich und würde dem Potenzial, das die menschliche Lebensform bereithält, erst gerecht: »Zwei Dinge erfüllen das Gemüt mit immer neuer und zunehmender Bewunderung und Ehrfurcht, je öfter und anhaltender sich das Nachdenken damit beschäftigt: *Der bestirnte Himmel über mir, und das moralische Gesetz in mir.*«[60] Damit der menschlichen Lebensform und einer freien Natur auch in Zukunft mit Bewunderung und Ehrfurcht begegnet werden kann, sollten wir – an einigen besonderen Orten wie dem Nationalpark Bayerischer Wald – »Natur Natur sein lassen«.

Weiterführende Literatur

BUND. *Wildnisbildung: Ein Beitrag zur Bildungsarbeit in Nationalparken*, 2002. Aufgerufen am 17 Dez. 2019, https://www.gfn-harz.de/sites/wildnisbildung.pdf.

Bundesministerium für Umwelt, Naturschutz und Reaktorsicherheit (BMU). *Nationale Strategie zur biologischen Vielfalt*. Paderborn 2007.

Callicott, J. Baird und Michael P. Nelson. *The Great New Wilderness Debate*. Athens 1998.

Cronon, William. *Uncommon Ground: Rethinking the Human Place in Nature*. New York 1995.

Diemer, Matthias. »Wildniserfahrung als menschliches Entwicklungspotenzial« in *Wildnis vor der Haustür*, herausgegeben von Evangelische Akademie Tutzing/Nationalparkverwaltung Bayerischer Wald. Grafenau 2001, 116–127.

Gebhard, Ulrich und Kerstin Michalik. »Ist Tugend lehrbar? Zwischen Werteerziehung und kritischer Urteilsbildung« in *Umweltethik für Kinder: Impulse für die Nachhaltigkeitsbildung*, herausgegeben von Thomas Pyhel et al. München 2017, 79–92.

International Union for Conservation of Nature (IUCN). *Guidelines for Protected Area Management Categories*. Cambridge 1994.

Kahn, Peter H. Jr. und Stephen R. Kellert. *Children and Nature: Psychological, Sociocultural, and Evolutionary Investigations*. Cambridge 2002.

Kangler, Gisela. *Der Diskurs um ›Wildnis‹ – Von mythischen Wäldern, malerischen Orten und dynamischer Natur*. Bielefeld 2018.

Meyer, Katrin et al. »Wildnis vor der Haustür – Ergebnisse des Workshops« in *Wildnis vor der Haustür*, herausgegeben von Evangelische Akademie Tutzing/Nationalparkverwaltung Bayerischer Wald. Grafenau 2001, 128–131.

Nelson, Michael P. und J. Baird Callicott. *The Wilderness Debate Rages on. Continuing the Great New Wilderness Debate*. Athens 2008.

Oelschlaeger, Max. *The Idea of Wilderness*. New Haven 1991.

Pries, Christine. Einleitung in *Das Erhabene: Zwischen Grenzerfahrung und Größenwahn*, herausgegeben von Christine Pries. Weinheim 1989, 1–30.

Schama, Simon. *Der Traum von der Wildnis: Natur als Imagination*. München 1996.

Schmid, Susanne. »Das Wildniscamp am Falkenstein – der Wildnisgedanke als pädagogischer Ansatz« in *Wagnis Wildnis: Wildnisentwicklung und Wildnisbildung in Mitteleuropa*, herausgegeben von Herbert Zucchi und Paul Stegmann. München 2006, 147–152.

Seitz-Weinzierl, Beate. »Sehnsucht Wildnis – Von den naturphilosophischen Hintergründen eines umweltpädagogischen Projektes« in *Wildnis vor der Haustür*, herausgegeben von Evangelische Akademie Tutzing/Nationalparkverwaltung Bayerischer Wald. Grafenau 2001, 64–69.

Trommer, Gerhard. »Wildnispädagogik. Eine wichtige Zukunftsaufgabe für Großschutzgebiete« in *Nationalpark* 4 (2001), 8–11.

Lernorte des Lebens
Nationalparks im Anthropozän

Bernhard Malkmus

Die meisten Menschen denken nicht viel über ihre Wirkung auf ihre natürlichen Mitwelten nach. Dieses Versäumnis war lange verständlich. Immerhin haben sich alle Zivilisationen unter den Bedingungen der außergewöhnlichen klimatischen Stabilität und ökologischen Kontinuität seit Beginn unserer Warmzeit, der Erdepoche des Holozäns, entwickelt. Es gibt aber immer mehr Belege dafür, dass Menschen seit dieser Zeit, die mit ihrer Sesshaftwerdung vor 12 000 Jahren zusammenfällt, die natürlichen Bedingungen ihrer Existenz systematisch verändert haben. Seit der Industrialisierung im späten 18. Jahrhundert und der Explosion des globalen Konsums nach dem Zweiten Weltkrieg, der so genannten »Großen Beschleunigung«, haben sich diese Veränderungen radikal intensiviert. Die menschliche Geschichte wirkt viel tiefer in den globalen Naturhaushalt hinein als bislang gedacht. Und die Naturgeschichte des Lebens und der Materie wirkt viel tiefer in die menschliche Geschichte hinein als sich dies der menschliche Geist ausmalt, der ja immer nur *dem* Geist gleicht, den er begreift – wie der Erdgeist in Goethes *Faust* treffend spottet.

Menschen haben, seit sie sich während der Neolithischen Revolution von Jägern und Sammlern zu Ackerbauern und Viehzüchtern entwickelten, kollektiv eine Wirkmacht entwickelt, die geologischen Kräften gleicht. So ist die Erdbevölkerung seit 1860 um den Faktor 5,6 gestiegen, der menschliche Energieverbrauch im gleichen Zeitraum um den Faktor 41. (Heute liegt der menschliche Jahresverbrauch mit 47 Terawattstunden deutlich höher als die etwa durch Vulkane, Erdbeben oder tektonische Bewegung freigesetzte Energie.) Durch die Emission von Treibhausgasen wird die Durchschnittstemperatur bis 2100 weit über die als kritisch geltende Marke von 2° C zunehmen, die Weltmeere werden auf 7.8 pH ›versauern‹. Durch globale Vernetzung werden ganze Ökozonen vereinheitlicht und überformt; gleichzeitig führen diese Prozesse zu einer globalen Massenvernichtung der Artenvielfalt.[1] Nur noch ein Bruchteil der Biomasse an Land lebender Wirbeltiere findet sich in freier Wildbahn, über dreißig Prozent macht der Mensch selbst aus, über 65 Prozent seine Nutztiere.[2] Die Menschheit hat bereits tief und unumkehrbar in den Verlauf der Evolutionsgeschichte eingegriffen. Die ›blinde‹, zweckfreie Evolution wird durch eine ›gerichtete‹ Evolution verdrängt, die zunehmend von menschlichen Intentionen bestimmt wird.

Aufgrund dieser tiefen Eingriffe in den Naturhaushalt betrachten immer mehr Geologen und Paläontologen die Gegenwart als ein neues Erdzeitalter: das Anthropozän. Dabei versetzen sie sich einige Millionen Jahre in die Zukunft und stellen sich vor, welche Leitfossilien unserer industriellen Zivilisation sie dann in Erdablagerungen finden würden: weltweit verbreitete Technofossilien aus Plastik, Aluminium und Zement, beispielsweise; komplexe Strukturen wie Megastadtfundamente und U-Bahn-Systeme, Spuren systemischer Veränderungen im globalen Stickstoff- oder Phosphorhaushalt, globale Homogenisierung der Biota und Einbruch der Artenvielfalt. Der Vorschlag, ein solches Menschenzeitalter zum Bestandteil der geologischen Epocheneinteilung zu machen, ist ein Gedankenspiel im Futur II: Was von uns wird sich in Millionen von Jahren im Fossilbericht niedergeschlagen haben?

Es ist ein überlebenswichtiges Gedankenspiel, denn es zwingt uns dazu, die kollektive menschliche Wirkung auf die Biosphäre aus- und in die Zukunft weiterzuspinnen. Wenn wir die Folgen unseres Lebensstils *hypothetisch* in die Zukunft projizieren, dann können wir vielleicht *reell* eine alternative Zukunft entwerfen. Deutlich wird dabei, dass wir über eine Schwelle getreten sind, die keine Rückkehr mehr erlaubt:

> Die Wirkung menschlicher Aktivität steht, zusammengenommen, auf der gleichen Stufe mit anderen geologischen Ereignissen von planetarischer Dimension in der Erdgeschichte. Für uns sind die ungewöhnlich stabilen Umweltbedingungen vorbei, die vor ungefähr 10 000 Jahren begannen, als Ackerbau entstand und sich zunehmend komplexe Zivilisationen entwickelten. […] Das Anthropozän ist ein Wendepunkt in der Menschheitsgeschichte, in der Geschichte des Lebens, und in der Geschichte der Erde.[3]

Anthropozän – Anthropozoikum

Sigmund Freud hat den modernen Zeitgeist mit der These erquickt, dass die Neuzeit von fortschreitenden narzisstischen Kränkungen des (europäischen) Menschen geprägt worden sei: zuerst habe Kopernikus den Menschen den Glauben genommen, im Zentrum des Kosmos zu leben; dann habe Darwin den Menschen die Krone entrissen, durch die sie sich vor dem Rest der Schöpfung ausgezeichnet wähnten; schließlich habe er selbst den Menschen auch noch den Glauben daran genommen, »dass das Ich […] Herr sei in seinem eigenen Haus« und von bewussten Entscheidungen geprägt werde.[4]

Was Freud geflissentlich übergeht: Zeitgleich zu dieser Emanzipationsgeschichte hat sich eine Bemächtigungsgeschichte geohistorischen Ausmaßes vollzogen – eine Alles verändernde Geschichte der Naturbeherrschung. Oft wird diese Entwicklung in Verbindung gebracht mit dem Siegeszug der zweckrationalen und instrumentellen Vernunft seit dem 17. Jahrhundert. Robert Spaemann betont dabei, dass nicht der »Gedanke der Naturbeherrschung als solcher« neu sei, sondern die ständig fortschreitende Naturunterwerfung, die das »Selbstsein des Beherrschten« ignoriere und alles Natürliche »auf den Status eines möglichen Mittels für menschliche Zwecke« reduziere.[5] Vor diesem Hintergrund erscheint die Geschichte, die uns Freud über unsere Randständigkeit in der Geschichte der Materie und des Lebens erzählt, als ein subtiler Trick: sie hat dabei geholfen, die ökologischen Kosten der europäischen Moderne und ihrer Globalisierung auszublenden.

Das Anthropozän beginnt dann, wenn diese Bilanzfälschung nicht mehr möglich ist – spätestens also, wenn ihre Folgen in unseren biografischen Zeithorizont einbrechen: Die großen Revolutionen in der Menschheitsgeschichte – von der ökologischen Transformation der Biosphäre seit der Neolithischen Revolution zur energetischen Veränderung der Atmosphäre durch Industrielle Revolution und Große Beschleunigung – sind nicht mehr Vergangenheit, sondern Teil unserer kleinen Biografien. Plötzlich begreifen wir: In unser aller Blutbahnen zirkuliert Mikroplastik, das sich in der Nahrungskette angereichert hat; in unser aller Lungen zirkuliert Luft mit einem Kohlendioxidanteil von über 410 *parts per million* – ein Anteil so hoch wie noch nie in der Evolutionsgeschichte des *homo sapiens*; und auf dem Grund unserer Seen sammeln sich Radionuklide, die beharrlich unsere hemmungslose fossile Völlerei dokumentieren.

Ein zentrales Problem der Industrialisierung des Lebens liegt darin, dass sich ihre Abfallprodukte nicht in die Stoffkreisläufe der Natur rücküberführen lassen. Dadurch verändern sich diejenigen Sphären, mit denen die Biosphäre gemeinsam evolviert ist: Atmosphäre, Hydrosphäre, Lithosphäre. Über kurz oder lang wirken deren Veränderungen auf unberechenbare Weise auf *das* Leben zurück, das sie erst ermöglicht haben. Die Intaktheit dieser Sphären, die Menschen jahrhundertelang als unverrückbare Kulisse für das Theaterstück der Zivilisation ansahen, verändern sich unversehens, als »würde eine Bühne lebendig.«[6] Wir erfahren die Wirkungen kollektiven menschlichen Handelns nun plötzlich am eigenen Leib, wenn ein Rekordsommer den nächsten jagt, wenn die Fichte in Deutschland ums Überleben kämpft und die Tigermücke ihren potenziellen Opferkreis schlagartig um 83 Millionen Menschen erweitert.

Die derzeit stattfindende fundamentale Umgestaltung der Biosphäre ist nicht eines von vielen Ereignissen in der *Menschheitsgeschichte*, es ist eine Zäsur in der *Geschichte des Lebens*. Wenn wir nach vergleichbaren Ereignissen suchen, dann stoßen wir nicht auf so genannte weltgeschichtliche Ereignisse wie den Zusammenbruch des Römischen Reiches oder den Zweiten Weltkrieg, sondern auf die epochemachenden Einschnitte in der Geschichte des Lebens: die Große Sauerstoffkatastrophe durch Cyanobakterien, zum Beispiel, vor etwa 2,4 Milliarden Jahren, die Kambrische Artenexplosion vor etwa 530 Millionen Jahren oder der Meteoriteneinschlag am Ende des Erdmittelalters vor 66 Millionen Jahren, dem die Nichtflugsaurier zum Opfer fielen. Demzufolge stünden wir nicht nur an der Schwelle zu einer neuen Erd*epoche*, sondern zu einem neuen Erd*zeitalter*, dem »Anthropozoikum«.[7]

Der Mensch mag zwar nur irgendwo am Rande des Kosmos hausen, ein Wurmfortsatz der Evolutionsgeschichte sein und nicht einmal sein eigenes Bewusstsein unter Kontrolle haben, wie Freud uns genüsslich vorrechnet. Sein Eingriff in die Geschichte des Lebens ist trotzdem radikal und unumkehrbar. Das führt zu weitverbreiteter Desorientierung, Psychologen sprechen von ›kognitiver Dissonanz‹: Wir reagieren auf diese Überforderung durch unsere eigene Wirkmacht, indem wir langfristige Überlebenssorgen abspalten und uns auf kurzfristige Überlebensreflexe konzentrieren. Die Einsicht, dass wir in einer menschengeprägten Erdepoche leben, wirft ernsthafte moralische Fragen auf, denen sich viele von uns dadurch verschließen, dass sie sich in ihrer althergebrachten Lebensweise einigeln. »The American Way of Life is not negotiable«, erklärte US-Präsident Bush Senior auf dem Klimagipfel in Rio 1992. Freie Fahrt für freie Bürger!, befand der Deutsche Bundestag 2019: Wer will schon nur mit Tempo 130 gegen die Wand fahren?

Schutzgebiete im Anthropozän

Vor diesen tiefgreifenden Veränderungen sehen sich Schutzgebiete mit großen Herausforderungen konfrontiert. Sie müssen eine neue Naturschutzphilosophie entwickeln, die nicht nur auf die ökologischen, sondern auch auf die sozialen und psychologischen Veränderungen im Anthropozän reagiert. Nationalparks und andere Gebiete mit hohem Schutzstatus entstammen historisch einem Denken, das im Anthropozän infrage gestellt wird. So gingen viele Pioniere der Nationalparkidee davon aus, dass eine klare Trennung zwischen ›Natur‹ und ›Kultur‹ möglich sei. Durch den Schutz ausgesuchter Gebiete, die ganz aus der Nutzung genommen werden, hoffte man, diese Trennung aufrechterhalten zu können. Das hat sich grundlegend geändert. Statt in Biomen – Lebensräumen also, die sich selbst organisieren – leben wir heute zunehmend in »Anthromen« – Landschaften, die fast ausschließlich durch menschliche Bedürfnisse und die Eigendynamik industrieller Fertigungsstrukturen geprägt sind.[8] Schutzgebiete als scheinbar intakte Biome innerhalb dieser Anthrome sind in vielfältiger Weise überformt von den chemischen Prozessen der Anthrome. Paradoxerweise ist es genau diese starke Entfremdung der industrialisierten menschlichen Zivilisation von ihren biologischen Bedingungen, die uns in aller Deutlichkeit unsere völlige Abhängigkeit von der Biosphäre vor Augen führt. Insofern ist das Anthropozän auch eine historische Chance für das, was der Wissenschaftshistoriker Bruno Latour die menschliche »Rückkehr zur Erde« nennt.[9] Er plädiert dafür, dass wir den blauen Planeten nicht mehr als »Globus« betrachten, den wir von außen sehen und zu beherrschen trachten, sondern vielmehr als »Erde«: als einen ständigen Stoffwechsel, in den unsere Geschichte verwoben ist und der unser Leben ermöglicht und beschränkt. Wir müssten lernen, »von dieser Erde [zu] sein«, um in uns die Fähigkeit wieder zu wecken, auf Leben selbst lebendig zu reagieren.[10]

Schutzgebieten wächst heute diese herausragende Aufgabe eines *ökopolitischen* »Enlivenment« zu, eine lebenswichtige Ergänzung zur *soziopolitischen* Aufklärung (»Enlightenment«).[11] Sie können Lernorte für die von Latour angemahnte

Abb. 1
Die Skulpturen *Brütender Vogel* und *Auerhahn* (hinten) im Park der Arche Heinz Theuerjahr oberhalb von Waldhäuser.

Sensibilisierung werden und sie in konkreten ökologischen Bezügen verankern: in den Wäldern und Feuchtgebieten, in den unsichtbaren Revieren des Luchses und im sichtbaren Radius der Waldameisen. An diesen Orten und in diesen Bezügen können wir erfahren, wie tief wir immer noch verbunden sind mit den Lebensprozessen, aus denen auch wir entstanden sind. Wir suchen nach den passenden Worten der Dankbarkeit an den Großen Eichenbock und den Kleinen Eisvogel, das Rostgelbe Wasserschlafmoos und den Schwarzsamtigen Dachpilz – dafür dass sie uns an unsere Zugehörigkeit zur Geschichte des Lebens erinnern. Und wir suchen nach den passenden Fragen an uns selbst, um besser zu verstehen, wie unsere Existenz in Anthromen uns betriebsblind macht gegenüber den systemischen Risiken unserer Lebensweise: von globalen Seuchen über Antibiotikaresistenzen bis zu Desertifikation und zum dramatischen Verlust der Artenvielfalt.

Bislang ging es in Nationalparks in erster Linie um ökosystemische Fragen. Im Anthropozän wandeln sich aber auch andere Faktoren rasant. Einerseits verändern sich die *Menschen* und ihre Umweltverhältnisse: unter dem Einfluss zunehmender Verstädterung, globaler Vernetzung und emotionaler Abhängigkeit von digitalen Infrastrukturen empfinden sie immer weniger sinnlichen und kognitiven Stoffwechsel mit ihren konkreten lokalen Umwelten. Andererseits verdichten sich die Anzeichen, dass die globale industrielle *Technosphäre* sich zunehmend verselbständigt und einer systemischen Eigendynamik folgt:

> Als emergentes globales Phänomen ist die Technosphäre nun als autonomes Erdsystem zu betrachten – neben den klassischen Sphären. Sie funktioniert ohne menschliche Kontrolle. [… die Funktionsweise der] Technosphäre überfordert derzeit die Fähigkeit dieser anderen Sphären, ihrer Nachfrage nach Rohstoffen und fundamentalen Dienstleistungen wie Abfallrecycling nachzukommen. […] Die Technosphäre als solche besitzt die intrinsische Eigenschaft, sich selbst Ziele zu setzen.[12]

Diese Eigendynamik lässt sich besonders eindrücklich beobachten, wenn Finanzspekulationen von Algorithmen und nicht von menschlich überprüfbaren Abwägungen motiviert sind oder wenn die Landwirtschaft von den Produktionszyklen der chemischen Industrie und nicht von ökologischer Notwendigkeit oder menschlichen Bedürfnissen geprägt wird. Auch Mitarbeiter der großen Internetvertriebszentren, die fast nur noch mit künstlicher Intelligenz interagieren, dürften von dieser Eigendynamik aus erster Hand berichten können. Und selbst bei so manchem Autobahnausbau ist es heute keinesfalls eindeutig, ob menschliche Entscheidungsträger noch die treibende Kraft sind – oder vielmehr die Auslastung der großen Automobil- und Logistikkonzerne oder andere systemische Selbstläufer der Technosphäre.

Schutzgebiete können im Anthropozän eine zentrale gesellschaftliche Rolle dabei spielen, die Tragweite dieser einschneidenden Transformation des Lebens begreiflich zu machen: Die systemische Biologie definiert Leben als die Fähigkeit, sich vermittels des genetischen Codes und der Mechanismen der Evolution gegen die Entropie der Materie zu stemmen. Was geschieht nun, wenn der Mensch, in Form der Technosphäre, eine Dynamik in die Geschichte des Lebens einführt, die Entropie erhöht und die Vielfalt des Lebens verringert? Schutzgebiete werden also scheinbar Unvereinbares gleichzeitig sein müssen:

(1) **Lebensraum** für natürliche Zusammenhänge, die so weit wie möglich dem direkten Einfluss des Menschen und der Technosphäre entzogen sind, und somit ein Fenster in die Biosphäre bilden.
(2) Individueller **Erlebnisraum** für unsere Verbindung mit fast 4 Milliarden Jahren Geschichte des Lebens und ihrer Wechselwirkung mit Hydro-, Litho- und Atmosphäre.
(3) **Öffentlicher Raum** für die Auseinandersetzung mit den systemischen Veränderungen der Biosphäre und der technosphärischen Überformung unserer Lebenswirklichkeit.

Ein Nationalpark etwa muss weiterhin Lebensräume, soweit noch möglich, vor direkten menschlichen Eingriffen schützen, weil es in der Kulturlandschaft immer weniger vernetzte belastbare Ökosysteme gibt.[13] Er muss aber gleichzeitig dem einzelnen Menschen einen emotionalen Zugang zum Gewebe des Lebens ermöglichen, weil dies den Bewohnern der agroindustriellen Welt anderweitig kaum mehr möglich ist. Und er muss überdies noch sichtbar machen, wie die vom Menschen verursachten globalen Veränderungen auch ein naturbelassenes Ökosystem tiefgreifend verändern: die Vegetation der Bergwälder, die Hydrologie

Abb. 2
Urwalderlebnis Hans-Watzlik-Hain westlich von Zwieslerwaldhaus.

der Bäche und Moore, die Zusammensetzung der Böden im Bayerischen Wald zum Beispiel.

Schon 1856 notierte der Landwirtschaftschemiker Julius Adolph Stöckhardt über den Verlust der Brachen: »Da, wo die Natur sich selbst überlassen ist, sehen wir keine Abnahme der Bodenkraft, vielmehr eine allmälige Zunahme. Wohl aber bemerken wir eine deutliche Verarmung des Bodens überall, wo der Mensch hinkommt mit seiner Qual.«[14] Diese Erfahrung systemischer Veränderung ist heute allgegenwärtig. In ihr kommt die grundsätzliche Dialektik unserer Epoche zum Ausdruck: Je stärker der Mensch sich von einzelnen Naturzwängen befreit, desto tiefgreifender verändert er die ökologischen Rahmenbedingungen menschlichen Lebens. Psychologisch gewendet bedeutet das: Je erfolgreicher *homo sapiens* als *homo faber* ist, desto riskanter ist seine Selbsttäuschung, dass die von ihm geschaffenen Anthrome autonom und autark seien.

Mensch und Natur im Anthropozän

Die Tragödie der Menschheitsgeschichte liegt denn auch darin, dass die vom Menschen in Gang gesetzten Strukturen eine solch starke Eigendynamik entwickelt haben, dass wir unsere vielfältigen ökologischen Abhängigkeiten aus unserem Bewusstsein verdrängt haben. Dies führe, so der deutsch-jüdische Philosoph und Biologe Hans Jonas, zu einer Lebensvergessenheit. Von unseren Körpern müssten wir uns dazu erziehen lassen, unsere Individualität als Teil von Stoffwechselvorgängen zu erfahren, die unser Geist allzu oft verkennt und abspaltet.[15]

Schutzgebiete werden vor diesem Hintergrund zu Lernorten für zwei scheinbar widersprüchliche Dinge: 1. Sie demonstrieren die Widerstandsfähigkeit der Natur im Sinne *ökologischer Prozesse* allgemein. 2. Sie offenbaren gleichzeitig die Fragilität der Natur als *Lebensgrundlage für den Menschen*. Es ist wichtig, öffentlich zu vermitteln, dass dies keinen logischen Widerspruch darstellt. So regeneriert sich der Bergwald im Ökosystemverbund Bayerischer Wald nach dem Borkenkäferbefall erstaunlich robust; und gleichzeitig führt die Verschiebung der Verbreitungsgebiete von Arten infolge des anthropogenen Klimawandels drastisch vor Augen, wie schnell sich Lebensräume wandeln können und menschliche Siedlungsstrukturen unter Druck geraten. Schutzgebiete können uns zeigen, so Markl, wie die Biosphäre »wirklich ist: ein durchaus fragiles Netzwerk von Lebensbeziehungen, das nur in Grenzen belastbar und regenerationsfähig ist und das wenigstens einigermaßen intakt sein muss, um auch unsere Art ›ertragen‹ zu können.«[16] Dies ist insbesondere wichtig, da sinnliche Erfahrung und empirisch gesichertes Wissen immer weiter auseinanderdriften. Die Erkenntnisse, die durch die Verarbeitung von riesigen Datenmengen in Hochleistungsrechnern gewonnen werden, erzeugen Wirklichkeiten, die sich immer weniger mit dem Erfahrungswissen von Menschen in Deckung bringen lassen. Dafür ist der Klimawandel ein Musterbeispiel.

Der Verlust von Erfahrung wird allerdings fast immer zu einem Verlust von intuitivem Verantwortungsbewusstsein führen. Deswegen ist die Entkoppelung des Umweltdiskurses von der Rede über konkrete Naturerfahrungen erkenntnistheoretisch so gefährlich. Nur aus dieser völlig abstrakten Perspektive kommt es zu der absurden Vorstellung, dass die Menschheit »den Planeten retten« oder »das Klima schützen« könne, wie uns das allfällige *green-washing* in der Werbung glauben macht. Menschen erfahren natürliche Prozesse nun einmal nicht über Statistiken oder Diagramme, sondern durch die Resonanzfähigkeit ihres Körpers und ihrer Sinne mit der Natur. Die Bewusstmachung regionaler und überregionaler kultureller Traditionen und Praktiken, künstlerische Bilder und sprachliche Metaphern spielen dabei eine wichtige Rolle.

Abb. 3
Hier verstrickt sich nicht nur ein Wanderer im Böhmerwald, sondern auch der Betrachter oder die Betrachterin im Bild: Josef Mathias von Trenkwalds Baumstudien von 1847.

Der Mensch im digitalen Zeitalter ist allerdings immer stärker von Bildern und immer weniger von sinnlichen Erfahrungen aus erster Hand geprägt. Natürliche Prozesse werden häufig entweder in Panoramen auf Distanz gehalten oder in Diagrammen abstrahiert. Wir vertiefen diese Naturentfremdung unbeabsichtigt im Naturschutz, wenn wir zu sehr auf standardisierte fotogene Repräsentationen von dem, was Menschen als »Natur« sehen wollen, setzen und dabei ökologische Lebenszusammenhänge mit Landschaftsästhetik verwechseln. Schutzgebiete sollten heute medienkritisch agieren, indem sie herkömmliche Formen der Naturrepräsentation hinterfragen und durch dichtere Beschreibungen von Ökosystemen Gegengewichte schaffen: Die Verwendung von literarischen Beschreibungen, die alle Sinne ansprechen, von mikroskopischen Aufnahmen, die unsere herkömmlichen Wahrnehmungen von ökologischer Wirkmacht durchkreuzen, und von künstlerischen Arbeiten, die die räumliche Dimension menschlicher Erfahrung betonen, helfen beispielsweise dabei, dass Menschen sich in Orte verstricken statt sie sich durch den panoramatischen Herrscherblick vom Leib zu halten. In einer Zeit, wo viele Menschen durch die Geschwindigkeit der technologischen und ökonomischen Veränderungen entmächtigt werden und die digitale Bilderflut das trügerische Gefühl von Verfügungsmacht und Autonomie erzeugt, können solche und vergleichbare Alternativen, die auf naturkundliche Resonanz statt auf menschliche Dominanz abzielen, einen wichtigen Beitrag zu einem neuen Gemeinsinn leisten: durch unsere Beteiligung an lokalen Schutzpraktiken schaffen wir nicht nur Heimat, sondern auch eine neue biosphärische Identität.

Dies wäre auch eine subtile Form des Widerstandes gegen das ökonomistische Paradigma, das Natur nur als Ressource betrachtet, zu der Menschen zwangsläufig in einem ausbeuterischen Verhältnis stehen. Wenn es nicht gelingt, den totalitären Anspruch des Verwertungszwangs zu durchbrechen, werden zentrale Erdsysteme in den nächsten Jahrzehnten kippen. Die Folgen sind unkalkulierbar – und wir haben nur noch sehr wenig Zeit, um gegenzusteuern. Schutzgebiete müssen deswegen abrücken von der touristischen Leitvorstellung, Wohlfühloasen für Wohlstandsbürger einzurichten. Sie sollten vielmehr Zumutungsorte sein, an denen Menschen mit den zerstörerischen Wirkungen ihres Lebensstils konfrontiert werden und alternative Formen des Umgangs mit der Natur einüben können. Sie müssen veranschaulichen, wie sehr der Mensch angewiesen ist auf die Lebensprozesse der Biosphäre und das, was im selbstwidersprüchlichen Jargon des Umweltmanagements heute »ökosystemare Dienstleistungen« oder »Ökosystemleistung« genannt wird. Vor allem Nationalparks mit großer Öffentlichkeitswirkung dürfen nicht der Versuchung erliegen, Natur museal zu behandeln und als *theme parks* auszustellen. Die Verkehrs- und Tourismusplanung sollte Sorge dafür tragen, dass Konsumpraktiken nur begrenzt und behutsam in den Nationalpark hinein verlängert werden. Denn nicht die Menschen, sondern die natürlichen Prozesse sollen sich im Nationalpark erholen – auch im Dienst des Menschen.

Das Anthropozän konfrontiert Menschen mit ihrer Doppelnatur: Einerseits sind wir durch die Evolutionsgeschichte und unseren ständigen *Stoffwechsel* im Innersten mit der Biosphäre verflochten; andererseits sind wir durch unser *Bewusstsein* fähig, uns in die Zukunft hinein zu projizieren und weltverändernde Pläne zu entwerfen. Wir sind also gleichzeitig Teil der Geschichte des Lebens und Teil der Geschichte unserer eigenen Utopien, also der Geschichte unseres Geistes. Lange Zeit hat dies nur lokal zu ökologischen Problemen geführt; im Anthropozän aber kollidieren die systemischen Erfordernisse der biosphärischen Selbstregulation mit der Eigendynamik dieser menschlichen Utopiefähigkeit.

In diesem Zusammenhang haben Schutzgebiete eine weitere, widersprüchlich scheinende Aufgabe: Sie sollten es Menschen ermöglichen, sich als Teil der Natur spüren zu können und gleichzeitig die Andersheit der Natur zu erfahren. Als Organismus sind wir ein Prozess: »Die Identität eines lebenden Wesens reitet auf dem Wellenkamm eines ständigen Austausches. Das, woraus dieses Sein besteht, bleibt niemals dasselbe.«[17] Gleichzeitig erfahren wir uns, in unserer kognitiven Fähigkeit zur Zukunftsprojektion, als entfremdet von diesen Prozessen des »ständigen Austausches«, denn Vernunft und Wissenschaft verschaffen uns Herrschaftswissen über die Natur und verleiten uns dazu, die ökologischen Voraussetzungen menschlicher Existenz zu ignorieren. Im Anthropozän ist schließlich dieser Prozess der Naturbeherrschung, das einseitige Vertrauen des Menschen in die Potenz seiner Andersheit, an systemische Grenzen gestoßen, »wo er sich gegen den Menschen selbst wendet.«[18]

Schutzgebiete sind herausragende Bildungsorte, an denen Menschen über ihr Menschsein nachdenken können: über ihren Austausch und ihre Verflechtung mit lokalen und globalen Stoffwechselvorgängen; über ihre Andersheit aufgrund ihrer kognitiven Fähigkeit zur Selbstprojektion in virtuelle Welten; und über die Gefahren der Intensivierung dieser Andersheit infolge zunehmender Anpassungsprozesse des Menschen an die Technosphäre. Schutzgebiete sind heute entweder tote *Museen des Holozäns* – oder lebendige *Begegnungsstätten des Anthropozäns*: Sie müssen Orte werden, wo Menschen sich herausfordern lassen, indem sie, wie Spaemann betont, »Natur im Handeln als Maß des Handelns erinnernd« bewahren.[19] Ein schwieriger Satz, über den es sich aber lohnt nachzudenken.

Abb. 4
Lernorte im Bayerischen Wald: Das Baumhaus im Wildniscamp am Falkenstein.

Bewusstsein für die Geschichte – Verantwortung für die Zukunft

Auch im Nationalpark Bayerischer Wald sind natürliche Prozesse und menschliche Wirkmacht eng miteinander verwoben: die Radioaktivitätswerte im Boden verweisen ostwärts nach Tschernobyl; die Säurewerte in den Gewässern zeugen von den Schadstoffen, die häufig der Westwind einträgt; der Luchs wird zwar ausgewildert, gleichzeitig aber feinmaschig überwacht und dadurch wieder in menschliche Raster eingemeindet. Prozessschutzgebiete haben heute den doppelten Auftrag, natürliche Prozesse weitestgehend walten zu lassen, zugleich aber auch zu thematisieren, dass es im Anthropozän immer schwieriger wird, diesem Ziel gerecht zu werden. Sie sollten diese Schwierigkeiten bei der Umsetzung ihrer ursprünglichen Mission als eine enorme geopolitische Herausforderung öffentlich ausstellen. Darin steckt auch das Potenzial, sich von der zunehmenden Dominanz regionalpolitischer Erwägungen bei Legitimierungsstrategien von deutschen Nationalparks zu lösen und die überregionale Bedeutung zu betonen. Der »Urwald der Bayern« ist im Anthropozän eben auch – und vor allem – ein Bewusstseinsort für biosphärische Identität und ein Lernort für biosphärische Integrität.

Die Zivilisationsgeschichte seit dem Ackerbau hat den Menschen psychologisch als Kämpfer gegen die Natur konditioniert. Dieser Kampf gegen eine vermeintlich übermächtige Natur ist an globale systemische Grenzen gestoßen. Die Fähigkeit, diese Konditionierung zugunsten einer globalen ökologischen Reflexivität aufzugeben, ist zu einer wichtigen Zukunftsfrage für die Menschheit geworden. Insbesondere Nationalparks in den hochindustrialisierten Ländern haben im Anthropozän die zutiefst politische Aufgabe, die eigene Bevölkerung und Regierung an die historische Verantwortung der Industrieländer für die globalen ökologischen Veränderungen zu erinnern:

(1) Die Industrialisierung, in dem Ausmaß wie sie betrieben wurde, war nur durch soziale Ungerechtigkeit und nicht nachhaltigen ökologischen Raubbau möglich.
(2) Wenn wir die industrielle Produktion und das Konsumverhalten global so ausbauen, wie dies die Industrienationen bereits getan haben, dann sind die ökologischen Rahmenbedingungen, die menschliches Leben auf Erden ermöglicht haben, anfällig für makrosystemische Kippmomente.

Nationalparks in industrialisierten Ländern müssen sich also als *nationaler* Beitrag für die *internationale* Aufgabe verstehen, die Integrität der Biosphäre zu erhalten – als Kerngebiete in einem ökologischen Verbundsystem, das allerdings als solches nur funktionieren kann, wenn zusätzlich wesentlich größere Flächen der Technosphäre entzogen werden. Raum für konsequenten Prozessschutz existiert in Deutschland lediglich auf etwa 0,35 Prozent der Landesfläche, der Rest ist »anthropogen überformt«.[20] Nur im Verbund mit anderen Gebieten von geringerem Schutzstatus lassen sich so sinnvolle strukturelle Schutzmaßnahmen in der Fläche erzielen, wie sie etwa durch die europäischen Rahmenvorgaben von NATURA 2000 angestrebt werden. Dazu bedarf es einer neuen Ethik, welche die konventionelle Land- und Forstwirtschaft endlich in die Pflicht nimmt und nicht-nachhaltige Praktiken konsequent sanktioniert. In Zeiten eines globalen ökologischen Notstandes kann Natur kein kostenloses Freigut sein. Als Folge der Corona-Pandemie sollte überdies breiten Bevölkerungsschichten die absolute Dringlichkeit der Artenvielfalt für die Einhegung potenziell pandemischer Erreger ins Bewusstsein gedrungen sein. Die Ausdünnung der Artenvielfalt erlaubt es auch Erregern, sich in ökologisch dominant werdenden Kulturfolgern oder Zuchtformen schneller auszubreiten. Die immer stärkere Zersiedlung der Lebensräume führt zu einer erhöhten Wahrscheinlichkeit, dass sich Infektionsherde an den Schnittstellen zwischen Wildtieren und Nutztieren bilden.[21]

Die Debatte um das Anthropozän unterstreicht folglich auch die Wichtigkeit von Allmenden und Gemeinbesitz für die Zukunft der Menschheit, vor allem

Abb. 5
Die Glasarche unterhalb des Lusen: lokale Kulturpraktiken (Holzwirtschaft, Glaskunst) und biosphärische Verantwortung in der deutsch-tschechischen Grenzregion.

in Bezug auf Wasser, Luft und Böden. Schutzgebiete könnten in den hochindustrialisierten Ländern Experimentierorte dafür sein, in der Bevölkerung eine Haltung des Loslassen-Könnens und des Teilens von Gemeinbesitz einzuüben. Sie sollten deswegen die Wichtigkeit erdsystemischer Zusammenhänge für die Funktionalität lokaler Ökosystemleistungen und, umgekehrt, die Bedeutung lokaler Ökosysteme für die Integrität globaler Makrosysteme aggressiver ausstellen. Umso wichtiger, dass sich deutsche Nationalparks stärker vernetzen und sich gemeinsam als nationaler Beitrag zur globalen ökologischen Krise im Anthropozän darstellen. Wenn der gesamte Planet so intensiv bewirtschaftet wird wie in Deutschland oder den Niederlanden, dann werden lebenswichtige Ökosystemleistungen wie der Stickstoff- und Kohlendioxidkreislauf das Leben von über 7,8 Milliarden Menschen nur noch bedingt aufrechterhalten können. Gerade die hochindustrialisierten Länder müssen zeigen, dass sie aus eigenen Kräften zur Stabilisierung der Erdsysteme beitragen können. Die Nationalparks haben die verantwortungsvolle Aufgabe, diese Arbeit am nationalen Bewusstsein voranzutreiben. Nationalparks sind kein Luxus und nicht primär Erholungsgebiete, sondern Lernorte dafür, dass unserem irrationalen Glauben an endloses Wachstum und totale Industrialisierung systemische Grenzen gesetzt sind.

Die Anthropozändebatte konfrontiert uns mit der Tatsache, dass Wissenschaft zwar eine zentrale Praxis der rationalen öffentlichen Auseinandersetzung über Natur/Kultur-Konflikte ist, aber keine Letztbegründungen für politisches Handeln liefern kann. So gibt es kein rein wissenschaftliches Argument gegen Erderwärmung, Insektensterben, Atomkrieg oder für Emissionsbegrenzung, Nationalparks, Abrüstung. Dazu bedarf es immer einer Wertediskussion über das menschliche Individuum, menschliche Gemeinschaftlichkeit und ihre Wechselbeziehungen innerhalb der Geschichte des Lebens. Im Anthropozän lassen sich Umwelt- und Naturschutz nicht mehr trennen von gesamtgesellschaftlichen Fragen der Gerechtigkeit (*just conservation*). Die Frage ist nicht mehr primär, welche Folgen unser Verhalten *hier und jetzt* hat, sondern *dort und dann* – in anderen Regionen der Welt und für nachfolgende Generationen.

Naturschutz heute stützt sich einerseits zu stark auf gesetzlich verbürgte Artenschutzbestimmungen, deren Zukunft aber aufgrund des tiefgreifenden Erfahrungsverlustes von Natur (*baseline syndrome*) nicht gewährleistet ist, wenn wir nicht eine neue gesellschaftliche Debatte über die Artenausrottung und ihre biosphärische Dimension führen.[22] Andererseits hat sich die öffentliche Debatte hierzulande zunehmend darauf verlegt, Ökosysteme quantitativ danach zu bewerten, welche »Dienstleistungen« sie für den Menschen erbringen. Hier wird der Bock zum Gärtner gemacht: die betriebswirtschaftliche Rationalität, die in der Natur nur einen Bestand an Rohstoffen und kein Lebensgewebe sieht, soll nun die Leitkategorien für deren Schutz bereitstellen. Nationalparks können in dieser Situation wichtige Vermittler sein und die gesellschaftliche Debatte mitgestalten. Sie sind ein Fenster in die (naturgeschichtliche) Vergangenheit und deswegen ein wichtiger Referenzrahmen für die Gestaltung der Zukunft. Sie machen das Lebensgewebe, mit dem wir Menschen durch Stoffwechsel und Koevolution verflochten sind, erlebbar und schaffen so ein Gegengewicht gegen die instrumentelle Rationalität, die mittlerweile alle Lebensbereiche durchdringt, sogar die Legitimationsdiskurse des Naturschutzes. Natur ist heute Gegenstand eines Generationenvertrags. Um nachfolgenden Generationen die Integrität der Biosphäre als unveräußerliches Gemeingut zu sichern, das wir heute gedankenlos vernutzen, bedarf es riesiger kultureller Anstrengungen und klarer Rechtsnormen. Natur wird zur »Kulturaufgabe«, die uns von der Natur gestellt wird.[23]

Schlussbetrachtung

Jacob von Uexküll, Pionier der wissenschaftlichen Ökologie, hat in seinen Memoiren notiert: »Umweltlehre ist eine Art nach außen verlegter Seelenkunde.«[24] Er geht also von einem unmittelbaren Korrespondenzverhältnis zwischen dem menschlichen Innenleben und seinem Stoffwechsel mit der lebendigen Welt aus. Im Anthropozän sind wir versucht, diese Blickrichtung umzukehren und zu fragen, ob nicht die Umweltdegradation um uns herum einen tiefen Blick in unsere Psyche erlaube. Überhaupt ist das Anthropozän, zumindest im deutschsprachigen Raum, sehr stark von einer Verlustangst geprägt. Uns kommen die Resonanzen mit der Welt um uns abhanden, wie der Soziologe Hartmut Rosa betont:

Nicht dass wir die Natur als Ressource verlieren, sondern dass die Natur als Resonanzsphäre verstummen könnte, als ein eigenständiges Gegenüber, das uns antworten kann und damit Orientierung zu stiften vermag, ist der Kern der tiefschürfenden Umweltsorge der Gegenwart. Das Verstummen der Natur (in uns und außer uns), ihre Reduktion auf Verfügbares und Noch-verfügbar-zu-Machendes ist […] das eigentliche kulturelle ›Umweltproblem‹ spätmoderner Gesellschaften.[25]

Die Bedeutung von Schutzgebieten dabei, Natur als Resonanzsphäre erlebbar zu machen und eine Antwort auf die »Krise der Lebendigkeit« zu finden, kann nicht überschätzt werden.[26] Hier kann Naturgeschichte erfahren, hier können Naturgeschichten erzählt werden – statt abstrakter Ökologie. Hier werden Menschen mit ihrer eigenen Angst vor Lebendigkeit konfrontiert – und mit ihrer Angst vor dem Verlust der Lebendigkeit. Ohne diese Orte sind wir nur mehr den Eigengesetzlichkeiten der menschlichen Welt ausgesetzt und verlieren jede produktive Resonanz mit etwas anderem, durch das wir uns lebendig verändern können.

Eine der großen gesellschaftlichen und ethischen Herausforderungen im Anthropozän ist die Frage, wie sich die Demokratie als Staatsform erneuern lässt, wenn immer weniger Ressourcen auf immer mehr Menschen verteilt werden müssen. Die europäische Moderne hat sich zu lange darauf verlassen, Freiheit mit technologischem Fortschritt, freien Märkten und der Extraktion von Ressourcen gleichzusetzen. Diesen Pfad können wir nicht weiter beschreiben. Wir müssen uns vielmehr verstärkt darauf konzentrieren, welche immateriellen Werte uns den Lebenssinn geben, der uns lebendig hält. Die Arbeit an oben genannten Resonanzverhältnissen könnte uns emanzipieren *von* einem rein materiellen endlichen Freiheitsbegriff und *für* einen Freiheitsbegriff, der uns mit den Quellen individueller, sozialer und ökologischer Lebendigkeit in Berührung bringt.

Werden die Schutzgebiete der Zukunft *Erinnerungsorte* für vergangene Resonanzverhältnisse oder *Lernorte* für glückende gegenwärtige und zukünftige Weltbeziehungen? Die Pioniere der Nationalparkbewegung haben für letzteres einen Begriff geprägt, der in der Praxis oft missbraucht wurde, dessen ethischer, sozialer und spiritueller Kern aber für das 21. ebenso wichtig ist wie für das 19. Jahrhundert: *Wildnis*. Schon John Muir hatte argumentiert, dass der Weg in die Berge eine Rückkehr nach Hause sei, dass Wildnis eine Notwendigkeit und dass Schutzgebiete Quellen des Lebens seien.[27] Gerade weil wir im Anthropozän immer weniger »Wildnis« im eigentlichen Sinne haben, brauchen wir sie umso dringender für die Einübung von Resonanzen mit dem Leben: als die ethische Fähigkeit, Leben leben zu lassen, als die psychologische Bereitschaft, selbst lebendig zu bleiben, und als Heimat: Denn wir sind heute von einer zutiefst paradoxen Haltung zu der Frage geprägt, ob wir überhaupt in der Welt beheimatet sein wollen oder nur im Kopfkino unserer Wünsche. Der Schriftsteller Harald Grill, dessen Werk eng mit dem Bayerischen Wald verflochten ist, hat dies unübertrefflich in Worte gefasst:[28]

So oder so

dene urlauber
is unser landschaft wurscht

wenn se s aafgarbat habn
fahrn s woanders hi

uns einheimische
is unser landschaft aa wurscht

wenn ma s aafgarbat habn
fahrn ma in urlaub

Weiterführende Literatur

Castro, Marcia C., Andres Baeza, Cláudia Torres Codeço et al. »Development, environmental degradation, and disease spread in the Brazilian Amazon« in *PLoS Biology*, 17,11 (2019), 1–8. DOI: https://doi.org/10.1371/journal.pbio.3000526.
Crutzen, Paul J., »Geology of Mankind«, *Nature* 415 (6867), 23.
Ellis, Erle. »Ecology in an Anthropogenic Biosphere« in *Ecological Monographs* 85, 3 (2015), 287–331.
Freud, Sigmund. »Eine Schwierigkeit der Psychoanalyse« in *Imago: Zeitschrift für Anwendung der Psychoanalyse auf die Geisteswissenschaften* 5 (1917), 1–7.
Glaubrecht, Matthias. *Das Ende der Evolution. Der Mensch und die Vernichtung der Arten.* München 2019.
Grill, Harald. *eigefrorne gmiatlichkeit.* Passau 1980.
Jonas, Hans. *Leben, Wissenschaft, Verantwortung: Ausgewählte Texte*, herausgegeben von Dietrich Böhler. Stuttgart 2004.
Latour, Bruno. *Kampf um Gaia: Acht Vorträge über das neue Klimaregime.* Berlin 2017.
Lewis, Simon L. und Mark A. Maslin. *The Human Planet: How We Created the Anthropocene.* London 2018.
Markl, Hubert. *Natur als Kulturaufgabe: Über die Beziehung des Menschen zur lebendigen Natur.* Stuttgart 1986.
Muir, John. *Our National Parks.* Boston 1901.
Piechocki, Reinhard. *Landschaft, Heimat, Wildnis: Schutz der Natur – aber welche und warum?* München 2010.
Rosa, Hartmut. *Resonanz: Eine Soziologie der Weltbeziehung.* Berlin 2018.
Schwägerl, Christian. *Menschenzeit: Zerstören oder gestalten?* München 2010.
Spaemann, Robert. *Philosophische Essays.* Stuttgart 2012.
Stöckhardt, Julius A. *Chemische Feldpredigten für deutsche Landwirthe, Erste Abtheilung.* Leipzig 1856.
Uexküll, Jacob von (1936). *Niegeschaute Welten: Die Umwelten meiner Freunde.* Frankfurt a. M. 2015.
Weber, Andreas. *Enlivenment: Eine Kultur des Lebens.* Berlin 2016.
Williams, Mark et al. »The Anthropocene: a conspicuous stratigraphical signal of anthropogenic changes in the production and consumption across the biosphere« in *Earth's Future* 4,3 (2016): 34–53.
Zalasiewicz, Jan et al. *The Anthropocene as a Geological Time Unit: A Guide to the Scientific Evidence and Current Debate.* Cambridge 2019.

RÜCKBLICKE UND AUSBLICKE

Nationalpark Bayerischer Wald – meine Erfahrungen, Erlebnisse und Einsichten

Wolfgang Haber

Zum Begriff Nationalpark und zur Entstehung des Naturschutzes

Der Begriff »Nationalpark« ist eine US-amerikanische Erfindung. Europäische Einwanderer hatten bekanntlich die USA 1776 an der Ostküste Nordamerikas als eigenen Staat gegründet. Als sie ihn von dort in den Westen des Kontinents ausweiteten, entdeckten sie in den Rocky Mountains Gebirgslandschaften von spektakulärer Schönheit, darunter das vulkanische Gebirge um Yellowstone. Um es zu bewahren, wurde es 1872 als großflächiges Naturschutzgebiet unter staatlichen Schutz gestellt und zum Nationalpark erklärt. Damit war der Begriff offiziell eingeführt.

Es erscheint sonderbar, dass eine unberührte Natur verkörpernde Gebirgslandschaft die Bezeichnung »Park« erhielt, die ja eine menschliche Gestaltung ausdrückt. Doch man hatte den Namen vom Central Park in New York, also einem großen Stadtpark, einfach in die Natur übertragen, wo er dem gleichen ›Zweck‹ dienen sollte, nämlich: »enjoyment of people«, Erholung und Erbauung der Menschen. Dafür wurden weitere Naturbereiche von ähnlich außergewöhnlicher Schönheit, wie zum Beispiel Grand Canyon und Yosemite, unter staatlichen Schutz gestellt, die dem jungen Staat USA, in dem es keine prägenden kulturhistorischen Denkmäler wie in Europa gab, auch eine mit Stolz erfüllende *nationale* Identität verleihen sollten. Dies erklärt die Wortbildung »Nationalpark«, die ein gänzlich unbefangener Mensch wohl nicht mit Naturschutz verbinden würde.

Doch woher kam die Idee des Naturschutzes? Schon im 17. Jahrhundert war in der Stadtkultur mehrerer europäischer Länder, und zwar im materiell gut versorgten Bildungsbürgertum, ein Interesse an der Natur erwacht – als Kontrast zur künstlichen Welt der dicht bebauten, oft noch von Mauern eingeschlossenen Städte. Wer von dort in die ländliche Umgebung hinausblickte oder sie aufsuchte, empfand diese als Natur, obwohl es eine durch bäuerliche Nutzung gestaltete Kulturlandschaft war. Ihr abwechslungsreiches Mosaik aus kleinen, unterschiedlich bewachsenen Feldern, aus Wiesen und Weiden, durchsetzt mit Hecken, Alleen oder kleinen Waldstücken, das oft auch in Landschaftsgemälden dargestellt wurde, erzeugte ästhetisches Gefallen. Es ging dabei aber um Bewunderung von Natur und Landschaft, nicht um deren Schutz. Echte, »wilde« Natur wurde gefürchtet und gemieden. Eine als besonders naturnah aufgefasste Kulturlandschaft, nämlich die englischen Schafweiden mit ihren rasenartig abgeweideten Grasflächen zwischen lockeren Baum- und Gebüschgruppen, wurde sogar zum Vorbild für die Gestaltung städtischer Parke oder Gärten, und erklärt auch den Namen eines der ersten von ihnen, nämlich des »Englischen Gartens« in München.

In der zweiten Hälfte des 19. Jahrhunderts hatte in Europa das Industriezeitalter mit Land-Stadt-Migration und starker Bevölkerungszunahme in wachsenden Großstädten begonnen. Deren hoher Nahrungs- und Rohstoffbedarf veranlasste eine durchgreifende, staatlich organisierte Modernisierung der ländlichen Produktionsweisen und -strukturen. Die entsprechenden Maßnahmen wurden treffend »Flur*bereinigung*« genannt. Durch Zusammenlegung der Felder, Beseitigung von Hecken und Kleingewässern, Kultivierung von Flussauen, Heiden und Mooren sowie Vereinheitlichung von Ackerbau und Viehhaltung verloren die ländlichen Räume weithin ihren Abwechslungsreichtum und ihre ästhetischen Qualitäten. Die naturverbundenen Stadtmenschen empfanden dies als nicht hinnehmbaren Verlust, der ihre bewundernde Wertschätzung der als »Natur« empfundenen Kulturlandschaft in das Bestreben von deren Schutz erweiterte oder sogar umwandelte. Daraus entstand der Naturschutz als städtische Bewegung, im deutschsprachigen Raum mit dem – auch von romantischen Ideen durchzogenen – »Heimatschutz« verknüpft. Ziel war es, den Gesamtcharakter der traditionellen, von vielen naturhaft wirkenden Strukturen geprägten Kulturlandschaft zu bewahren, und zwar nicht nur zur Erbauung der Menschen, sondern auch als Wert an sich. Darin lag der grundsätzlich neue Gedanke, die Natur *vor* den Menschen und seinen Eingriffen zu schützen.

Unter dem Einfluss von Biologie, Geographie und Geologie, die zu dieser Zeit populär wurden, widmete sich der Naturschutz bevorzugt einzelnen Bestandteilen der Landschaft wie Mooren, Heiden, Kleingewässern, Felsgebilden und Wallhecken, und dann vor allem der Erhaltung seltener und schöner Tier- und Pflanzenarten. Der Schutz der Landschaft als »Gesamtnatur«, mit dem die Bewegung begonnen hatte, wurde dafür nicht selten vernachlässigt. Daraus erwuchs die im Naturschutz bis heute (und auch zukünftig) wirksame Grundfrage: Was ist Natur, was ist in und von ihr, vor wem oder wozu zu schützen, wie wird Schutz praktiziert? – und mit seinem Gegenspieler, der Nutzung, vereinbart? Geschieht dies durch Schutz vieler naturhafter Einzelbestandteile oder weniger großflächiger Gebiete, oder beides kombiniert, nach Strenge abgestuft?

Entwicklung des Naturschutzes im deutschsprachigen Raum

Naturschutz wurde überraschend schnell zu einer staatlichen Aufgabe und erhielt in Deutschland bereits 1906 eine eigene, wenn auch wenig einflussreiche Verwaltung, 1919 sogar schon Verfassungsrang. Ein für ganz Deutschland geltendes

Naturschutzgesetz kam aber erst 1935 zustande. Die neue Naturschutzverwaltung bevorzugte seit 1906 die Schaffung von relativ kleinflächigen Naturdenkmalen oder Schutzgebieten, die jeder Nutzung entzogen waren und oft sogar nicht einmal betreten, sondern mehr »von außen« bewundert werden sollten. Doch die junge europäische Naturschutzbewegung wollte auch großflächige Schutzgebiete nach dem US-Vorbild gründen, die begangen und direkt erlebt werden konnten. Das geschah in Schweden und in der Schweiz; aber der amtliche Naturschutz in Deutschland ging darauf nicht ein. Daher gründete sich aus privater Initiative 1909 ein »Verein Naturschutzpark«, der durch Erwerb ausreichender Flächen zwei Großschutzgebiete einrichtete, und zwar in der Lüneburger Heide und im Alpengebirge Hohe Tauern.[1] Diese Naturschutzparke wurden vom amtlichen Naturschutz, der sie als Schutzkategorien nicht vorsah, als Naturschutzgebiete bezeichnet und damit auch staatlich anerkannt. Doch in der nationalsozialistischen Zeit gab es Bestrebungen zur Schaffung eines Nationalparks, mit dem 1938 das größte Gebirgswaldgebiet Mitteleuropas erhalten werden sollte. Seine Verwirklichung scheiterte am Zweiten Weltkrieg und an der Teilung Europas.

In der Wiederaufbauzeit nach dem Krieg erwachte ein neues städtisches Naturinteresse, gesteigert durch die zunehmende persönliche Mobilität, zur Freizeitverbringung und Erholung in der »Natur«. Der von den Großstädten Hamburg, Bremen und Hannover leicht erreichbare Naturschutzpark Lüneburger Heide, Eigentum jenes Vereins Naturschutzpark, erlebte schon in den 1950er Jahren einen regelrechten Besucheransturm. Dieser veranlasste den damaligen, sehr einflussreichen Vereinsvorsitzenden Alfred Toepfer (nicht mit Klaus Töpfer zu verwechseln), zur Aufstellung eines Programms zur Einrichtung von im ganzen Land verteilten, naturnahen Freizeit- und Erholungsgebieten in örtlicher Trägerschaft, die er als »Naturparke« proklamierte. Damit war er sehr erfolgreich: schon Mitte der 1960er Jahre gab es dreißig Naturparke. Vom Naturschutzrecht, das keine Naturparke vorsah, wurden sie meistens zu Landschaftsschutzgebieten erklärt, der zweiten, weniger strengen Schutzgebietskategorie, die bestimmte Landnutzungen erlaubte. Der offizielle und der Verbands-Naturschutz betrachteten die Naturparke eher distanziert, weil dort seine Kernaufgaben Arten- und Biotopschutz von untergeordneter Bedeutung waren.

Wiederaufleben des Nationalpark-Konzeptes in der Bundesrepublik

In dieser Situation griffen prominente deutsche Naturschützer das Nationalpark-Konzept wieder auf, das sie auch als »Krönung des Naturschutzes« bezeichneten. Hier sind vor allem zwei Persönlichkeiten zu nennen, die allerdings unterschiedliche Ansätze verfochten: Bernhard Grzimek und Hubert Weinzierl. Grzimek, von Herkunft Veterinär, war Direktor des Zoos in Frankfurt a. M. und gründete dort die Zoologische Gesellschaft Frankfurt, mit der er sich persönlich für die (postkoloniale) Erhaltung und fachgerechte Verwaltung des Serengeti-Nationalparks in Ostafrika mit seinen riesigen, freilebenden Tierbeständen intensiv einsetzte. Sein dazu gedrehter Film *Serengeti darf nicht sterben* wurde 1960 in USA mit einem Oscar ausgezeichnet. Sehr populär wurde Grzimek mit seiner über viele Jahre lang ausgestrahlten Fernsehsendung *Ein Platz für Tiere*, mit der er die Menschen für den Naturschutz, vor allem den Schutz der wildlebenden Tierwelt aufklärte und sensibilisierte. Aus dieser Einstellung befürwortete er eindringlich die Schaffung eines deutschen Nationalparks, mit der er sozusagen Serengeti nach Deutschland übertragen würde – denn er verknüpfte das Nationalpark-Konzept vor allem mit dem Erlebnis wilder Großtierherden. Seine erste Idee war der Plan einer »Tierfreiheit« im Taunus, die sich aber nicht als realisierbar erwies.

Der Forstwirt Hubert Weinzierl stellte als junger staatlicher Naturschutzbeauftragter für den Regierungsbezirk Niederbayern Überlegungen über die Entwicklung des dicht bewaldeten Inneren Bayerischen Waldes an der tschechischen Grenze an –, ein wegen seiner Abseitslage am damaligen Eisernen Vorhang in wirtschaftlichen Rückstand geratenes Gebiet. Wie im Kapitel von Hasenöhrl ausführlich dargestellt,[2] lehnte Weinzierl die touristische Entwicklung mit Seilbahnen und Skiabfahrten nach dem Vorbild der Alpen ab und schlug stattdessen die Errichtung eines Nationalparks als eine viel größere Fremdenverkehrs-Attraktion vor. Er bezog sich dabei auch auf die ihm bekannt gewordenen Pläne von 1938. Damit fand er in den Landkreisen und Gemeinden des Bayerischen Waldes überraschend schnell große Zustimmung. Als er von Grzimeks Plan eines deutschen Nationalparks erfuhr, empfahl er den Bayerischen Wald als dafür geeignetes Gebiet. Nur Grzimeks Idee der Tierfreiheit als Begegnung der Menschen mit wilden Großtierherden passte nicht dazu, da diese im Wald nicht in Herden vorkommen und auch wenig sichtbar sind. Stattdessen sollten die im Wald heimischen Säugetiere und Großvögel in naturnahen Wildgehegen gehalten und damit den Besuchern nahegebracht werden. Weinzierl gewann damit auch Grzimeks Befürwortung und verfasste mit ihr 1966 eine Denkschrift, in der die Bayerische Staatsregierung zur Gründung des Nationalparks Bayerischer Wald »als heißester Wunsch der gesamten deutschen Naturschutzbewegung« aufgefordert wurde.

Tatsächlich blieb aber unklar, was ein Nationalpark eigentlich sein, wie er verwirklicht werden und wozu er dienen sollte. Darüber entstand ein Grundsatzstreit, auch innerhalb des Naturschutzes. Dieser hatte sich seit der Mitte des 20. Jahrhunderts mit der Gründung einer Internationalen Naturschutz-Union, der Weltnaturschutzunion (International Union for Conservation of Nature, IUCN) global etabliert und Richtlinien, auch für Nationalparke, aufgestellt. In den Ländern der Erde konnten diese aber unterschiedlich ausgelegt werden; wichtig war lediglich, dass Nationalparke möglichst großflächig sind.

1967 gründete sich der sogenannte Zweckverband zur Förderung des Projektes eines Nationalparks im Bayerischen Wald. Geleitet wurde dieser von Karl Bayer, Landrat von Grafenau, einem Forstmann. Die erste Nationalpark-Konzeption dies Verbandes umfasste Tiergehege, Artenlisten, Wildregulierung und -fütterung, Waldumbau, Erschließung, Zäunungen – und damit Ideen, die einem ›Vollnaturschutz‹ als eigentlichem Nationalpark-Ziel im Grunde widersprechen. Die Bayerische Staatsforstverwaltung, Eigentümerin fast aller Wälder im Gebiet, lehnte die Einrichtung eines regelrechten Nationalparks mit dem Argument ab, dass der Bayerische Wald »für einen Großzoo nicht geeignet« sei, und sah stattdessen einen Naturpark mit Schaugattern vor, wie es ihn im Vorderen Bayerischen Wald ja bereits gab. Interessanterweise sprachen sich bei öffentlichen Umfragen 90 Prozent für einen Nationalpark aus. Unklar war aber, was seine Bestimmung sein sollte.

Das »Haber-Gutachten« öffnet den Weg zur Nationalpark-Gründung

In dieser Situation kam ich ins Spiel. Der Deutsche Rat für Landespflege und dessen Sprecher, Graf Lennart Bernadotte, beauftragten mich, die Problematik gutachtlich zu untersuchen. Ich gehörte dem Rat damals nicht an und ahnte nicht, dass ich später einmal Bernadottes Nachfolger sein würde. Für mich als jungen Weihenstephaner Professor, erst zwei Jahre im Amt, war es eine schwierige Situation, zumal ich mich mit dem Gebiet erst vertraut machen musste.

Weinzierl und Grzimek erwarteten von mir volle Unterstützung ihrer Pläne, aber im Rat als meinem Auftraggeber war Alfred Toepfer, der »Vater der Naturparke«, eines der einflussreichsten Mitglieder, der durch einen Nationalpark sein Lebenswerk gefährdet sah und ihn strikt ablehnte. Ihn und Grzimek trennten Welten – selten habe ich gegensätzlichere Menschen meines Fachgebiets erlebt. Meine Gespräche mit Grzimek waren schwierig, weil dieser eloquente, interessant argumentierende Mensch mich kaum zu Wort kommen und sich informieren ließ, dass das Serengeti-Vorbild der »Tierfreiheit« für ein Gebirgswaldgebiet wie den Bayerischen Wald nicht geeignet sei.

Angesichts dieser Probleme habe ich mein Gutachten »diplomatisch« abgefasst. Zunächst bestätigte ich, dass Deutschland im Prinzip keine für Nationalparke des internationalen Standards geeigneten Landschaften besitzt. Doch dann beschrieb ich einen »Wald-Nationalpark« als neuartige Park-Kategorie, für die sich der Innere Bayerische Wald anbot, und schlug vor, sie dort erstmalig zu verwirklichen – als lohnende Innovation. Dazu machte ich sieben konkrete Einzelvorschläge, die vor allem das Großwild und seine Zurschaustellung in Wildgattern, die Erschließung für Besucher und Verkehr mit Lehrpfaden für Naturbildung, sowie die Organisation als Selbstverwaltung mit einem Forstwirt als Leiter betrafen, um eine bestmögliche touristische Nutzung des Nationalparks zu gewährleisten. Die Holznutzung sollte fortgesetzt werden, aber naturgemäß und abgestimmt auf die Erfordernisse des Parks erfolgen. Entgegen Grzimeks Auffassung betonte ich den Vorrang des Waldschutzes vor dem Wildschutz. Meine Standpunkte festigte ich durch weitere Erkundungen des Gebiets und Kontakte mit seinen Akteuren, bis zum Regierungspräsidenten von Niederbayern. Dieser forderte mich zur Unterstützung des Nationalpark-Vorhabens auf mit den Worten »Niederbayern ist der einzige deutsche Regierungsbezirk ohne Universität, ohne Autobahnen, ohne große Industrien – sorgen Sie dafür, dass er wenigstens einen Nationalpark bekommt!« (Inzwischen hat Niederbayern sowohl den Nationalpark als auch alle anderen, damals fehlenden Institutionen.)

Ich ließ im Gutachten offen, ob das Gebiet tatsächlich den Namen Nationalpark erhalten solle, und verschweige hier nicht meine persönlichen Vorbehalte. Es war die Zeit der 1968er Bewegung mit strikter Ablehnung von Begriffen wie »national« wegen der nationalsozialistischen Vergangenheit. Damit verband ich auch die Kritik, dass der Begriff Nationalpark ohne gründliche Inhaltsbestimmung und Vorplanung in die Öffentlichkeit geworfen worden war. Dass ausgerechnet die damals im Bayerischen Landtag vertretene ultrarechte Partei NPD sich als erste für die Errichtung des Nationalparks aussprach, verstärkte meine Vorbehalte.[3]

Im Deutschen Rat für Landespflege setzte Alfred Toepfer durch, dass der Rat mein Gutachten als Ablehnung des Nationalparks auffasste und dies der Bayerischen Staatsregierung übermittelte. Doch der Bayerische Landtag ging darüber hinweg und beschloss im Juni 1969 einstimmig die Errichtung des Nationalparks – mit diesem Namen und unter wörtlichem Bezug auf meine sieben konkreten Vorschläge. Dass es dazu kam, ist das Verdienst einer dritten Persönlichkeit, die ich nach Grzimek und Weinzierl besonders hervorhebe: Hans Eisenmann, damals neuer Bayerischer Staatsminister für Ernährung, Landwirtschaft und Forsten. Er erkannte visionär die auch politisch große Bedeutung des Nationalparks, und befürwortete dessen Errichtung, die er gegen die Forstabteilung seines Ministeriums durchsetzte. Eisenmann berief dann den Forstwirt Dr. Hans Bibelriether zum Leiter der ihm direkt zugeordneten Nationalparkverwaltung und Dr. Georg Sperber, ebenfalls Forstmann, zum Stellvertreter. Auf meinen Vorschlag wurde auch der Landschaftsplaner und Naturschutzexperte Michael Haug, der an meinem Lehrstuhl studiert hatte, in das Nationalparkamt berufen. Dieses musste aber hinnehmen, dass die Zuständigkeit für die Wald- und Holzbewirtschaftung im Nationalpark bei den zunächst weiterbestehenden Forstämtern des Gebiets verblieb. Außerdem richtete Minister Eisenmann einen Nationalparkbeirat ein, dem Vertreter des Naturschutzes, der Wissenschaft, der Forst- und Landwirtschaft sowie der Landkreise und Kommunen angehörten. Der Beirat traf sich mindestens einmal jährlich im Nationalparkzentrum, um die Nationalparkentwicklung zu beurteilen und die Verwaltung zu beraten. Für die Wissenschaft wurde ich in den Beirat berufen.

Eigene Erlebnisse und Erfahrungen aus den Anfangsjahren

Nach der feierlichen Eröffnung des Nationalparks im Herbst 1970 organisierte das Nationalparkamt, zusammen mit der Erstellung eines Wegenetzes, von Rangern geleitete Führungen durch den Park für Besuchergruppen. Ich war persönlich interessiert zu erfahren, wie erste Besucher auf den Nationalpark reagieren würden und was sie von ihm erwarteten. Daher übernahm ich im Sommer 1971 selbst eine solche Führung durch das mir inzwischen gut bekannte Gebiet, und wählte dazu eine etwa 25-köpfige Besuchergruppe aus, die mit einem Autobus aus Nürnberg angereist war und den Nationalpark kennenlernen wollte. Erste Gespräche zeigten, dass die Frauen und Männer mittleren Alters sehr an der

Abb. 1
Bei meinen ersten Erkundungen des Inneren Bayerischen Waldes begleiteten und berieten mich Hubert Weinzierl (links) und der Grafenauer Landrat Karl Bayer (rechts), hier auf dem Gipfel des Lusen.

Natur interessiert waren und auch Kenntnisse besaßen. Ich zeigte ihnen die verschiedenen Waldbestände aus Buchen, Tannen und Fichten, auch die (weiter unten erwähnten) Fraß- und Wildschäden, und führte die Gruppe dann in eines der wenigen Waldstücke, die wegen schlechter Erreichbarkeit niemals forstlich genutzt worden waren und echte »Wildnis« verkörperten. Dort lagen kreuz und quer umgestürzte Altbäume in unterschiedlichen Stadien der Verrottung, dazwischen junger Aufwuchs in allen Größen. Als ich erläutern wollte, dass die künftige Waldentwicklung im Nationalpark in diese Richtung gehen würde, kam von mehreren Besuchern der Ausruf: »Hier wird ja nun bald Ordnung geschaffen. Denn das ist doch jetzt ein Park!«

Nach etwa zwei Stunden weiterer Wanderung bestiegen wir den aus dem Wald herausragenden, aus großen Felsbrocken aufgetürmten Gipfel des Lusen. Es war ein klarer Sonnentag mit weiter Aussicht, die bis zur fernen Alpenkette reichte. Da riefen mehrere Gruppenmitglieder: »Endlich sehen wir Landschaft – und nicht nur dauernd die vielen Bäume!« Mir wurde klar, wie unterschiedlich die Natur-Erwartungen von Stadtmenschen sein können.

Regierungsinterne Probleme entstanden 1970 mit der Gründung des Bayerischen Umweltministeriums, des ersten Umweltministeriums der Welt, und mit der in Bayern erfolgten ersten Novellierung des Naturschutzrechts seit 1935, mit welcher Nationalparke (und auch Naturparke) als eigene Schutzgebietskategorie eingeführt wurden. Das Umweltministerium erhielt die Zuständigkeit für den (bisher im Innenministerium ressortierten) Naturschutz und damit formell auch für den Nationalpark Bayerischer Wald. In Vorahnung eines interministeriellen Streits habe ich damals dem bayerischen Ministerpräsidenten Alfons

Abb. 2
An wenigen, schwer zugänglichen Stellen des Bayerischen Waldes – wie hier am »Seelensteig« – waren alle forstlichen Nutzungen unterblieben, so dass sich echter Naturwald mit Vorbildwirkung für den Nationalpark entwickeln konnte. Die Aufnahme entstand bei der oben erwähnten Begehung und zeigt den Anblick, auf den die Besuchergruppe reagierte.

Goppel intern dringend geraten, die Zuständigkeit für den gerade gegründeten Nationalpark vorerst beim Landwirtschafts- und Forstministerium zu belassen. Denn Minister Eisenmann hätte sich in seinem Einsatz übergangen gefühlt, sein Interesse an der Nationalpark-Entwicklung verloren, und die Ministerialforstabteilung hätte ihre Interessen gegen die neue, noch unerfahrene »Mannschaft« des Umweltministeriums zum Nachteil des Nationalparks durchgesetzt. Später haben mir die Beteiligten persönlich bestätigt, dass meine Vorahnungen vollauf begründet gewesen waren.

Eisenmann beauftragte mich dann mit der Erarbeitung des Einrichtungsplans für den Nationalpark. Ich hatte mich inzwischen stärker in die Nationalpark-Prinzipien vertieft und forderte im 1974 erstellten Plan eine – allerdings zeitlich gestaffelte – Einstellung der Holznutzung. Diese wurde vom Sägewerks- und Holzverarbeitungsgewerbe der Region, mit Unterstützung der Ministerialforstabteilung, strikt abgelehnt. Auf noch schärferen Widerstand, und zwar seitens der Jägerschaft, stieß meine im Gutachten geforderte radikale Reduzierung des viel zu hohen, für die natürliche Waldentwicklung schädlichen, Rotwildbestands. Schon bei der Erstellung meines Gutachtens hatte ich als besonderes Problem für den Nationalpark – mit dem Ziel des Vollnaturschutzes – den aus Jagdinteressen stark überhöhten »Schalenwildbestand« aus Hirschen und Rehen erkannt. Diese verbeißen oder verzehren nicht nur jung aufwachsende Bäume, was die natürliche Waldverjüngung behindert, sondern fressen auch die Rinde (Borke) erwachsener Bäume an, um an den nährstoffreichen »Saft« der unter der Borke verlaufenden Baumgefäße zu gelangen. Damit verursachen sie an den Bäumen so genannte Schälschäden, die Wachstum und Holzerzeugung stark beeinträchtigen. Einige im Gebiet tätige Förster zeigten mir Waldbereiche, wo fast jeder

Abb. 3
Mit der Gründung des Nationalparks wurde die Holznutzung zunächst fortgesetzt. Daher wurden – trotz heftiger Proteste aus dem Naturschutz – sogar noch 1970 neue Forststraßen im Parkgebiet gebaut.

Baum solche Schälschäden hatte, baten mich aber dringend, diese Hinweise zu verschweigen, weil sie harte Konflikte mit der Jägerschaft fürchteten.

Diese Konflikte und die Macht der Jägerschaft erfuhr ich persönlich, als ich in der Zeit der Erstellung des Einrichtungsplans an einer Begehung des Parkgebietes mit Minister Eisenmann und Abgeordneten des zuständigen Landtagsausschusses, geleitet von Beamten der Ministerialforstabteilung, teilnahm. Ich erkannte bei der Begehung, dass diese die von Schälschäden besonders betroffenen Waldgebiete vermeiden sollte, und sagte das dem Minister. Er veranlasste daraufhin, dass ich die Führung der Gruppe übernahm und sie in die Schadgebiete umleitete. Dafür dankte mir Eisenmann besonders; aber ich bekam auch heftige Vorwürfe und Zorn der Beamten, später auch des damaligen Präsidenten des Landesjagdverbandes, Dr. Gerhard Frank zu spüren, der auch CSU-Landtagsabgeordneter war. Dieser forderte mich in einer Sitzung des Nationalparkbeirats sogar mit persönlichen Drohungen auf, bestimmte Passagen über die Rotwildreduktion aus dem Plan zu streichen. Das tat ich nicht, dennoch verschwand mein Plan im Ministerium »in der Schublade«, obwohl ich einige Formulierungen zuletzt noch auf Bitten des zuständigen Referenten Ministerialrat Baumgart etwas ›entschärft‹ hatte.

Es hieß damals im Ministerium, dass ein Einrichtungsplan für diesen Wald-Nationalpark nur von einem Forstmann erstellt werden dürfe – der ich ja nicht war. Daher wurde bald danach Professor Dr. Ulrich Ammer von der Forstwissenschaftlichen Fakultät der Universität München mit der Einrichtungsplanung beauftragt. Die Ministerialforstleute meinten, dass er die »zu radikalen« Forderungen aus dem Bereich von Naturschutz, Landespflege und Landschaftsökologie nicht aufrechterhalten würde. Tatsächlich gingen aber die Planungen von

Professor Ammer weit über das hinaus, was ich in meinem Entwicklungsplan gefordert hatte. Ein Ergebnis war, dass bei der 10-Jahresfeier des Nationalparks 1979 Minister Eisenmann den »Urwald« als Ziel für den Nationalpark verkündete und die Einstellung der Holznutzung in Aussicht stellte. Sogar die von Stürmen geworfenen Bäume sollten ungenutzt liegenbleiben.

Erfolgreiche Entwicklung des Nationalparks – und seine Naturschutz-Problematik

Mit dem von Dr. Hans Bibelriether eingeführten Motto ›Natur Natur sein lassen‹ entwickelte sich der Nationalpark in für mitteleuropäische Bedingungen vorbildlicher Weise und wurde auch Vorbild für die Errichtung von fünfzehn weiteren deutschen Nationalparken – neben den Naturparken, deren Zahl bis 2019 sogar auf 105 anstieg. Doch es bleibt die Frage, ob ein Nationalpark wirklich als »Vollnaturschutzgebiet«, wie es der Naturschutzbeauftragte Hubert Weinzierl für den Bayerischen Wald angestrebt hatte, gelten kann. Als in USA die ersten Nationalparke wie Yellowstone und Grand Canyon gegründet worden waren, konnten nur relativ wenige Menschen sie wegen schwieriger Erreichbarkeit und mangelnder Verkehrsmittel besuchen. Heute verzeichnen sie jährlich mehrere Millionen Besucher, und auch in den weniger spektakulären europäischen und deutschen Nationalparken nähert sich die jährliche Besucherzahl oft der Millionengrenze. Weil Nationalparke, nicht zuletzt auch wegen der wirtschaftlichen Bedeutung des Tourismus, besucht werden sollen, müssen dafür notwendige Einrichtungen wie Besucherzentren mit Restaurants, ein beschildertes Wegenetz, Aufenthalts-, Rast- und Ruheplätzen geschaffen sowie Aufsicht und Lenkung der Besucherströme organisiert werden. Dazu zählen auch die im Nationalpark Bayerischer Wald eingerichteten Freiland-Tiergehege, in denen nach dem Stand von 2018 36 verschiedene Tierarten zu sehen sind. Dies alles erfordert ständige Eingriffe in die Natur, die mit dem Prinzip »Natur Natur sein lassen« oft schwer vereinbar sind.

Dieses Prinzip bleibt aber wesentlich. Es soll ja den zahlreichen Besuchern nicht nur das Erlebnis einer »echten« Natur gewähren, sondern auch Wissen über sie als der Grundlage allen Lebens vermitteln. Wissen erwächst aber nicht aus einzelnen Beobachtungen, sondern erfordert Forschung, vor allem Langzeituntersuchungen mit »Monitoring«. Nur daraus ergeben sich Kenntnisse über die Entwicklung von weitgehend sich selbst überlassener Natur und ihrem »Funktionieren«, die auch für für den Umgang mit der menschlich genutzten Natur außerhalb von Schutzgebieten wichtig sind. Daher wurde Forschung zu einem festen Ziel der Nationalparke, und in vielen ihrer Zentren oder Verwaltungen gibt es eigene Forschungsabteilungen, die oft auch mit Hochschulen verknüpft sind. Dies ist auch im Nationalpark Bayerischer Wald der Fall, dessen Forschung sich erfolgreich mit guter Reputation entwickelt und wichtige neue Erkenntnisse nicht nur für den Nationalpark, sondern auch allgemein für Natur- und Umweltschutz erbracht hat.

Doch Forschung kann sich nicht, wie schon erwähnt, auf bloße Beobachtung beschränken, sondern erfordert oft auch Zählungen oder Messungen und dafür notwendige Apparaturen und Geräte mit Energieversorgung, ferner auch Eingriffe in die Natur wie zum Beispiel für die Untersuchung von Boden- und Gesteinsprofilen, Fangen oder Entnehmen von Pflanzen, Tieren und Pilzen, um sie zu bestimmen, ihren Zustand zu untersuchen oder ihre Rolle im Naturgeschehen, auch mit Experimenten, festzustellen. Bei modernster Forschungstechnik gehören auch Robotik, Messtürme und Befliegung mit Drohnen dazu. Das alles – ja sogar schon das regelmäßige Begehen oder gar Befahren von Forschungsplätzen – kann störend oder nachteilig für die zu schützende Natur eines Nationalparks sein. Daher gibt es unter Naturschützern immer noch Vorbehalte oder Misstrauen gegen Forschungsarbeiten in Naturschutzgebieten, die auch eine Genehmigung erfordern und manchmal sogar abgelehnt werden. Dabei beruft man sich auf das Prinzip »Natur Natur sein lassen« – das jedoch seinerseits Wissen über Natur erfordert und Eingriffe durch Forschung rechtfertigt.

Fazit

Als Fazit halte ich fest, dass Nationalparke wegen ihrer gesellschaftlichen wie auch wissenschaftlichen Ziele weder Vollnaturschutz noch »Krönung des Naturschutzes« darstellen können, sondern grundsätzlich einen ganz speziellen Typ von Naturnutzung repräsentieren: nämlich eine Nutzung, die von Anfang an mit eigener Verwaltung und Aufsicht sorgfältig organisiert und reguliert wird und dem Schutz weit größerem Raum zugesteht als üblich. In diesem Rahmen kann die Nutzung nicht nur dem Prinzip »Natur Natur sein lassen« folgen, sondern kommt ihm auf dem Planeten Erde, wo kein Quadratmeter mehr von Menschen unbeeinflusst ist, am nächsten.

Weiterführende Literatur

Bibelriether, Hans. *Natur Natur sein lassen: Die Entstehung des ersten Nationalparks Deutschlands: Der Nationalpark Bayerischer Wald*. Freyung 2017.
Corsten, Volker. »Papa, zeig mir den Wald!« in *DB MOBIL Magazin* 11 (2016), 75–83.
Forst, Rolf und Volker Scherfose. »Naturparke – Großschutzgebiete mit Entwicklungspotenzialen« in *Natur und Landschaft* 94, 9/10 (2019).
Haber, Wolfgang. »Zur Frage eines Nationalparkes in Deutschland« in *Allgemeine Forstzeitschrift* 24, 19 (1969), 398–402.
Haber, Wolfgang. *Gutachten zum Plan eines Nationalparkes im Bayerischen Wald – Landschaft und Erholung: Schriftenreihe des Deutschen Rates für Landespflege* 11 (1969), 8–23.
Haber, Wolfgang. »Nature Parks and the New Bavarian National Park in West Germany« in *Aspects of Landscape Ecology and Maintenance*, herausgegeben von Tom Wright. Ashford 1972, 65–71.
Haber, Wolfgang. »Nationalparke – Wunsch und Wirklichkeit« in *Garten + Landschaft* 84, 3 (1974), 97–99.

Haber, Wolfgang. *Nationalpark Bayerischer Wald: Entwicklungsplan.* Freising 1976.
Haug, Michael. »Pro Nationalpark-Serie zum 50. Geburtstag des Nationalparks Bayerischer Wald« in *Grafenauer Anzeiger,* ab Januar 2018.
Pöhnl, Herbert. *Der halbwilde Wald: Nationalpark Bayerischer Wald: Geschichte und Geschichten.* München 2012.
Zundel, Rolf. »Untersuchungen in deutschen Nationalparks und Biosphärenreservaten: Strukturen, Zielsetzungen und Restriktionen« in *Raumforschung und Raumordnung* 54, 6 (1996), 442–449.

Die ökologische Wertanalyse

Ulrich Ammer

Zur Vorgeschichte

Man schrieb das Jahr 1981. Die Freude und der Stolz, Teil des ersten Deutschen Nationalparks zu sein, begann vor Ort ein wenig abzuebben; schön, die erwartete Steigerung der Besucherzahlen war eingetreten und der Fremdenverkehr profitierte spürbar von der Einrichtung des Nationalparks. Aber im Grunde war bei vielen Einheimischen (und auch bei manchen Besuchern) nicht »angekommen«, dass ein Nationalpark mehr sein sollte, als eine gepflegte, harmonische Kulturlandschaft, vielleicht versehen mit ein paar geschützten, weil seltenen »natürlichen Highlights«. Dass mit dem Slogan »Natur, Natur sein lassen« gemeint war, den Einfluss des Menschen zurückzunehmen, natürliche Entwicklungen zuzulassen, das Zusammenbrechen alter Bäume, die Anhäufung von Totholz oder das Entstehen von Sukzessionen bis hin zur Verwilderung zu tolerieren, war neu und letztlich unerwünscht. Und diese Zielsetzung stieß spätestens dort auf Unverständnis und Widerspruch, wo langjährig Gewohntes in Frage gestellt wurde: die Holznutzung, die Selbstversorgung mit Brennholz oder die Sperrung der im Laufe der Zeit entstandenen Pfade und Wege.

Da war die Rede davon, dass ein international anerkannter Nationalpark auf wenigstens 75 Prozent seiner Fläche ohne Nutzung sein sollte, was bedeutete, dass die bisherige Versorgung der heimischen Holzindustrie, die bei ihrer Randlage im Grenzgebiet ohnehin zu kämpfen hatte, bei einer Reduktion des Holzeinschlags empfindlich betroffen sein würde. Man sprach auch davon, dass sich die Brennholzversorgung der Bürger in den Randgemeinden ändern würde: die vielerorts übliche Brennholzbeschaffung durch die Aufarbeitung von Ast- und Kronenmaterial oder schwachem Laubholz in sogenannten »Flächenlosen« durch die ländliche Bevölkerung und der Abtransport des Holzes mit dem eigenen Fuhrwerk (viele besaßen einen kleinen Traktor) sollte aus Gründen der Störung eingestellt und gegebenenfalls durch Brennholzangebote von außerhalb des Nationalparks organisiert werden. Schließlich wurde befürchtet, dass auch alte Schleichwege und Pfade »stillgelegt«, das heißt aufgelassen oder renaturiert werden sollten.

Und nun stand für die Periode 1982–91 die Erstellung des zweiten Pflegeplans und damit zusammenhängend ein Forsteinrichtungswerk, das unter Berücksichtigung von Holzvorrat und -zuwachs den nachhaltig möglichen Holzeinschlag berechnete, bevor. Im Rahmen dieser Planung musste die Frage beantwortet werden, ob, in welchem Umfang und gegebenenfalls wo auf eine Nutzung verzichtet werden sollte, um dem Ziel eines international angerkannten Nationalparks näher zu kommen. Dies führte zu heftigen Auseinandersetzungen mit der Nationalparkverwaltung, die in Bürgerversammlungen über die Zielsetzungen der neuen Planungsperiode informierte. Um die oft hochemotional geführten Diskussionen zu versachlichen, wurden die Lehrstühle für Forstpolitik und Landschaftstechnik der Forstwissenschaftlichen Fakultät der LMU München – und damit meine Mitarbeiter und ich sowie die Mitarbeiter des Lehrstuhls von Professor Richard Plochmann – um Mitwirkung und Unterstützung gebeten.

Trotz einer umfassenden Aufklärung über Aufgaben und Ziele eines Nationalparks, wurde rasch deutlich, dass der Prozess einer Nutzungsbeschränkung offengelegt und auch für den Laien nachvollziehbar gestaltet werden musste, wenn die örtliche Bevölkerung auf diesem Wege mitgenommen werden sollte. Das war die Geburtsstunde der »ökologischen Wertanalyse«.

Das Verfahren

Man brauchte damals ein Verfahren mit dessen Hilfe diejenigen Waldbestände gefunden werden konnten, in denen wegen ihrer besonderen Bedeutung für den Naturschutz unter keinen Umständen Holz geschlagen werden sollte. Im Gegenzug sollten Bestände identifiziert werden, die – zumindest für einen Übergangszeitraum – weiterhin genutzt werden konnten. Die große Frage war: wie kann nachvollziehbar und für jeden einzelnen Waldbestand beurteilt werden, wie groß sein ökologisches Potential, also seine naturschutzfachliche Bedeutung, ist, und wie kann sie gemessen werden.

Ein Beispiel macht dies deutlich: wenn es das Ziel des Nationalparks war, den Einfluss des Menschen so gering wie möglich zu halten, dann waren jene Bestände besonders wertvoll, die in ihrer Baumartenzusammensetzung, ihrem Altersaufbau und ihrer Struktur dem besonders nahekommen, was die Natur (ohne menschlichen Einfluss) hervorbringen würde, wobei es »richtige« Urwälder bei uns in Deutschland allerdings nicht mehr gab und gibt. Für die Analyse musste man sich deshalb an Waldgesellschaften echter Urwälder auf vergleichbaren Standorten in anderen Ländern Mitteleuropas orientieren. Wenn nun solche naturnahen, »wertvollen« Wälder im Gebiet selten waren, dann waren sie noch »wertvoller«, wenn in ihnen geschützte Pflanzen und Tiere vorkamen. Dies lieferte einen weiteren Hinweis auf ihre ökologische Bedeutung. Es unterstützte den Vorschlag zum Verzicht auf jede (störende) Nutzung. Mit diesem Bespiel sind schon einige wichtige Kriterien für die Einschätzung der ökologischen Wertigkeit deutlich geworden: Naturnähe, Seltenheit und das Vorkommen geschützter Tiere und Pflanzenarten. Aber damit war noch immer offen, wie diese Kriterien im Einzelnen gemessen und bewerten werden sollten: das heißt, wann ein Bestand eine große, eine mittlere oder eine geringe Naturnähe, Seltenheit oder Strukturvielfalt aufwies. Dazu waren weitere Informationen (Unterkriterien) nötig, etwa die Altersspanne eines Bestandes oder sein Höchstalter. Besonders alte, langsam

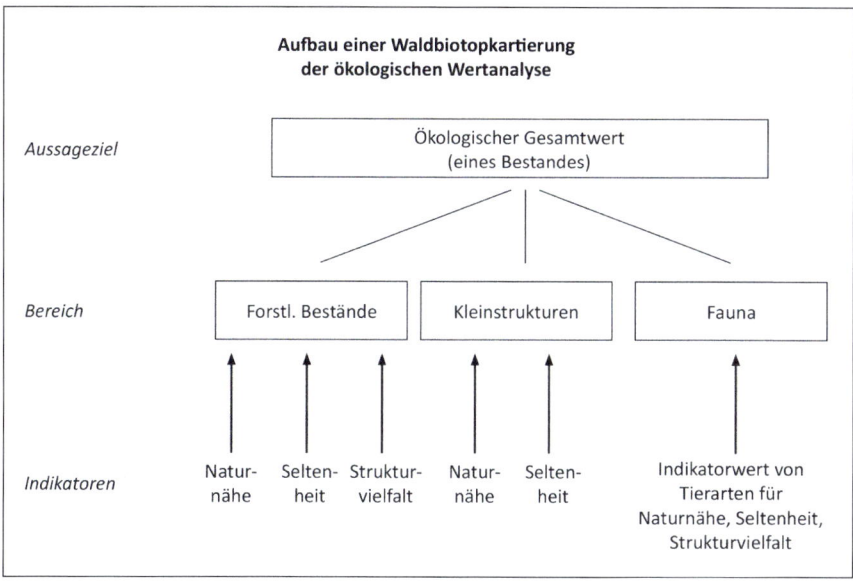

Abb. 1
Aufbau der ökologischen Wertanalyse.

verfallende Bäume stellen beispielsweise Lebensräume für bestimmte Tierarten (zum Beispiel Spechte) dar, die ihrerseits (zum Beispiel durch den Bau von Baumhöhlen) Nischen für andere Lebewesen (kleinere Höhlenbrüter oder Siebenschläfer) schaffen und bereitstellen.

Wie konnte man aber Altersspanne, Höchstalter, Struktur, Holvorrat oder Baumartenvielfalt zu einem Wert »Naturnähe« zusammenrechnen? Dazu war zunächst notwendig, dass die unterschiedlichen Maße (Jahreszahl, Zahl der Baumarten, Holzvorrat gemessen in Kubikmeter etc.) vergleichbar und damit verrechenbar gemacht wurden. Dies geschah, indem sie in relative Wertreihen (das heißt Skalen von 1 = schlechteste bis 9 = beste Ausprägung) übersetzt wurden. Schließlich war noch festzulegen, mit welchem Gewicht die Zusammenführung der Indikatoren vorgenommen werden sollte: War beispielsweise die Naturnähe doppelt oder dreimal so wichtig wie die Seltenheit? Und wie sollte man das Vorkommen besonderer Tier- und Pflanzenarten oder das zufällige Vorhandensein von Kleinstrukturen (wie Felsen, Nassstellen, Sümpfen oder Quellen) im Bestand in einen Gesamtwert einrechnen?

Diese wenigen Beispiele mögen zeigen, wie schwierig eine solche ökologische Bewertung im Einzelfall war und dass es Fach- bzw. Expertenwissen brauchte, um die Wertreihen für die Kriterien und Unterkriterien aufzustellen und die Gewichte für die Zusammenführung der Variablen festzulegen. Dieses Expertenwissen wurde im Rahmen eines mehrstufigen Abstimmungsprozesses (einer sogenannten Delphi-Studie) abgefragt und für die Zusammenführung (Aggregation) der Einzelwerte aufbereitet. Wie dieser Aggregationsprozess im Einzelnen stattgefunden hat, ist im Original-Gutachten, der »ökologischen Wertanalyse«[1] auf knapp 100 Seiten detailliert ausgeführt und begründet.

Im Rahmen dieser Darstellung soll genügen, dass es mit der in Abbildung 1 wiedergegebenen Struktur gelungen ist, plausible ökologische bzw. naturschutzfachliche Gesamtwerte für jeden im Nationalpark vorkommenden Bestand herzuleiten und mit Farbstufen von rot (= geringer ökologischer Wert) über gelb/hellgrün (= mittlere ökologische Ausstettung) bis dunkelgrün (= sehr naturnahe, wenig gestörte Bereiche) in einer Karte darzustellen.

Das Ergebnis

Das in Abbildung 2 zum Ausdruck kommende Ergebnis war ein erster Schritt zur Verständigung zwischen der Nationalparkverwaltung und den Bürgern der Nationalparkgemeinden, weil nachprüfbar und einsichtig wurde, dass es einerseits eine erhebliche Zahl von Beständen gab, die zwar forstwirtschaftlich gut gepflegt, naturschutzfachlich aber weniger interessant waren (zum Beispiel einseitige Baumartenwahl, monostrukturiert, ohne Kleinstrukturen und vegetationskundlich beziehungsweise faunistisch ohne Besonderheiten) und daher für einen Übergangszeitraum weiter genutzt werden konnten und dass es andererseits sinnvoll war, die »dunkelgrünen Bestände« im Vollzug der Nationalparkmaxime (»Natur, Natur sein lassen«) vor weiterer Holznutzung zu verschonen.

Schließlich gelang auf dieser Basis ein – auch in der Öffentlichkeit akzeptierter – Kompromiss, wonach der nachhaltig mögliche Holzeinschlag (berechnet

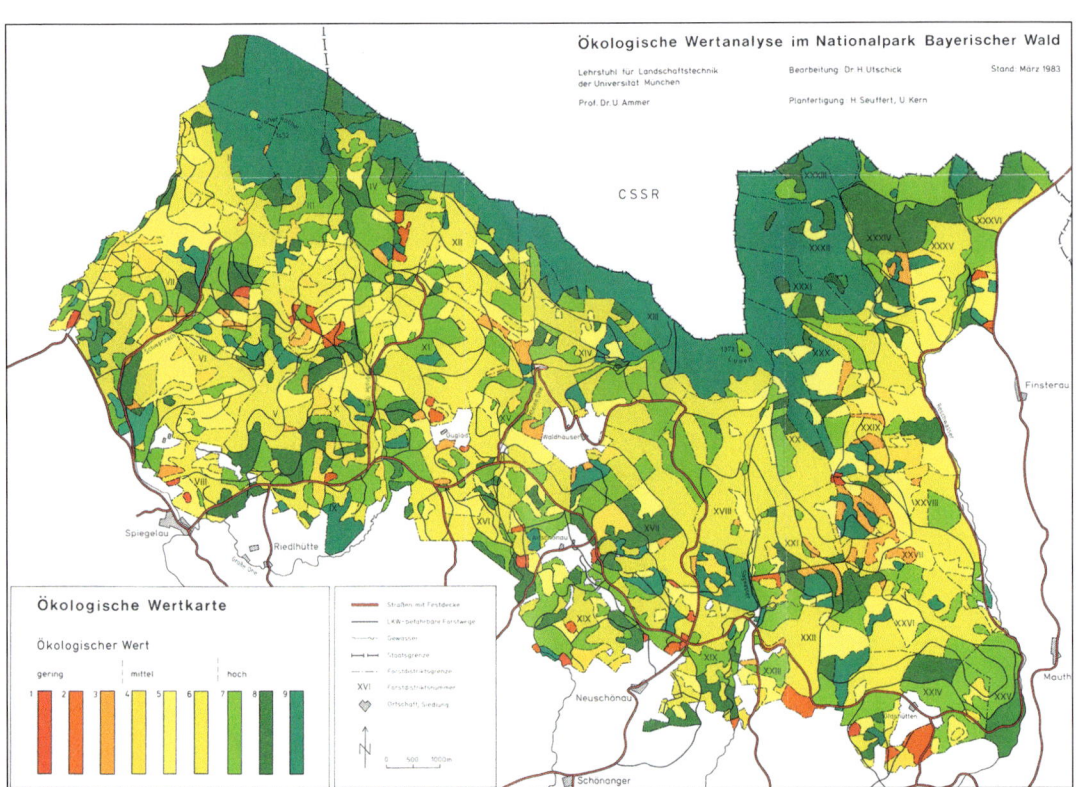

Abb. 2 Karte: Ergebnis der ökologischen Wertanalyse.

nach den Erhebungen der Forsteinrichtung) von knapp 40 000 fm/Jahr auf 28 400 fm/Jahr beschränkt wurde. Dadurch blieben zumindest alle ökologisch hochwertigen Bestände (Wertstufe 9) und Teile der Wertstufen 7 + 8 geschont. Sie konnten zu einer sogenannten Naturwaldzone zusammengefasst werden, deren systematische Erweiterung bis zum Erreichen von 75 Prozent Nutzungsverzicht das Ziel der für den Nationalparkverantwortlichen blieb.

Es ist das besondere Verdienst von Politik und Nationalparkverwaltung an diesem Ziel auch dann festgehalten zu haben, als Naturereignisse und Katastrophen (Sturmholzanfälle und Borkenkäferkalamitiäten) erhöhte Holzeinschläge nahelegten. Und es ist das Verdienst vieler engagierter und aufgeschlossener Bürger der Nationalpark-nahen Gemeinden diesen nicht einfachen Prozess positiv und anhaltend begleitet zu haben.

Von idealisierten Erwartungen zum realen Wildwuchs
Der verwinkelte Weg zum »neuen Urwald«

Wolfgang Scherzinger

Wenn sich Besucher, Forstexperten und Ökologen heute von den vielgestaltigen Waldbildern inspirieren und faszinieren lassen, und das Erfolgsmodell »Natur Natur sein lassen« inzwischen von allen Großschutzgebieten im deutschen Sprachraum übernommen wurde, so täuscht das scheinbar Selbstverständliche über den unsicheren Pfad hinweg, den sich der Nationalpark Bayerischer Wald seit seiner Gründung vor fünfzig Jahren entlang tasten musste.

Wiewohl Einheimische, Naturschutzverbände und selbst die Landespolitik die Gründung eines Nationalparks in einer, der Öffentlichkeit bisher kaum geläufigen Waldlandschaft, mit Nachdruck befürworteten, war der Weg vom Wirtschaftswald und Jagdparadies zu einem Schutzgebiet nach internationalen Vorgaben keineswegs vorgezeichnet. Allein die recht widersprüchlichen Erwartungen an die »Krönung des Naturschutzgedankens« waren kaum in einem Entwicklungskonzept zu bündeln: Hofften die Einheimischen auf eine Erholungslandschaft mit hochattraktiven Angeboten (von der Waldbahn bis zur Skipiste), so erwarteten Besucher eine Parklandschaft mit gepflegten Wegen, Ruhebänken, Grillplätzen und spektakulären Großtieren (in Assoziation mit Grzimeks »Serengeti«). Die Forstbehörde wiederum empfahl einen forstlichen Musterbetrieb mit nachhaltiger Bewirtschaftung von Wild und Wald. Von Naturschutzseite kamen Vorschläge zur aktiven Maximierung der Artenvielfalt, und Waldökologen wollten ihre Thesen einer dauerhaften Stabilisierung natur-belassener Waldbestände bestätigt sehen, sobald waldbauliche und nutzungsbedingte Eingriffe gestoppt würden.

Als Pionierauftrag musste das junge Nationalpark-Team in den Gründungsjahren nicht nur den zahlreichen Ansprüchen nachkommen, – von der Brennholzlieferung bis zur Erhebung der Natur- und Artenausstattung – sondern auch ein Konzept für die Überführung einer seit dem Mittelalter genutzten Waldlandschaft zum »Urwald von Morgen« entwickeln. Für den komplexen Auftrag, einen hoch-produktiven Forstbetrieb mit traditioneller Hege großer Rothirschbestände zum Schutzgebiet von internationalem Rang zu machen, gab es allerdings noch kein klares Leitbild. Wiewohl sowohl das »Nationalpark-Amt« (Aufgabenbereiche Natur- und Artenschutz, Erholungsreinrichtungen und Bildungsangebote) als

Abb. 1
Blick über die Rachelkapelle zum Rachelsee – eingebettet in das bedeutende Urwaldrelikt »Rachelseewand«.

auch das »Nationalpark-Forstamt« (Aufgabenbereiche Erschließung und Verkehrssicherung, Waldpflege und Holznutzung, Wildstandregulierung, Betreuung der Klausen und Fließgewässer) überwiegend von Forstleuten besetzt waren, verfolgten die beiden Abteilungen doch recht unterschiedliche Ziele: Schwebten den »Schützern« nutzungsfreie Areale mit gebietstypischem Bergwald, geprägt von Uraltbäumen und charakteristischer Artenausstattung vor, so tendierten die »Nutzer« zum forstlichen Vorzeigebetrieb, mit waldbaulicher Entwicklung von Wertholz, schonender Holzrückung mit Pferden und Transport über Riesen, mit vorbildlichem Ausbau jagdlicher Infrastruktur und Rothirschbeobachtung an der Winterfütterung.

Die Nationalpark-Idee, ursprünglich gebliebene Landschaften ihrer naturgegebenen Entwicklung zu überlassen, konnte in Deutschland 1970 auf keine Tradition zurückgreifen. Vielmehr sah die »klassische« Naturschutzarbeit ihren Schwerpunkt in der Pflege und Bewahrung von Artenvielfalt und Ästhetik traditioneller Kulturlandschaften, tief verwurzelt im »Heimatschutz«[1] – und in völligem Kontrast zum Konzept des »Nichts-Tuns«! Allein der Begriff National-Park gab Anlass für groteske Missverständnisse, soweit er in der Öffentlichkeit mit »national« und »Park« gleichgesetzt wurde, oder Besucher gar eine Löwen-Safari erwarteten.

Dem »Ersten deutschen Nationalpark« fehlten zunächst griffige Vorbilder, denn mit dem Begriff »Nationalpark« assoziierte man in Deutschland damals vor allem die Serengeti in Ostafrika, wie sie Bernhard Grzimek über seine TV-

Sendungen sehr populär machen konnte. Die Nationalparks in Europa waren entweder in kaum erschlossener Naturlandschaft gegründet (zum Beispiel in Skandinavien), konnten auf einer urwaldartigen Ausgangssituation aufbauen (zum Beispiel Białowieża in Polen) oder lagen in alpin-subalpinen Höhen (zum Beispiel Schweizerischer Nationalpark), wo die Waldbewirtschaftung vordem keine zentrale Rolle gespielt hatte. »Wald-Nationalparks« mit vergleichbarer Zielsetzung gab es zwar in der Fatra und Tatra/SK sowie im Babio Gora/PL, vor allem im damaligen Jugoslawien, doch waren uns die Schutzgebiete hinter dem Eisernen Vorhang erst in späteren Jahren zugänglich. Aus heutiger Sicht ist nicht mehr nachvollziehbar, weshalb die großartigen Vorbilder in Kanada und den USA nicht gleich zur Orientierung herangezogen wurden, zumal Prof. Wolfgang Haber auf die entsprechenden Erfahrungen seines Mitarbeiters Ing. Michael Haug mit dem Nationalpark-System in Nordamerika zurückgreifen hätte können.

Zwar lag seit der Konferenz der Weltnaturschutzunion (International Union for Conservation of Nature, IUCN) von Neu Delhi im Herbst 1969 eine erste Definition für Nationalparks nach internationalen Maßstäben vor,[2] doch waren die dort genannten Kriterien im seit Jahrhunderten vom Menschen beeinflussten Mitteleuropa nicht erfüllbar: große Areale, in denen die Ökosysteme weder durch menschliche Nutzung noch Besiedlung wesentlich verändert wurden, mit Landschaften von herausragender Schönheit, samt einer Pflanzen- und Tierwelt von außerordentlichem Interesse für Forschung, Bildung und Erholung. In Anbetracht der realen Ausgangslage im Inneren Bayerischen Wald empfahl Prof. Haber deshalb einen touristisch attraktiven Naturpark – als eher zu realisierende Kategorie.

Ohnehin hatte die Schutzgebietsverwaltung aufs Erste mit ganz basalen Aufgaben zu kämpfen, forderte doch die Sägeindustrie den ungeschmälerten Bezug von Stammholz, protestierte die Jägerschaft gegen die Reduktion der Hirschbestände und brodelten Gerüchte unter den Einheimischen, dass Pilzesuchen und Brennholzbezug verboten würden und vorhandene Siedlungen innerhalb des Schutzgebiets geschleift werden müssten. Nicht zuletzt fürchteten viele um ihre Arbeitsplätze, stellte ja die Holznutzung neben Glas und Granit die wirtschaftliche Basis im »Wald«.

Und dennoch waren die 1970er Jahre durch eine lustvolle Aufbruchstimmung geprägt, wurden doch in bemerkenswertem Arbeitstempo ein weiträumiges Wanderwegenetz für den erwarteten Besucheransturm entwickelt, Rast- und Spielplätze eingerichtet, Hinweise zu Landschaftsgeschichte und Naturschönheiten über diverse Lehrpfade angeboten, aufwendige Landschaftsgehege zur Tierbeobachtung gestaltet und letztlich auch ein Informations-Pavillon betreut, samt thematisch breit gefächertem Führungsangebot. Der Forschungsabteilung gelang es mit großem Einsatz, maßgebliche Grundlagen für den immerhin 130 Quadratkilometer großen Ausschnitt der Mittelgebirgslandschaft zu erarbeiten: Geologische Karte, Waldbestandskartierung, Erfassung indikatorisch wichtiger Pflanzen- und Tierarten unter besonderer Berücksichtigung uriger Waldrelikte, wertvoller Hochmoore, ehemaliger Gletscherseen und Natur-belassener Quellbereiche. Gleichzeitig begründeten Naturschutz-Interessierte Projekte zur bestmöglichen Wiederherstellung der überlieferten Artenausstattung, zum Beispiel über Zucht- und Ansiedlungsversuche mit Uhu, Habichtskauz, Kolkrabe oder Auerhuhn. Nachzuchten für den Arterhalt gab es auch bei Wildkatze, Fischotter und Wisent. Spektakulär war zweifellos das Auftauchen erster Luchse – rund 120 Jahre nach deren Ausrottung im Gebiet!

Als wichtige Wegmarke ist für die Aufbaujahre jedenfalls die erstmalige Festlegung der Nationalparkziele im Bayerischen Naturschutzgesetz von 1973 hervorzuheben, samt der Klarstellung, dass Nationalparks »keine wirtschaftsbestimmte Nutzung bezwecken«. Zum Zweiten wirkte die Neuformulierung der Kriterien zur Ausweisung von Nationalparken durch die Weltnaturschutzunion (International Union for Conservation of Nature, IUCN) 1972 als Startschuss für zahlreiche Schutzgebiets-Neugründungen, speziell im deutschsprachigen Raum: In Anpassung an die realen Bedingungen in Mitteleuropa und anderen alten Kulturlandschaften wurden die Ansprüche an die Ausgangslage auf einigermaßen naturnah verbliebene Landschaften zugeschnitten, denen noch ein Potenzial zur Entfaltung natürlicher Strukturen und Lebensgemeinschaften innewohnt, – vorausgesetzt, dass bisherige Nutzung und Lenkung eingestellt, vom Menschen gesetzte Strukturen schrittweise zurückgenommen und ungelenkte Prozesse zur naturgegebenen Selbstdifferenzierung zugelassen werden.[3] Das war die Geburtsstunde sogenannter »Entwicklungs-Nationalparks«, die bisher extensiv beziehungsweise schonend bewirtschaftete Flächen einbeziehen konnten, soweit sich diese – aus eigener Kraft und über entsprechend große Zeiträume – in eine künftige Naturlandschaft, langfristig sogar zu sekundärer »Wildnis« entwickeln könnten. Faktisch ist das der einzig-realistische Weg zur Einrichtung von Nationalparks im seit Jahrtausenden besiedelten Mitteleuropa.

Während diese internationalen Rahmenbedingungen dem Bayerwald-Projekt eine hilfreiche Rückendeckung boten, verschärfte sich aber gleichzeitig die Diskrepanz zwischen dem Leitbild einer vom Menschen weitgehend unbeeinflussten Waldentwicklung und den vielseitigen Nutzungsansprüchen aus dem Umfeld: Den Touristikern schien das Angebot von Wanderwegen nicht attraktiv genug, sie wünschten sich noch Radwege, Reitwege, Schiloipen, eventuell auch Rodelbahnen und Kutschenfahrten. In Erwartung eines aufblühenden Fremdenverkehrs forderten die Gemeinden eine verstärkte Ableitung von Quellwasser aus den Nationalparkwäldern. Letztlich befürchtete die unter dem Konkurrenzdruck durch Billigimporte leidende Sägeindustrie zusätzliche Nachteile, wenn der Starkholzbezug aus dem Schutzgebiet vermindert werden sollte. (Zur Sicherung der Betriebe wurde in den 1970er Jahren schließlich mehr Holz aus der Fläche herausgeholt, als bei nachhaltiger Forstwirtschaft zuvor!) – Um nicht vor lauter Kompromissen die zentralen Aufgaben eines Nationalparks zu verwässern, war es natürlich notwendig, den völlig neuen Weg im Naturschutz, mit Nutzungsverzicht, Rückbau störender Strukturen und Besucherlenkung, publik zu machen. Die pointierten Aussagen der messerscharfen Texte des Wissenschaftsjournalisten und Umweltschützer Horst Stern hatten jedenfalls Gewicht in breiten Leserkreisen und bei der Politik.

Zu den meist unbegründeten Widerständen von außen addierten sich in dieser diffusen Zeit auch Widerstände von innen, denn die beiden grundlegend verschieden orientierten Nationalpark-Abteilungen fanden nur schwerlich zur Kooperation. Diese sollte durch die Zusammenführung von Nationalpark-Amt und Nationalpark-Forstamt zu einer »Nationalpark-Verwaltung« erreicht werden; außerdem wurde dieser neuen Konstellation ein Koordinator aus der Forstdirektion in Regensburg vorangestellt. Die Gewichtung blieb aber unausgewogen, da die primär forstlich-orientierten Kräfte mit dem Rückhalt in der staatlichen Forstverwaltung rechnen konnten, die primär naturschutz-orientierten Kräfte aber auf die ideelle Unterstützung durch die Naturschutzverbände angewiesen waren. Aus dieser instabilen Lage befreite Minister Dr. Hans Eisenmann die Nationalparkverwaltung anlässlich der 10-Jahres-Feier 1980 mit einem klaren Bekenntnis zu einem »echten« Nationalpark. Mit beeindruckender Standfestigkeit wies Eisenmann alle Vorstöße zurück, Waldpflege und Holznutzung als »Daueraufgabe« im Nationalpark zu etablieren. Nein, er wollte kein Sowohl-als-Auch sondern eine klare Entscheidung für ein Entweder-Oder.

In Konsequenz wurde ein Münchner Hochschulinstitut mit einer gutachterlichen Klärung samt Vorschlägen für die künftige Entwicklung beauftragt. Mit der »Ökologischen Wertanalyse« öffnete Prof. Ulrich Ammer den Weg zur schrittweisen Ausweitung nutzungsfreier Waldabteilungen, beginnend bei den altehrwürdigen, seit langem ohnehin nicht mehr genutzten Hochlagen-Fichtenwäldern, unter Einbeziehung der beeindruckenden Reste an altem Bergmischwald, schließlich mit der Option, die Kerngebietsflächen jeweils auf Bestände auszuweiten, die eine naturnahe Entwicklung erwarten ließen.[4] Nach all den Geburtswehen seit 1970 empfand ich das Jahr 1984 als die wirkliche Geburtsstunde des Nationalparks Bayerischer Wald – dank dieses richtungsweisenden Konzepts.

Für den definitiven Auftrag einer »Rückentwicklung« vordem bewirtschafteter Wälder zum reifen Naturwald schien die Orientierung am Modell von »Sukzession und Klimax« am passendsten. Dieser Ansatz aus der frühen Ökologie prognostiziert eine zielgerichtete Entfaltung ausgereifter Bestände über die naturgegebene Entwicklungs-Dynamik, mit hoher Stabilität durch Gleichgewicht in Wachstum und Artenvielfalt sowie einer hohen Ästhetik durch systemimmanente Harmonie in ihrer Endphase. Dieser Weg versprach die bestmögliche Synthese aus kurzfristiger Dynamik (Sukzession) und langlebiger Stabilität (Klimax) – bei nahezu jedweder Ausgangslage. Demnach käme ein eingriffsfreies Laufenlassen autogener Prozesse geradezu einer Garantie für die bestmögliche Entfaltung einer krisenfesten Waldwildnis gleich; und dies praktisch zum Nulltarif.

Wenn bis dahin etliche Mitarbeiterinnen und Mitarbeiter der Nationalparkverwaltung noch zögerten, vom Menschen über Jahrzehnte massiv beeinflusste Waldbestände plötzlich einem ungewissen Schicksal zu überlassen, anstatt selektierend, lenkend und fördernd einzugreifen, um den angestrebten Endzustand schneller und zielsicherer zu erreichen, so bestärkte letztlich die Teilnahme an einem mehrwöchigen Schulungskurs beim US National Park Service die nationalpark-spezifische Zielrichtung, gemäß dem Motto »let nature find its way!« Unter dem Eindruck der großartigen Erfolge in den amerikanischen Schutzgebieten ließ sich daraus der Appell »Natur Natur sein lassen« für die Entwicklung der Nationalparks in Mitteleuropa ableiten. Diese eingängige Formel ist mittlerweile als Richtschnur im Schutzgebiets-Management fest verankert.

Im Kern schien »Natur Natur sein lassen« voll kompatibel mit dem bereits skizzierten »Klimax-Modell«, ja dieses vielmehr noch zu bestärken. In Summe ließen sich daraus markante Merksätze ableiten:
- jedes menschliche Eingreifen wirkt gegen die naturgegebene Entwicklung und schwächt damit die natürlichen Abwehrkräfte der Wald-Ökosysteme;
- Selbstheilungskräfte der Ökosysteme können um so eher zur Wirkung kommen, je schneller sich der Mensch als Nutzer und Gestalter zurückzieht;
- ein Laufen-Lassen autogener Prozesse garantiert die bestmögliche Stabilisierung der Ökosysteme gegenüber Schadeinflüssen oder Störungen;
- »Natur Natur sein lassen« kann als sicherster Weg zur Entfaltung ausgereifter Altersklassen in der Klimax-Phase – von höchstem Naturschutz-Wert – gelten.

In übersteigerter Auslegung ließ sich dieses Idealbild des Naturgeschehens sogar mit christlichen Glaubensaspekten verknüpfen: Die Schöpfung ist perfekt, sie bedarf keiner Korrekturen durch den Menschen. Natürliche Entwicklungen können demnach nicht falsch sein, denn »die Natur weiß, was sie will«.

Leitbild und Motto waren gefunden. Vom rasch anwachsenden Besucherstrom kamen durchaus positive Rückmeldungen; auch die Einheimischen nutzten vermehrt das umfangreiche Angebot an Wanderrouten, Info-Material, Ausstellungen, Fachführungen und Vorträgen. Die Nationalparkverwaltung wurde zu einem der bedeutendsten Arbeitgeber im strukturschwachen Grenzraum, und die Akzeptanz in der Bevölkerung wuchs. Endlich, so schien es, konnte das bisher so unruhig schwankende Nationalpark-Schiff in ruhige Bahnen kommen.

Aber schon 1983 kam es zur Bewährungsprobe: Ein Sommergewitter riss mit einer Sturmwalze rund 90 Hektar Wald im westlichsten Nationalparkteil nieder. Betroffen waren vor allem die Fichten der staunassen Auenlage und die aufragenden Altholzblöcke in Hanglage, doch zog sich die Sturmschneise bis über den Grenzkamm in Richtung Tschechoslowakei. Insgesamt 30.000 Festmeter Baumstämme, die auf den Sturm zurückgingen, lagen wirr übereinander, manche in gespanntem Bogen, andere geborsten, geköpft, entwurzelt. – Wie sollte man auf ein derart unerwartetes Ereignis reagieren? Bei dieser Frage brach die Kluft zwischen Forst- und Naturschutzseite nahezu abgrundtief auf. Konventionell galt es, das Sturmholz nach Möglichkeit zu verwerten, die Schäden gründlich zu beseitigen und den zerstörten Wald schnellstmöglich wieder aufzuforsten. Doch ein Wald-Nationalpark ist kein Forstbetrieb; auch würde ein derart massiver Eingriff das festgelegte Entwicklungsziel um bis zu eine Baumgeneration zurückwerfen. Wer aber könnte es verantworten, in dieser Situation nur tatenlos zuzuschauen, auf die Selbstheilungskräfte der Natur vertrauend, zumal die verheerenden Folgen von Sturm und »Wurmtrocknis« aus den 1870er Jahren noch nicht vergessen sind?

Im Ringen um eine nationalparkkonforme Strategie gelang dem Nationalparkleiter Dr. Hans Bibelriether im Gespräch mit dem bayerischen Staatsminister für Landwirtschaft und Forsten, Dr. Hans Eisenmann, ein wegweisender Kompromiss, der das Management und Erscheinungsbild des Nationalparks im Bayerischen Wald bis heute unverkennbar prägt: so wenig wie nötig eingreifen (zum Beispiel zur Verkehrssicherung und zum Abpuffern gegen Nachbarbesitz, teilweise Nutzung geworfener Bäume an Stelle frischen Holzeinschlags) und so viel wie möglich sich selbst überlassen. Hier soll auch die zukunftsweisende Widmung des Nationalparks durch Minister Eisenmann als »ein Urwald für unsere Kinder und Kindeskinder« geprägt worden sein. – Nach einem neuerlichen Sturmereignis 1984 durfte der Windbruch in Konsequenz auf insgesamt 85 Hektar unangetastet bleiben.[5]

Natürlich wusste man von den großen Sturmschäden um 1870 im Böhmerwald beiderseits der Grenze, mit flächenhaftem Borkenkäferbefall in Folge, der trotz einer Hundertschaft von Holzhauern zur Aufarbeitung des Bruch- und Sturmholzes nicht bewältigt werden konnte. Natürlich hatte man in der forstlichen Ausbildung detaillierte Instruktionen zur Verhinderung, zumindest Eindämmung von Schädlingsbefall nach einem solchen Sturmereignis und zur Wiederbegründung rentabler Baumbestände erhalten. Aber hier und jetzt ergab sich die Chance, ein Exempel zu statuieren, indem man die Sturmflächen sich selbst überließ. Denn könnten die befürchteten Folgeschäden nicht just eine Folge des forstlichen Managements mit seiner permanenten Lenkung und Beeinflussung der Waldentwicklung sein, wodurch das naturgegebene Potenzial der Waldgesellschaft zur Selbstheilung über Jahrzehnte geschwächt worden war? Nach dem Gleichgewichtsmodell der Ökologie sollte die Evolution jedenfalls bewährte Strategien entwickelt haben, um derartige Störungen zielgerichtet zu überwinden.

Die Mahnung »Natur Natur sein lassen« entsprang der Überzeugung, den für Natur, Wald und Nationalpark bestmöglichen Weg eingeschlagen zu haben, wie aus dem Jubiläumsband von 1995 *Nationalpark Bayerischer Wald: 25 Jahre auf dem Weg zum Naturwald* aus allen Beiträgen herauszulesen ist.[6] Hier findet sich auch die Luftbildauswertung aus den Sturm- und Folgejahren, die das Vorgehen der Nationalparkverwaltung im Wesentlichen zu bestätigen scheint: denn es kam zwar zum Befall geschädigter Fichten durch den Großen achtzähnigen Fichtenborkenkäfer, doch beschränkten sich die Schäden zunächst auf die Randbereiche der Sturmlücken. Eine Massenvermehrung von Borkenkäfern, die zum Beginn der 1990er Jahre für kurze Zeit doch noch aufflammte, sollte bald wieder verebben. Der natürliche »Zusammenbruch« der Insektengradation – trotz oder dank des »Nichts-Tuns« – schien damit bestätigt.

Die Atempause war aber nur kurz, denn die wirkliche Reifeprüfung stand noch bevor. Völlig unerwartet kam es in den alten Fichtenwäldern am Grenzkamm zu schrotschussartig verteilten Befallsherden – genau dort, wo bislang alle Gutachter aufgrund der Höhenlage, der niedrigen Durchschnittstemperaturen und des hohen Grads an Naturnähe eine Buchdrucker-Gradation definitiv für ausgeschlossen hielten! Beschleunigt durch sommerliche Temperaturen ab April und eine außergewöhnliche Samenmast bei Fichte und Buche kam es ab dem Spätherbst 1995 zu großflächiger Ausweitung der Befallsflächen; der Grenzkamm färbte sich braun und grau – erschreckend in Tempo und Ausmaß. Alle Versuche seitens der Nationalparkleitung, das Geschehen klein zu reden, mussten fehlschlagen, denn das Desaster war nicht mehr zu übersehen. Als letzter Versuch zur Beschwichtigung der im hohen Maße beunruhigten Bevölkerung, der protestierenden Waldbesitzer aus der Nachbarschaft – und auch der massiv irritierten Mitarbeiter – wurde 1996 zu einer Expertenanhörung ins Münchner Patentamt eingeladen. Namhafte Waldökologen, Forstentomologen und Urwaldkenner unterstützten in ihren Referaten nicht nur den ungewöhnlichen Weg der Nationalparkverwaltung, sie wiederholten auch die Prognose, dass der Buchdruckerbefall im naturbelassenen Wald höherer Lagen keine katastrophalen Ausmaße erreichen könne. Doch statt einer Beruhigung der aufgeheizten Stimmung legte diese Aktion in den Augen der Einheimischen nur den endgültigen Realitätsverlust der Verantwortlichen offen. Denn das Unheil war mittlerweile für jedermann erkennbar: Vom Lusen bis zum Plattenhauser, vom Spitzberg bis zum Rachel rieselten die trockenen Nadeln, ein fremdartig-säuerlicher Geruch schlich sich durch die Hochlagen, wo großteils nur noch abgedorrte Fichtenspitzen emporragten: aus Adalbert Stifters rauschendem »Hochwald« war der »größte Waldfriedhof Europas« geworden.

Zwar beteuerten die konsequenten Verfechter eines »Natur Natur sein lassen«, dass der Borkenkäferbefall nur eine natürliche Reaktion auf eine vordem verfehlte Jagd- und Forstpolitik sei, gepaart mit den Effekten des Klimawandels, und Hubert Weinzierl vom Bund Naturschutz mochte geradezu beschwörend bekräftigen, dass dieser Nationalpark »die Krönung des Naturschutzgedankens« verkörpere, doch der deprimierende Verfall eben noch vital erschienener Bergwälder ließ jetzt die Nationalparkgegner unüberhörbar auftrumpfen. Und als dann endlich die Baumskelette von Witterung und Pilzbefall zermürbt in sich zusammenbrachen, so dass sich in dem Heer morschender Stümpfe, den wirr geworfenen Wipfeln und dem von Nadelstreu und Borkenplatten übersäten Boden der im Volkslied besungene »Hochwald« kaum noch erahnen ließ, da entluden sich tiefsitzende Emotionen. Mit dem Verlust der Wälder schien nicht nur die Basis für den Tourismus verspielt, auch Arbeitsplätze waren gefährdet; das düstere Bild einer Versteppung wurde an die Wand gemalt, denn letztlich bedeutete der Tod der Bäume auch den Verlust von Heimat.

Minister Hans Eisenmann hat diesen bedrückenden Stimmungsumschwung nicht mehr erlebt; er starb bereits 1988. Das wenige Jahre zuvor eröffnete »Nationalpark-Haus« wurde ihm zu Ehren in »Hans-Eisenmann-Haus« umbenannt, nicht zuletzt, um mit seiner Vision »eines Urwalds für unsere Kinder und Kindeskinder« die Nachkommenden zu begeistern. In diesem Besucher-Zentrum entsprechen Informationen und Bildungsangebote dem Motto »Wald erleben – Natur verstehen«.

1997 kulminierten Proteste und Empörung über die scheinbare Lethargie und Unfähigkeit der Nationalparkverwaltung gegen diese Fehlentwicklung wirksam vorzugehen, weil just am Höhepunkt der »Katastrophe« die Diskussion um eine Erweiterung der Nationalparkfläche um das Gebiet des Forstamtes Zwiesel in Gang kam. Die Idee, für die vor allem Hubert Weinzierl im Bayerischen Landtag

Abb. 2
Wald am Ende – was eigentlich schützt hier der Naturschutz? (Siebensteinkopf, 2013).

massiv geworden hatte, griff einerseits auf Uralt-Planungen zurück, nach denen nahezu der gesamte Grenzkamm zum nationalen Schutzgebiet erklärt werden sollte, bezog sich aber vor allem auf die 1991 erfolgte Ausweisung des Nationalparks Šumava, der sich entlang der tschechischen Grenze vom Dreisessel bis nach Želena Ruda/Eisenstein erstreckt. Schließlich könnte hier über eine räumliche Anbindung ein grenzüberschreitendes Schutzgebiet von fast 1 000 Quadratkilometer entstehen!

Hatte das Nationalparkkonzept nicht schon genug Schaden im Rachel-Lusen-Gebiet angerichtet? Sollte der wüchsige und wirtschaftlich produktive Wald im Falkensteingebiet auch noch einer unausgegorenen Ideologie geopfert werden? Die Gegner machten mobil; 1997 kam es zur größten Demonstration, die der sonst so stille Bayerwald je erlebt hatte: Vor dem Waldgeschichtlichen Museum in St. Oswald musste die Polizei Korridore abgrenzen, um die so unterschiedlich gestimmten Kontrahenten wirksam auseinanderzuhalten. Auf der einen Seite die Transparente der Pro-Fraktion, in der sich neben Vertretern der Naturschutzverbände auch Lehrer, Ärzte, selbst Hoteliers und aufgeschlossene Bürger zusammenschlossen. Sie fürchteten nicht zuletzt einen Rückfall der Region in die Bedeutungslosigkeit, wenn das Prädikat eines »Ersten Deutschen Nationalparks« verloren ginge. Gegenüber – geradezu hasserfüllt – die lautstarke Protest-Fraktion, die sich als Opfer einer verfehlten Landespolitik verstand, und auf eine Rückkehr zur traditionellen Waldbewirtschaftung pochte – als scheinbarer Garant für eine Kontinuität grüner Waldherrlichkeit.

Abb. 3
Der Rotrandige Fichtenporling, allgegenwärtig in der Region, heftet seine harten Fruchtkörper an kränkelnde und abgestorbene Stämme.

Weder Nationalparkleitung noch Lokalpolitik konnten diese Unversöhnlichkeit eindämmen, weshalb Ministerpräsident Dr. Edmund Stoiber ein Machtwort sprechen sollte. Theatralisch senkte sich sein Hubschrauber über St. Oswald – wie ein *Deus ex machina* des barocken Szenariums – und nach Besichtigung des »toten« Waldes rund um den Lusengipfel, nach Vortrag aller Appelle und Empfang aller Beschwerden kam ein Komitee aus Ministerpräsident Dr. Stoiber und Assistenz, Forstminister Bocklet und Gefolge, Landrat Urban, Hubert Weinzierl als Repräsentant des BUND und Nationalparkdirektor Dr. Bibelriether die Klosterallee herauf, begleitet von Zurufen unterschiedlichsten Niveaus. Und da geschah es: in der Gruppe der Nationalpark-Gegner begannen einige in lauter werdendem Intervall zu skandieren »*hängt's den Bibelriether auf*«! – Minister Bocklet reagierte sofort und mit unmissverständlicher Schärfe: Leute, die einen höheren Beamten aus seinem Ministerium beleidigend und derart primitiv attackierten, schieden als Gesprächspartner grundsätzlich aus. Überrascht über diese Wendung verstummte der grölende Chor.

Im Ergebnis bestätigte Ministerpräsident Dr. Stoiber schlussendlich die Einrichtung des Nationalparks als Glücksfall für die wirtschaftlich benachteiligte Grenzregion, er befürwortete die Entwicklungskontinuität im Rahmen der internationalen IUCN-Kriterien und sagte auch ein künftiges Mitspracherecht der umliegenden Gemeinden bei der Erstellung der Managementpläne zu, um etwaiges Misstrauen und Befürchtungen in der Bevölkerung abzufangen. Damit waren Fortbestand und Erweiterung des Nationalparks gesichert!

Abb. 4
Lautstarke Demonstration gegen die Entwicklungsziele des Nationalparks, speziell die Erweiterung um das Gebiet des Forstamts Zwiesel. (St. Oswald, 1997).

Unbeeindruckt von aller Politik fraß sich der Borkenkäfer aber weiter in die Fläche, erreichte sogar die bisher als vital und widerstandsfähig eingestuften Naturwälder in den hintersten Winkeln. Selbst eingefleischte Nationalparkbefürworter mussten sich fragen lassen: Was eigentlich schützt der Naturschutz, wenn er außer Stande ist, die urigen Fichtenalthölzer zu erhalten? Wenn Charakterarten wie Auerhuhn, Raufußkauz oder Fichtenkreuzschnabel an Lebensraum verlieren? Wenn die Ästhetik der »ewig singenden Wälder« durch ein Chaos aus Baumskeletten abgelöst wird? Entpuppte sich die Nationalparkstrategie nicht zunehmend als Irrweg, wie es die altgedienten Forstleute von Anfang an prophezeit hatten? – Der Pfarrer von St. Oswald jedenfalls schritt zur Tat, und organisierte einen theatralischen Bittgang – mit Fahnen und Musik, um den Borkenkäfer zu bannen, der ja nur eine Ausgeburt der Hölle sein konnte!

Dass die Nationalparkmitarbeiter in dieser aufgewühlten Stimmung nicht nur persönlich in den Strudel aus Zustimmung und Beschimpfung hineingezogen wurden, sondern dieser auch die Pro- und Contra-Gruppierungen innerhalb der Verwaltung erfasste, wird in keiner Chronik erwähnt. Tatsächlich haben diese emotional massiv belastenden Jahre das Engagement vieler geschwächt und die interne Zusammenarbeit erschwert. Wesentlich gravierender war aber, dass bei der aufdringlichen Diskrepanz zwischen Ideal und Realität der Waldentwicklung im Grunde selbst die führenden Köpfe die Orientierung verloren hatten. Um bis zum anstehenden Leiterwechsel 1998 wieder zu einem stimmigen, von allen mitgetragenen Leitbild zu kommen, gab es daher kreative Treffen im Hintergrund, bei denen eine weitreichende Diskussion um die Natur des Waldes, um anthropogene und naturgegebene Störungen und die Rolle der Borkenkäfer aus der konfusen Pattsituation herausführen sollte. Nachvollziehbar klammerten sich die einen weiterhin an die Logik der »Klimax-Theorie« mit dem postulierten Gleichgewicht in der Schlussphase, schließlich entsprach dies damals dem forstlichen Lehrplan. Andere glaubten im Wirken der Borkenkäfer einen naturgegebenen Selektionsmechanismus zum gesünderen, stabileren und vielfältigeren Wald zu erkennen. War nicht der Buchdrucker der beste »Waldbauer«, der das Schwache zu Gunsten der Starken effektiv ausmerzte? In Anbetracht der großen Schädigungen musste auch die These von der »Natur, die keine Katastrophen kennt« grundlegend in Frage gestellt werden. Andere suchten nach dem Schuldigen, denn evolutiv zur Perfektion geformte Waldgesellschaften konnten doch bestenfalls durch naturfremde Einflüsse aus dem Gleichgewicht gebracht werden: War hier standortfremdes Saatgut im Spiel? Hatte der naturferne Waldbau etwas mit dem Desaster zu tun? War ein überhöhter Rothirschbestand für die Veränderungen verantwortlich oder doch eher die Schadstoffimmissionen aus der Luft?

Als Gegengewicht zur Empörung frustrierter Einheimischer und erschrockener Wanderer gegenüber der Schutzgebietsverwaltung wurden auf dem Lusengipfel Informationstafeln errichtet, die die gravierenden Waldschäden als Konsequenz wind-verfrachteter Schadstoffe aufzeigen und damit zur Versachlichung der Diskussion beitragen sollten. Tatsächlich bestätigten jahrelange Messreihen speziell ausgestatteter Messtürme den Eintrag von Schwefelverbindungen, Stickoxyden und Ozon, die die Abwehrkräfte der Bäume erheblich schwächen können. Auch gab es rückblickend schon in den 1990er Jahren merkliche Hinweise auf eine schleichende Erhöhung der Durchschnittstemperaturen. Der Spottvers *»Bayerischer Wald, drei Viertel Jahr Winter – ein Viertel Jahr kalt«* greift heute ganz sicher nicht mehr.

Die ergebnislosen Versuche, den Flächenfraß der Borkenkäfer in einen stimmigen Kontext mit den Entwicklungszielen eines Nationalparks zu bringen, übersahen, dass es längst alternative Thesen zur Langzeitentwicklung natürlicher Wälder gab, wie zum Beispiel die Langzeit-Sequenz von Waldentwicklungsphasen, die – je nach Intensität, Dauer und Flächenausmaß einer »Störung« – sehr verschiedenen Zyklen folgen kann.[7] Durch die Projektion dieser Modelle auf die Landschaftsebene formulierte Prof. Remmert das »Mosaik-Zyklus-Konzept« (MZK), ein Ansatz, der die Diskussion um Mindestflächengrößen von Schutzgebieten maßgeblich belebte und mit dem Dynamikkonzept völlig neue Wege im Naturschutz anregte.[8] Das MZK leitet sich von der Beobachtung ab, dass sowohl Störereignisse wie auch Sukzessions- und Alterungsphasen – zum Beispiel einer Waldvegetation – meist nicht landschaftsweit ablaufen, sondern stets nur Teilflächen betreffen, auf denen die jeweiligen Entwicklungsphasen zu unterschiedlichem Zeitpunkt und in unterschiedlichem Tempo ablaufen (»de-synchron und phasen-verschoben«); die Summe aller Einzelflächen bildet ein Mosaik, das stetem inneren Wandel unterliegt und auf Grund der Vielfalt an Strukturen und

Randlinien maximale Biodiversität zulässt. Da allen diesen Überlegungen ein langfristiger Wechsel von Störung und Konsolidierung zu Grunde lag, standen sie im Widerspruch zum Ideal des »urewig-stabilen Klimax-Waldes« – und wurden bis dato eher als Verrat an der »Nationalpark-Philosophie« denn als Hilfestellung gesehen. Nach diesem heute überwundenen Leitbild galten Störungen wie Windwurf, Schneebruch, Waldbrand oder Hochwasser primär als unerwünschte Fehlentwicklung.

Doch neue Denkansätze waren nicht länger aufzuhalten: In Aufarbeitung der gewaltigen Explosion am Mount St. Helens 1980 wurde ein breit gefächertes Monitoring gestartet. Die Ergebnisse widersprachen in anregender Weise allen bisherigen Interpretationen zum Ablauf ungestörter Sukzessionen und einer naturgesetzlich festgelegten Ausformung von Ökosystemen. Vielmehr zeichnete sich die elementare Bedeutung zwischenartlicher Beziehungsnetze ab, die in eindrucksvoller Wechselwirkung zum Wiederaufbau der Ökosysteme beitrugen. An Stelle des erwarteten Entwicklungsverlaufs von einfachsten Lebensformen zu komplexeren Systemen formten sich kleinräumig unterschiedlichste Lebensgemeinschaften individueller Ausprägung, je nach Ausgangslage und beteiligten Organismen – als Effekt ökosystemarer Selbstorganisation.[9] Noch markanter für die Diskussion im Bayerischen Wald waren die Folgerungen aus den verheerenden Waldbränden im Nationalpark Yellowstone 1988, denen an die 4.0000 km² Wald zum Opfer gefallen waren, samt unzähligen Hirschen, Bisons und auch Feuerwehrleuten. Forschungen zur Entwicklungsgeschichte natürlicher Wälder erhellten, dass solch großflächigen Waldbrände das Gebiet am Yellowstone River rund alle 300 Jahre heimgesucht hatten. Das Feuer war somit nicht nur Teil des Naturgeschehens, sondern auch Garant für eine immer wiederkehrende Neubegründung der Wälder, mit all der Artenausstattung in den aufeinanderfolgenden Entwicklungsphasen.[10]

Die Fülle der überzeugenden Aussagen erlaubte eine grundsätzliche Neuinterpretation der Ereignisse im Nationalpark Bayerischer Wald: Störungen sind immanente Aspekte des Naturgeschehens; sie sind im Grundsatz daher als natürliches Ereignis, als prägender Gestaltungsfaktor und als Voraussetzung für Entfaltung und Sicherung der gebietstypischen Artenvielfalt zu akzeptieren – und in das Leitbild zu integrieren. Das Naturgeschehen ist von chaotischen Ereignissen einerseits und den arteigenen Strategien zur Anpassung an die Änderungen im Umfeld andererseits geprägt; es kennt keine Zielrichtung und keinerlei Prognosensicherheit oder gar Garantien, denn »die Zukunft ist offen«. An Stelle der idealisierten Erwartung, dass »die Natur weiß, was sie will« muss eine realistischere Einschätzung treten, denn »die Natur will nichts, und sie weiß nicht, was sie tut«.[11]

Die Vorstellung vom Naturwald, der weder ein Entwicklungsziel anstrebt, noch urewig konstant ist, vielmehr seine Struktur- und Artenvielfalt einer Verkettung von unregelmäßig auftretenden Störungen, Reorganisations- und Reifephasen verdankt, wurde zur Keimzelle für das neue Leitbild der Nationalparkentwicklung. Damit erhielt auch die Aufforderung »Natur Natur sein lassen«

Abb. 5
Sturm, Insektengradationen und Pilzbefall brechen das Kronendach auf und schaffen vorübergehend struktur- und totholzreiche Lichtungen und so Lebensraum für wärmebedürftige Arten.

Tabelle 1
Bedeutungswandel des Leitbildes im Nationalpark-Management hin zur Sicherung natürlicher Abläufe ohne Lenkung oder Zielvorgabe.

Bedeutungswandel von »Natur Natur sein lassen« (hands-off-Management)	
Gleichgewichts-Ideal der klassischen Ökosystemlehre	**ungelenkte Natur** – entfaltet sich nach den ihr eigenen Gesetzen
Entfaltung von **Stabilität im Klimax-Stadium** (im Gleichgewicht mit Klima und Standort; urewig-stabil, artenreich, hochgradig ästhetisch) durch zielgerichtete Sukzession. Rasche Überwindung von Störungen durch »Selbstheilungskräfte«. Artenausstattung bestmöglich angepasst, Vielfalt puffert Störereignisse kurzfristig und wirksam ab.	**Ökosystemare Selbstorganisation** – aus permanentem Wechselspiel von Klima, Geologie, Standort und Artenausstattung; dieses führt zur Entfaltung komplexer Lebensgemeinschaften – individuell geprägt nach Ort und Zeit. Prozessschutz unter naturnahen Rahmenbedingungen kann zu natürlichen Lebensgemeinschaften führen
Garantie für schnellstmögliche Entfaltung stabiler Klimax-Gesellschaften, »Nichts-Tun« führt deshalb automatisch zu naturnahen und artenreichen Systemen.	Prozessschutz impliziert autogene Entwicklungen ohne Zielvorgabe und ohne Prognosensicherhit, und anerkennt »Störungen« bis hin zu »Katastrophen« samt Arten-turnover als Aspekte des Naturgeschehens.
»Die Natur weiß, was sie will – natürliche Entwicklungen können nicht falsch sein«	»Die Natur will nichts, und sie weiß nicht, was sie tut«
von idealisierter Naturauffassung zu naturwissenschaftlich fundierter Interpretation	

Abb. 6
Karl Friedrich Sinner

eine diametral neue Bedeutung, ganz im Sinne von Prozessschutz unter möglichst naturnahen Rahmenbedingungen (Tab. 1).

Zur 30-Jahr-Feier der Nationalparkgründung stellten wir die neue Zielrichtung mit der aussagekräftig bebilderten Broschüre *Wilde Wald-Natur* der Öffentlichkeit erstmals vor.[12]

Unbeeindruckt von allen Überzeugungen, Befürchtungen oder Hoffnungen hat der Wald im Nationalpark in beeindruckender Weise gezeigt, dass er weder tot noch versteppt ist, denn in wenigen Jahren keimten Millionen von Vogelbeer- und Fichtensämlingen, dazwischen Weide, Birke und Espe, mit Verzögerung auch Bergahorn, Buche und Tanne. In unermüdlichem Einsatz demonstrierte Karl Friedrich Sinner, der dem Nationalpark von 1998 bis 2011 vorstand, dass die Zukunft des neuen Waldes damit längst eingeläutet war, was heute, wo der Jungwuchs bereits bis zu acht Meter Höhe aufstrebt, keiner mehr bezweifeln kann. Mit dem jungen Wald kehrte nicht nur die Akzeptanz des Schutzgebietskonzepts zurück; seine Vitalität und Vielgestaltigkeit begeistern alljährlich Naturfreunde, Fotografen, Künstler und Heimatkundler. Freilich wird der »neue Wald« ein anderer sein als ihn die Älteren kannten, denn zum einen haben sich die Wuchsbedingungen markant geändert – es gibt mehr Sonnentage, mehr Trockenperioden und ein höheres Nährstoffangebot, zum anderen darf er sich zwanglos entfalten, mitsamt einer bisher ungewohnten Ästhetik. Der »Wilde Wald« ist zweifellos zum Markenzeichen der Region geworden.

Rund 140 Jahre nach der Gründung des Nationalpark Yellowstone hat sich international das statische Ideal stabiler Lebensgemeinschaften in »urewigem Gleichgewicht« zur dynamischen Prozessschutz-Konzeption gewandelt. 2008 hat die IUCN die Aufgaben für Nationalparks der Kategorie II entsprechend um den Schutz »ungestörter, natürlicher Prozesse« erweitert.[13] Im Unterschied zu Naturschutzgebieten sichern Nationalparks weder definierte Zustände noch Artengemeinschaften, sondern den möglichst ungestörten Ablauf natürlicher Entwicklungen, im Sinne von »Prozessschutz«. Wenn es grundsätzlich auch keine »Rückentwicklung« zu primärem Urwald geben kann, weil der »Zeitpfeil« stets in die Zukunft weist, so ist langfristig doch der Weg zu ungelenkter »Wildnis« vorgezeichnet.

Abb. 7
Titelblatt der Broschüre *Wilde Wald-Natur* aus dem Jahr 2000.

Da dieser Weg nie enden kann, vielmehr immer Neues ins Blickfeld rücken wird, kommt einem wissenschaftlichen Monitoring ein hoher Stellenwert zu. Denn gerade aus dem Vergleich nutzungsfreier Wälder mit vom Menschen gestalteten Forsten können maßgebliche Erkenntnisse für den künftigen Umgang mit Natur und Landschaft gewonnen werden. Unter Aspekten von Stickstoffeintrag aus der Luft und einem Klimawandel, wie er sich heute schon mit Hitzesommern und Schneemangel im Winter erkennen lässt, kommt auf das Management dabei die neue Herausforderung zu, die bisher bewährten Kriterien – wie ursprünglich, naturnah, heimisch, standortgerecht etc. – unter den Einwirkungen zunehmend anthropogen geprägter Umfeldbedingungen neu zu bewerten.

Mit Übernahme der Nationalparkleitung durch den Biologen Dr. Franz Leibl 2011 gelang nicht nur die Festigung der Entwicklungsziele nach internationalen Maßstäben, sondern auch die konsequente Ausweitung der nutzungsfreien Naturzone – auf bis dato 72 Prozent der gesamten Nationalparkfläche.

Für die Gründungs- und Konsolidierungsjahre ist es das unstrittige Verdienst der Nationalparkleiter und Verantwortlichen aus dem Forst- bzw. dem Umweltministerium, dass die Maxime des Nicht-Eingreifens, des Zulassens und Beobachtens kontinuierlich und in wachsendem Maße greifen konnte, unabhängig davon, welches Interpretationsmodell sie dazu motivierte. Der heute viel beachtete Status des Nationalparks bestätigt, dass die Weichenstellung für eine

»wilde Wald-Natur« in vollem Maße gelungen ist. Die sichtbaren Erfolge haben Bekanntheitsgrad und Wertschätzung einer vordem kaum wahrgenommenen Mittelgebirgslandschaft über die Landesgrenzen bewirkt, den Nationalpark Bayerischer Wald gleichzeitig zum Vorbild für viele Waldschutzgebiete gemacht. Die Arbeit der ersten 50 Jahre hat sich jedenfalls gelohnt!

Weiterführende Literatur

Ammer, Ulrich und Hans Utschick. *Gutachten zur Waldpflegeplanung im Nationalpark Bayerischer Wald auf der Grundlage einer ökologischen Wertanalyse – Schriftenreihe Bay. StMELF* 10. Grafenau 1984.

Dale, Virginia, Frederick Swanson und Charles Crisafulli. *Ecological Responses to the 1980 Eruption of Mount St. Helens*. Berlin 2005.

International Union for Conservation of Nature (IUCN). *Guidelines for Applying Protected Area Management Categories*, herausgegeben von Nigel Dudley. Gland 2008.

International Union for Conservation of Nature (IUCN). *Second World Conference on National Parks: Yellowstone and Grand Teton National Parks U.S.A., 1972*. Morges 1974.

International Union for Conservation of Nature (IUCN). *Tenth General Assembly Vigyan Bhavan, New Delhi, 24 November – 1 December,1969. Vol. II.: Proceedings and Summary of Business*. Morges 1970.

Keiter, Robert und Mark Boyce. *The Greater Yellowstone Ecosystem: Redefining America's Wilderness Heritage*. New Haven and London 1991.

Leibundgut, Hans. *Europäische Urwälder der Bergstufe dargestellt für Forstleute, Naturwissenschaftler und Freunde des Waldes*. Bern und Stuttgart 1982.

Popper, Karl und Konrad Lorenz. *Die Zukunft ist offen: Das Altenberger Gespräch*. München und Zürich 1985.

Remmert, Hermann. *The Mosaic-Cycle-Concept of Ecosystems*. Heidelberg 1991.

Scherzinger, Wolfgang. »Klimax oder Katastrophen – kann die naturgegebene Waldentwicklung zur Bewahrung der Biodiversität beitragen?« in *Laufener Seminarbeiträge* 1 (2005), 19–32.

Scherzinger, Wolfgang. »Mosaik-Zyklus-Konzept« in *Handbuch der Umweltwissenschaften III–2.6*, herausgegeben von Otto Fränzle, Felix Müller und Winfried Schröder. Landsberg 2005, 3–13.

Scherzinger, Wolfgang. *Naturschutz im Wald. Qualitätsziele einer dynamischen Waldentwicklung*. Stuttgart 1996.

Scherzinger, Wolfgang. »Reaktionen der Vogelwelt auf den großflächigen Bestandeszusammenbruch des montanen Nadelwaldes im Inneren Bayerischen Wald« in *Vogelwelt* 127, 4 (2006), 209–263.

Scherzinger, Wolfgang. »Welche Natur wollen wir schützen – und warum?« *Wissenschaft & Umwelt interdisziplinär* 9 (2005), 3–18.

Scherzinger, Wolfgang und Annemarie Schmeller. *Wilde Wald-Natur. Der Nationalpark Bayerischer Wald auf dem Weg zum Naturwald*, herausgegeben von Nationalparkverwaltung Bayerischer Wald. Passau 2000.

Strunz, Hartmut. »Entwicklung von Totholzflächen im Nationalpark Bayerischer Wald – Luftbildauswertungen und Folgerungen« in *Nationalpark Bayerischer Wald – 25 Jahre auf dem Weg zum Naturwald*, herausgegeben von Nationalparkverwaltung Bayerischer Wald. Grafenau 1995, 58–86.

Ward, Peter und Joe Kirschvink. *Eine neue Geschichte des Lebens: Wie Katastrophen den Lauf der Evolution bestimmt haben*. München 2018.

Zukrigl, Kurt. »Die Urwaldreste Rothwald und Neuwald in Österreich« in *Urwälder der Alpen*, herausgegeben von Lida und Tomas Micek. München 1984, 82–94.

»Ich wünsche mir, dass der Park auf möglichst großer Fläche der Natur überlassen wird«

Hans Bibelriether im Gespräch mit Christof Mauch

Schmiding, 18. Dezember 2019

Herr Bibelriether, Sie kommen eigentlich aus Westmittelfranken, aus einem kleinen Dorf namens Ezelheim, das man schwer auf der Landkarte findet, aber Ihr Name verbindet sich mit dem Bayerwald. Der Bayerwald gilt seit alters als rau und unwirtlich und kalt. Sie sind als etwa Dreißigjähriger in diese Gegend gezogen und leben heute noch hier. Erinnern Sie sich noch an die erste Begegnung mit dieser Region?

Da erinnere ich mich gut, weil ich bereits als Student an der Münchner Uni im Bayerischen Wald gewesen bin. Ich habe damals an Untersuchungen mitgearbeitet. Es ging um die Wurzeln der Waldbäume.

Abb. 1
Hans Bibelriether am Tag des Interviews vor seinem Haus in Schmiding (Thyrnau) östlich von Passau.

Als Sie das Studium begonnen haben, wie hatten Sie sich Ihre Zukunft vorgestellt? Es gab ja keinen Nationalpark in Deutschland. Die Mitarbeit an einem Nationalpark konnten Sie sich also gar nicht vorstellen…
Nein. Natürlich nicht. Ich wollte Förster werden, Forstmeister in einem Forstamt. Und deshalb habe ich auch in München studiert.

Was war Ihre Motivation, in den Bayerischen Wald zu kommen und dort einen Nationalpark aufzubauen?
Ich wollte damals weg von München, weg von der Großstadt in den ländlichen Raum. Deshalb habe ich mich 1969 um die Versetzung an das Nationalparkamt in Spiegelau beworben.

War es für Sie damals als Franke schwer mit der Bevölkerung zurecht zu kommen? Und hat sich das Verhältnis zur Bevölkerung im Laufe der Jahre verändert?
Die Bevölkerung dort war wirklich völlig anders. Die Leute waren sehr lokal orientiert. Und der »Waldler« war schon eine besondere Kategorie. Heute gibt es in abgelegenen Dörfern noch ein paar »Waldler«, aber unter den jungen Leuten wohl kaum mehr. Mein Verhältnis zur Bevölkerung hat sich im Lauf der Jahre nicht verändert. Ich habe immer ein sehr gutes Verhältnis zu vielen Leuten gehabt. Freundschaften sind entstanden. Aber es gab natürlich auch welche, die Gegner waren. Wie es im Leben so ist.

Wer waren die Hauptgegner des Nationalparks?
Die Hauptgegner waren Jäger und Förster. Die Jäger deshalb, weil wir die Jagd auf die Hirsche und Rehe einstellen wollten, damit sie natürlich frei leben konnten. Und das wollten die Jäger nicht haben. Die Förster … da ist es so, dass die Mehrzahl der Förster ein psychologisches Problem hat: wenn der Wald ohne sie wächst.

Aber Sie waren doch selbst Förster…
Ich war von Anfang an kein richtiger Förster, schon allein weil ich in Würzburg zuerst Biologie studiert habe. In meiner Heimat gab es keinen Staatsforst und wenige Förster. Da ist man mit dem Wald umgegangen, wie man eben als Waldbesitzer mit dem Wald umgeht. Probleme der Förster habe ich erst später kennengelernt.

In Ihrem Buch »Natur Natur sein lassen« berichten Sie, dass Sie ehemalige Waldarbeiter und Sägewerksarbeiter für den Nationalpark übernommen haben. Ich stelle mir das sehr schwiwig vor. Nach welchen Kriterien haben Sie Mitarbeiter eingestellt?
Das war eine Frage der Zeit. In den Anfangsjahren wurde noch viel Holz gemacht im Nationalpark. Waldarbeiter, die leidenschaftlich Holzfäller waren, haben wir weiter als Holzfäller beschäftigt. Mit den neuen Aufgaben haben wir dann vor allem Jüngere beschäftigt. Die haben geholfen die touristischen Einrichtungen zu bauen. Sie haben Besucher betreut, zum Beispiel als Ranger. Wir haben vor allem Leute aus der Region eingestellt. Weil wir hier gewohnt haben und Leute

Abb. 2
Holztrift in der Buchberger Leite um 1900. Von hier aus wurde Holz in Richtung Ilz und Donau transportiert. Die Stangen mit Trifthaken wurden zur Auflösung von Holzstaus verwendet.

gekannt haben, hat man auch gehört, wer sich für den Nationalpark interessiert. Dann haben wir Gespräche geführt und Interessierte eingestellt.

Sie haben Nationalparke in allen Teilen der Welt gesehen. Sie waren in Asien und Afrika, in Nord- und Südamerika. Gibt es einen Nationalpark irgendwo auf der Welt, der als Leitbild gedient hat? Oder haben Sie einen Lieblingsnationalpark?
Das möchte ich so nicht sagen. Es gibt für mich keinen Lieblingspark. Es gibt in Südamerika andere natürliche Lebensgemeinschaften als in Sibirien. Und in Afrika gibt es auch wieder andere. Das hat vor allem mit dem unterschiedlichen Klima zu tun. Mich hat nicht ein einziger Nationalpark besonders interessiert, sondern die Natur als Schöpfung: Wie sehr sie unabhängig vom Menschen lebt und sich entwickelt.

Sie waren etwa 30 Jahre lang Leiter des Nationalparks Bayerischer Wald. Gab es Durchbrüche? Zäsuren? Kritische Momente?
Anfangs war der Park sehr gefährdet. Einige Politiker und Ministeriale sagten, der Park verschwindet wieder. Aber wir hatten damals den meines Erachtens besten Forstminister der letzten Jahrzehnte. Das war Dr. Hans Eisenmann. Ohne ihn wäre der Park nicht zustande gekommen. Eine andere kritische Zeit kam, als der Nationalpark schon zehn Jahre Bestand hatte und im Nationalpark großflächig Fichten durch einen Gewittersturm niedergeworfen wurden. Die

Abb. 3
Minister Eisenmann (rechts) und Regierungspräsident Gottfried Schmid bei einer Begehung nach einem Windwurf, 1983.

Fichten liegenzulassen, war die wichtigste Entscheidung, die getroffen wurde. Dadurch entstand wieder ein natürlicher Wald, und nicht eben ein Wirtschaftsforst.

Wie wichtig war das Ende des Eisernen Vorhangs?
Das war für uns wichtig, weil an der tschechischen Grenze der Nationalpark entwickelt wurde. Wir hatten vorher schon, während des Kalten Kriegs, Kontakte zu tschechischen Kollegen und haben die auch unterstützt, so dass sie ihren Nationalpark einrichten konnten. So konnten grenzüberschreitende Wildnisgebiete entstehen. Als der Eiserne Vorhang gefallen ist, kamen sofort auch Kollegen aus der ehemaligen DDR – aus Mecklenburg-Vorpommern und Brandenburg – in den Bayerischen Wald, um sich zu informieren, wie ein Nationalpark in ihrer Region aussehen könnte.

Wie sah die Zusammenarbeit mit den tschechischen Kollegen konkret aus?
Wir haben intensiv überlegt: Was betrifft uns beide? Was ist da gemeinsam zu schaffen – zum Beispiel an Grenzübergängen. Über die Details haben wir beraten, aber sie musste jeder auf seiner Seite organisieren. Auf bayerischer Seite ging die Besiedlung direkt bis zur Grenze. Drüben war nach dem Ende des Zweiten Weltkrieges durch die Vertreibung der Deutschen eine andere Ausgangslage gegeben. Es gab leere ehemalige Dörfer. So konnte man auf tschechischer Seite auf größeren Flächen die natürliche Entwicklung der Natur zulassen. Wir hatten eine sehr gute Zusammenarbeit mit den Tschechen.

Es gab aber auch Probleme – mit Luchsen und Wölfen, die über die Grenze gekommen sind oder ausgesetzt wurden.
Die Tschechen und wir waren uns einig, dass der Luchs wiederangesiedelt werden sollte und natürlich die Grenze überschreiten darf, wie er will. Wir haben auch Gebiete ausgewiesen an der Grenze, wo die Touristen keine Wanderwege fanden, damit der Luchs nicht gestört wird, sondern in ursprünglichen Ruhezonen leben konnte. Beim Wolf gab es ein Problem, als Wölfe aus Gehegen freikamen, die keine Angst mehr vor Menschen hatten. Bis sich das veränderte und es wieder wilde Wölfe gab, das brauchte Zeit. Es war schwierig. Wir wussten nicht: sollten wir Wölfe abschießen oder nicht abschießen. Am Ende kamen wir überein: ein Wolf, der Menschen gebissen hat und einer, der in die Bauernhöfe eingedrungen ist, sollte abgeschossen werden.

Abb. 4
Begegnung an der bayerisch-tschechischen Grenze, 1989. Bibelriether steht mittig.

Wäre Ihr Leben als Nationalparkleiter einfacher ohne den Borkenkäfer gewesen?
Als sich Borkenkäfer vermehrten, war das weder gut noch schlecht. Es war zu der Zeit schon entschieden, dass man in einem Nationalpark in die Natur nicht eingreift, sondern dass die Natur sich selbst entwickeln kann. Der Borkenkäfer war schon immer vorhanden. Nur dort, wo die Förster Fichtenwälder geschaffen hatten, hat er sich vermehrt, vor allem als das Klima wärmer geworden ist und Sturmwürfe liegen blieben. Da gab es die Grundsatzentscheidung den Borkenkäfer fressen zu lassen. Das war eine der wichtigsten Entscheidungen.

Im Zuge der Borkenkäfermassenvermehrung und der Nationalparkerweiterung hat sich ein massiver Widerstand in der Bevölkerung entwickelt, der bis zu Brandstiftungen und Morddrohungen für Sie führte. Wie sind Sie mit dieser Situation umgegangen?
Das war eine Auseinandersetzung mit den Einheimischen, die gegen den Nationalpark waren und für die weitere Holznutzung eintraten. Und auf der anderen Seite gab es die Einheimischen, die dafür waren, dass sich ein natürlicher Wald entwickelt und die den Tourismus entsprechend unterstützten. So wie in der Bevölkerung, gab es auch in der Politik unter den Bürgermeistern und Landräten Gegner und Befürworter. Auch wenn es Drohungen gab, hab ich trotzdem weitergemacht. Das hing mit meinem Glauben zusammen. Es ging mir darum ein Stück Schöpfung zu bewahren. Ob da einer gedroht hat oder nicht gedroht hat, das war nicht entscheidend. Wir haben natürlich versucht Konflikte zu vermeiden. Zu den öffentlichen Veranstaltungen bin ich in der kritischen Zeit nicht alleine gegangen. Im Rückblick ist zu erkennen: der Borkenkäfer war kein Problem. Er hat aus dem Fortwirtschaftswald wieder einen Naturwald entstehen lassen.

Wenn Sie drei Personen nennen könnten, ohne die der Nationalpark nicht gegründet worden wäre: wen würden Sie nennen? Wer waren die Menschen, die für die Entwicklung des Nationalparks am bedeutendsten waren und welche Rolle haben diese gespielt?
Das war zuerst der Natur- und Umweltschützer Hubert Weinzierl. Und als Zweiter Georg Sperber, mein Freund aus der Gymnasialzeit, der sich an das Nationalparkamt versetzen ließ. [Sperber war in der Anfangszeit Stellvertreter von Hans Bibelriether]. Und der Dritte war Alois Glück, der Politiker, der sich von Anfang an voll für den Nationalpark eingesetzt hat.

Von außen gesehen waren auch Leute wie Bernhard Grzimek und Horst Stern wichtig...
Ja. Natürlich waren die auch wichtig. Ohne Horst Stern hätten wir das Problem mit dem Rotwild nicht gelöst. Er hat den wichtigen Film *Bemerkungen über den Rothirsch* gedreht.

Die nationale Presse hat den Nationalpark insgesamt meist positiv bewertet. Bei der regionalen Presse gab es Schattierungen.
In der Region gab es Redakteure, die für den Nationalpark und andere, die dagegen waren. Ich habe natürlich versucht Kontakt zu den Positiven zu pflegen. In Grafenau waren zum Beispiel zwei, zu denen wir ein gutes Verhältnis hatten. Das war am Anfang Gerd Brunner und später Egon Binder. Durch die Presse konnte man den Nationalpark bundesweit bekannt machen. Ohne dies wäre der Nationalpark, der ja eine nationale Einrichtung ist, nicht so positiv aufzubauen gewesen.

Ich stoße mich noch ein bisschen an dem Begriff Nationalpark. Eigentlich ist es doch ein Park des Freistaats. Der Freistaat hatte das Sagen. Sie hätten einmal sogar von Willy Brandt, der den Park als Kanzler besucht hat, Gelder vom Bund bekommen sollen. Aber der Freistaat hat abgelehnt.
Die Bundesländer sind zuständig für die Verwaltung der Nationalparke. Aber die Definition ist eine Sache auf Bundesebene. Spannungen zwischen Bund und Ländern waren kein großes Thema.

Der Münchner Ökologe Wolfgang Haber hatte sich in seinem Gutachten dagegen ausgesprochen, dass der Nationalpark »Nationalpark« heißen sollte. Er hatte stattdessen die Einrichtung eines Naturparks empfohlen.
Wolfang Haber war dafür, dass im Bayerischen Wald ein Nationalpark eingerichtet wurde. Aber er hatte nicht einen echten Nationalpark im Sinn, sondern einen Naturpark, sprich: eine Kulturlandschaft. Und deswegen gab es sehr schnell Konflikte. Ich habe mich zwar gut mit ihm verstanden, aber er wollte keine wilde Natur.

Man hat, wenn man Ihre Memoiren liest, den Eindruck, dass Sie – jedenfalls in der Anfangsphase – Bäume gegen Tiere, Flora gegen Fauna – ein Advokat für die Bäume waren.
Ich war kein Advokat der Bäume. Ich habe in anderen Nationalparks, in den USA und andernorts, gelernt: Es geht nicht um Bäume, sondern um die Zulassung der natürlichen Entwicklung der Ökosysteme.

Worin sehen Sie die wichtigste Aufgabe des Parks? Tourismus? Erholung? Naturschutz? Umweltbildung? Forschung? Wenn Sie hier reihen müssten? Was käme an erster Stelle?
Zentrale Aufgabe ist, in einem Nationalpark die Natur sich nach ihren eigenen Gesetzen entwickeln zu lassen; und dass Menschen, die sich für Natur interessieren, diese Natur erleben und ihr begegnen können. Das ist wichtiger als Forschung und wichtiger als Bildungsarbeit.

Sie mussten für Deutschland ausfindig machen, wie ein Nationalpark aussehen sollte. Ich stelle mir vor, dass dies eine Art »learning by doing« war, ein »learning on the job«, wie die Amerikaner sagen? Welche Wegweiser, welche Mentoren, Instruktoren, Lektüren hatten Sie? Wie haben Sie gelernt?
Ich habe gelernt, indem ich andere Nationalparke besucht habe, im Laufe der Jahre über 200 weltweit. Der älteste Nationalpark in Europa, der Schweizerische Nationalpark, war mein erstes Ausflugsziel. Ich habe dort gesehen, wie Natur in einem Nationalpark geschützt wird und wie Nationalparke organisiert und verwaltet werden.

In der Schweiz – das wissen wir aus den Forschungen des Umwelthistorikers Patrick Kupper – hatten die Nationalparks eine wichtige wissenschaftliche Funktion. In den USA waren die Parks eher auf Tourismus ausgerichtet.. ..
Ja. Das ist historisch bedingt. In der Schweiz war zur Zeit der Gründung des Nationalparks Tourismus schon vorhanden: Deshalb hat man auch versucht zu erforschen, was eigentlich einen Nationalpark ausmacht. In Amerika gab es viele interessierte Besucher und man hat schrittweise für die Besucher touristische Angebote entwickelt.

Was war dann das größte Problem aus Ihrer Sicht in der Geschichte des Nationalparks?
Das größte Problem war, dass großflächig Bäume abgestorben sind. Wir Deutschen sind ja sehr ordnungsliebend: der Wald muss sauber und geordnet sein. Tote Bäume haben da keinen Platz. Die Konfrontation durch unser Liegenlassen toter Bäume war wohl das größte Problem.

Wenn Sie zurückblicken, was würden Sie heute anders machen?
Eigentlich nichts. Ich hab ja auch nichts selbst erfunden. Ich habe mich einfach an der Definition von Nationalparken orientiert und mich gefragt: Welche Schritte können wir gehen? Oft nach dem Motto: zwei Schritte vor, einen Schritt zurück.

Was ist für Sie Wildnis?
Wildnis ist schwer zu definieren. Wildnis ist einfach ein Stück Naturlandschaft, in die der Mensch nicht eingreift.

Können Sie mit dem Begriff »intakte Natur«, der in der Literatur immer wieder vorkommt, etwas anfangen?
Den Begriff »intakte Natur« würde ich nicht verwenden. Es gibt eine »ursprüngliche Natur« und eine »bewirtschaftete Natur«.

Gibt es für Sie so etwas wie einen »gesunden Wald« – ein Begriff, der in der Forstdiskussion immer wieder auftaucht?
Ich würde den Begriff »gesunder Wald« nicht verwenden. Wald verändert sich ja fortwährend auch auf natürliche Weise. Jetzt durch den Klimawandel vielerorts dramatisch.

Sie betonen immer wieder die religiöse Dimension beim Bewahren von Natur. Der Schöpfungsauftrag in Genesis heißt »Machet Euch die Erde untertan«. Wie sehen Sie diesen Auftrag?
Wir haben nicht nur den Auftrag uns die Erde untertan zu machen, sondern auch als biblischen Auftrag sie zu »Bebauen und Bewahren«. Bewahren kann man die Erde nicht zu 100 Prozent. Natur wird noch immer großflächig zerstört, z. B. beim Straßenbau und dem Bau von Gebäuden. Aber wir sollten das Bewahren nicht aufgeben. Was wir heute brauchen, sind andere Wertvorstellungen. Es gibt in verschiedenen Parteien Personen, die diese Wertvorstellungen engagiert vertreten. Alois Glück in der CSU zum Beispiel. Aber es gibt auch Politiker mit der Vorstellung, die Schöpfung bewahren zu wollen, bei der SPD und bei den Grünen.

Worin sehen Sie die größte Problematik für den Wald heute? Spielt der Klimawandel wirklich die zentrale Rolle, die immer wieder hervorgehoben wird?
Der Klimawandel spielt heute eine zentrale Rolle, zum Beispiel in den Karpaten. Da kann man vor Ort nichts dagegen tun. In anderen Gebieten, zum Beispiel in Nordeuropa, ist der Klimawandel weniger problematisch. Für den Bayerischen Wald ist er nicht so gefährlich wie für andere Gebiete unseres Landes. Hier wird sich der Mischwald langsam umwandeln in Laubwald. Wald wird im Bayerischen Wald nicht zerstört, sondern er verändert sich.

Ich betrachte Klimawandel als das weltweit zentrale Problem, aber nicht für den Bayerischen Wald. Wir leben hier in einer Gegend, wo die Erderwärmung nicht so problematisch ist wie anderswo. Für die landwirtschaftliche Produktion ist sie allerdings problematischer als für den Wald. Wir müssen den Klimawandel schnellstens stoppen. Unsere Kinder werden sowieso noch manche negative Folgen erleben müssen.

Kann der Park Umweltbewusstsein schaffen? In Ihren Büchern sprechen Sie von Natur, aber nicht von Umwelt.
Ein Nationalpark kann auf jeden Fall Naturbewusstsein – und damit auch Umweltbewusstsein – fördern. Ich halte es für ganz wichtig, dass der Mensch ein gutes Naturbewusstsein hat, denn das kann sich dann darauf auswirken, wie er mit der Umwelt insgesamt umgeht.

Ist der Nationalpark jetzt in trockenen Tüchern oder sehen sie weiterhin Gefahren für den Park? In den USA sieht man, dass Teile von Wildnisgebieten und von Nationalparks umdefiniert werden.
Ich glaube nicht, dass in Bayern ein Problem besteht. Da ist die Mehrheit der Bevölkerung für den Nationalpark. Es gibt immer mehr Menschen aus den Ballungszentren, die sich freuen, ursprüngliche Natur erleben zu können und nicht nur an Äckern spazieren gehen zu müssen.

Wen wünschen Sie sich als Besucherinnen und Besucher für den Nationalpark?
Als Besucher wünsche ich mir Menschen, die Natur erleben wollen. Dafür gibt es auch keine Grenze. Es gibt relativ wenige, die kreuz und quer durch den Wald gehen. Ob auf einem Wanderweg aber Hunderte oder Tausende unterwegs sind, ist unerheblich. Es geht darum, dass in einem Nationalpark die Menschen sich nicht naturschädlich, sondern naturfreundlich verhalten und sich an die Regeln für den Schutz der Natur halten.

Sehen Sie eine Chance für einen dritten Nationalpark in Bayern? Die Vorstöße für einen Nationalpark im Steigerwald und in den Donauauen drohen zu scheitern.
Natürlich wären weitere Nationalparks sinnvoll! Aber die Entscheidungen werden ja nicht aus sachlichen, sondern aus politischen Gründen gefällt. Ob ein neuer Park beschlossen wird, hängt von der Staatsregierung ab. Wenn der/die richtige Landwirtschaftsminister/in im Amt ist, und der/die richtige Umweltminister/in, dann werden neue Nationalparke zustande kommen. Wenn aber jemand wie Herr Söder als Ministerpräsident im Amt ist, einer, der nicht anecken will, dann wird kein neuer Park beschlossen. Die Mehrheit der Bevölkerung wäre sogar dafür, im Steigerwald einen Nationalpark einzurichten. Und es wäre auch richtig in den Donauauen einen Nationalpark einzurichten. Von der bayerischen Landfläche sollten wenigstens 10–15 Prozent der Natur überlassen werden. Zurzeit sind es nur etwa 6 bis 7 Prozent.

Wo sehen Sie die größten Verdienste Ihrer Nachfolger als Leiter des Nationalparks? Und was hätten Sie vielleicht anders gemacht?
Meine Nachfolger haben die Nationalparkzielsetzung aufrechterhalten: dass es in Nationalparken um ursprüngliche Natur geht. Was ich mir gewünscht hätte, wäre, dass man im Bayerischen Wald weniger Rücksicht nimmt auf einzelne Kommunalpolitiker. Ich hätte mir auch gewünscht, dass man schneller und konsequenter neue Naturzonen ausweist, insbesondere im Erweiterungsgebiet. Das hat man immer wieder aufgeschoben.

Ansonsten muss man alles aus der jeweiligen Zeit heraus sehen. Manch einer wollte keinen Ärger mit dem Ministerium und hat deshalb den Borkenkäfer stärker bekämpft als aus meiner Sicht nötig.

Es ist die Aufgabe der Verwaltung, unabhängig von den wechselnden Politikern, die Ziele des Nationalparks durchzusetzen. Ein Beamter ist unkündbar. Der kann und sollte ganz zur Sache stehen. Aber wenn einem das Ansehen beim Kommunalpolitiker wichtiger ist als der Auftrag der Naturerhaltung, dann kommt nichts Gutes heraus.

Wem möchten Sie für die Unterstützung beim Aufbau des Nationalparks danken?
Persönlichkeiten aus der Region. Dem einen oder anderen Abgeordneten, auch dem einen oder anderen Landrat. So Karl Bayer als Landrat und Landtagsabgeordneten und Landrat Schumertl. Auch einigen Vereinsvorsitzenden. Es sind Persönlichkeiten, nicht Organisationen.

Mit 72,3 Prozent Naturzone erfüllt der Nationalpark jetzt fast die internationalen Kriterien. Ist jetzt alles erreicht?
»Fast«. Aber leider nicht ganz! Das Ziel von mindestens 75 Prozent Naturzonenfläche ist bis heute in fast allen deutschen Nationalparken nicht erreicht. 2020 ist 50jähriges Jubiläum des Nationalparks Bayerischer Wald. Dass Nationalparke internationalen Regeln entsprechen, bedeutet, um es noch einmal zu betonen, dass drei Viertel ihrer Fläche der Natur überlassen werden. Das ist ja auch im Nationalpark Bayerischer Wald noch nicht der Fall. Die Naturzone im Jubiläumsjahr endlich zu vergrößern, wäre die wichtigste Entscheidung überhaupt.

Sie haben zahlreiche Preise und Auszeichnungen erhalten. Auf welche sind Sie heute am stolzesten?
Ich möchte sagen, dass ich auf Auszeichnungen nicht stolz bin, sondern dass ich dankbar bin, dass mir die Chance gegeben wurde, ein Stück Natur sich wieder als ursprüngliche Natur entwickeln zu lassen. Als ein Stück der Schöpfung Gottes. Mein Glaube hat für mich eine zentrale Rolle gespielt. Ich bin dankbar dafür, dass ich in meinem Berufsleben geführt wurde.

Ich weiß heute gar nicht mehr, welche Auszeichnungen ich erhalten habe. Sie waren hilfreich für den Nationalpark, denn damit wurde ja nicht nur ich, sondern auch der Nationalpark ausgezeichnet.

Haben Sie einen Lieblingsort im Nationalpark?
Schon. Es gibt verschiedene Orte. Aber einer ist zum Beispiel der Seelensteig in einem Gebiet unterhalb vom Rachel, wo der Rest eines kleinen Urwaldes noch existiert. Da war ich voriges Jahr wieder. Wir haben dort einen Rundweg als Naturbegegnungsweg am »Seelensteig« angelegt. Es gibt auch ein paar Plätze am Lusen, wo ich gern bin und wo ich heute noch hingehen kann.

Abb. 5
Minister Eisenmann (hält das »Europa Nostra« Diplom für das Besucherzentrum bei Neuschönau, später Hans-Eisenmann-Haus) mit den Architekten und Bibelriether (zweiter von rechts), 1983.

Wie werden Sie den Geburtstag des Nationalparks feiern? Und wo würden Sie ihn gern feiern?
Wenn es nur eine politische Feier gibt, dann geh ich wohl nicht hin. Gern mitfeiern würde ich den Geburtstag im Hans-Eisenmann-Haus. Wir haben das Besucherzentrum bewusst in Hans-Eisenmann-Haus umbenannt, denn ohne Minister Eisenmann hätte es den Park ja nicht gegeben. Das Eisenmann-Haus liegt in einer Gegend, in der natürlicher Wald sich eindrucksvoll entwickelt hat.

Was würden Sie sich als Geburtstagsgeschenk für den Nationalpark wünschen?
Ich wünsche mir, dass der älteste Nationalpark Deutschlands zum 50jährigen Jubiläum rechtsverbindlich mehr als 75 Prozent seiner Fläche der Natur überlässt.
    Man könnte meines Erachtens im Nationalpark problemlos auch 90 Prozent der Fläche der natürlichen Entwicklung überlassen. Was ich mir wünsche: Dass im Nationalpark auf möglichst großer Fläche dies geschieht.

Anmerkungen

Wie die Nationalparkidee in den Bayerischen Wald kam
Maximilian Stuprich

1. Patrick Kupper, *Wildnis schaffen: Eine transnationale Geschichte des Schweizerischen Nationalparks* (Bern 2012), 43.
2. Andreas Knaut, *Zurück zur Natur: Die Wurzeln der Ökologiebewegung* (Bonn 1993), 13–16.
3. Wilhelm Wetekamps Rede vom 30. März 1898, *Stenographische Berichte über die Verhandlungen des Preußischen Hauses der Abgeordneten* 6, 59 (1898), Sitzung Berlin 1898, 1958 f.
4. Wetekamp, Rede vom 30. März 1898, 1959.
5. Raymond H. Dominick, *The environmental movement in Germany, prophets and pioneers, 1871–1971* (Indianapolis 1992).
6. Hugo Conwentz, *Die Gefährdung der Naturdenkmäler und Vorschläge zu ihrer Erhaltung*, Denkschrift, dem Herrn Minister der geistlichen, Unterrichts- und Medizinal-Angelegenheiten überreicht (Berlin 1904).
7. Knaut, *Zurück zur Natur*, 370–376.
8. Kupper, *Wildnis schaffen*, 48–51.
9. Referentenbesprechung betreffend Schutz der Naturdenkmäler, 22. Dez.1904, BayHStA, MF 84427, 11.
10. Landesausschuss für Naturpflege, 28. April 1906, StALa, Forstamt Zwiesel, 1153.
11. Richard Hölzl, »Naturschutz in Bayern zwischen Staat und Zivilgesellschaft: Vom liberalen Aufbruch bis zur Eingliederung in das NS-Regime, 1913–1945« in *Bund Naturschutz Forschung* 11 (2013), 21.
12. Landesausschuss für Naturpflege an das Staatsministerium des Innern, 4. Aug. 1906, BayHStA, MK 14474.
13. Max Haushofer, »Der Schutz der Natur« in *Veröffentlichungen des Bayerischen Landesausschusses für Naturpflege* 1 (1907), 12.
14. Knaut, *Zurück zur Natur*, 378 f.
15. Verein Naturschutzpark, Hg., *Naturschutzparke in Deutschland und Österreich* (1910), 13 f.
16. Friedrich Regensberg, »Nochmals zur Frage des Naturschutzes« in *Heimatschutz* 7, 2 (1911), 80–82.
17. »Naturschutzparke« in *Augsburger Abendzeitung*, 08. Dez. 1910, 10, StALa, Forstamt Zwiesel 2137.
18. »Vortrag des Vereins Naturschutzpark« in *Donauzeitung* 4, 15. Dez. 1910, StALa, Forstamt Zwiesel 2137.
19. *VI. Jahresbericht des Landesausschusses für Naturpflege in Bayern* (1911), 27.
20. Verein Naturschutzpark, Hg., *Naturschutzparke*, 16 f.
21. Ministerialforstabteilung an die Regierung von Niederbayern, Kammer der Forsten, 11. Jan. 1913, StALa, Forstamt Zwiesel 2136.
22. Ministerialforstabteilung an die Regierung von Niederbayern, StALa, Forstamt Zwiesel 2136.
23. Forstamtsassessor Zwieseler Waldhaus an das Forstamt Zwiesel West, 22. Juni 1914, StALa, Forstamt Zwiesel 2137.
24. Kupper, *Wildnis schaffen*, 34–37.
25. Kupper, *Wildnis schaffen*, 11 f.
26. Kupper, *Wildnis schaffen*, 48–51.
27. Knaut, *Zurück zur Natur*, 351 f.

28 Haushofer, »Der Schutz der Natur«, 12.
29 »Eine Wanderung im Urwald am Kubani« in *Naturschutzparke in Deutschland und Österreich: Ein Mahnwort an das deutsche und österreichische Volk,* hg. von Verein Naturschutzpark (Stuttgart 1912), 37–41.
30 Frank Uekötter, *Deutschland in Grün: Eine zwiespältige Erfolgsgeschichte* (Bonn 2015), 38.
31 Cornelia Oelwein, *Auf den Spuren des Löwen in Bayern* (Dachau 2004), 221–231.
32 *Blätter für Naturschutz und Naturpflege* 1 (1918), 1–3.
33 Denkschrift über die Errichtung eines Naturschutzgebietes am Königssee, 04. Dez. 1919, BayHStA, MK 14475.
34 Hölzl, »Naturschutz in Bayern zwischen Staat und Zivilgesellschaft«, 22 f.
35 Richard Hölzl, »Naturschutz in Bayern von 1905–1945: der Landesausschuss für Naturpflege und der Bund Naturschutz zwischen privater und staatlicher Initiative« in *Regensburger Digitale Texte zur Geschichte von Kultur und Umwelt* 1 (2005), 89 f.
36 Dr. Schweyer an die Regierung von Oberbayern, 24. Mai 1924, BayHStA, MK 14475.
37 Forstamt Zwiesel Ost an die Ministerialforstabteilung, 23. Jan.1925, BayHStA MF 84430.
38 Michael Haug, »Entstehungsgeschichte des Nationalparks Bayerischer Wald und Entwicklung seit 1969« in *Eine Landschaft wird Nationalpark – Schriftenreihe Bay. StMELF* 11, hg. von Reinhard Strobl und Michael Haug (Grafenau 1983), 36.
39 Bekanntmachung des Forstamts Berchtesgaden, 25. Aug. 1934, BayHStA, MF 84432.
40 Frank Uekötter, *The Green and the Brown: A History of Conservation in Nazi Germany* (Cambridge 2006), 30–32.
41 Uekötter, *The Green and the Brown,* 67–69.
42 Reichsnaturschutzgesetz vom 26. Juni 1935, *Reichsgesetzblatt* 821, 1.
43 Thomas Lekan, »It shall be the Whole Landscape: The Reich Nature Protection Law and Regional Planning in the Third Reich,« in *How Green were the Nazis?* hg. von Thomas Zeller, et al. (Athens 2005), 74 f.
44 Reichsnaturschutzgesetz vom 26. Juni 1935, *Reichsgesetzblatt* 821, 1, § 18 Reichsnaturschutzgebiete, 4.
45 Uekötter, *The Green and the Brown,* 99–100.
46 Kai Artinger, »Lutz Heck, Der Vater der Rominter Ure« in *Der Bär von Berlin* Jahrbuch (1994), 125 f.
47 Jan Weber, »Reaktion auf öffentlichen Druck, Zoo Berlin will seine Nazi-Vergangenheit aufarbeiten« in *Humanistischer Pressedienst,* 09. Dez. 2015.
48 Bernhard Gissibl, »A Bavarian Serengeti, Space, Race and Time in the Entangled History of Nature Conservation in East Africa and Germany« in *Civilizing Nature: National Parks in Global Historical Perspective,* hg. von Bernhard Gissibl, Sabine Höhler und Patrick Kupper (New York 2015), 111 f.
49 Bernd A. Rusinek, »Wald und Baum in der arisch-germanischen Geistes- und Kulturgeschichte, Ein Forschungsprojekt des Ahnenerbe der SS 1937–1945« in *Der Wald, Ein deutscher Mythos? Perspektiven eines Kulturthemas,* hg. von Albrecht Lehmann und Klaus Schriewer (Berlin 2000), 357.
50 Uekötter, *The Green and the Brown,* 72 f.
51 Heinrich Rubner, »Hundert bedeutende Forstleute Bayerns« in *Mitteilungen aus der Staatsforstverwaltung* 47 (1994), 306 f.
52 Niederschrift über Errichtung der gemeinsamen Naturschutzstelle, 16. Juli 1936, StALa, Forstamt Zwiesel 1153.
53 Hans Bibelriether, *Natur Natur sein lassen: Die Entstehung des ersten Nationalparks Deutschlands: Der Nationalpark Bayerischer Wald* (Freyung 2017), 7.
54 Michale Unger, »Die Zentralisierung der bayerischen Staatsforstverwaltung« in *Staat und Gaue in der NS-Zeit, Bayern 1933–1945,* hg. von Hermann Rumschöttel und Walter Ziegler (München 2004), 370.
55 Rühm, Niederschrift der Bereisung des Bayerisch-Böhmischen Waldes, 14. Juni 1939, BayHStA, MF 84434, S.3.
56 Niederschrift der Bereisung durch die Oberste Naturschutzbehörde, StALa, Forstamt Zwiesel 2542, 3–5.

57 Bayerischer Waldverein an das Forstamt Zwiesel-West, 08.07.1939, StALa, Forstamt Zwiesel 2542.
58 Hubmann an Mantel, 09.Aug.1939, BayHStA, MF 84434.
59 Der Reichsstatthalter an die Landesforstverwaltung, 20. Okt.1939, BayHStA MF 84434.
60 Walther Schoenichen, Naturschutz als völkische und internationale Kulturaufgabe, Eine Übersicht über die allgemeinen, die geologischen, botanischen, zoologischen und anthropologischen Probleme des heimatlichen wie des Weltnaturschutzes (Jena 1942), 54f, sowie Haug, »Entstehungsgeschichte«, 36–38.
61 »Der ganze Böhmer Wald unter Landschaftsschutz gestellt« in *Völkischer Beobachter*, 19. Aug.1940, BayHStA MF 84434.
62 Patrick Kupper, »Der Nationalpark Hohe Tauern« in *Naturschutz und Naturparke* 226 (2013), 12–15.
63 Helmut W. Schaller, »Bayerische Ostmark, 1933–1945« in *Historisches Lexikon Bayerns*, 26. Apr. 2007, aufgerufen am 06. Apr. 2020, http://www.historisches-lexikon-bayerns.de/Lexikon/Bayerische_Ostmark,_1933-1945.
64 Ernennung neuer Naturschutzbeauftragter, 22. Dez..1940, StALa, Forstamt Zwiesel 2542.

Der erste Transnationalpark Deutschlands
Bernhard Gißibl

1 *Münchener Punsch*, 14. März 1858, 83.
2 Heinrich Robert Göppert, *Skizzen zur Kenntnis der Urwälder Schlesiens und Böhmens* (Dresden 1868), 18. Heinrich Robert Göppert, »Über die Urwälder Deutschlands, insbesondere des Böhmerwaldes« in *Österreichische Zeitschrift für Pharmacie* (1866), 381–385.
3 Bernhard Grzimek, »Primitiv-Zoo oder Nationalpark im Bayerischen Wald?« in *Das Bayerland* (1967), 40.
4 Raymond F. Dasmann, »Development of a Classification System for protected natural and cultural Areas« in *Second World Congress* (1972), 390.
5 Friedemann Schmoll, *Erinnerung an die Natur. Die Geschichte des Naturschutzes im deutschen Kaiserreich* (Frankfurt a. M. 2004), 115–118.
6 »Eine Naturschönheit in Californien« in *Mittheilungen der kaiserlich-königlichen Geographischen Gesellschaft Wien* 14 (1871), 91.
7 United States Congress, »An Act to set apart a certain Tract of Land lying near the Headwaters of the Yellowstone River as a public Park«, 42. Congress, Sess. II, Ch. 21–24, Kapitel XXIV 32–33 (Washington, D. C. 1872).
8 Karen Jones, »Unpacking Yellowstone: The American National Park in Global Perspective« in *Civilizing Nature: National Parks in Global Historical Perspective*, hg. von Bernhard Gissibl, Sabine Höhler und Patrick Kupper (Oxford 2012), 31–49 sowie Melissa Harper and Richard White, »How National Were the First National Parks? Comparative Perspectives from the British Settler Societies« in *Civilizing Nature: National Parks in Global Historical Perspective*, hg. von Bernhard Gissibl, Sabine Höhler und Patrick Kupper (Oxford 2012), 50–67 und John Sheail, *Nature's Spectacle: The World's First National Parks and Protected Places* (London 2010) und auch John M. MacKenzie, *The Empire of Nature: Hunting, Conservation and British Imperialism* (Manchester 1988), 261–294.
9 Dazu ausführlich Patrick Kupper, »Translating Yellowstone: Early European National Parks, Weltnaturschutz and the Swiss Model« in *Civilizing Nature: National Parks in Global Historical Perspective*, hg. von Bernhard Gissibl, Sabine Höhler und Patrick Kupper (Oxford 2012), 123–139, und Patrick Kupper, *Wildnis schaffen: Eine transnationale Geschichte des Schweizer Nationalparks* (Bern 2012).
10 Ausschlaggebend hierfür waren besonders die Berichte der Hayden-Expedition, von denen sich nachweislich auch Karl May in seiner Imagination des amerikanischen Westens inspirieren ließ, siehe Bernhard Koscziusko, »›Eine gefährliche Gegend‹: Der Yellowstone-Park bei Karl May« in *Jahrbuch der Karl-May-Gesellschaft* (1982), 196–210.

11 Johann Gottlieb Schoch, »Nationalparks: Botanische Schutzgebiete und Landesverschönerung« in *Die Gartenkunst* IV (1902), 65–71.
12 Auch diese Praxis wurde seit den 1890er Jahren von Vorbildern in den USA beeinflusst, beispielsweise den 1890 eingerichteten Chickamauga and Chattanooga National Park, der an Schlachten des Amerikanischen Bürgerkrieges erinnerte. Ähnlich verfahren wurde auch in Dänemark mit der Einrichtung eines Nationalparks am Düppeler Schlachtfeld in den 1920er Jahren.
13 »Vom Gottesgarten bei Zößnitz« in *Allgemeine deutsche Gärtner-Zeitung* 20 (1910), 178 f.
14 Konrad Günther, *Der Naturschutz* (Freiburg 1910) sowie Konrad Günther, »Eine deutsche Freiheide« in *Blätter für Aquarien- und Terrarienkunde* 21 (1910), 175.
15 M. Emmerich, »Naturschutzparke« in *Niederbayerische Monatsschrift* 9 (1911). Siehe dazu Hubert Weinzierl, *Die Krönung des Naturschutzgedankens: Deutschlands Nationalpark im Bayerischen Wald soll Wirklichkeit werden* (Grafenau 1968), 40 f.
16 Zum Beispiel »Lichtbildervortrag über Naturschutzparke« in *Rosenheimer Anzeiger* 67, 22. März 1911.
17 »Ein Naturschutzpark« in *Böhmerwald-Volksbote*, 19. Juli 1913, 3.
18 Der Leiter der staatlichen preußischen Stelle für Naturdenkmalpflege Hugo Conwentz selbst bereiste das Gebiet und leitete 1912 seine wissenschaftliche Inventarisierung in die Wege, siehe Hugo Conwentz, »Fürstlich Hohenzollernsches Naturschutzgebiet im Böhmerwald« in *Journal of Ecology* 1, 3 (1913), 16 f. Nach Gründung der Tschechoslowakei wurde das Reservat anscheinend 1922 erneut ausgewiesen siehe *Wiener Allgemeine Forst- und Jagdzeitung*, 28. Juli 1922, 178.
19 Zum geringen Bekanntheitsgrad dieses Reservats gegenüber dem Kubany siehe Hans Michal, »Das staatliche, ehemals Hohenzollern'sche Naturschutzgebiet im Böhmerwalde« in *Pilsener Tagblatt*, 30. Aug. 1927, 3.
20 Göppert, *Skizzen*, 18.
21 »Der Böhmerwald« in *Pilsner Zeitung*, 22. März 1871, 1 f.
22 Zum Beispiel »Über Riesenbäume und böhmische Urwälder« in *Jagd-Zeitung*, 31. Juli 1870, 415 f.
23 Zum Beispiel Hans von der Halde, »Ein Urwald« in *Wienerwald-Bote*, 8. März 1913, 1 f.
24 Walther Schoenichen, *Urwaldwildnis in deutschen Landen: Bilder vom Kampf des deutschen Menschen mit der Urlandschaft* (Neudamm 1934) sowie Walther Schoenichen, »Der Urwald am Kubany, ein sudetendeutsches Naturschutzgebiet« in *Der Naturforscher* 15 (1938/39), 253–257.
25 Regierungsforstrat Rühm an Ministerialdirektor Erb, 14. Juni 1939, BayHStA, ML 10547.
26 Siehe zum Beispiel »Am Kubany: Ein Urwald im Herzen von Europa« in *Hamburgischer Correspondent*, 4. Juni 1929, 6.
27 Raf de Bont, »A World Laboratory: Framing the Albert National Park« in *Environmental History* 22, 3 (2017), 404–432.
28 Thomas M. Bohn, Aliaksandr Dalhouski und Markus Krzoska, *Wisent-Wildnis und Welterbe. Geschichte des polnisch-weißrussischen Nationalparks von Białowieża* (Weimar 2017), 85–96.
29 Walter Mielenz, »Der deutsche Nationalpark der Zukunft« in *Altonaer Nachrichten*, 11. Apr. 1933.
30 Weinzierl, *Krönung des Naturschutzgedankens*.
31 Julian Huxley, *The Conservation of Wild Life and Natural Habitats in Central and East Africa. Report on a Mission accomplished for UNESCO in July-September 1960* (Paris 1961), 94.
32 Weinzierl, *Krönung des Naturschutzgedankens*, 131–155.
33 Michael Haug, »Entstehungsgeschichte des Nationalparks Bayerischer Wald und Entwicklung seit 1969« in *Eine Landschaft wird Nationalpark – Schriftenreihe Bayer. StMELF* 11, hg. von Reinhard Strobl und Michael Haug (Grafenau 1983), 35–78, 53. Diese Referenzen dürfte der Landtag dem landschaftsökologischen Gutachten von Wolfgang Haber entnommen haben.
34 Weinzierl, *Krönung des Naturschutzgedankens*, 150.
35 Hubert Weinzierl, *Zwischen Hühnerstall und Reichstag: Erinnerungen* (Regensburg 2008),

70 sowie Georg Sperber, »Entstehungsgeschichte eines ersten deutschen Nationalparks im Bayerischen Wald« in *Natur im Sinn. Beiträge zur Geschichte des Naturschutzes*, hg. von Stiftung Naturschutzgeschichte (Essen 2001), 73.

36 Siehe dazu Bernhard Gissibl, »A Bavarian Serengeti: Space, Race and Time in the Entangled History of Nature Conservation in East Africa and Germany« in *Civilizing Nature National Parks in Global Historical Perspective*, hg. von Bernhard Gissibl, Sabine Höhler und Patrick Kupper (Oxford 2012), 102–122 sowie Bernhard Gissibl, *The Nature of German Imperialism: Conservation and the Politics of Wildlife in colonial East Africa* (Oxford 2016), 299–316.
37 Grzimek an Goppel, 2. Okt. 1967, Anlage, BayHStA, StK 17031.
38 Haug, »Entstehungsgeschichte«, 54.
39 Zitiert nach Haug, »Entstehungsgeschichte«, 116.
40 Stenographische Berichte des Bayerischen Landtags, 73. Sitzung, 11. Juni 1969, 3600.
41 Man kann darin durchaus Parallelen zum gegenwärtigen »Rewilding«-Diskurs erkennen, auch wenn die von den Tieren erwartete agency eine gänzlich andere war: Während der aktuelle Rewilding-Diskurs die eingeführten Arten beispielsweise als aktive und dynamische Landschaftsgestalter in einem zumindest theoretisch offenen Verwilderungsprozess versteht, so argumentierten Grzimek und seine Unterstützer mit dem »Nationalpark-Effekt« einer sich an menschliche Präsenz gewöhnenden, quasi domestizierten Fauna.

Eine Tierfreistätte in »Bayrisch-Sibirien«?
Ute Hasenöhrl

1 Der vorliegende Beitrag basiert auf einem Kapitel meiner Dissertationsschrift zur Geschichte der bayerischen Naturschutz- und Umweltbewegung, die 2011 im Verlag Vandenhoeck & Ruprecht erschienen ist. Dort finden sich ausführliche Quellenbelege. Siehe Ute Hasenöhrl *Zivilgesellschaft und Protest. Eine Geschichte der Naturschutz- und Umweltbewegung in Bayern 1945–1980 – Umwelt und Gesellschaft Band* 2 (Göttingen 2011), 235–256.
2 Männer und Frauen engagierten sich für die Entstehung des Nationalparks Bayerischer Wald. Da in den 1960er Jahren allerdings überwiegend Männer öffentlich für den Naturschutz aktiv wurden, wird in diesem Text die Form »Naturschützer« verwendet.
3 Zitiert nach Michael Haug, »Entstehungsgeschichte des Nationalparks Bayerischer Wald und Entwicklung seit 1969« in Michael Haug und Reinhard Strobl, *Eine Landschaft wird Nationalpark – Schriftenreihe Bay. StMELF* 11, 2. Auflage (Grafenau 1993), 42.
4 Siehe das Kapitel von Gißibl in diesem Band.
5 Hubert Weinzierl, Anmerkungen zum Gutachten von Herrn Prof. Dr. Haber *Nationalpark im Bayerischen Wald* 1968, BayHStA, StK 17033.
6 Hubert Weinzierl, »Wie steht es um den deutschen Nationalpark? Bilanz nach einjähriger Diskussion«, Zur gemeinsamen Sitzung der Kreistage von Wolfstein, Grafenau und Wegscheid über das Thema »Nationalpark im Bayerischen Wald« in Freyung am 14. Feb. 1967, BayHStA, StK 17031.
7 Hubert Weinzierl, Anmerkungen zum Gutachten, BayHStA, StK 17033.
8 Stellungnahme Bay. StMELF an Bayerische Staatskanzlei, 31. Aug.1966, BayHStA, StK 17030.
9 Stellungnahme Bay. StMELF an Bayerische Staatskanzlei, BayHStA, StK 17030.
10 Hubert Weinzierl, »Wie steht es um den deutschen Nationalpark?«, BayHStA, StK 17031.
11 Landesfischereiverband Bayern, Memorandum zur Errichtung des Deutschen Nationalparkes im Bayerischen Wald, München 1967, BayHStA, StK 17031.
12 Nationalpark, in Landesdienst Bayern DPA lb 25, 20. Mai 1969, BayHStA, StK 17034.
13 Guido Fuchs, »Ein Platz für Bären und Luchse« in *Abendzeitung*, 2. Feb.1967, abgedruckt in Michael Haug und Reinhard Strobl, *Eine Landschaft wird Nationalpark – Schriftenreihe des Bay. StMELF* 11, 2. Auflage (Grafenau 1993), 105–107.
14 Herbert Riehl-Heyse, »Freie Bahn für Wisente im Bayerischen Wald« in *Süddeutsche Zeitung*, 21. Mai 1969, abgedruckt in Michael Haug und Reinhard Strobl, Hg., *Eine Landschaft wird Nationalpark – Schriftenreihe Bay. StMELF* 11, 2. Auflage (Grafenau 1993), 117 f.

15　Deutscher Naturschutzring, »Europäisches Naturschutzjahr«, o. J., in BayHstA, StK 17024.
16　Weinzierl (Bund Naturschutz in Bayern) an Ministerpräsident Alfons Goppel, 1977, in Privatarchiv Hubert Weinzierl, Wiesenfelden.
17　Protokoll Vorstandssitzung des Bund Naturschutz in Bayern, 6. Sept. 1977, in Privatarchiv Hubert Weinzierl, Wiesenfelden.
18　Alexandra Rigos, »Die Wut der Waldler« in *Spiegel* 47 (1997), 225.
19　Rigos, »Die Wut der Waldler«, 221.
20　Vertreter der Bürgerbewegung gegen die Nationalparkerweiterung, in Rigos, »Die Wut der Waldler«, 221.
21　Siehe das Kapitel von Ammer in diesem Band.
22　»Vom Försterforst zum stabilen Naturwald«, Interview mit Hans Bibelriether, o. D., aufgerufen am 18. Nov. 2019, https://www.bund-naturschutz.de/bund-naturschutz/erfolge-niederlagen/nationalpark-bayerischer-wald/interview-mit-hans-bibelriether.html.
23　Siehe hierzu die Kapitel von Job und Mayer in diesem Band.

Die Teilung des Eisernen Vorhangs
Pavla Šimková

1　Für Gespräche, Anregungen und wertvolle Unterstützung bei der Recherche für diesen Beitrag möchte ich Pavel Bečka, Marco Heurich und Hans Kiener danken.
2　Die deutsche Delegation bestand aus Dr. Bibelriether (Nationalpark Bayerischer Wald), Herrn Lochbihler (Oberforstdirektion Regensburg), Herrn Kiener (Nationalpark Bayerischer Wald) und Herrn Makas (Forstamt Mauth). Die tschechischen Teilnehmer waren Ing. Sloup (Westböhmische staatliche Wälder), Dr. Bílek (Westböhmische Kreisbehörde), Ing. Trávník (Forstbetrieb Kašperské Hory), Herr Ostádal (Forstverwaltung Modrava), Ing. Bečvář (Forstbetrieb Františkovy Lázně), Ing. Vrátný (Südböhmische staatliche Wälder) und Ing. Novák (Forstbetrieb Vimperk).
3　*Europas wildes Herz/Divoké srdce Evropy. Nationalparke Šumava und Bayerischer Wald/ Národní parky Šumava a Bavorský les*. Natura 2000 (Landau a. d. Isar u. a. 2007), 12.
4　Siehe zum Beispiel Emanuel Purkyně, »Výlet do Šumavy«, in *Živa* 1 (1855), 12–19. Für weiterführende Hinweise siehe Jana Piňosová, *Inspiration Natur. Naturschutz in den böhmischen Ländern bis 1933* (Marburg 2017), 105–107.
5　Pavel Hubený, »Boubínský prales. Krátce o pralese a jeho historii« in *Šumava: Čtvrtletník Správy NP a CHKO Šumava* (2008), 4 f.
6　Richard Hölzl, »Naturschutz in Bayern zwischen Staat und Zivilgesellschaft: Vom liberalen Aufbruch bis zur Eingliederung in das NS-Regime, 1913–1945« in *Bund Naturschutz Forschung* 11 (2013), 50 f.
7　Hans Bibelriether, »Grenzüberschreitende Parke: Bausteine für den Frieden mit der Natur und Frieden zwischen den Menschen« in *Nationalpark* 59, 2 (1988), 4 f.
8　Hubert Weinzierl, »Intersilva: Waldnationalpark im Herzen Europas« in *Nationalpark* 66, 1 (1990), 18.
9　»Jetzt Weichen für Europapark stellen« in *Nationalpark* 67, 2 (1990), 15.
10　»Šumava, quo vadis?« in *Nationalpark* 85, 4 (1994), 32.
11　»Šumava, quo vadis?«, 32.
12　Seit 1991 nahm die Zone I 22 Prozent der Nationalparkfläche ein.
13　Siehe die gemeinsame Broschüre *Europas wildes Herz/Divoké srdce Evropy: Nationalparke Šumava und Bayerischer Wald/Národní parky Šumava a Bavorský les*. Natura 2000 (Landau a. d. Isar 2007).
14　Nationalparkverwaltung Bayerischer Wald, *Jahresbericht 2017* (Grafenau 2018), 40.
15　»Výrok dne: Mordor na Šumavě« in *Respekt*, 22. Feb. 2017.

Im Woid dahoam
Christian Binder

1. Hermann Bausinger, *Typisch Deutsch: Wie deutsch sind die Deutschen?* (München 2005), 72.
2. Josef Friedrich Lentner zitiert nach Paul Praxl, »Vorbemerkungen zum Beitrag ›Zur Volkskunde‹« in *Der Landkreis Freyung-Grafenau*, hg. von Paul Praxl (Freyung 1982), 262.
3. Vgl. hierzu Beate Binder, »Heimat als Begriff der Gegenwartsanalyse? Gefühle der Zugehörigkeit und soziale Imaginationen in der Auseinandersetzung um Einwanderung« in *Zeitschrift für Volkskunde* 1 (2008), 5.
4. Manuel Trummer und Christian Binder, »Heimat Hinter(m)wald? Charakterbilder aus Bayerisch Sibirien« In: *Der Halbwilde Wald, Nationalpark Bayerischer Wald: Geschichte und Geschichten*, hg. von Herbert Pöhnl (München 2012), DVD.
5. Interview mit P. S. (58 Jahre), 18. Juli 2019. Die Interviews in diesem Beitrag wurden in Form eines Ero-Epischen Gespräch (nach Roland Girtler) geführt und sind als Fortführung der Interviews zum Artikel »Heimat Hinter(m)wald?« von Trummer und Binder gedacht.
6. Joseph von Hazzi, *Statistische Aufschlüsse über das Herzogthum Baiern, aus ächten Quellen geschöpft. Ein Beitrag zur Länder- und Menschenkunde* (München 1805), 101–102.
7. Heutzutage würde man gerne alles auf eine Tradition seit den Kelten zurückführen ohne Rücksicht auf eine mehrhundertjährige Traditionslücke während der römischen Besatzung und der dann anschließenden Christianisierung.
8. Silke Göttsch, »Volkskultur« in *Handbuch Populärer Kultur. Begriffe, Theorien und Diskussionen*, hg. von Hans-Otto Hügel (Stuttgart 2003), 84.
9. Bernhard Grueber und Adalbert Müller (1846), *Der Bayerische Wald (Böhmerwald)* (Regensburg 1976).
10. Grueber und Müller, *Der Bayerische Wald*, 27.
11. Grueber und Müller, *Der Bayerische Wald*, 23–25.
12. Grueber und Müller, *Der Bayerische Wald*, 25.
13. Grueber und Müller, *Der Bayerische Wald*, 70.
14. Herbert Pöhnl, Hg., *Der Halbwilde Wald, Nationalpark Bayerischer Wald: Geschichte und Geschichten* (München 2012), 71. Zum Bayerischen Waldverein siehe hierzu: Jörg Haller, *»Wald Heil!« Der Bayerische Wald-Verein und die kulturelle Entwicklung der ostbayerischen Grenzregion 1883 bis 1945*, herausgegeben von Konrad Köstlin und Klara Löffler (Grafenau 1995).
15. Vgl. Trummer und Binder, »Heimat Hinter(m)wald?«, 7.
16. Siehe hierzu Binder, *Fotografierte Realität? Der Bayerische Wald in Bildern von Hanns Hubmann und Artur Grimm*, unveröffentlichte Magisterarbeit (Regensburg 1999), sowie Christian Binder, »Waidlerklischees und nationalsozialistische Propaganda: Der Bayerische Wald in Bildern von Hanns Hubmann und Artur Grimm« in *Lichtung. Ostbayerisches Magazin* (Januar 2000), 10–14.
17. Karl Baedeker, *Süddeutschland: Reisehandbuch für Bahn und Auto* (Leipzig 1937), 432.
18. Zum Begriff »Bayerische Ostmark« siehe Diethard Schmid, »Vom Nordgau zu Ostbayern: Zum Gebrauch der Namen für die östliche Landesteile Bayerns« In *Ostbayern: Ein Begriff in der Diskussion*, hg. von Helmut Groschwitz (Regensburg 2008), 13–26.
19. Kurt Trampler, »Wanderungen in der Ostmark« in *Das Bayernland* 45 (1934), 183–208.
20. Fritz Wächtler, Hg., *Bayerische Ostmark. Nationalsozialistische Aufbauarbeit in einem deutschen Grenzgau* (Bayreuth 1936), 108.
21. Kurt Trampler, *Bayerische Ostmark: Aufbau eines deutschen Grenzlandes* (München 1935) 189.
22. Bärbel Kleindorfer-Marx, *Volkskunst als Stil: Entwürfe von Franz Zell für die Chamer Möbelfabrik Schloyerer* (Regensburg 1996), 25.
23. Pöhnl, Hg., *Der Halbwilde Wald*, 73.
24. *Im Bayerischen Wald*, Regie Jürgen Eichinger (1997) DVD.
25. *Im Bayerischen Wald*, Regie Jürgen Eichinger.

26 *Im Bayerischen Wald*, Regie Jürgen Eichinger.
27 *Im Bayerischen Wald*, Regie Jürgen Eichinger.
28 *Im Bayerischen Wald*, Regie Jürgen Eichinger.
29 Interview mit M. G. (54 Jahre), 17. Sept. 2019.
30 Sieh hierzu Albrecht Lehmann, *Von Menschen und Bäumen: Die Deutschen und ihr Wald* (Hamburg 1999), 285
31 Zitiert nach Hans Bibelriether, *Natur Natur sein lassen: Die Entstehung des ersten Nationalparks Deutschlands:Der Nationalpark Bayerischer Wald* (Freyung 2017), 230.
32 Bibelriether, *Natur Natur sein lassen*, 239.
33 Interview mit H. M. (36 Jahre), 06.Sept. 2019.
34 Interview mit M. G. (54 Jahre), 17.Sept. 2019
35 Sören Harms, »Unter allen Wipfeln ist Unruh'« in *Brand eins Neuland* 03 (2008), 22–31.
36 Rigobert Prasch, *Wald.Weide.Zeit im Bayerischen Wald* (Freyung 2018), 140–141.
37 Prasch, *Wald.Weide.Zeit.*, 140–141.
38 Martina Keller, »Zuviel Wald macht zornig« in *Zeit.* 33, 11. Aug. 1995, 45.
39 Pöhnl, Hg., *Der Halbwilde Wald*, 104.
40 Pöhnl, Hg., *Der Halbwilde Wald*, 154.
41 Andreas Glas, »Erlöse uns von dem Bösen« in *Süddeutsche Zeitung*, 189, 17./18. Aug.2019, 11–13.
42 Hubert Job, et al, *Akzeptanz der bayerischen Nationalparks – Würzburger Geographische Arbeiten Band* 122 (Würzburg 2019), 135.
43 Interview mit H. M. (36 Jahre), 06.09.2019.

Käferkämpfe
Martin Müller und Nadja Imhof

1 Dieses Kapitel ist eine gekürzte, übersetzte und aktualisierte Fassung von Martin Müller, »How Natural Disturbance Triggers Political Conflict: Bark Beetles and the Meaning of Landscape in the Bavarian Forest« in *Global Environmental Change* 21, 3 (2011), 935–46. Ebenfalls erschienen ist Martin Müller und Nadja Imhof, »Käferkämpfe: Borkenkäfer und Landschaftskonflikte im Nationalpark Bayerischer Wald« in *Landschaftskonflikte*, hg. von Karsten Berr und Corinna Jenal (Wiesbaden 2019). Doi https://doi.org/10.1007/9783-658223250_19.
2 Rüdiger Dilloo, »Das neue Grün im Bayerischen Wald« in *National Geographic Germany Magazin* 6 (2006), 158–68.
3 Siehe das Literaturverzeichnis für eine Auswahl der wichtigsten Studien.
4 Joseph G. Champ und Jeffrey J. Brooks, »The Circuit of Culture: A Strategy for Understanding the Evolving Human Dimensions of Wildland Fire« in *Society & Natural Resources* 23, 6 (2010), 573–82.
5 Rudolf. Kollböck, »Heimat geht vor« in *Deggendorfer Zeitung*, 18. Okt. 1997, 1.
6 Thomas Greider und Lorraine Garkovich, »Landscapes: The Social Construction of Nature and the Environment« in *Rural Sociology* 59, 1 (1994), 1–24.
7 Denis Cosgrove und Stephen Daniels, *The Iconography of Landscape: Essays on the Symbolic Representation, Design and Use of Past Environments* (Cambridge 1988), sowie Greider und Garkovich, »Landscapes«, 1–24.
8 Michael Williams, *Americans and Their Forests: A Historical Geography* (Cambridge 1989), XVII.
9 David Rossiter, »The Nature of Protest: Constructing the Spaces of British Columbia's Rainforests« in *Cultural Geographies* 11, 2 (2004), 139–64, sowie Daniel Trudeau, »Politics of Belonging in the Construction of Landscapes: Place-Making, Boundary-Drawing and Exclusion« in *Cultural Geographies* 13, 3 (2006), 421–43, sowie Laurie Yung, Wayne A. Freimund und Jill M. Belsky, »The Politics of Place: Understanding Meaning, Common Ground, and Political Difference on the Rocky Mountain Front« in *Forest Science* 49, 6 (2003), 855–66.

10 Bernd Stallhofer, *Grenzenloser Böhmerwald? Landschaftsnamen, Regionen und regionale Identitäten* (Kallmünz 2000).
11 Joseph Berlinger, *Grenzgänge: Streifzüge durch den Bayerischen Wald* (Passau 1994).
12 Hans Bibelriether, »Windwürfe und Borkenkäfer im Nationalpark Bayerischer Wald« in *Nationalpark* 322 (1989), 24–27.
13 Kollböck, »Heimat«.
14 »Borkenkäferbefall im Nationalpark Bayerischer Wald erhitzt Gemüter: Morddrohungen gegen Parkdirektor – Ministerpräsident Stoiber auf Informationsfahrt« *Associated Press*, 20. Okt. 1997.
15 Melanie Ludwig et al., »Discourse Analysis as an Instrument to Reveal the Pivotal Role of the Media in Local Acceptance or Rejection of a Wildlife Management Project« in *Erdkunde* 66, 2 (2012), 145.
16 Andrea Geiss, Leserbrief (Kirchdorf im Wald) in *Bayerwaldbote Zwiesel*, 29. Okt. 2005.
17 Felix Eisch, Leserbrief (Zwiesel) in *Bayerwaldbote Zwiesel*, 14. Juni 2006.
18 Guntram Dürrschmidt, Leserbrief (Spiegelau) in *Bayerwaldbote Zwiesel*, 12. Juni 2006.
19 Alex Pinter, Leserbrief (Regen) in *Bayerwaldbote Zwiesel*, 6. August 2005.
20 Otto Probst, Leserbrief (Langdorf) in *Bayerwaldbote Zwiesel*, 9. Juli 2004.
21 Michael Held, »Der Nationalpark Bayerischer Wald und seine Akzeptanz: Situationsbericht« in *Zur gesellschaftlichen Akzeptanz von Naturschutzmaßnahmen*, hg. von Norbert Wiersbinski, Karl-Heinz Erdmann und Hellmuth Lange (Bonn 1998), 23–27.
22 Siehe zum Beispiel Franz Handlos, *Unsere Bäume, Unsere Freunde* (Lindberg 2007).
23 (persönliches Gespräch)
24 Siehe hierzu das Kapitel von Hubert Job in diesem Band.
25 Marius Mayer, »Can Nature-Based Tourism Benefits Compensate for the Costs of National Parks? A Study of the Bavarian Forest National Park, Germany« in *Journal of Sustainable Tourism* 22, 4 (2014), 561–83.
26 Karl Friedrich Sinner, *Grenzenlose Waldwildnis: Nationalpark Bayerischer Wald* (Grafenau 2010).
27 Marianne Vorig, Leserbrief (Viechtach) in *Grafenauer Anzeiger*, 30. Okt. 2006.
28 Wolfgang Scherzinger, *Wilde Waldnatur: Der Nationalpark Bayerischer Wald auf dem Weg zur Waldwildnis* (Grafenau 2000), 9. Siehe hierzu auch das Kapitel von Wolfgang Scherzinger in diesem Band.
29 Gisela Kangler, *Der Diskurs um »Wildnis«: Von mythischen Wäldern, malerischen Orten und dynamischer Natur* (Bielefeld 2018).
30 Andreas Geiss, Leserbrief (Kirchdorf) in *Bayerwaldbote Zwiesel*, 22. Apr. 2006.

Wilde Tiere im Wald
Zhanna Baimukhamedova

1 James E. M. Watson et al. »The Performance and Potential of Protected Areas« in *Nature* 515, 7525 (2014), 67–73.
2 Claudia Dupke, Carsten F. Dormann und Marco Heurich, »Does Public Participation Shift German National Park Priorities Away from Nature Conservation?« in *Environmental Protection* (2018), 1–8.
3 Siehe beispielsweise eine Analyse der Nachteile des konsensbasierten Ansatzes bei Nils M. Peterson, Markus J. Peterson und Tarla Rai Peterson, »Conservation and the Myth of Consensus« in *Conservation Biology* 19, 3 (2005), 762–767 oder Connie Lewis, *Managing Conflicts in Protected Areas*, International Union for Conservation of Nature (IUCN) (Gland 1996).
4 Amy J. Dickman, »Complexities of Conflict: The Importance of Considering Social Factor for Effectively Resolving Human-Wildlife Conflict« in *Animal Conservation* 13 (2010), 458–466.
5 Siehe unter anderem etwa *Bayerische Rundschau, Bayreuther Tagblatt, Hersbrucker Zeitung*, 6. Februar 1967.

6 »Widersprüche bei den Nationalpark-Plänen« in *Münchner Merkur,* 18. März 1967.
7 »Von zehn Deutschen wollen neun den ersten Nationalpark« in *Grafenauer Anzeiger,* 7. Okt. 1967.
8 Gudrun Rentsch, *Die Akzeptanz eines Schutzgebietes. Untersucht am Beispiel der Einstellung der lokalen Bevölkerung zum Nationalpark Bayerischer Wald* (München 1988).
9 Ulrich Wotschikowsky, *Rot- und Rehwild im Nationalpark Bayerischer Wald – Schriftenreihe Bayer. StMELF 7* (München 1981), 20.
10 Jutta Gerner et al. »How Attitudes are Shaped: Controversies Surrounding Red Deer Management in a National Park« in *Human Dimensions of Wildlife: An International Journal* 17, 6 (2012), 404–417.
11 *Sterns Stunde,* 10. »Bemerkungen über den Rothirsch«, moderiert von Horst Stern, 24. Dez. 1971, Süddeutscher Rundfunk.
12 Bayerische Staatskanzlei, »Richtlinien für die Haltung von Dam-, Rot-, Sika- sowie Muffelwild (GehegewildR) vom 10. Januar 2014« in *Allgemeines Ministerialblatt* 3 (2014), 130, aufgerufen am 18. März 2020, www.gesetze-bayern.de/Content/Document/BayVwV282804.
13 Gerner et al., »How Attitudes are Shaped«.
14 Melanie Ludwig et al. »Discourse Analysis as an Instrument to Reveal the Pivotal Role of the Media in Local Acceptance or Rejection of a Wildlife Management Project« in *Erdkunde* 66, 2 (2012), 143–156.
15 Ludwig et al., »Discourse Analysis«, 149.
16 Ulrich Schraml, »Wildtiermanagement für Menschen« in *Wolf, Luchs und Bär in der Kulturlandschaft. Konflikte, Chancen, Lösungen im Umgang mit großen Beutegreifern,* herausgegeben von Marco Heurich. Stuttgart 2019. 113–142.
17 Marco Heurich et al. »Illegal Hunting as a Major Driver of the Source-sink Dynamics of a Reintroduced Lynx Population in Central Europe« in *Biological Conservation* 224 (2018), 355–365.
18 Nach diesem und den nachfolgenden Vorfällen wurde von Umweltministerin Ulrike Scharf (von der Autorin korrigiert)) eine Belohnung von 10 000 Euro für die Ergreifung der Täter ausgesetzt: »Luchs erdrosselt – 10 000 Euro Belohnung auf Wilderer ausgesetzt« in *Süddeutsche Zeitung,* 11. März 2016.
19 Olof Liberg et al. »Shoot, Shovel and Shut Up: Cryptic Poaching Slows Restoration of a Large Carnivore in Europe« in *Proceedings of the Royal Society* 279 (2012), 910–915.
20 »Bermudadreieck für Luchse« in *Süddeutsche Zeitung,* 26. Mai 2015.
21 »Zentrale Polizeieinheit gegen Wilderei« in *Süddeutsche Zeitung,* 18. Juli 2013.
22 »Luchse – schnell, scheu und hoch bedroht« in *Süddeutsche Zeitung,* 28. März 2016.
23 Angela Lüchtrath und Ulrich Schraml »The Missing Lynx: Understanding Hunters' Opposition to Large Carnivores« in *Wildlife Biology* 21, 2 (2015), 110–119.
24 Urs Breitenmoser, »Large Predators in the Alps: The Fall and Rise of Man's Competitors« in Biological Conservation 83, 3 (1998), 281.
25 Sibylle Wölfl, »Ausrottung und Rückkehr« *Luchsprojekt Bayern, Naturpark Bayerischer Wald e. V.,* aufgerufen am 01. Apr. 2020, http://www.luchsprojekt.de/05_ausrottung/index.html.
26 *Unser Wilder Wald: Informationsblatt Nationalpark Bayerischer Wald* 27 (Sonderausgabe zum 40. Geburtstag 2010).
27 Jaroslav Červený et al., »The Change in the Attitudes of Czech Hunters Towards Eurasian Lynx: Is Poaching Restricting Lynx Population Growth?« in *Journal for Nature Conservation* 47 (2019), 28–37.
28 William J. Ripple und Robert L. Beschta, »Wolves and the Ecology of Fear: Can Predation Risk Structure Ecosystems?« in *BioScience* 54,8 (2004), 755–766.
29 Willem O. van der Knaap et al. »Vegetation and Disturbance History of the Bavarian Forest National Park, Germany« in *Vegetation History and Archaeobotany* (2019), 1–19.
30 Ilka Reinhardt und Gesa Kluth, *Leben mit Wölfen. Leitfaden für den Umgang mit einer konfliktträchtigen Tierart in Deutschland* (Bonn 2007), 12.
31 Der Wolf wurde erstmals 1990 in ganz Deutschland zu einer streng geschützten Art erklärt, siehe dazu Hermann Ansorge et al, »Die Rückkehr der Wölfe: Das erste Jahrzehnt« in *Biologie in unserer Zeit* 40, 4 (2010), 244–253.

32   Eckhard Fuhr, *Rückkehr der Wölfe: Wie ein Heimkehrer unser Leben verändert* (München 2016).
33   »Einzelnachweise der Kategorie C1 von Wölfen in Bayern Monitoringjahre 2006/2007 bis 2018/2019« *Bayerisches Landesamt für Umwelt,* 08. März 2020, aufgerufen am 01. April 2020, https://www.lfu.bayern.de/natur/wildtiermanagement_grosse_beutegreifer/wolf/monitoring/index.htm
34   Franz Leibl, in »Entlaufene Wölfe im Bayerischen Wald« in *Welt*, 10. Okt. 2017.
35   »Jetzt schießt alles auf die Wölfe« in *Münchner Merkur*, 1976.
36   »Tag der offenen Tür im Wolfsgehege« in *Süddeutsche Zeitung*, 6. Okt. 2017.
37   Schraml, »Wildtiermanagement für Menschen«, 114.
38   Erik Zimen, zitiert in »Keine Angst vor Wölfen« in *Zeit,* 12. November 1976.
39   »CSU, Freie Wähler und AfD fordern Ende des strengen Artenschutzes für den Wolf« in *Süddeutsche Zeitung,* 27. Feb. 2019.
40   Bayerisches Landesamt für Landwirtschaft, *Weidezäune zur Wolfsabwehr – eine Kostenabschätzung für Bayern* (2017), aufgerufen am 01. Apr. 2020, www.lfl.bayern.de/publikationen/informationen/177337/index.php.
41   Ludwig et al., »Discourse Analysis«.
42   Lüchtrath und Schraml, »The Missing Lynx«, 111.
43   »Den Wilderern ist offenkundig der Druck zu groß geworden« in *Süddeutsche Zeitung,* 19. Dez. 2018.
44   Charles Bergman, »Hunger Makes the Wolf« in *Trash Animals: How We Live With Nature's Filthy, Feral Invasive, and Unwanted Species*, herausgegeben von Kelsi Nagy und Philip David Johnson II. (Minneapolis 2013), 42.

Attraktivität und Akzeptanz des Nationalparks Bayerischer Wald
Hubert Job

1   Europarc Deutschland, Hg., *Richtlinien für die Anwendung der IUCN-Managementkategorien für Schutzgebiete* (Berlin 2010), aufgerufen am 04.09.2019. https://www.bfn.de/fileadmin/MDB/documents/themen/gebietsschutz/IUCN_Kat_Schutzgeb_Richtl_web.pdf.
2   Hubert Job, »Bayerische Serengeti: Der Nationalpark Bayerischer Wald wird 50« in *Geographische Rundschau* 72, 9 (2020).
3   Heiko Schumacher und Hubert Job, »Nationalparks in Deutschland – Analyse und Prognose« in *Natur und Landschaft* 88, 7 (2013), 309–314.
4   Herbert Pöhnl, *Der halbwilde Wald. Nationalpark Bayerischer Wald: Geschichte und Geschichten* (München, 2012), 16 ff.
5   Hans Bibelriether, *Natur Natur sein lassen: Die Entstehung des ersten Nationalparks Deutschlands: Der Nationalpark Bayerischer Wald* (Freyung 2017), 18 f.
6   Marius Mayer, *Kosten und Nutzen des Nationalparks Bayerischer Wald: Eine ökonomische Bewertung unter Berücksichtigung von Tourismus und Forstwirtschaft* (München 2012), 223 ff.
7   Hubert Job und Jörg Müller, »Der Nationalpark Bayerischer Wald und sein Beitrag zu Biodiversitätserhalt und Wildnisschutz« in *Passau und seine Nachbarregionen: Orte, Ereignisse und Hintergründe – ein geographischer Wegweiser*, hg. von Werner Gamerith, Dieter Anhuf und Ernst Struck (Regensburg 2013), 340–350.
8   Doris Lucke, *Akzeptanz. Legitimität in der Abstimmungsgesellschaft* (Opladen 1995). Susanne Stoll, *Akzeptanzprobleme bei der Ausweisung von Großschutzgebieten* (Frankfurt a. M. 1999).
9   Gudrun Rentsch, *Die Akzeptanz eines Schutzgebietes. Untersucht am Beispiel der Einstellung der lokalen Bevölkerung zum Nationalpark Bayerischer Wald – Münchner Geographische Hefte 57* (Kallmünz 1988).
10 Leicht verändert nach Stoll, *Akzeptanzprobleme*, 44.
11 Robert Liebecke, Klaus Wagner und Michael Suda, *Die Akzeptanz des Nationalparks bei der lokalen Bevölkerung* (Grafenau 2011).

12 Der Kommunale Nationalparkausschuss befähigt Vertreter der Anrainergemeinden zur Mitwirkung an der Festlegung von Maßnahmen zur Entwicklung des Nationalparks, sofern das Nationalparkvorfeld durch selbige Entwicklungen betroffen ist (Verordnung über den Nationalpark Bayerischer Wald 2006, § 16 Abs. 3–5).
13 Hubert Job, Cornelius Merlin, Daniel Metzler und Manuel Woltering. *Regionalwirtschaftliche Effekte durch Naturtourismus in deutschen Nationalparks als Beitrag zum Integrativen Monitoring-Programm für Großschutzgebiete – BfN-Skripte*n 431 (Bonn-Bad Godesberg 2016).

Profitiert die Region vom Nationalpark?
Marius Mayer

1 Kevin McNamee, »From Wild Places to Endangered Species: A History of Canada's National Parks« in *Parks and Protected Areas in Canada*, hg. von Philip Dearden and Rick Rollins, 3. Auflage (Don Mills 2009), 24–54.
2 Marius Mayer, *Kosten und Nutzen des Nationalparks Bayerischer Wald – eine ökonomische Bewertung unter Berücksichtigung von Tourismus und Forstwirtschaft* (München 2013), 211–230.
3 Hubert Weinzierl, *Die Krönung des Naturschutzgedankens: Deutschlands Nationalpark im Bayerischen Wald soll Wirklichkeit werden* (Grafenau 1969), 82 f.
4 Eick von Ruschkowski und Birte Nienaber, »Akzeptanz als Rahmenbedingung für das erfolgreiche Management von Landnutzungen und biologischer Vielfalt in Großschutzgebieten« in *Raumforschung und Raumordnung* 74, 6 (2016), 525–540. https://doi.org/10.1007/s1314701604290.
5 Grand Canyon National Park. »Fees & Passes« *Grand Canyon National Park*, 2019, aufgerufen im Juli 2019, https://www.nps.gov/grca/planyourvisit/fees.htm, sowie »Park Entrance Fees« *Serengeti National Park*, 2019, aufgerufen im Juli 2019, https://www.serengetiparktanzania.com/information/park-entrance-fees/.
6 Milton Friedman (1962), *Kapitalismus und Freiheit* (Stuttgart, 1971), 55.
7 John V. Krutilla, »Conservation reconsidered« in *American Economic Review* 57, 4 (1967), 777–786.
8 Burton A. Weisbrod, »Collective-consumption services of individual-consumption goods« in *The Quarterly Journal of Economics* 78, 3 (1964), 471–477.
9 Für weitere Argumente für ökonomische Bewertung von Schutzgebieten siehe Mayer, *Kosten und Nutzen*, 75–78.
10 »Bürger für Steigerwald als Wirtschaftswald« in *Süddeutsche Zeitung* 279, 2. Dez. 2010, 46.
11 Bundesverband der Säge- und Holzindustrie e. V., *Umweltschutz an falscher Stelle! Die Fünf größten Nationalparkirrtümer* (Berlin 2011), 2.
12 Mayer, *Kosten und Nutzen*, 100–124, sowie John A. Dixon und Paul B. Sherman, *Economics of protected areas: A new look at benefits and costs* (Washington 1990).
13 Hubert Weinzierl, *Zwischen Hühnerstall und Reichstag* (Regensburg 2008), 70, sowie Mayer, *Kosten und Nutzen*, 213–229.
14 Ausführlich Mayer, *Kosten und Nutzen*, sowie Marius Mayer. »Die Kosten und Nutzen von Nationalparks auf unterschiedlichen räumlichen Ebenen: Empirische Evidenz für den Nationalpark Bayerischer Wald« in *Mitteilungen der Fränkischen Geographischen Gesellschaft* 61/62 (2016), 11–22.
15 Diese Ergebnisse unterliegen jedoch auch methodischen und datentechnischen Einschränkungen. Beispielhaft sei die Wasserbereitstellung im Nationalparkgebiet für die umgebenden Gemeinden erwähnt, deren Nutzen für die Gemeinden nicht in diese Betrachtung eingeflossen sind. Die Frage, ob die Existenz des Nationalparks die Kosten für die Wasserbereitstellung erhöht oder senkt oder keinen Einfluss darauf hat, muss daher an dieser Stelle unbeantwortet bleiben.
16 Manuel Woltering, et al., »Nachfrageseitige Analyse des Tourismus in der Nationalpark-

region Bayerischer Wald« in *Die Destination Nationalpark Bayerischer Wald als regionaler Wirtschaftsfaktor*, hg. von Hubert Job (Grafenau 2008), 21–65. Für eine deutschlandweite Betrachtung des Nationalparktourismus siehe Hubert Job, et al., *Regionalwirtschaftliche Effekte durch Naturtourismus* (Bonn – Bad Godesberg 2016).

17 Besuchstage sind die Summe aller im Nationalpark verbrachten Tage von Einheimischen, Tages- und Übernachtungsgästen. Sie sind nicht identisch mit der Besucheranzahl, da ein Besucher während eines Aufenthalts in der Region den Park mehrfach besuchen kann (zum Beispiel an drei von sieben Tagen) bzw. manche Einheimische den Park beinahe jeden Tag aufsuchen (zum Beispiel Spaziergang mit Hund). Siehe dazu Mayer, *Kosten und Nutzen*, 316.

18 Damit bestätigten sich die Ergebnisse von Kleinhenz, der Anfang der 1980er Jahre die erste und bis 2007 einzige touristische Wertschöpfungsanalyse des Nationalparks durchgeführt hatte. Gerhard Kleinhenz, *Fremdenverkehr und Nationalpark; Die fremdenverkehrswirtschaftliche Bedeutung des Nationalparks Bayerischer Wald* (Grafenau 1982).

19 Christian Ruck, *Die ökonomischen Effekte von Nationalparks in Entwicklungsländern* (Augsburg 1990), 116 f.

20 Die zugrundeliegenden Informationen und Annahmen sind bei Mayer, *Kosten und Nutzen*, 446 f. aufgeführt.

21 Rund- und Schnittholzpreise, Intensität der Holznutzung, BesucherInnenanzahl und Ausgabeverhalten, ausschlaggebende Motivation bei der Reiseentscheidung, Annahmen bei der Bestimmung des touristischen Erlebniswerts, Werturteile über den Einbezug von Ökosystemleistungen und Nichtgebrauchswerten etc.

22 Siehe zum Beispiel Michael P. Wells, »Biodiversity Conservation, Affluence and Poverty: Mismatched Costs and Benefits and Efforts to remedy them« in *Ambio* 21, 3 (1992), 237–243.

23 Mayer, *Kosten und Nutzen*, 470 f.

24 Wolfgang Haber, *Nationalpark Bayerischer Wald: Entwicklungsplan* (Weihenstephan 1976), 18.

25 Siehe dazu auch die Kapitel von Job und Martin Müller mit Najda Imhof in diesem Band.

26 Luisa Vogt, *Regionalentwicklung peripherer Räume mit Tourismus? Eine akteur- und handlungsorientierte Untersuchung am Beispiel des Trekkingprojekts Grande Traversata delle Alpi* (Erlangen 2008), 343 ff.

27 Bundesverband der Säge- und Holzindustrie 2011, 2.

28 Hans Eisenmann, »Nationalpark Bayerischer Wald – Chance und Aufgabe« in *Allgemeine Forstzeitschrift* 28, 17 (1973), 391–392.

29 Arnberger et al. sprechen für 2013/14 von 1,31 Mio. Besuchstagen. Arne Arnberger, et al., »National park affinity segments of overnight tourists differ in satisfaction with, attitudes towards, and specialization in, national parks: results from the Bavarian Forest National Park« in *Journal of Nature Conservation* 47 (2019), 93–102. Für 2018 geben Allex et al. 1,36 Mio. Besuche an. Brigitte Allex, et al., *Berechnung der regionalökonomischen Effekte durch den Tourismus in den Nationalparks Bayerischer Wald und Šumava* (Interner Zwischenbericht 2019).

30 Allex et al., *Berechnung der regionalökonomischen Effekte*. Die Erhebungsmethodik weicht allerdings leicht ab. So werden etwa im Gegensatz zu Job et al. 2008 auch Ausgaben für das Tanken von Autos miterfasst.

»Natur Natur sein lassen«
Thomas Michler und Erik Aschenbrand

1 Richard Plochmann, »Nationalpark Bayerischer Wald am Scheideweg« in *Nationalpark* 2 (1976), 6.

2 *Bayerisches Gesetz- und Verordnungsblatt* 16 (1973), aufgerufen am 12. Dez. 2019, https://www.verkuendung-bayern.de/files/gvbl/1973/16/gvbl-1973 16.pdf.

3 Hans Bibelriether, »Entscheidung für den Urwald« in *Nationalpark* 41 (1983), 34.

4 Hans Bibelriether, »Wo der Wald den Wald baut« in *Nationalpark* 54 (1987), 5.
5 Bibelriether, »Wo der Wald«, 6 f.
6 Hans Bibelriether, »Naturerbe – Kulturerbe« in *Nationalpark* 61 (1988), 5.
7 Bibelriether, »Naturerbe – Kulturerbe«, 5.
8 Hans Bibelriether, »Natur im Nationalpark schützen: Welche? Für wen? Wozu?« in *Nationalpark* 3 (1990), 31.
9 Hans Bibelriether, »Nationalpark Bayerischer Wald: Das größte Naturwaldreservat Mitteleuropas« in *Nationalpark* 71 (1991), 50.
10 Hans Bibelriether, »Natur Natur sein lassen« in *Ungestörte Natur – Was haben wir davon? – Tagungsbericht 6 der Umweltstiftung WWF Deutschland*, hg. von Peter Prokosch (Husum 1992), 87 f.
11 Hans Bibelriether, »Zum Geleit« in *25 Jahre auf dem Weg zum Naturwald* (Neuschönau 1995), 7
12 Bibelriether, »Natur Natur sein lassen«, 89 f.
13 Hans Bibelriether, *Natur Natur sein lassen. Die Entstehung des ersten Nationalparks Deutschlands: Der Nationalpark Bayerischer Wald* (Freyung 2017), 121.
14 Hubert Weinzierl, »40 Jahre Nationalpark Bayerischer Wald« in *40 Jahre Nationalpark – Geschichte und Geschichten* (Grafenau 2010), 11.
15 »Idee« *Nationalpark Wattenmeer*, 2010, aufgerufen im April 2020, https://www.nationalpark-wattenmeer.de/sh/nationalpark/idee.
16 Deutscher Bundestag, »Entwurf eines Gesetzes zur Neuregelung des Rechts des Naturschutzes und der Landschaftspflege und zur Anpassung anderer Rechtsvorschriften (BNatSchGNeuregG)« Drucksache 14/6378 (Berlin 2001), 51, aufgerufen am 06. Dez. 2019, http://dip21.bundestag.de/dip21/btd/14/068/1406878.pdf.
17 VGH München, »15.09.1999 – 9 N 97.2686« in *Natur und Recht* 5 (2000), 278–284
18 International Union for Conservation of Nature (IUCN). *Guidelines for Applying Protected Area Management Categories*, hg. von Nigel Dudley (Gland 2008), aufgerufen am 06. Dez. 2019, https://portals.iucn.org/library/sites/library/files/documents/PAG-021.pdf.
19 Paule Gryn-Ambroes und Duncan Poore, *Nature Conservation in Northern and Western Europe*, International Union for Conservation of Nature (IUCN) (Gland 1980), aufgerufen am 06. Dez. 2019, https://portals.iucn.org/library/sites/library/files/documents/1980-Poor-001.pdf.
20 Karen Keenleyside et al. *Ecological Restoration for Protected Areas: Principles, Guidelines and Best Practices,* International Union for Conservation of Nature (IUCN) (Gland 2012).
21 Schweizer Bundesrat, »454 Bundesgesetz über den Schweizerischen Nationalpark im Kanton Graubünden (Nationalparkgesetz) vom 19. Dezember 1980 (Stand am 1. Januar 2017)«, aufgerufen am 13. Dez. 2019, https://www.admin.ch/opc/de/classified-compilation/19800379/index.html.
22 Österreichisches Bundesministerium für Land- und Forstwirtschaft, Umwelt und Wasserwirtschaft, »Österreichische Nationalpark-Strategie« (Wien 2010), aufgerufen am 15. Dez. 2019, https://www.nationalparksaustria.at/fileadmin/pdf_s/Nationalparkstrategie_WEB_1_.pdf.
23 Parks Canada Behörde, »A natural priority – A report on Parks Canada's Conservation and Restoration Program« (Ottawa 2018), aufgerufen am 07. Okt. 2019, https://www.pc.gc.ca/en/agence-agency/bib-lib/rapports-reports/core-2018.
24 »Objetivos« Parques Nacionales Naturales de Colombia, 2009, aufgerufen am 13. Dez. 2019, http://www.parquesnacionales.gov.co/portal/es/desarrollo-local-sostenible/objetivos/.
25 Leitbild der Uganda Wildlife Authority, 2020, aufgerufen am 12. Dez. 2019, https://ugandawildlife.org/about-us/vision-a-mission.
26 »Mission and Vision« Tansania National Parks, 2020, aufgerufen am 11. Nov. 2019, https://www.tanzaniaparks.go.tz/pages/mission-and-vision.
27 Leitbild der chinesischen Staatsregierung zu Nationalparken, 2015, aufgerufen am 13. Dez. 2019, http://www.gov.cn/guowuyuan/2015 09/21/content_2936327.htm.
28 Hans Bibelriether: »Natur Natur sein lassen. Naturschutz auf neuen Wegen« in *40 Jahre Nationalpark – Geschichte und Geschichten* (Grafenau 2010), 13.

29 Wolfgang Scherzinger, »Das Dynamik-Konzept im flächenhaften Naturschutz, Zieldiskussion am Beispiel der Nationalpark-Idee« in *Natur und Landschaft* 65, 6 (1990), 296.
30 Klaus Meßerschmidt, Hg., Kommentar § 24 Nationalparke, Nationale Naturmonumente, Bundnaturschutzrecht (Heidelberg 2012), 56–57.
31 Jannecke Westermann et al, »Umgang mit Neobiota und Zielarten in Naturdynamik- und Entwicklungszonen deutscher Nationalparks« in *Natur und Landschaft* 94, 11 (2019), 472–483
32 Anonymisierte Kommentare von Besuchern, »10 Jahre Sommerweg am Lusen« *Facebook Fanpage Nationalpark Bayerischer Wald*, 2016,.aufgerufen am 20. Sept. 2019, https://www.facebook.com/nationalpark.bayerischer.wald/photos/a.10150147542737901.282745.3236498 42900/10153796525532901/?type=3&theater
33 Anonymisierte Kommentare von Besuchern, »Wie sich die Wälder unterhalb des Lusens in den letzten 20 Jahren verändert haben«, *Facebook Fanpage Nationalpark Bayerischer Wald*, 2016, aufgerufen am 20. Sept. 2019, https://www.facebook.com/nationalpark.bayerischer.wald/photos/a.10150147542737901/10155648641747901/?type=3&theater
34 Scherzinger, »Das Dynamik-Konzept«, 292–298.
35 Neuseeländische Naturschutzbehörde, »National Parks Act 1980 – Reprint as at 21 December 2018« Public Act 1980 1980 No 66, 2018, aufgerufen am 13. Dez. 2019, http://www.legislation.govt.nz/act/public/1980/0066/latest/whole.html
36 Regierung von Vietnam, »Decree on organization and management of the special-use forest system«, aufgerufen am 12. Dez. 2019, http://extwprlegs1.fao.org/docs/pdf/vie117932.pdf,
37 David N. Cole und Laurie Yung, *Beyond Naturalness. Rethinking Park and Wilderness Stewardship in an Era of Rapid Change* (Washington, DC 2010)
38 William Cronon, »The Trouble with Wilderness: Or, Getting Back to the Wrong Nature« in *Environmental History* 1, 1 (1996).

Dem Anthropozän zum Trotz
Christina Pinsdorf

1 Hans Bibelriether, »Natur Natur sein lassen« in *Ungestörte Natur – Was haben wir davon? – Tagungsbericht 6 der Umweltstiftung WWF Deutschland,* hg. von Peter Prokosch (Husum 1992), 85–104. Siehe zur erstmaligen Durchsetzung von »Natur Natur sein lassen« im Jahr 1983 und entsprechenden Kritik auch Thomas Potthast, »Konfliktfall Prozessschutz: Der Streit um Eingreifen oder Nichteingreifen im Nationalpark Bayerischer Wald« in *Umweltkonflikte verstehen und bewerten: Ethische Urteilsbildung im Natur- und Umweltschutz,* hg. von Albrecht Müller und Uta Eser (München 2006), 123 ff.
2 Friedrich Wilhelm Joseph Schelling (1797), »Ideen zu einer Philosophie der Natur« in *Sämtliche Werke Band. II*, hg. von Karl Friedrich August Schelling (Stuttgart 1856–1861), 13 f. Siehe hierzu auch Christina Pinsdorf, *Lebensformen und Anerkennungsverhältnisse – Zur Ethik der belebten Natur* (Berlin 2016), 44–62.
3 Jacob und Wilhelm Grimm (1854), *Deutsches Wörterbuch: Vierzehnten Bandes, II. Abtheilung, Erste Lieferung. Wilb – Wille*, bearbeitet von L. Sütterlin (Leipzig 1913), 107 ff.
4 Reinhard Heckmann, »Natur – Geist – Identität: Die Aktualität von Schellings Naturphilosophie im Hinblick auf das modern evolutionäre Weltbild« in *Natur und Subjektivität: Zur Auseinandersetzung mit der Naturphilosophie des jungen Schelling,* hg. von Reinhard Heckmann, Hermann Krings und Rudolf Meyer (Stuttgart 1983), 300.
5 Friedrich Wilhelm Joseph Schelling (1809), »Philosophische Untersuchungen über das Wesen der menschlichen Freiheit und die damit zusammenhängenden Gegenstände« in *Sämtliche Werke Band. VII*, hg. von Karl Friedrich August Schelling (Stuttgart 1856–1861), 390 f.
6 Friedrich Wilhelm Joseph Schelling (1806), »Darlegung des wahren Verhältnisses der Naturphilosophie zu der verbesserten Fichteschen Lehre« in *Sämtliche Werke Band. VII,* hg. von Karl Friedrich August Schelling (Stuttgart 1856–1861), 18.

7   Schelling, Ideen zu einer Philosophie der Natur, 39.
8   In dem vorliegenden Kapitel steht der Prozessschutz als Besonderheit von Nationalparken, als die für heutige Zivilisation herausforderndste und als die im Anthropozän auf nurmehr wenigen Flächen überhaupt mögliche bzw. praktizierbare Naturschutzstrategie im Fokus. Für die Kern- bzw. Naturzonen des Nationalparks Bayerischer Wald wird insofern im Konfliktfall eine Vorrangigkeit des Prozessschutzes gegenüber dem Artenschutz vertreten. Für eine Kritik dieser Sichtweise siehe auch das Kapitel von Michler und Aschenbrand in diesem Band.
9   Eckhard Jedicke, »Raum-Zeit-Dynamik in Ökosystemen und Landschaften: Kenntnisstand der Landschaftsökologie und Formulierung einer Prozeßschutz-Definition« in *Naturschutz und Landschaftsplanung* 30, 8–9 (1998), 233. Siehe für eine allgemeine Analyse und Kritik der Prozessschutzkonzeption auch Potthast »Konfliktfall Prozessschutz«, 134 ff.
10 Aldo Leopold, »Why the Wilderness Society?« in *The Living Wilderness* 1 (1935), 6. Aldo Leopold (1944), »Conservation: In Whole or in Part?« in *The River of the Mother God: And Other Essays by Aldo Leopold*, hg. von Susan L. Flader und J. Baird Callicott (Madison 1991), 310–319, 315, sowie Bibelriether, »Natur Natur sein lassen«, 91 f. Für eine Kritik an der Regulierung von Huftierpopulationen in Nationalparken siehe Burkhard Stöcker, »Wild ohne Jagd oder wilde Jagd – Gedanken zum Wildtiermanagement in Nationalparks« in *Gesellschaft für Wildtier- und Jagdforschung e. V.: Beiträge zur Jagd- und Wildforschung* 42 (2017), 153–162.
11 Henry David Thoreau (1862), *Walking* (Cambridge 1914), 46.
12 Aldo Leopold (1925), »Wilderness as a Form of Land Use?« in *The River of the Mother God: And Other Essays by Aldo Leopold*, hg. von Susan L. Flader und J. Baird Callicott (Madison 1991), 134–142, 137.
13 Aldo Leopold, *A Sand County Almanac and Sketches Here and There* (London 1949).
14 United States Congress, » The Wilderness Act of 1964«, Public Law 88–577, 16 U.S.C. 1131–1136, Section 2(c) (Washington, D.C. 1964).
15 Leopold, »Wilderness as a Form of Land Use?«, 137.
16 Siehe zu Kultur, Geschichte und Heimatempfinden der Waidler auch das Kapitel von Binder in diesem Band.
17 Hans Bibelriether, »Natur Natur sein lassen in Nationalparken: Warum fällt das so schwer?« in *Nationalpark* 1 (2007), 10.
18 Daniel Drascek fasst die negativen Walddarstellungen der Grimm'schen Kinder- und Hausmärchen pointiert zusammen: »Im Wald droht das lebensbedrohliche Verirren und es leben dort reißerische Tiere, die böse Hexe, die wilden Räuber und der böse Wolf« (Daniel Drascek, »›Wie wär's denn mit einem Wolf?‹ Waldbilder in Erzählungen über den Wald« in *Kulturwissenschaftliches Symposium: Wald, Museum, Mensch, Wildnis*, hg. von Nationalparkverwaltung Bayerischer Wald (Grafenau 2011), 9.
19 Siehe hierzu auch Christian Begemann, *Furcht und Angst im Prozeß der Aufklärung: Zu Literatur und Bewußtseinsgeschichte des 18. Jahrhunderts* (Frankfurt a.M. 1987), 106 ff.
20 Begemann, *Furcht und Angst*, 163 f. So schreibt etwa der Philosoph und Kunsttheoretiker Johann Georg Sulzer 1771 zum Erhabenen: »Das blos Schöne und Gute, in der Natur und in der Kunst, gefällt, ist angenehm oder ergötzend; es macht einen sanften Eindruk, den wir ruhig geniessen: aber das Erhabene würkt mit starken Schlägen, ist hinreissend und ergreift das Gemüth unwiderstehlich« (Johann Georg Sulzer, »Erhaben« in *Allgemeine Theorie der Schönen Künste. Band 1*, hg. von Johann Georg Sulzer (Leipzig 1771), 341–349, 341).
21 Johann Jakob Bodmer (1741), *Critische Betrachtungen über die poetischen Gemählde der Dichter* (Frankfurt a.M. 1971), 211 f.
22 Begemann, *Furcht und Angst*, 142.
23 Alexander von Humboldt (1845), »Kosmos: Entwurf einer physischen Weltbeschreibung«, Erster Band in *Alexander von Humboldt: Darmstädter Ausgabe Band VII/1*, hg. und kommentiert von Hanno Beck (Darmstadt 2008), 16.
24 Humboldt, »Kosmos«, 15.
25 Damit sich das Gefühl des Erhabenen einstellen kann, muss sich das, gewaltige Natur betrachtende, Subjekt allerdings in Sicherheit wähnen und darf in seiner Existenz nicht

unmittelbar durch sie bedroht sein (siehe Immanuel Kant (1790), *Kritik der Urteilskraft,* mit Einleitungen und Bibliographie hg. von Heiner F. Klemme (Hamburg 2009), B 117).

26 Kant, *Kritik der Urteilskraft,* B 75.
27 Kant, *Kritik der Urteilskraft,* B 105.
28 Kant, *Kritik der Urteilskraft,* B 85.
29 Kant, *Kritik der Urteilskraft,* B 105.
30 Kant, *Kritik der Urteilskraft,* B 76 f., B 94 f., B 104 f.
31 Kant, *Kritik der Urteilskraft,* B 110 f.
32 Franz Petri, Ernst Winkler und Rainer Piepmeier, »Landschaft« in *Historisches Wörterbuch der Philosophie,* hg. von Joachim Ritter, Karlfried Gründer und Gottfried Gabriel (Basel 1980), DOI: 10.24894/HWPh.5232. Christian Begemann widerspricht der Interpretation Rainer Piepmeiers, dass auch das Naturschöne eine nicht-anthropogen angeeignete Natur voraussetzt, allerdings nachdrücklich (siehe Begemann, *Furcht und Angst,* 373).
33 Kant, *Kritik der Urteilskraft,* B 263.
34 Adalbert Stifter (1868), *Aus dem bairischen Walde,* nach der Originalhandschrift neu hg. und mit Anmerkungen versehen von Paul Praxl (Grafenau 2005), 63. Auch einer der ersten Reiseführer der Region, *Der bayrische Wald (Böhmerwald),* von 1846 stellt mit Beschreibungen der Erhabenheit des Bayerischen Waldes auf die Sehnsüchte der städtischen Bevölkerung ab: »Der Reiz des Bayerischen Waldes lag in den Augen der Reiseführerautoren also gerade in der Zivilisationsferne, im Extremfall in den nahezu unzugänglichen urwaldähnlichen Gebirgswäldern. Anders als der Märchenwald der Brüder Grimm erscheint der Bayerische Wald im Reiseführer von 1846 wie ein Gegenentwurf zu industriell geprägten Regionen, wie ein Kompensationsraum für ein naturfernes Leben in der Stadt und wie ein Projektionsraum für bürgerliche Sehnsüchte.« (Drascek, »Waldbilder in Erzählungen«, 11).
35 Alexander von Humboldt (1815), »Reise in die Aequinoctial-Gegenden des neuen Continents« in *Alexander von Humboldt. Darmstädter Ausgabe. Die Forschungsreise in den Tropen Amerikas Band II/1,* hg. und kommentiert von Hanno Beck (Darmstadt 2008), 21.
36 Siehe hierzu auch Kant, *Kritik der Urteilskraft,* B 110 f.: »In der Tat wird ohne Entwicklung sittlicher Ideen das, was wir, durch Kultur vorbereitet, erhaben nennen, dem rohen Menschen bloß abschreckend vorkommen. Er wird an den Beweistümern der Gewalt der Natur in ihrer Zerstörung und dem großen Maßstabe ihrer Macht, wogegen die seinige in nichts verschwindet, lauter Mühseligkeit, Gefahr und Not sehen, die den Menschen umgeben würden, der dahin gebannt wäre.«
37 Siehe hierzu auch Kant, *Kritik der Urteilskraft,* B 115: »Erhaben ist das, was durch seinen Widerstand gegen das Interesse der Sinne unmittelbar gefällt. […] Das Schöne bereitet uns vor, etwas, selbst die Natur ohne Interesse zu lieben; das Erhabene, es selbst wider unser (sinnliches) Interesse hochzuschätzen.«
38 Humboldt, »Kosmos«, 28.
39 Humboldt, »Kosmos«, 30.
40 Carl Gustav Carus zitiert nach Humboldt, »Kosmos«, 30.
41 »Leitbild« in *Nationalpark-Plan Umweltbildung,* hg. von Nationalparkverwaltung Bayerischer Wald (Grafenau 2015), 8, aufgerufen am 22 Dez. 2019, https://www.nationalpark-bayerischer-wald.bayern.de/ueber_uns/aufgaben/doc/umweltb<ildung_ba.pdf.
42 Alexander von Humboldt (1807), »Ansichten der Natur: Erster und zweiter Band« in *Alexander von Humboldt: Darmstädter Ausgabe. Band V,* hg. und kommentiert von Hanno Beck (Darmstadt 2008), IX.
43 Siehe »Die Akzeptanz des Nationalparks Bayerischer Wald bei der lokalen Bevölkerung« in *Berichte aus dem Nationalpark* 5 (Grafenau 2008). 90 % der Befragten stimmen zu, »dass wir durch Wildnisgebiete viel über die ursprüngliche Natur in Deutschland lernen können« (Bundesamt für Naturschutz (BfN), *Naturbewusstsein 2013 – Bevölkerungsumfrage zu Natur und biologischer Vielfalt* (Rostock 2014), 8). Siehe zu den aktuellsten Zahlen die einheimische Bevölkerung des Bayerischen Waldes betreffend das Kapitel von Job in diesem Band.
44 Stifter, *Aus dem bairischen Walde,* 27.
45 Zur wachsenden Naturentfremdung unter Kindern und Jugendlichen vgl. etwa die Aus-

wertung des »5. Jugendreports Natur 2006« in Rainer Brämer, *Natur obskur: Wie Jugendliche heute Natur erfahren* (München 2006), sowie den diese Tendenzen bestätigenden aktuellsten Report: Rainer Brämer, Hubert Koll und Hans-Joachim Schild, »7. Jugendreport Natur 2016: Natur Nebensache?«, aufgerufen am 06. März 2020, https://www.wanderforschung.de/files/jugendreport2016-web-final-160914-v3_1903161842.pdf.

46 Vgl. zum Beispiel Alexander Bittner, »Wildnisbildung – eine naturschutzfachliche wie didaktische Herausforderung« in *Wildnisbildung: neue Perspektiven für Großschutzgebiete*, hg. von Berthold Langenhorst, Armin Lude und Alexander Bittner (München 2014), 111 ff.

47 Roderick Frazier Nash (1967), *Wilderness and the American Mind* (New Haven 2014), 1 f.

48 Vgl. zur Symbolträchtigkeit des Wolfs auch Kristian Köchy, »Von Wölfen, Hunden und Menschen: Zur Rolle der Naturphilosophie in der Tierethik« in *Naturphilosophie: Ein Lehr- und Studienbuch*, hg. von Thomas Kirchhoff et al. (Tübingen 2017), 304 ff.

49 Vgl. für *Rotkäppchen* Jacob und Wilhelm Grimm (1812–1815), in *Kinder- und Hausmärchen*, Ausgabe letzter Hand mit den Originalanmerkungen der Brüder Grimm, Band 1 (Stuttgart 1980), 157 ff. Auch bei *Hänsel und Gretel* wird Schrecken verbreitet, wenn es mit Blick auf im Wald allein gelassene Kinder heißt, »die wilden Tiere würden bald kommen und sie zerreißen« (Grimm, *Kinder- und Hausmärchen*, 100).

50 Siehe hierzu auch Köchy, »Von Wölfen, Hunden und Menschen«, 304.

51 Für den Nachvollzug dieser Entwicklung siehe Patrick Ram Kelly, »The Enduring Importance of Wildness: Shepherding Wilderness Through the Anthropocene« (Dissertation, University of Montana, 2018), sowie Christina Pinsdorf, »Wildnis als Leitidee für die Neuausrichtung des Mensch-Natur-Verhältnisses im Anthropozän? Ein Antwortversuch auf den Spuren von Aldo Leopold« in *Nachdenken*, hg. von Birgitta Fuchs, Karin Farokhifar und André Schütte (Rheinbach 2020 (im Druck)).

52 Aldo Leopold (1935), »Wilderness« in *The River of the Mother God: And Other Essays by Aldo Leopold*, hg. von Susan L. Flader und J. Baird Callicott (Madison 1991), 228.

53 Siehe hierzu auch das Kapitel von Baimukhamedova in diesem Band.

54 Clemens Wustmans, *Tierethik als Ethik des Artenschutzes: Chancen und Grenzen* (Stuttgart 2015), 121.

55 Wustmans, *Tierethik*, 125 ff.

56 Bibelriether, »Natur Natur sein lassen«, 85. Siehe hierzu auch Stöcker, »Wild ohne Jagd oder wilde Jagd«.

57 Leopold, »Why the Wilderness Society?«, 6.

58 Siehe hierzu auch das Kapitel von Mayer in diesem Band.

59 Siehe zur moralischen Berücksichtigungswürdigkeit nicht-humaner Lebewesen Pinsdorf, *Lebensformen und Anerkennungsverhältnisse*.

60 Immanuel Kant (1788), *Kritik der praktischen Vernunft* (Hamburg 2003), 288.

Lernorte des Lebens
Bernhard Malkmus

1 Christian Schwägerl, *Menschenzeit: Zerstören oder gestalten?* (München 2010), 28–9.

2 Mark Williams et al., »The Anthropocene: a conspicuous stratigraphical signal of anthropogenic changes in the production and consumption across the biosphere« in *Earth's Future* 4,3 (2016), 44.

3 Simon Lewis und Mark A. Maslin, *The Human Planet: How We Created the Anthropocene* (London 2018), 5. Eigene Übersetzung des Autors.

4 Sigmund Freud, »Eine Schwierigkeit der Psychoanalyse« in *Imago: Zeitschrift für Anwendung der Psychoanalyse auf die Geisteswissenschaften* 5 (1917), 7.

5 Robert Spaemann, *Philosophische Essays* (Stuttgart 2012), 237–39.

6 Bruno Latour, *Kampf um Gaia: Acht Vorträge über das neue Klimaregime* (Berlin 2017), 16.

7 Diesen Begriff hat Hubert Markl (*Natur als Kulturaufgabe: Über die Beziehung des Menschen zur lebendigen Natur* (Stuttgart 1986), 319–24), womöglich in Anlehnung an den

italienischen Geologen Antonio Stoppani, bereits 1982 in die Diskussion eingebracht, etwa zwei Jahrzehnte vor der Wortprägung ›Anthropozän‹ durch Paul Crutzen (»Geology of Mankind« in *Nature* 415 (2002), 23).

8 Erle Ellis, »Ecology in an Anthropogenic Biosphere« in *Ecological Monographs* 85, 3 (2015), 304–8.
9 Latour, *Kampf um Gaia*, 17.
10 Latour, *Kampf um Gaia*, 241.
11 Siehe Andreas Weber, *Enlivenment: Eine Kultur des Lebens* (Berlin 2016), 25–30.
12 Jan Zalasiewicz et al., *The Anthropocene as Geological Time Unit: A Guide to the Scientific Evidence and Current Debate* (Cambridge, 2019), 139. Eigene Übersetzung des Autors.
13 Matthias Glaubrecht, *Das Ende der Evolution. Der Mensch und die Vernichtung der Arten.* (München 2019), 773–806.
14 Julius A. Stöckhardt, *Chemische Feldpredigten für deutsche Landwirthe, Erste Abtheilung* (Leipzig 1956), 185.
15 Hans Jonas, *Leben, Wissenschaft, Verantwortung: Ausgewählte Texte,* herausgegeben von Dietrich Böhler (Stuttgart 2004), 60–72.
16 Hubert Markl, *Natur als Kulturaufgabe: Über die Beziehung des Menschen zur lebendigen Natur* (Stuttgart 1986), 318.
17 Jonas, *Leben, Wissenschaft, Verantwortung*, 53.
18 Spaemann, *Philosophische Essays*, 36.
19 Spaemann, *Philosophische Essays*, 36.
20 Reinhard Piechocki, *Landschaft, Heimat, Wildnis: Schutz der Natur – aber welche und warum?* (München 2010), 109.
21 Siehe am Beispiel Brasiliens Marcia C. Castro et al., »Development, environmental degradation, and disease spread in the Brazilian Amazon« in *PLoS biology* 17, 11 (2019), DOI: https://doi.org/10.1371/journal.pbio.3000526.
22 Siehe Glaubrecht, *Ende der Evolution*, 414–34.
23 Markl, *Natur als Kulturaufgabe*, 316.
24 Jacob von Uexküll (1936), *Niegeschaute Welten: Die Umwelten meiner Freunde* (Frankfurt a. M. 2015), 21.
25 Hartmut Rosa, *Resonanz: Eine Soziologie der Weltbeziehung* (Berlin 2018), 463.
26 Weber, *Enlivenment*, 22.
27 John Muir, *Our National Parks* (Boston 1901), 3.
28 Das Gedicht stammt aus Harald Grill, *eigefrorne gmiatlichkeit* (Passau 1980), 12.

Nationalpark Bayerischer Wald – meine Erfahrungen, Erlebnisse und Einsichten
Wolfgang Haber

1 Siehe dazu auch die Kapitel von Stuprich und Gißibl in diesem Band.
2 Siehe dazu das Kapitel von Hasenöhrl in diesem Band.
3 Zur Aufladung des Begriffs Nationalpark siehe die Kapitel von Stuprich und Gißibl in diesem Band.

Die ökologische Wertanalyse
Ulrich Ammer

1 Ulrich Ammer und Hans Utschick, *Gutachten zur Waldpflegeplanung im Nationalpark Bayerischer Wald auf der Grundlage einer ökologischen Wertanalyse – Schriftenreihe Bay. StMELF* 10 (Grafenau 1984).

Von idealisierten Erwartungen zum realen Wildwuchs
Wolfgang Scherzinger

1. Wolfgang Scherzinger, »Welche Natur wollen wir schützen – und warum?« in *Wissenschaft & Umwelt interdisziplinär* 9 (2005), 3–18
2. International Union for Conservation of Nature (IUCN), *Tenth General Assembly Vigyan Bhavan, New Delhi, 24 November – 1 December,1969. Vol. II.: Proceedings and Summary of Business* (Morges 1970).
3. International Union for Conservation of Nature (IUCN), *Second World Conference on National Parks: Yellowstone and Grand Teton National Parks, U. S.A. 1972* (Morges 1974).
4. Ulrich Ammer und Hans Utschick, *Gutachten zur Waldpflegeplanung im Nationalpark Bayerischer Wald auf der Grundlage einer ökologischen Wertanalyse – Schriftenreihe Bay. StMELF* 10 (Grafenau 1984).
5. Hartmut Strunz, »Entwicklung von Totholzflächen im Nationalpark Bayerischer Wald – Luftbildauswertungen und Folgerungen« in *Nationalpark Bayerischer Wald: 25 Jahre auf dem Weg zum Naturwald*, hg. von Nationalparkverwaltung Bayerischer Wald (Grafenau 1995), 58–86
6. *Nationalpark Bayerischer Wald: 25 Jahre auf dem Weg zum Naturwald*, hg. von Nationalparkverwaltung Bayerischer Wald (Grafenau 1995).
7. Siehe zum Beispiel Hans Leibundgut, *Europäische Urwälder der Bergstufe dargestellt für Forstleute, Naturwissenschaftler und Freunde des Waldes* (Bern und Stuttgart 1982), sowie Kurt Zukrigl, »Die Urwaldreste Rothwald und Neuwald in Österreich« in *Urwälder der Alpen,* hg. von Lida und Tomas Micek (München 1984), 82–94
8. Hermann Remmert, *The Mosaic-Cycle-Concept of Ecosystems* (Heidelberg 1991), sowie Wolfgang Scherzinger, »Mosaik-Zyklus-Konzept« in *Handbuch der Umweltwissenschaften III–2.6,* hg. von Otto Fränzle, Felix Müller und Winfried Schröder (Landsberg 2005), 3–13
9. Virginia Dale, Frederick Swanson und Charles Crisafulli, *Ecological Responses to the 1980 Eruption of Mount St. Helens* (Berlin 2005).
10. Robert Keiter and Mark Boyce, *The Greater Yellowtone Ecosystem. Redefining America's Wilderness Heritage* (New Haven and London 1991).
11. Siehe Keiter and Boyce, *The Greater Yellowtone Ecosystem.* Karl Popper und Konrad Lorenz, *Die Zukunft ist offen: Das Altenberger Gespräch* (München und Zürich 1985), sowie Wolfgang Scherzinger, »Reaktionen der Vogelwelt auf den großflächigen Bestandeszusammenbruch des montanen Nadelwaldes im Inneren Bayerischen Wald« in *Vogelwelt* 127, 4 (2006), 209–263
12. Wolfgang Scherzinger und Annemarie Schmeller, *Wilde Wald-Natur: Der Nationalpark Bayerischer Wald auf dem Weg zum Naturwald,* hg. von Nationalparkverwaltung Bayerischer Wald (Passau 2000).
13. International Union for Conservation of Nature (IUCN), Guidelines for Applying Protected Area Management Categories, hg. von Nigel Dudley (Gland 2008).

Abbildungsverzeichnis und -nachweis

Geleitwort
Franz Leibl

Abb. 1 Waldverjüngung im Bayerischen Wald
   Foto: Franz Leibl.

Einleitung: Nationalpark Bayerischer Wald
Marco Heurich und Christof Mauch

Abb. 1 Kupferstich von Matthäus Merian d. Ä., 1649
   Quelle: Matthäus Merian, Topographia Provinciarum Austriacaru[m] Austrie Styriae / Carinthiae, Carniolae / Tyrolis etc. Frankfurt a. M. 1649.

Abb. 2 Holztransport mit dem Zugschlitten, um 1910
   Quelle: Bildarchiv Karl-Heinz Paulus, Falkenbach (Freyung).

Abb. 3 Waldarbeiter im Mauther Forst, um 1950
   Quelle: Bildarchiv Karl-Heinz Paulus, Falkenbach (Freyung).

Abb. 4 Forschung im Bayerischen Wald
   Foto: Matthias Rawohl.

Abb. 5 Urwaldreliktkäfer Peltis Grossa
   Foto: Lukas Haselberger.

Abb. 6 Weißrückenspecht
   Foto: Rainer Simonis.

Wie die Nationalparkidee in den Bayerischen Wald kam
Maximilian Stuprich

Abb. 1 Wilhelm Wetekamp, Bild aus dem Familiennachlass Wetekamp
   Quelle: NABU Kreis Soest.

Abb. 2 Titelseite Naturschutzparke in Deutschland und Österreich, 1910, Franck'sche Verlagshandlung Stuttgart 1910.

Abb. 3 Professor Carl Freiherr von Tubeuf
   Foto: Fotograf unbekannt.

Abb. 4 Lutz Heck und Hermann Göring auf Jagd, Schorfheide, Okt. 1934.
   Quelle: Berliner Kurier.

Abb. 5 Karte: Naturschutzpark Böhmerwald, Fischer, 18. Juli 1939
   Quelle: BayHStA, MF 84434.

Der erste Transnationalpark Deutschlands
Bernhard Gißibl

Abb. 1 Teilnehmer der ersten Weltkonferenz zu Nationalparks, Seattle (USA), 1962
 Quelle: US National Park Service (NPS), Archiv Harper's Ferry Center.

Abb. 2 Haynes Postkarte: Roosevelt Bogen Eingang Yellowstone National Park
 Quelle: NPS und Frank J. Haynes.

Abb. 3 Hans Eisenmann, Hans Bibelriether mit Bernhard Grzimek bei den Feierlichkeiten zur Nationalparkeröffnung.
 Quelle: Archiv Nationalpark Bayerischer Wald.

Eine Tierfreistätte in »Bayrisch-Sibirien«?
Ute Hasenöhrl

Abb. 1 Postkarte: »In freier Wildbahn im Bayerischen Wald – Zukünftiger Deutscher Nationalpark«
 Quelle: Archiv Nationalpark Bayerischer Wald.

Abb. 2 Margot Jahn von der Wienerwald GmbH mit Wisent.
 Quelle: *Blätter für Naturschutz* 50, 1 (1970), 36.

Abb. 3 Holzschnitt »Hirsch in Brunft« von Heinz Theuerjahr auf dem Flugblatt »Der Nationalpark Bayerischer Wald muss Wirklichkeit werden!«
 Quelle: Heinz Theuerjahr, sowie Haug, Michael und Reinhard Strobl *Eine Landschaft wird Nationalpark – Schriftenreihe Bay. StMELF* 11, 2. Auflage. Grafenau 1993, 103.

Abb. 4 Hans Eisenmann auf Kutschfahrt bei Feierlichkeiten zur Nationalparkeröffnung
 Quelle: Archiv Nationalpark Bayerischer Wald.

Abb. 5 Host Stern
 Foto: Hans Bibelriether.

Die Teilung des Eisernen Vorhangs
Pavla Šimková

Abb. 1. Erste deutsch-tschechische Grenzbegehung, Juli 1989
 Foto: Hans Kiener.

Abb. 2. Karte Grenzüberschreitendes Nationalparkgebiet Šumava und Bayerischer Wald
 Darstellung: Nationalparkverwaltung Bayerischer Wald.

Abb. 3. Grenzübergreifende Zusammenarbeit der Nationalparkranger
 Foto: Hans Kiener.

Abb. 4. Werbe-Billboard »Einzigartiges Wohnen im Herzen Šumavas«
 Foto: Libor Štěrba.

Abb. 5. Baumfällarbeiten im Zuge der Borkenkäferbekämpfung, Šumava 2011
 Quelle: Archiv Hnutí Duha.

Abb. 6 Demonstration vor dem Umweltministerium, Prag 2011
 Foto: Zuzana und Josef Havlín.

Im Woid dahoam
Christian Binder

Abb. 1 Pflanzerkolonie, um 1920
   Foto: Bildarchiv Karl-Heinz Paulus, Falkenbach (Freyung).

Abb. 2 Werbeprospekt: »Die Sommerfrischen des Bayerischen Waldes«, um 1910
   Quelle: Archiv Stadt Waldkirchen.

Abb. 3 Holzhauerpartie mit Pfeife und Schmai, vor 1914
   Quelle: Bildarchiv Karl-Heinz Paulus, Falkenbach (Freyung).

Abb. 4 »Arbeiterschutzhütte i. bayr. Wald (Aufbruch der Holzhauer zur Arbeit)«
   Quelle: Archiv Waldgeschichtliches Museum St. Oswald.

Abb. 5 Werbeprospekt der NS-Organisation »Kraft durch Freude«, 1938
   Quelle: Archiv Stadt Waldkirchen.

Abb. 6 Werbeprospekte für das Ferienland am Nationalpark, 1998 und 1999
   Quelle: Archiv Landratsamt Freyung-Grafenau.

Abb. 7 Gemälde *Großfamilie* von Klaus Krosskinsky, 2003
   Quelle: Nationalpark Bayerischer Wald.

Käferkämpfe
Martin Müller und Nadja Imhof

Abb. 1 Karte: Lage, Zonierung und Totholzgebiete im Nationalpark Bayerischer Wald
   Darstellung: Martin Müller und Nadja Imhof.

Abb. 2 Luftbildaufnahme: Gebiet zwischen Rachel und Lusen
   Foto: Katarzyna Zielewska, 2007.

Abb. 3 Broschüre: Kampagne der Bürgerbewegung zur Bekämpfung des Borkenkäfers
   Quelle: Handlos, Franz. *Unsere Bäume, Unsere Freunde*. Lindberg 2007, 47.

Wilde Tiere im Wald
Zhanna Baimukhamedova

Abb. 1 Rothirsch im Bayerischen Wald
   Foto: Rainer Simonis.

Abb. 2 Jungluchs im Bayerischen Wald
   Foto: Rainer Simonis, Dez. 2015.

Abb. 3 Wolf im Bayerischen Wald
   Foto: Rainer Simonis.

Attraktivität und Akzeptanz des Nationalparks Bayerischer Wald
Hubert Job

Abb. 1 Demonstration Verein Unser Steigerwald, Ebrach, Juli 2009
   Foto: Hubert Job.

Abb. 2 »Funktionsmodell von Akzeptanz im Naturschutz« auf Basis gleichnamiger Abbildung von Susanne Stoll
   Quelle: Stoll, Susanne. *Akzeptanzprobleme bei der Ausweisung von Großschutzgebieten*. Frankfurt a. M. 1999, 44.

Abb. 3 Spontane Assoziationen Nationalpark Bayerischer Wald
Darstellung: Hubert Job.

Abb. 4 Einschränkungsempfinden von Ge- und Verboten im Nationalpark Bayerischer Wald
Darstellung: Hubert Job.

Abb. 5 Zustimmung Statements Handeln der Nationalparkverwaltung
Darstellung: Hubert Job.

Abb. 6 Zustimmung Statements Totholz
Darstellung: Hubert Job.

Abb. 7 Sonntagsfrage Nationalpark 2007 und 2018
Darstellung: Hubert Job.

Abb. 8 Karte: Räumliche Differenzierung Sonntagsfrage
Darstellung: Hubert Job.

Abb. 9 Wortwolke Mitteilungen an die Nationalparkverwaltung
Darstellung: Hubert Job.

Profitiert die Region vom Nationalpark?
Marius Mayer

Abb. 1 Kosten und Nutzen von Schutzgebieten / Nationalparks
Darstellung: Marius Mayer.

Abb. 2 Besuchergruppe auf Führung zum Thema Totholz im Nationalpark
Foto: Marius Mayer, Mai 2016.

Tab. 1 Übersicht Nutzen und Kosten des Nationalparks Bayerischer Wald 2007
Darstellung: Marius Mayer.

Abb. 3 Waldschmidthaus am Großen Rachel
Foto: Marius Mayer, Okt. 2012.

Abb. 4 Baumwipfelpfad Nationalparkzentrum Lusen
Foto: Marius Mayer, Juni 2012.

»Natur Natur sein lassen«
Thomas Michler und Erik Aschenbrand

Abb. 1 Totholz am Lusennordhang, 2009
Foto: Karl-Heinz Paulus.

Abb. 2 Wortwolke Selbstdarstellung deutscher Nationalparke
Darstellung: Thomas Michler und Erik Aschenbrand.

Abb. 3 Flächenanteile ohne menschlichen Eingriff als Qualitätsindikator
(oben) Diagramm »Flächenanteile ohne Nutzung in deutschen Nationalparken«
Quelle: Knapp, Hans-Dieter. »Vision-Wirklichkeit-Perspektive: Das ostdeutsche Nationalparkprogramm fünf Jahre danach« in Nationalpark 87 (1995), 6–12.
(unten) Tabelle »Zonierung der deutschen Nationalparke (Stand: Juni 2018)«
Quelle: Bundesamt für Naturschutz, 2019.

Abb. 4 Wortwolke internationale Nationalpark-Zielformulierungen
Darstellung: Thomas Michler und Erik Aschenbrand.

Abb. 5 Facebook-Posts der Nationalparkverwaltung Bayerischer Wald zur Waldentwicklung auf Borkenkäferflächen, Facebook Fanpage Nationalpark Bayerischer Wald, 2016
Quelle: Archiv Nationalpark Bayerischer Wald.

Dem Anthropozän zum Trotz
Christina Pinsdorf

Abb. 1 Gemälde des Yosemite Valley von Alfred Bierstadt, um 1860
    Quelle: Museum of Fine Arts Boston.

Abb. 2 Gemälde Uttewalder Grund von Caspar David Friedrich, um 1825
    Quelle: Lentos Kunstmuseum Linz.

Abb. 3 Geisterwald am Lusengipfel
    Foto: Wolfgang Scherzinger.

Abb. 4 Urwaldpilz Zitronengelbe Tramete
    Foto: Rainer Simonis.

Abb. 5 Lernort Themenhütte Wiesenbett, Wildniscamp am Falkenstein
    Foto: Anita Hummel.

Abb. 6 Borkenkäfer
    Foto: Lukas Haselberger.

Lernorte des Lebens
Bernhard Malkmus

Abb. 1 Brütender Vogel vor Auerhahn, Arche Theuerjahr
    Foto: Bernhard Malkmus.

Abb. 2 Hans-Watzlik Hain
    Foto: Bernhard Malkmus.

Abb. 3 Baumstudien aus dem Böhmerwald von Josef Mathias von Trenkwald, 1847
    Quelle: Kupferstichkabinett der Akademie der bildenden Künste Wien.

Abb. 4 Lernort Baumhaus, Wildniscamp am Falkenstein
    Foto: Anita Hummel.

Abb. 5 Glasarche unterhalb des Lusen
    Foto: Daniela Wimmer.

Nationalpark Bayerischer Wald – meine Erfahrungen, Erlebnisse und Einsichten
Wolfgang Haber

Abb. 1 Hubert Weinzierl, Wolfgang Haber und Karl Bayer auf dem Lusengipfel
    Foto: Gerd Brunner.

Abb. 2 Seelensteig
    Foto: Wolfgang Haber.

Abb. 3 Neue Forststraße
    Foto: Wolfgang Haber, 1970.

Die ökologische Wertanalyse
Ulrich Ammer

Abb. 1 Aufbau der ökologischen Wertanalyse
　　Darstellung: Ulrich Ammer.

Abb. 2 Karte Ergebnisse der ökologischen Wertanalyse
　　Darstellung: Ulrich Ammer.

Von idealisierten Erwartungen zum realen Wildwuchs
Wolfgang Scherzinger

Abb. 1 Panorama Rachelkapelle und Rachelsee vor Sturm und Borkenkäfer-Gradation
　　Foto: Wolfgang Scherzinger.

Abb. 2 Störungsfläche am Siebensteinkopf
　　Foto: Wolfgang Scherzinger, 2013.

Abb. 3 Rotrandiger Fichtenporling
　　Foto: Wolfgang Scherzinger.

Abb. 4 Demonstration gegen die Entwicklungsziele des Nationalparks, St. Oswald, 1997
　　Foto: Wolfgang Scherzinger.

Abb. 5 Artenvielfalt nach Sturm, Insektengradationen und Pilzbefall
　　Foto: Wolfgang Scherzinger.

Tab. 1 Bedeutungswandel des Leitbildes im Nationalpark-Management
　　Darstellung: Wolfgang Scherzinger.

Abb. 6 Karl Friedrich Sinner, Leiter der Nationalparkverwaltung von 1998–2011
　　Foto: Rainer Pöhlmann.

Abb. 7 Titelblatt der Broschüre Wilde Wald-Natur, 2000
　　Foto: Wolfgang Scherzinger.

»Ich wünsche mir, dass der Park auf möglichst großer Fläche der Natur überlassen wird«
Hans Bibelriether

Abb. 1 Hans Bibelriether in Schmiding (Thyrnau)
　　Foto: Christof Mauch, Dez. 2019.

Abb. 2 Holztrift in der Buchberger Leite, um 1900
　　Quelle: Bildarchiv Karl-Heinz Paulus, Falkenbach (Freyung).

Abb. 3 Hans Eisenmann und Gottfried Schmid nach Windwurf, 1983
　　Foto: Hans Bibelriether.

Abb. 4 Begegnung an der bayerisch-tschechischen Grenze, 1989
　　Foto: Hans Bibelriether.

Abb. 5 Hans Eisenmann, Hans Bibelriether und Architekten vor dem Besucherzentrum Neuschönau (heute: Hans-Eisenmann-Haus), 1983
　　Foto: Hans Bibelriether.

Die Autorinnen und Autoren

Prof. Dr. Dr. h. c. Ulrich Ammer ist Forstwissenschaftler und Emeritus für Landnutzungsplanung und Naturschutz an der TU München. Er war u. a. Mitglied des Obersten Naturschutzbeirats in Bayern, des Deutschen Rats für Landschaftspflege und Erster Vorsitzender des Ökologischen Jagdvereins. Seine Forschungen zu Waldökologie, Landnutzung und Naturschutz sind weit über die Wissenschaft hinaus von Bedeutung. Für Verdienste um die Umwelt hat er die Bayerische Staatsmedaille und den Verdienstorden der Bundesrepublik Deutschland 1. Klasse erhalten.

Dr. Erik Aschenbrand ist Geograph und leitet den Fachbereich Nord des UNESCO-Biosphärenreservats Mittelelbe. Hier verantwortet er die Umweltbildung, den Betrieb des Besucherzentrums »Haus der Flüsse«, die Wasserwirtschaft, die Kooperation mit Verbänden bei der Projektierung und Umsetzung von Naturschutzprojekten sowie die Naturwacht und die Landschaftspflege.

Zhanna Baimukhamedova, MSc ist Doktorandin im Fach Environmental Humanities und Wissenschaftliche Mitarbeiterin an der LMU München. Sie hat in Brüssel, Wien, Kopenhagen und Madrid studiert und sich in ihrer Masterarbeit und in Publikationen u. a. mit Tourismus in Berlin und Kopenhagen beschäftigt. In ihrer Dissertation, die im Rahmen eines internationalen EU-Forschungs- und Trainingsprojekt entsteht, widmet sie sich sozioökologischen Krisen und Fragen von Resilienz und Nachhaltigkeit im Nationalpark Bayerischer Wald.

Dr. Hans Bibelriether ist Forstwissenschaftler und Biologe. Von 1969 bis 1978 leitete er das Nationalparkamt Bayerischer Wald, ab 1978 die Nationalparkverwaltung Bayerischer Wald. Von 1984 bis 1995 war er Vizepräsident und Generalsekretär der Föderation der Natur- und Nationalparke Europas. Für seine Forschungen und Verdienste erhielt er zahlreiche Auszeichnungen, darunter das Bundesverdienstkreuz, den Binding-Preis für Natur- und Umweltschutz, die Staatsmedaille in Silber des Freistaates Bayern und den Euronatur-Umweltpreis.

Christian Binder, MA ist Kulturwissenschaftler und Archäologe. Er war als Kultur- und Tourismusreferent tätig und leitet derzeit am Nationalpark Bayerischer Wald das Infozentrum Hans-Eisenmann-Haus sowie das Waldgeschichtliche Museum St. Oswald. Am Lehrstuhl für Vergleichende Kulturwissenschaft an der Universität Regensburg übernimmt er Lehraufträge für Ausstellungskonzeption und -didaktik. Zu seinen Forschungsschwerpunkten zählen Ausstellungsdidaktik, ethnographische Fotografie und Kulturgeschichte des Bayerischen Waldes.

Dr. Bernhard Gißibl ist Historiker und Wissenschaftlicher Mitarbeiter am Leibniz-Institut für Europäische Geschichte (IEG) in Mainz. Zu seinen Forschungsschwerpunkten zählen Umwelt-, Kolonial- und Mediengeschichte. Er ist u. a. Autor von *The Nature of German Imperialism: Conservation and the Politics of Wildlife in Colonial East Africa* (2016) und arbeitet derzeit an einer Wissenschaftsgeschichte des Serengeti Research Institute in Tansania.

Prof. Dr. Dr. h. c. Wolfgang Haber ist Ökologe und Emeritus für Landschaftsökologie an der TU München-Weihenstephan. Er war u. a. Vorsitzender des Sachverständigenrates für Umweltfragen, Sprecher des Deutschen Rats für Landschaftspflege, Präsident der Gesellschaft für Ökologie sowie der International Association of Ecology. Seine Forschungs- und Lehrtätigkeiten zu Landnutzungs- und Landschaftsplanung, Ökosystemen sowie Natur- und Umweltschutz sind in Theorie und Praxis von maßgebender Bedeutung und wurden mehrfach ausgezeichnet, so mit dem Deutschen Umweltpreis und dem Bayerischen Maximiliansorden für Wissenschaft und Kunst.

Dr. Ute Hasenöhrl ist Historikerin und Assistenzprofessorin am Institut für Geschichtswissenschaften und Europäische Ethnologie der Universität Innsbruck im Kernfach Wirtschafts- und Sozialgeschichte. Zu ihren Forschungsschwerpunkten zählen Kolonialgeschichte, Technik- und Alltagsgeschichte (v. a. Beleuchtung und Energie), Naturschutz- und Umweltgeschichte, soziale Bewegungen und Zivilgesellschaft, Institutionen und Gemeinschaftsgüter sowie Kulturlandschaftsforschung. Sie ist u. a. Autorin von *Zivilgesellschaft und Protest: Eine Geschichte der Naturschutz- und Umweltbewegung in Bayern 1945–1980* (2011) auseinandergesetzt.

Prof. Dr. Marco Heurich ist Sachgebietsleiter für Besuchermanagement und Nationalparkmonitoring am Nationalpark Bayerischer Wald und Professor für Wildtierökologie und Naturschutzbiologie an der Universität Freiburg. Schwerpunkt seiner Arbeiten bildet die Ökologie großer Säugetiere und deren Wirkungen auf die biologische Vielfalt von Waldökosystemen, sowie die Entwicklung von Strategien für ein erfolgreiches Miteinander von Mensch und Natur. Er hat mehr als 200 begutachtete Artikel in internationalen Zeitschriften und 6 Bücher verfasst bzw. herausgegeben. International ist er als wissenschaftlicher Koordinator der Luchs- und Wildkatzenforschung tätig.

Nadja Imhof ist Humangeographin und seit 2017 Doktorandin und wissenschaftliche Mitarbeiterin an der Universität Lausanne. Sie interessiert sich für das Zusammenspiel von Mensch und Natur und vor allem für den menschlichen Umgang mit Tierarten wie Ratten oder Borkenkäfern, die gemeinhin als Schädlinge betrachtet werden. ORCID ID: https://orcid.org/000000025164141X.

Prof. Dr. Hubert Job ist Geograph und leitet an der Julius-Maximilians-Universität Würzburg den Lehrstuhl für Geographie und Regionalforschung. Er ist ordentliches Mitglied der Akademie für Raumforschung und Landesplanung und berufenes Mitglied im bayerischen Landesplanungsbeirat sowie im deutschen *Man and Biosphere* Nationalkomitee der UNESCO.

Dr. Franz Leibl ist Diplombiologe und seit mehr als 30 Jahren in verschiedenen Funktionen in der bayerischen Naturschutzverwaltung tätig. Er ist Leiter der Nationalparkverwaltung Bayerischer Wald. Zu seinen Aufgabenschwerpunkten zählen u. a. die konsequente Umsetzung des Prozessschutzgedankens im Parkmanagement, die enge Zusammenarbeit mit dem Nachbarnationalpark Šumava sowie die Verbesserung der Akzeptanz der Nationalparkidee bei der örtlichen Bevölkerung.

Prof. Dr. Bernhard Malkmus ist Kulturwissenschaftler und Professor für Germanistik an der nordenglischen Newcastle University. Er forscht zur Ideen- und Begriffsgeschichte zentraler Kategorien der Biologie und Ökologie und untersucht deren Repräsentation im politischen Diskurs und in der ästhetischen Praxis. Er hat zahlreiche Texte zur ökologischen Kulturkritik veröffentlicht, zuletzt vor allem zur Anthropozän-Debatte, und arbeitet derzeit an einer Kulturgeschichte des Luchses.

Prof. Dr. Christof Mauch ist Historiker, Lehrstuhlinhaber und Direktor des Rachel Carson Center for Environment and Society an der LMU München, sowie Ehrenprofessor am Zentrum für Ökologische Geschichte an der Renmin Universität in China und ehemaliger Präsident der Europäischen Gesellschaft für Umweltgeschichte. Mauch ist Autor bzw. Herausgeber zahlreicher Bücher zur US-amerikanischen, deutschen und transatlantischen Geschichte sowie zur Umweltgeschichte, u. a. *Slow Hope: Rethinking Ecologies of Crisis and Fear* (2019).

Dr. Marius Mayer ist Wirtschaftsgeograph und Universitätsassistent (Post-Doc) an der Universität Innsbruck. Zuvor war er als Juniorprofessor an der Universität Greifswald tätig und promovierte an der Julius-Maximilians-Universität Würzburg über die Kosten und Nutzen des Nationalparks Bayerischer Wald. Mayer forscht zu wirtschafts- und tourismusgeographischen Aspekten sowie zur Akzeptanz von Schutzgebieten und ist Mit-Autor von *Cross-border Tourism in Protected Areas along the Polish-German Border* (2019). ORCID ID https://orcid.org/0000000332313741

Thomas Michler ist Umweltpädagoge. Er studierte Soziale Arbeit in Koblenz und arbeitet seit 2007 in der Umweltbildung des Nationalparks Bayerischer Wald. Zu seinen Arbeitsschwerpunkten zählen die Weiterentwicklung der Bildungskonzeption des Parks, Kooperation mit Schulen und die Ausbildung von Multiplikatoren. Er ist Autor mehrerer Kinderbücher zum Nationalpark.

Prof. Dr. Martin Müller ist Humangeograph und Professor an der Universität Lausanne. Er beschäftigt sich seit 2007 mit dem Borkenkäfer im Nationalpark Bayerischer Wald und erforschte dessen Wahrnehmung und Rolle in lokalen Konflikten im Rahmen eines längeren Forschungsaufenthalts vor Ort. www.martin-muller.net. ORCID ID http://orcid.org/0000000207344311

Dr. Christina Pinsdorf ist Philosophin und Wissenschaftliche Mitarbeiterin am Institut für Wissenschaft und Ethik (IWE) der Universität Bonn. Zu Ihren Forschungsschwerpunkten zählen Ethik und Angewandte Ethik (v. a. Medizin-, Tier- und Umweltethik) sowie Naturphilosophie und deutsche Romantik. Sie ist u. a. Autorin von *Lebensformen und Anerkennungsverhältnisse – Zur Ethik der belebten Natur (2016)* und arbeitet derzeit an ihrem Habilitationsprojekt *Philosophie der Wildnis*.

Doz. Dr. Wolfgang Scherzinger ist Zoologe mit Interessenschwerpunkt Ethologie. Nach seiner Tätigkeit als Wissenschaftlicher Mitarbeiter am Institut für Vergleichende Verhaltensforschung der Österreichischen Akademie der Wissenschaften, wo er mit Forschungen zu Raufußhühnern und Eulen hervorgetreten ist, wurde er in den Gründungsjahren des Nationalparks Bayerischer Wald zur Kartierung dieser Vogelgruppen angeworben. Im Zentrum seiner Arbeit für den Nationalpark standen weiterhin Bestandserhebungen und Nachzuchtprogramme von Waldvogelarten sowie die fachliche Betreuung der Schaugehege im »Tiefreigelände«.

Dr. Pavla Šimková ist Historikerin und wissenschaftliche Mitarbeiterin am Rachel Carson Center for Environment and Society an der LMU München und am Collegium Carolinum. Ihr Arbeitsgebiet ist die Umweltgeschichte Ostmitteleuropas und der USA. Seit 2020 ist sie Mitarbeiterin eines Forschungsprojekts zur transnationalen Umweltgeschichte der europäischen Nationalparke.

Max Stuprich, MA, ist Historiker und Anglist. Derzeit arbeitet er im Bereich Wissenschaftsmanagement und berät zum aktuellen Forschungsrahmenprogramm der EU. Im Rahmen einer Masterarbeit am Institut für Bayerische Geschichte der LMU München arbeitete er über *Nationalparkidee und Naturschutzgedanke im Bayern der Zwischenkriegszeit*. Dazu wertete er zahlreiche Quellen aus den Staatsarchiven in München und Landshut aus, insbesondere zu den Plänen für den Nationalpark Böhmerwald.

Register

A

Alpenverein, deutscher 34, 40
Ammer, Ulrich 234
– Ammer-Gutachten 81–82, 237–241, 246
Anthropozän 82, 179, 185–206, 207–222, 235

B

Bayer, Karl 16, 228, 231, 268
»Bayerisch Sibirien« 100, 105
Bayerische Staatskanzlei 17
Bayerischer Forstverein 74, 138
Bayerischer Landesausschuss für Naturpflege 34–35, 36
Bayerischer Landtag 16–17, 63, 80, 230
Bayerischer Wald (nicht Nationalpark) 37, 57–59, 64, 66, 67, 76, 85–86, 90, 95
– Bedeutung in der Kultur 113 siehe auch Kultur
– Region 12, 67
– Wahrnehmung 194, 259
Bayerischer Wald-Verein, e. V. 44, 76, 102–103
Bayerisches Naturschutzgesetz 80, 165–166, 245
Bayerisches Staatsministerium des Innern 100
Bayerisches Staatsministerium für Ernährung, Landwirtschaft und Forsten (StMELF) 72, 77, 80, 232, 257
Bayerisches Staatsministerium für Umwelt und Verbraucherschutz (vormals Bayerisches Staatsministerium für Landesentwicklung und Umweltfragen) 73, 78, 231, 257
Bernadotte, Graf Lennart 229
Besucherinnen und Besucher
– Bayerischer Wald, historisch 44, 57
– Nationalpark Bayerischer Wald 19, 73, 79, 267
  – Ausbau nach 1970 244
  – Zahlen 11, 162, 234
  – Erwartungen 231, 243
  – Besuchserlebnis 231, 234, 267
Bevölkerung 14, 18, 44, 68– 69, 107, 162, 237, 260
– Befürchtungen angesichts der Nationalparkgründung 244
– Geschichte in der Grenzregion 95
– regionale Identität 99–110, 111–121
Białowieża (Naturschutzgebiet, Urwald) 57, 64, 244
Bibelriether, Hans 16, 18, 63, 79, 80, 82, 87, 107, 165–170, 176, 185, 188, 203, 230, 247, 251, 259–269 siehe auch »Natur Natur sein lassen«
Binder, Egon 264
Biosphäre 208–209, 210–212, 214–218
Bocklet, Reinhold 251
Böhmerwald 38, 56–57, 76, 84–89, 92, 102
– Grenzüberschreitender Nationalpark 96
– Nationalsozialistische Bestrebungen 14, 42–45, 59, 66, 86–87
Borkenkäfer 111–121, 154, 161, 167, 175, 178, 191, 203–204, 214, 263
– Borkenkäferbefall im Bayerischen Wald 17–18, 105, 107, 111–121, 167, 178, 191, 195, 203, 241, 248–249, 252–253, 263
  – Borkenkäfermanagement im Nationalpark Bayerischer Wald 79, 81–82, 113–115, 118, 191, 241, 248–249
  – politische Bedeutung 17–18, 81–82
  – neue Strukturen nach Befall 20–23, 26,
  – Versuch der grenzüberschreitenden Zusammenarbeit 84, 89, 91–93
Brandt, Willy 264
Brunner, Gerd 264
Buchberger Leite 261
Bund Heimatschutz 34
Bundesnaturschutzgesetz 18, 165, 171, 173
Bund Naturschutz in Bayern (BN) 39–40, 70–71, 80, 170
Bürgerbewegung zum Schutz des Bayerischen Waldes e. V. (vormals Bürgerbewegung Nationalparkbetroffener) 107, 118, 138
Bursik, Martin 92

C

Conwentz, Hugo 34, 86
Corona-Pandemie 218

Cronon, William 180
CSU (Christlich-Soziale Union) 71, 75

D

Dasman, Raymond F. 49, 60
Deutscher Bundestag 17, 210
Deutsch-Ostafrika 53, 60
Deutscher Rat für Landespflege 71, 75–76, 229–230
Donau 12, 101, 113
Donauauen 267
Dritter bayerischer Nationalpark 267 siehe auch Donauauen, Steigerwald

E

Eisenmann, Hans 11, 16, 63, 76–78, 80–82, 162, 230, 232–234, 246, 248, 249, 261–262, 269
Eiserner Vorhang/Teilung Europas 59, 84–96, 227–228, 262
Emerson, Ralph Waldo 189
Engelhardt, Wolfgang 66, 68
Entwicklungsnationalpark 19, 245
Europäisches Naturschutzjahr 76–78
»Europas grünes Dach« 89, 120
»Europas wildes Herz« 92, 102, 120
Evolution 168, 169, 207–222, 248

F

Falkenstein 12, 19, 37, 39–40, 81–82, 109, 115–116
– Falkensteingebiet 36, 250
– Falkenstein-Rachel-Gebiet 81, 114, 138–139, 142, 149
Film und Fernsehen
– »Ein Platz für Tiere« 61, 69, 228
– »Sterns Stunde« 17, 124–125
– Serengeti darf nicht sterben 62, 228
– Wilderer vom Silberwald 105
Fischer-Hüftle, Peter 175
Forstwirtschaft 38, 59, 68, 71, 73, 80, 82, 91–92, 136, 138, 145, 150, 153, 156, 159, 160–161, 165–182, 190, 194, 218, 240, 245 siehe auch Holz
Frank, Gerhard 233
Freyung/Freyung-Grafenau 72, 108, 128, 140, 155–156, 158
Freud, Sigmund 208–210

G

Glasherstellung 14, 45, 86, 103–105, 194, 244
Glück, Alois 16, 264, 266
Goppel, Alois 61, 66, 76–77, 231–232
Göppert, Heinrich Robert 56
Göring, Hermann 41–44, 57–59
Götz, Robert 123
Grafenau 14, 67, 71, 123, 264

Graser, Christian 39
Grenzübergreifende (dt.-cz.) Initiativen und Zusammenarbeit 84–96, 262
– Annexion unter dem NS-Regime 86–87
– Großraumschutzgebiet »Intersilva« 87–89
– Pläne für Dopppelnationalpark 76
Grill, Harald 221–222
Gebrüder Grimm 101, 187, 201
Die Grünen/Bündnis 90, 266
Grzimek, Bernhard 16, 47–48, 59–64, 66–72, 80, 90, 227–230, 243, 264
Günther, Konrad 55

H

Haber, Wolfgang 63, 75, 161, 244, 264
– Haber-Gutachten 16–17, 63–64, 75–76, 225–236, 244, 264
Hans-Eisenmann-Haus 105, 249, 269
Haug, Michael 230, 244
Haushofer, Max 35
Hazzi, Joseph von 100
Heck, Ludwig Georg Heinrich »Lutz« 41–46, 57, 59
Hegi, Gustav 53
Heimat 66, 81, 99–110, 113, 117–118, 120, 191, 203, 221–222
– Waldheimat 15, 113, 117, 119
Herder, Johann Gottfried von 101
Hohenzollern-Sigmaringen, Wilhelm Fürst von 56
Holz 14, 105
– Bundesverband der Säge- und Holzindustrie e. V. 152, 162
– Forstarbeit 14, 103, 104, 113, 116, 260
– Holznutzung 37, 81–82, 166, 229, 232–234, 237, 240, 243, 244, 246, 263
Hölzl, Richard 35, 39
Hubený, Pavel 94
Huber, Herbert 88
Humboldt, Alexander von 192, 195, 197–198
Hundhammer, Alois 72, 77
Huxley, Julian 60

I

Industrialisierung 33, 48, 207–209, 218, 226

J

Jagd 62, 71–75, 77, 79–80, 122–135, 161, 202, 232, 242, 243, 249, 260
– Naturschutzdebatte 49–51, 53, 89
  – historisch 37, 40, 42, 55, 68
– Verbände
  – Bayerischer Jagdverband (vormals Bayerischer Jagdschutzverband) 79, 126, 138, 233

– Deutscher Jagdverband (vormals Deutscher Jagdschutzverband) 74
Jedicke, Eckhardt 188
Jonas, Hans 214

K

Kampagnen für den Nationalpark Bayerischer Wald 61–64, 66, 68–71, 73, 79–80
Kant, Immanuel 194–196
Klaus, Václav 95
Kleinhenz, Gerhard 79
Klimawandel 12, 24, 180, 186, 191, 204, 214, 220, 249, 257, 263, 266
Klostermann, Karel 95
Kolonialgeschichtliche Hintergründe von Nationalparken 53, 59–61
Komárek, Julius 87
Königssee 39–41, 54, 79
Konsum 207–222
Korb, Rudolf 55
Kraus, Otto 70
Krejčí, František 92
Krutilla, John 151
Kubany 14, 38, 47, 51, 56–60, 76, 86
Kultur 99–110
– Bedeutung von Landschaft 121
– Bedeutung von Rothirsch, Wolf, Luchs 122–135
– Tradition 191, 194, 214, 226, 243
– Natur-Kultur Dualismus 186, 210
Kupper, Patrick 45, 265

L

Lakaberg 82
Leibl, Franz 257
Leopold, Aldo 188–189, 201–202, 204
Literatur 99–110 *siehe auch* Kultur
Luchs 19–20, 24, 26, 29, 70, 72, 79, 81- 82, 92, 122–135, 195, 198, 200, 211, 217, 262
Lusen 12, 105, 106, 115, 163–164, 178, 195–197, 219, 231, 249, 251, 253, 268

M

Mánek, Jiří 93–94
McKibben, Bill 185
Merkel, Angela 11
Meßerschmidt, Klaus 175, 179
Mittelgebirgspark 35–37, 57
Mosaik-Zyklus-Konzept (MZK) 253
Muir, John 170, 189, 221
Müller, Bernhard und Adalbert von Müller 102

N

Nachhaltigkeit 162, 175, 180, 188, 220, 242

Nationalpark
– Begriff 15, 16, 19, 47–65
– Nationalparkidee
  – Rezeption im deutschsprachigen Raum
    – Historisch 14, 33–35, 45, 51–54
    – zur Zeit der Nationalparkgründung Bayerischer Wald 14, 58–59, 64, 136, 153, 243
    – zur Zeit der Erweiterung des Nationalparks Bayerischer Wald 108
  – Rezeption und Umsetzung im europäischen Raum 38–39, 41
  – Kolonialgeschichtliche Aspekte und US-Hintergrund 51–53, 122
  – als Ideal 56
– Nationalparkkonzept 150, 169–170, 227–228
– Nationalparkphilosophie 18, 169, 174, 177, 254
Nationalparks
– Konzepte 72
– Nationalparks international 14,16, 47–65, 150, 165–182, 244, 261
– Nationalparkpraxis 48, 53, 60
– Reflexion 207–222
– Wirtschaftliche Aspekte 151–155
  – Kosten-Nutzen-Analyse im internationalen Vergleich 160
– Verwaltung 264
– Ziele 173–174
Nationalpark Bayerischer Wald
– Akzeptanz 44, 71–75, 136–149, 247
– Beirat 93, 230, 233
– Bildungsangebot 108, 133, 144, 198, 229, 249 *siehe auch* Lernorte
– Erweiterung 18, 81, 106–109, 138, 162, 249–251
  – Erweiterungsgebiet 19, 81, 96, 106, 108, 115, 138–139
  – Widerstand 106–109, 250–252, 263
– Forschung im Nationalpark Bayerischer Wald 20–24, 197, 234–235, 244
– Gründung des Nationalparks Bayerischer Wald 11, 55, 63–65, 73, 76–78, 105, 113–114, 137–138, 232
  – Visionen verschiedener Gruppen 242
– Konzept 11, 17–18, 73–76, 79–80, 82, 150, 169, 228–229, 242–243, 246
– Leitbild 165–182, 242, 245, 247, 252–254, 261 *siehe auch* »Natur Natur sein lassen«
– Lernorte im Nationalpark Bayerischer Wald 21, 108, 199–200, 217
  – Nationalpark Bayerischer Wald als Lernort 207–222
– Management 120–121, 177, 247–258

- Nationalparkamt 16, 28, 62, 79, 230, 260, 264
- Nationalparkverwaltung 19, 20, 43, 79, 81, 82, 102, 106–108, 115, 116, 118, 120–121, 155, 161–162, 165, 172, 178–179, 230, 234, 238, 240–241, 244, 246, 252–253, 268
  - Umgang mit Wildtieren 122–123, 125–126, 129, 132–133 *siehe auch* Wildtiermanagement, Wildregulierung
  - Grenzübergreifende Zusammenarbeit der Nationalparkverwaltungen 89–94, 262
- Nationalparkwacht 18, 89
- Naturzone 21, 84, 92–93, 96, 114–116, 120, 126, 155, 188, 202, 268
  - Erweiterung der Naturzone 92, 115, 118, 139, 241, 257, 267
- Personal/Mitarbeiterinnen und Mitarbeiter 77, 106, 130–131, 152–153, 155, 157, 246, 249, 260
- Ranger 21, 144–145, 230
- Verordnung 18, 66, 80, 138
- Widerstand 59, 106–107, 245–246, 260, 263
  - gegen Erweiterung 250–252, 263
  - gegen Borkenkäferpolitik 18, 263
  - Vorbehalte 60
- Wirtschaft
  - Traditionelle Wirtschaftszweige/Handwerk 14, 103–104 *siehe auch* Glasherstellung
  - Wirtschaftlichkeit und wirtschaftliche Aspekte 150–164
- Ziele 16, 114, 136, 165–182, 229, 234–235, 238, 265

Nationalsozialismus 15, 41–46, 57–59, 86–87, 103–104
- Naturschutz im Dritten Reich 15, 41–46, 57–59, 64, 86–87 siehe auch »Lutz« Heck, Hermann Göring
- Reichsforstamt 41, 42–44, 57–58
- Reichsnaturschutzgesetz 41–42, 46
- »Kraft durch Freude« 44, 106

»Natur Natur sein lassen« 18–19, 79, 105, 114–115, 118, 120, 126, 136, 143, 165–182, 185–206, 234–235, 237, 242, 247, 260–261

Natur
- »intakte Natur« 23, 88, 99, 175, 266
- Naturbegegnung und Naturentfremdung 57, 168–170, 177–179, 205, 215–216, 221, 268 *siehe auch* Lernorte
  - im neu gegründeten Nationalpark Bayerischer Wald 230–231
- Naturphilosophie 186–188
- Romantische Vorstellungen und Gefühle 177, 185–206

»Naturpark« 39, 55, 59, 71–76, 227, 229, 234, 244, 264

Naturschutz 58, 68–69, 80, 122, 133, 203, 225–227
- Deutschland 19, 58, 62–64, 66–67, 70, 73, 80, 226–227
- Historische Entwicklung des staatlichen 33–34, 55–56, 58, 226–227 *siehe auch* »Natur Natur sein lassen«, Naturschutzgebiete, »Naturpark«, Nationalpark, Nationalparks, Nationalpark Bayerischer Wald, Nationalsozialismus
- Leitbild Wildnis im 203–205
- Naturschutzphilosophie 210
- in Šumava 84–96
- in den USA/Vorbild USA 33–34, 38, 49–50, 225

Naturschutzgebiete 122, 207–222
- in Deutschland 227
  - frühe Schutzgebiete in Deutschland 55–56
- Historisch 14, 37, 40–41, 231
  - Naturdenkmal 34, 38, 41, 86, 227
  - Naturdenkmalpflege 52, 54–55, 57
- Landschaftsschutzgebiete 137
- Schutzgebiete 14, 122, 150, 207–222, 231, 234–235, 242 *siehe auch* Naturschutzgebiete, Böhmerwald, Nationalparks, Šumava
- Prozessschutzgebiete 139, 217
- »Vollnaturschutzgebiet« 234
- wirtschaftliche Aspekte 151–155

Neumaier, Ferdinand 99
Neuschönau 18, 78, 107, 164, 178, 269
Noë, Heinrich 53–54
NPD (Nationaldemokratische Partei Deutschlands) 74, 230

O

Öffentliche Meinung
- Nationalpark Bayerischer Wald 136–149, 177–179, 237
- Umfragen 62, 69, 72, 77, 136–149
- Meinung zur Einrichtung von Nationalparks 123, 136

»Ostmark« 46, 103–104 *siehe auch* Nationalsozialismus

St. Oswald 17, 108, 250–252

P

Pavlíčko, Alois 92
Pilze 14, 22, 24, 168, 200, 235
- Zitronengelbe Tramete 22, 198–199
- Schwarzsamtiger Dachpilz 211
- Rotrandiger Fichtenporling 251

Plattenhauser Riegel 249

Plochmann, Richard 238
Pöhnl, Herbert 102, 104
Prozessschutz 120–121, 136, 138–139, 162, 165–182, 185–206 *siehe* auch »Natur Natur sein lassen«
Prozessschutzgebiete 139, 217

R

Rachel 12, 81, 115, 160, 249, 268
– Rachel-Lusen-Gebiet 13, 22, 63, 74–76, 81, 105, 108, 114, 137, 139, 142, 148–149, 153, 196, 250
Regen, Kreisstadt/Landkreis 14, 76, 106, 108, 140, 155–156, 158
Religion 55, 266, 268
Roots, Alan 70
Rothirsch 124–126, 152–153, 200
Rueß, Luitpold 66

S

Sarasin, Paul 53
Schelling, Friedrich Wilhelm Joseph 186–187
Scherzinger, Wolfgang 120, 176–179
Schmid, Gottfried 262
Schoenichen, Walther 57, 59
Schraml, Ulrich 131, 133
Schumertl, Franz 268
zu Schwarzenberg, Johann Adolf II. 14, 35, 38, 47, 56–57, 86, 124
Schweizer Nationalpark 38–39, 52–53, 56, 60
Serengeti 59–63, 67, 227–229, 242–243
Sinner, Karl Friedrich 107, 109, 119, 256
SPD (Sozialdemokratische Partei Deutschlands) 71, 75, 80, 266
Sperber, Georg 17, 79–80, 230, 264
Spiegelau 14, 260
Spitzberg 249
Staatspark 14, 33–34, 49, 54
Steigerwald 137, 152, 267
Stern, Horst 17, 80, 125, 245, 264
Stifter, Adalbert 14, 95, 194, 198, 249
Stoiber, Edmund 18, 81, 251
Stráský, Jan 93
Strunz, Hartmut 87
Sudetendeutsche Gebiete/Sudetenland 43, 46, 86–87
Šumava 84–96, 129, 250

T

Teufelssee (Čertovo jezero) und Schwarzer See (Černé jezero) 56, 86
Thoreau, Henry David 170, 189
Tierfreistätte 55, 66–83
Toepfer, Alfred 70–71, 227, 229–230
Totholz 22, 112, 136–149, 157, 167, 188, 237
– Biologische Vielfalt 23, 198, 255
– Totholzgebiete/Totholzflächen 114, 117, 139, 155, 179
Tourismus 11–30, 36, 43, 57, 66–69, 71–72, 74–75, 79, 82, 91, 216, 237, 245, 263
– Attraktivität/Touristischer Reiz 67, 90, 101, 155, 228
– Vermarktung der Region 64, 101–105, 108, 119
– im Nationalsozialismus 44, 57, 103–104, 106
– Wertschöpfung 79, 143, 154, 156–157, 162 *siehe* auch Nationalpark Bayerischer Wald, Besucher
Tubeuf, Carl Freiherr von 39, 40

U

Uexküll, Jacob von 220
Umweltbildung 15, 21, 105, 108, 154, 265 *siehe* auch Lernorte
UNESCO 59
Urwald
– im Bayerischen Wald 101
– Attraktivität/Vermarktung des Nationalparks Bayerischer Wald 11, 16, 166
– Forschung und biologische Vielfalt 21–24
– als Urwald verstandene Gebiete in der Region, historisch 35–37, 45, 47, 56–57, 86, 102 *siehe* auch Białowieża, Kubany
US-amerikanische Nationalpark- und Naturschutzpraxis 225, 234
– Denker 169–170, 189
– (US) National Park Service 58, 60, 246
– Vorbild für Naturschutzpraxis und Nationalparkverständnis in Deutschland, historisch 49–51, 54, 55, 58, 67, 225
– Yellowstone 11, 14, 34, 50–54, 56, 67, 189, 225, 234, 254, 257

V

Verein Naturschutzpark 14, 35–36, 40, 55–57, 138, 227
Verordnung über den Nationalpark Bayerischer Wald *siehe* Nationalpark Bayerischer Wald
Vögel 23
Volksmusik/Volkslieder 99–110, 113 *siehe* auch Kultur

W

Waldler/Waidler 47, 99–110, 113, 190–191, 198, 260
Wald
– Walderneuerung 89, 231

- Waldfriedhof/Geisterwald 115, 196–197, 203, 249
- Waldnatur 120, 256–258
- Waldsterben 107, 115, 249, 250,
- Waldverjüngung 8, 82, 112, 188, 203, 232
- »Waldwildnis« 64–65, 108, 119–120, 143, 246

Weinzierl, Hubert 16, 59–61, 66–68, 70–71, 73, 76, 77, 80–81, 87, 153, 170, 180, 227, 228–229, 231, 234, 249, 251, 264

Weisbrod, Burton 151

Weltkonferenzen zu Nationalparks 49–50, 60

Weltkrieg
- Erster 39, 54–55
- Zweiter 44–45, 66, 104, 262

Weltnaturschutzunion (IUCN) 16, 59, 165–182, 228
- Definitionen 244
- Kategorien 16, 93, 120, 136, 165, 257
- Richtlinien 89, 92, 120, 136, 138, 165–182, 245, 268

Wetekamp, Wilhelm 14, 33–35, 49–54, 64

Wild/Wildtiere 20, 42, 47–48, 61–65, 70, 72–74, 81, 123, 161, 200–202, 218 *siehe auch* Luchs, Rothirsch, Wisent, Wolf
- Wilderei 99, 124, 127, 129, 133
- Wildregulierung 79–80, 125–126, 228
- Wildtiergehege 63–65, 70, 72–73, 75, 125, 130–131, 139, 150, 202, 228, 234, 244, 262
- Wildtiermanagement 123, 125–126, 132, 134, Monitoring 152

- Winterfütterung 75, 79, 124–125, 243
- Wintergehege/Wintergatter 79, 80, 125–126

Wildnis 11, 62, 65, 86, 93, 94, 105, 108, 112, 119–120, 139, 143, 185–206, 221, 231, 266
- imaginiert, in östlich gelegenen Gebieten 59, 61
- Naturschutz 38, 48, 55, 64, 81–82, 122, 150, 180, 245, 257
- »Urwildnis« 56, 64
- Wildnisidee 19, 185–206
   - Konnotationen von Wildnis in Europa und den USA 190
- Wildnisbildung 197–200
   - Wildniscamp am Falkenstein *siehe auch* Lernorte

Windbruch/Windwurf 17, 92–93, 101–102, 105, 111, 114–115, 138, 161, 166–168, 185, 191, 248, 254, 262–263

Wisent 20, 42, 48, 61, 63–64, 70–72, 75, 90, 245,

Wolf 20, 47, 48, 61, 63–64, 125–135, 195, 200–203, 262

Z

Zeman, Miloš 95

Zweckverband zur Förderung des Projektes eines Nationalparks im Bayerischen Wald 68, 73–74, 228

Zwiesel 36, 40
- Forstamt 249, 252
- Landgericht 100